新编农技员丛书

桃生产
配套技术手册

赵锦彪　段伦才　管恩桦　主编

中国农业出版社

赵锦彪：

赵锦彪，男，1966 年出生，山东省临沂市人，1989年毕业于山东农业大学园艺系，获学士学位，现任临沂市农业委员会农业推广研究员。先后获省级科技进步二、三等奖 7 项、省丰收奖一等奖 1 项、农业部丰收计划二等奖 1 项、市科技进步一、二、三等奖 15 项，出版专业书籍 8 部，发表论文 50 余篇，近 300 万字。

段伦才：

段伦才，男，1964 年出生，山东省莱芜市人，1986年毕业于山东农业大学园艺系，获学士学位，现任山东省现代农业产业技术体系临沂综合试验站站长，临沂市果茶技术推广服务中心主任，长期从事果茶高新技术的研究推广工作。

管恩桦：

管恩桦，男，1968 年出生，山东省临沂市人，农业推广研究员，毕业于莱阳农学院果树专业，现从事果树栽培技术推广及果品市场研究开发工作，获省部级科研成果 4 项，出版果树专业书籍 5 部，发表论文 30 余篇。

序 言

桃子味美多汁，色泽艳丽，芳香诱人，民间有"仙果"、"寿桃"等吉祥之称。在我国，桃被赋予了丰富的文化内涵，比如，"投我以桃，报之以李"、"桃李不言，下自成蹊"、桃木可以辟邪等。桃也是美好的象征，比如，"桃之夭夭，灼灼其华"、"人面桃花相映红"、"世外桃源"、桃子延年益寿等。因此，桃果、桃花广受欢迎，桃子生产也引人关注。

桃是一种世界性大宗水果，在全球南北纬45度之间的广大地区都有商业栽培。中国是世界桃树的重要起源地，拥有许多著名的桃子名产，如"上海水蜜桃"、"肥城佛桃"、"深州蜜桃"等。我国桃树栽培历史悠久，在成书于春秋时期的《诗经》里即有"园有桃，其实之殽"等记载，至今在我国大部分地区都有桃树分布，其中，华北和华东地区是最主要的桃树经济栽培区。

桃树有许多优良特性，比如，桃树适应能力强，抗旱性突出，栽培管理相对简单，容易早期获得高产；桃子适宜制成罐头、蜜饯、桃脯、桃酱、桃汁、桃干等多种加工食品；桃树树体相对矮小，有许多成熟期早、需冷量低的优良品种，非常适于设施栽培；桃树品种繁多，花期和果实成熟期次第相接，桃花艳丽多姿，景观效果明显，加之桃树拥有的文化内涵，非常适于以桃为主题的果园观光旅游。因此，发展桃树产业，不仅给广大消费者提供丰富的鲜果品种，还可以提供农业观光服务，提高果园产值，促进果农增收和地方经济的发展。

本书作者根据当前桃树生产形势和面临的问题，通过总结归纳桃树生产经验、科研成果和国内外文献资料等，从桃树生物学特性、环境要求、优良品种、桃苗繁育、桃园建立、土肥水管理、花果调控、整形修剪、采收加工、病虫害防治、保护地栽培、市场营销等多方面进行了系统阐述和介绍，内容丰富，表述详尽，技术实用。

本书作者一直在山东省临沂市进行果树科技推广工作，而临沂市是我国桃树栽培面积和桃子总产量都是最大的城市，2009 年被中国果品流通协会授予"中国桃业第一市"称号，相信由他们完成的《桃生产配套技术手册》一书，对广大桃树生产和科技工作者会有重要参阅价值。

杨洪强

2011 年 12 月于泰山

目　录

第一章

概　述

第一节　桃树栽培历史及意义

一、桃树栽培历史

桃（*Amygdalus persica*）属蔷薇科桃属，原产于我国西北的甘肃、陕西、西藏东部和东南部高原地带等地区，后经"丝绸之路"引种到世界各地，广泛种植于寒温带、暖温带至亚热带地区。桃在我国分布亦较广，主要产区是山东、河北、北京、陕西、山西、河南、甘肃、浙江等省份，尤其值得注意的是在我国的甘肃省和陕西省至今还分布着大量的野生桃树，主要种类包括山桃（*A. davidiana*）、甘肃桃（*A. kansuensis*）、新疆桃（*A. ferganensis*），在我国西南的四川和西藏则分布着光核桃（又名西藏桃 *A. mira*）等。桃子在古代被列为五果之首（桃、李、杏、枣、栗），是我国古老树种之一，也是我国利用最早的果树之一。距今约 8 000～9 000 年的湖南临澧胡家屋场、7 000 年前浙江河姆渡新石器时代遗址以及江苏海安青敦、河南新郑峨沟北岗新石器遗址都出土过桃核，甲骨文的果字很可能是桃的本字，栽培起源很早，人工栽培至今至少有 3 000 多年的历史，有文字记载的古书有《诗经》、《山海经》、《管子·地员篇》，以后《尔雅·释木》、《初学记》、《本草衍义》、《救荒本草》、《本草纲目》、《群芳谱》等书，又从不同角度对桃品种类型、生长特性、适栽地域、加工方法、医药应用等方面做了阐述，为现代桃栽培发展奠定了基础。我国古籍《诗经》、《尔雅》等书中已有桃的记

1

栽，其中《诗经·魏风》中有"园有桃，其实之殽"，清楚地表明桃在当时的魏国（今山西南部安邑附近）是栽培的果树。《诗经·国风·周南》有这样的诗句"桃之夭夭，灼灼其华。桃之夭夭，有蕡其实。桃之夭夭，其叶蓁蓁"，对桃的花、果实的神态作了很生动的刻划，说明桃这种果树是周朝洛阳一带的居民所非常熟悉的；在《诗经·召南》中有"何彼穠矣，华如桃李"，表明当时渭水流域一带的人们已把桃花当作重要的观赏对象；在《卫风》中则有"投我以木桃，报之以琼瑶"；在《大雅·抑》中有"投我以桃，报之以李"，这就是后人浓缩为"投桃报李"成语的由来。后两首诗表明中原等地区的人们已经把桃当作往来的重要礼品。桃和李、梅、杏、枣被《礼记》同列为祭祀的"五果"，因而也被作为随葬品，各地的战国和汉墓中经常发现桃核。从《诗经》记载"园中有桃"，"有蕡其实"，可知当时开始已有人工栽植，且结实繁多。

我国另一古老文献《夏小正》中也有桃的记载。其一是在《夏小正·正月》的物候中有"梅、杏、杝桃则华。杝桃，山桃也"的记载；另一是《夏小正·六月》有"煮桃"、"桃也者，杝桃也；杝桃也者，山桃也；煮以为豆实也"的记载。夏纬瑛先生考证此桃不是野生的山桃，而是家桃，"煮之以为桃脯"。河北省藁城县台西商代遗址出土了2枚外形完整的桃核和6枚桃仁。桃核呈椭圆形，较扁，核的表面有皱纹和沟纹，顶端尖，基部扁圆，中央有果柄脱落后的疤痕。桃仁灰白色，呈椭圆形或长卵形，长10～15毫米，宽8～13毫米，横断面呈扁圆形。种皮薄，破碎后现出黄白色种仁。经鉴定，与今天的栽培种完全相同，可作为《夏小正》记载中所煮的桃是家桃的旁证。从书中"囿有见杏"可以判定杏是栽培的果树，将桃与杏并列，桃很可能也是栽培的果树。而且由于它很常见，所以被人们当作物候观测的对象。关于《夏小正》产生的年代，现在还不能肯定。夏纬英先生推测有可能产生于夏朝末年，他的这种说法曾得到某些历史学家的赞同。另外有学者认为，从天象的角度看，《夏小正》应是一部从夏至周都可以用的历法。这说明夏纬英的推测是有一定道理的。如果他的推测成立，那么桃在我国的栽培历史就在四五千年以前。

桃树逐渐从我国传播到亚洲周边地区，向西通过丝绸之路传到波斯，从波斯传入西方，桃的拉丁名称 Persica 意思就是波斯，从那里继续传到欧洲各国。公元前 4 世纪传到希腊，晚些时候传到意大利，在 16 世纪至 17 世纪随着开拓者们到了美洲大陆。世界各地桃的祖先是中国，中国对世界桃的贡献与影响是巨大的，如"上海水蜜"的输出，改变了世界桃的品种组成，提高了桃的果实品质，增强了桃的抗病性。

二、形形色色的桃文化

桃在亚洲文化中占很大的地位，中国古代传说经常提到桃是一种可以延年益寿的水果，神仙多食用桃，《西游记》中孙悟空看管的桃园，出产的桃子人吃了可以立刻成仙。日本神话中有"桃太郎"。桃子本身的价值加上它广泛的地理适应性，使它成为古人生活中重要的生活资源，并逐渐成为中华文明中最具神韵的果树之一，见于山海经的神话传说"夸父逐日"，是最早的桃文化雏形之一，这个神话传说里说，夸父逐日，干渴而死，化为桃林。第一次将桃树说成是追赶太阳的大英雄所化，可见桃树在古人心中的地位非同一般。

1. 桃木在中国文化中有避邪的意义 桃在古代被作为美好的象征，它进而又逐渐被当作镇邪驱恶的神物。《淮南子》中有"羿死于桃"的传说，《淮南子·诠言》说，"羿死于桃口"。许慎注，"口，大杖，以桃木为之，以击杀羿，由是以来鬼畏桃也"，既然桃棒能击杀羿这个万鬼首领，那么其他大小鬼就更应惧怕桃木了，于是，桃木就成为了制鬼驱邪的象征物，用桃木制成的各种器具也应运而生。如《礼记·檀弓》载："君临臣丧，以巫祝桃列执戈，鬼恶之也。"桃列是用桃木制柄的扫帚，认为用此可扫除不祥。《左传》也有"桃弧棘矢，以除其灾"，即用桃木造弓可消灾避祸。战国时，我国民间就有在岁时用桃木制偶人（又称"桃梗"、"桃人"）立于门侧的习俗，用以御凶避邪。《典术》记载，"桃者，五木之精也，故压伏邪气者也。桃之精生在鬼门，制百鬼，故今作桃人梗著门以压邪，此仙木也"，《庄子》中也有"插桃枝于户，连灰其下，童子入不畏，而鬼畏之，是鬼智不如童子也"的描述，在先秦的时候，人们已经开始用桃枝"距鬼于门外"。这种情况在汉以后又有进一步的发展，《汉旧仪》记载："东海之内度朔山上，有桃，屈蟠三千里。其卑枝间，曰东北鬼门，万鬼所出入也。上有二神人，一曰'荼'，二曰'郁垒'（木三田土），主领万鬼，鬼之恶害人者，执以苇索，以食虎。黄帝法而象之，因立桃梗于门户，上画荼、郁垒持苇索以御凶鬼；画虎于门，当食鬼也。"《晋书·礼志》云："岁旦，常设苇茭，桃梗于宫及百寺之门，以禳恶气。"说明桃作为避邪之物在晋代仍然十分盛行"，到了五代时，后蜀君主孟昶雅好文学，他每年都命人题写桃符，成为后世春联之滥觞，而题写于桃符上的"新年纳余庆，嘉节号长春"，便成为有记载的中国历史上第一副"春联"。后来，随着造纸术的问世，才出现了以红纸代替桃木作为春联的习俗。

2. 桃树历来都是美好的象征　从《诗经》的有关诗句中，我们不难看出古人对这种果树所呈现的秀丽多姿的推崇和激赏，古人常把它当作美好的象征。《史记》中所谓"桃李不言，下自成蹊"，已经成为后人比喻实至名归的常用语。另外，自从《诗·召南》中出现"何彼浓矣，华若桃李"，这种以桃李花形容美女的诗句后，后代一直保持这样一种传统，如三国著名诗人曹植《杂诗之四》有所谓"南国有佳人，容华若桃李"。后世人们因此把美丽的女子形容为"艳若桃李"。更值得一提的是，晋代著名诗人陶渊明因不满当时社会的黑暗，就根据自己的理想，编出一个理想的生活乐园——"桃花源",成为后世人们向往的乌托邦。

桃还是福寿的象征,过去奉桃为"仙果",认为吃了可以长寿不老。《神异经》载:"东方有树名曰桃,其子径三尺二寸,和核羹食之,令人益寿。"而《神农经》说得更神:"玉桃服之长生不死。若不得早服,临死服之,其尸毕天地不朽。"最为美妙的传说是:王母娘娘每年三月三都要在瑶池举办蟠桃会,广邀各路神仙赴会,祝寿时王母要用三千年一熟、食之可以长生不老的仙桃招待宾客。《西游记》中孙悟空偷吃王母娘娘"蟠桃"一节,就重复了这则流传甚广的故事。这些虽都是神话传说,但桃与长寿相联的观念却深植于百姓心目中。我国素有尊老祝寿习俗,每当节庆或晚辈给老人祝寿时,就常以"寿桃"相赠,或画一幅"寿星捧桃"图案以表达祝福和吉祥。

3. 诗词歌赋的讴歌对象 桃与我国古代艺术也有非常密切的关系。它是古代绘画的重要题材,也是园林的常见栽培花卉,著名的有碧桃等花色非常漂亮的品种。桃的树皮在古代还被制成乐器,叫桃皮管(《隋书·音乐志下》)。古代还有一种叫"桃叶歌"的诗。

桃花是美丽的花卉,古代帝王、文人贤士对它可谓赞不绝口,多与爱情、人缘相关,而"桃"与"图"于粤语和部份南方方言同音,春节时做生意的人亦喜欢于家中或公司摆放大棵桃花,取其"大展鸿图"之意。清代文人、著名戏剧家李渔曾评价:"草木之花中,惟桃李可以领袖群芳,因为花之色大都不出红白二种,桃色为红之极纯,李色为白之至洁,桃红李白足尽二物之能事。"诗人笔下对桃花多有赞颂。如周朴的"桃花春色暖先开,明媚谁人不耐看"、白居易的"桃花乱落如红雨,剪绡裁锦一重重"、李白的"犬吠水声中,桃花带雨浓"等,都是咏桃花之佳句。加上陶渊明的一篇脍炙人口的"桃花源记",更是吊足了后人的胃口。

桃花与女人有缘,诗文中多用桃花烘托美女。如《诗经》有

"桃之夭夭，灼灼其华"，苏轼有"且看桃花好面皮"，尤其是崔护的咏桃花诗——"去年今日此门中，人面桃花相映红，人面不知何处去，桃花依旧笑春风"，这首富于传奇色彩，极带戏剧性的抒情诗，令人读来回肠荡气，风流千古，被誉为借桃花喻美人的千古绝唱。此外，人们还习惯将少女的脸颊称为"桃腮"、"桃靥"。把女子的美貌称作"桃夭柳媚"。女人的胭脂叫"桃花粉"，化妆名"桃花妆"。"自古红颜多薄命"，漂亮女子命运多舛又称之为"桃花命"，皆说明桃花在古代文学中经常是不可缺少的题材。

古往今来，咏桃之诗在中华民族的口头和文字记载中得以永续发展，而最终形成如火如荼的桃文化，其中尤为著名的当属唐代大诗人白居易的《大林寺桃花》："人间四月芳菲尽，山寺桃花始盛开，常恨春归无觅处，不知转入此中来"；诗仙李太白，更将枝茂花繁的桃树系于人间真情而传诵万古，在《寄东鲁二稚子》中诗仙将田地、酒楼、桃树、儿女浑然一体，"楼东一株桃，枝叶拂青烟"、"折花不见我，泪下如流泉"，尽情抒发了人父对儿女的抚爱、思念之情；毛泽东主席的《登庐山》"陶令不知何处去，桃花源里可耕田"，更是缅古抒怀的佳句。

三、桃的营养价值

桃汁多，味美，色泽艳丽，芳香诱人，具有独特的风味，自古以来就是人们喜爱的水果，民间神话传说为"仙果"，吉祥之称为"寿桃"。果实营养丰富，含有糖（果糖、葡萄糖、蔗糖等）、有机酸（苹果酸、酒石酸、柠檬酸等）、无机物（钾、钙）和多种维生素，据分析每百克桃果可食部分含糖 7～15 克，有机酸 0.2～0.9 克，抗坏血酸 6.0 毫克，蛋白质 0.4～0.8 克，脂肪 0.1～0.5 克，磷 39.95 毫克，钾 157.5 毫克，钙 6.6 毫克，镁 14.8 毫克，铁 0.5 毫克，维生素 C 3～5 毫克，维生素 B_1 0.01～0.02 毫克，维生素 B_2 0.2 毫克，胡萝卜素 0.06 毫克，铁、锌在常见水果中含量最高，蛋白质含量仅次于香蕉、桂圆（见表1-1），此外桃果肉还含有人体不能合成的多种氨基酸，这些营养成分对人体都具有良好的营养保健价值。桃仁中含油达45％，可榨取工业用油。根、茎、花、仁可入药，具有止咳，活血，通便，杀虫之功效。除鲜食外，还可制成糖水罐头、蜜饯、冷冻水果、桃脯、桃酱、桃汁、桃干等多种食品，丰富人们的食品种类。

表1-1　常见水果营养成分表（营养成分以每百克食部计）

食物名称	食部（克）	能量（千焦）	水分（克）	蛋白质（克）	脂肪（克）	膳食纤维（克）	碳水化合物（克）	维生素A（微克）	维生素B_1（毫克）	维生素B_2（毫克）	维生素C（毫克）	钙（毫克）	铁（毫克）	锌（毫克）
波萝	68	172	88.4	0.5	0.1	1.3	9.5	33	0.04	0.02	18	12	0.6	0.14
柑橘	77	213	86.9	0.7	0.2	0.4	11.5	148	0.08	0.04	28	35	0.2	0.08
梨	75	134	90.0	0.4	0.1	2.0	7.3	—	0.01	0.04	1	11	—	—
荔枝	73	293	81.9	0.9	0.2	0.5	16.1	2	0.10	0.04	41	2	0.4	0.17
桂圆	50	293	81.4	1.2	0.2	0.4	16.2	3	0.01	0.14	43	6	0.2	0.40
苹果	76	218	85.9	0.2	0.2	1.2	12.3	3	0.06	0.02	4	4	0.6	0.19
葡萄	86	180	88.7	0.5	0.2	0.4	9.9	8	0.04	0.02	25	5	0.4	0.18
柿	87	297	80.6	0.4	0.1	1.4	17.1	20	0.02	0.02	30	9	0.2	0.08
桃	86	201	86.4	0.9	0.1	1.3	10.9	3	0.01	0.03	7	6	0.8	0.34
香蕉	59	381	75.8	1.4	0.2	1.2	20.8	10	0.02	0.04	8	7	0.4	0.18
杏	91	151	89.4	0.9	0.1	1.3	7.8	75	0.02	0.03	4	14	0.6	0.20
樱桃	80	192	88.0	1.1	0.2	0.3	9.9	35	0.02	0.02	10	11	0.4	0.23

　　桃肉味甘酸、性温，归胃、大肠经，具有养阴、生津、润燥活血的功效；主治夏日口渴，便秘，痛经，虚劳喘咳，疝气疼

痛，遗精，自汗，盗汗等症，补益气血，具有养阴生津的作用，可用于大病之后，气血亏虚，面黄肌瘦，心悸气短者，桃的含铁量较高，是缺铁性贫血病人的理想辅助食物。中医认为，桃味甘酸，性微温，具有补气养血、养阴生津、止咳杀虫等功效。桃的药用价值，主要在于桃仁，桃仁中含有苦杏仁甙、脂肪油、挥发油、苦杏仁酶及维生素 B_1 等。《神农本草经》上有"桃核仁味苦、平。主瘀血血闭，症瘕邪气，杀小虫"之功效。桃对治疗肺病有独特功效，唐代名医孙思邈称桃为"肺之果，肺病宜食之"；未成熟桃的果实干燥后，称为碧桃干，性味苦、温，有敛汗、止血之功能；桃花也可入药。将白桃花焙燥研成细末，每次 1～3 克蜜水调服，对浮肿腹水、脚气足肿、大便干结、小便不利疗效显著；而桃树皮中分泌的树脂，性黏稠，味甘苦，无毒，也具有药用价值，可治疗乳糜尿、糖尿病等症。

四、桃树栽培现状

桃为我国原产水果之一，是深受人们喜爱的世界性大宗水果，在全球南、北纬 45 度之间的广大范围内，都有其商业性栽培。据联合国粮农组织统计，近十年来，世界桃的栽培面积与产量总体呈上升趋势，2006 年全世界共有 71 个国家生产商品桃果，桃树总面积 2 172 万亩*，总产量 1 718 万吨，其中中国桃面积、产量分别为 1 018 万亩、821 万吨，面积、产量分别占世界的 47.9%、47.8%，均为世界第一位。前 2～20 位的国家依次是：意大利 166 万吨，西班牙 115 万吨，美国 101 万吨，希腊 71 万吨，土耳其 55 万吨，以色列 51 万吨，奥地利 42 万吨，法国 40 万吨，伊朗 39 万吨，智利 33 万吨，阿根廷 27 万吨，巴西 24 万吨，韩国 19 万吨，斯洛文尼亚 18 万吨，委内瑞拉 17 万吨，南非 16 万吨，日本 15 万吨，瑞士 14 万吨，加拿大 12 万

---

* 亩为非法定计量单位，1 亩＝667 平方米，全书同。——编者注

吨，埃及 11 万吨。

　　我国除黑龙江、内蒙古、海南等省外，其他各省、市、自治区都有桃树栽培，主要经济栽培地区在华北、华东各省，2007年全国桃园面积产量分别是 1 045.5 万亩、9 051 775 吨，其中山东、河北为产桃大省，面积、产量分别占全国的 29.18% 和41.08%，山东为最大的桃产区，面积、产量分别达到 163.2 万亩和 2 347 485 吨，分别占全国的 15.61% 和 25.93%，2008 年我国桃子产量达 953 万吨（见表 1-2），2010 年我国桃子产量1 045.6 万吨。2009 年山东桃面积、产量分别达到 95 231 公顷和2 442 602 吨（见表 1-3），山东桃的集中产区是临沂市，2007年临沂市桃园面积 61.8 万亩、总产 103.2 万吨，面积和产量占全山东省的 37.87% 和 43.95%，占全国面积、产量的 5.91% 和11.4%；2009 年临沂市桃园面积、产量分别达到 52.84 万亩和109.13 万吨，分别占山东省桃园面积、产量的 36.99% 和44.68%，2010 年桃园面积、产量分别达 55.58 万亩和 109.68万吨，分别占全国桃园面积、产量的 5.17% 和 10.49%，2010年临沂桃园面积、产量见表 1-4，自 2000 年起连续 8 年遥居全国地级市桃果总量第一位，2009 年被中国果品流通协会授予"中国桃业第一市"称号，蒙阴县为"中国蜜桃第一县"，2008年被全国桃产业协会命名为"中国蜜桃之都"，桃总产量达到 60万吨（遥居国内县级桃产量第一位），占水果的 79.8%，果业产值占农牧渔业总产值的 36.7%；平邑县武台镇为"中国锦绣黄桃第一镇"，2008 年锦绣黄桃面积达到 2 万亩、总产量达到 3.6万吨，为国内锦绣黄桃面积、产量第一大镇；位于平邑县地方镇的"国际地方罐头城"，年生产水果罐头 40 万吨（其中黄桃、白桃罐头 6 万吨），产值 15.8 亿元、出口创汇 2 900 万美元（其中桃罐头 1 500 万美元），产品远销日本、美国、德国等 40 多个国家和地区，2007 年被中国罐头工业协会命名为"中国罐头第一镇"。

表 1-2 全国 2009、2010 年桃园面积、产量

项目 地区	2007 年 产量(吨)	2008 年 产量(吨)	2009 年		2010 年	
			面积 (千公顷)	产量 (吨)	面积 (千公顷)	产量 (吨)
全国总计	9 051 775	9 534 351	703.3	9 051 775	719.4	10 456 020
北 京	414 913	403 630	21.67	414 913	20.9	386 227
天 津	48 776	53254	3.9	48 776	4.1	60 025
河 北	1 370 654	1430416	88.98	1 370 654	85.8	1 462 150
山 西	178 106	210 210	13.45	178 106	16.1	321 002
内蒙古						
辽 宁	439 844	461 049	26.65	439 844	25.1	537 209
吉 林	666	678	0.35	666	0.2	1 773
黑龙江						
上 海	108 921	90 290	6.71	108 921	6.6	101 418
江 苏	389 910	433 765	33.1	389 910	35.6	457 010
浙 江	316 166	346 219	26.33	316 166	26.2	355 911
安 徽	289 864	326 213	23.13	289 864	24.1	430 134
福 建	212 800	226 214	26.76	212 800	26.3	222 371
江 西	35 786	45 916	10.82	35 786	10	48 270
山 东	2 347 485	2 437 846	95.23	2 347 485	101.2	2 435 588
河 南	774 759	850 939	70.31	774 759	73.9	1 017 447
湖 北	502 347	510 596	46.91	502 347	49.1	607 487
湖 南	107 971	106 278	25.91	107 971	27.5	131 342
广 东	89 537	79 119	6.61	89 537	6.8	80 899
广 西	153 369	139 389	18.43	153 369	19.7	168 003
海 南						
重 庆	64 665	70 636	10.76	64 665	10.4	80 660
四 川	358 781	392 854	43.8	358 781	45.1	416 361
贵 州	80 805	79 920	19.53	80 805	19.8	85 549

（续）

地区＼项目	2007 年产量（吨）	2008 年产量（吨）	2009 年		2010 年	
			面积（千公顷）	产量（吨）	面积（千公顷）	产量（吨）
云 南	137 245	162 502	24.58	137 245	24.2	170 732
西 藏	1 249	1 307	0.04	1 249	0.3	1 364
陕 西	391 111	441 236	31.37	391 111	31.2	593 502
甘 肃	142 204	152 605	12.88	142 204	12.7	155 895
青 海	479	370		479		352
宁 夏	7 225	19 453	2.39	7 225	2.1	22 625
新 疆	86 137	61 447	12.75	86 137	14.6	104 713

表 1-3 2009 年山东省桃树面积、产量

地区＼项目	水果园面积（公顷）	水果产量（吨）	桃	
			面积（公顷）	产量（吨）
全省总计	591 550	14 190 856	95 231	2 442 602
济 南 市	31 987	462 258	4 599	59 795
青 岛 市	33 211	820 887	3 503	85 827
淄 博 市	30 542	863 680	8 252	225 062
枣 庄 市	13 985	222 482	3 914	65 831
东 营 市	9 188	98 887	669	3 005
烟 台 市	146 192	4 388 113	3 818	88 410
潍 坊 市	39 134	969 616	9 604	272 801
济 宁 市	19 913	292 980	4 275	59 125
泰 安 市	27 387	555 439	7 552	222 548
威 海 市	32 650	720 792	1 145	18 750
日 照 市	8 242	190 838	1 487	34 730
莱 芜 市	11 650	85 816	5 128	35 216
临 沂 市	71 097	1 783 726	35 227	1 091 303

(续)

项目 地区	水果园面积 （公顷）	水果产量 （吨）	桃	
			面积（公顷）	产量（吨）
德 州 市	11 790	501 476	924	24 936
聊 城 市	37 618	545 566	1 853	24 696
滨 州 市	45 752	1 074 575	1 236	52 232
菏 泽 市	21 211	613 723	2 046	78 334

表 1-4　2010 年临沂市桃园面积、产量

项目 地区	水果园面积 （亩）	水果产量 （吨）	桃	
			面积（亩）	产量（吨）
临 沂 市	1 189 716	1 828 566	555 796	1 096 678
兰 山 区	13 004	24 153	12 524	23 245
罗 庄 区	1 596	2 914	618	1 075
河 东 区	6 589	16 944	2 925	7 994
沂 南 县	21 455	67 384	11 801	41 917
郯 城 县	6 806	19 056	3 946	10 322
沂 水 县	281 324	377 290	93 558	144 591
苍 山 县	31 716	68 041	25 449	52 087
费 县	225 415	214 880	61 592	90 070
平 邑 县	181 291	183 127	58 252	95 347
莒 南 县	19 664	37 940	4 314	8 488
蒙 阴 县	388 602	805 210	275 901	618 234
临 沭 县	12 254	11 625	4 916	3 308

五、桃栽培的意义

桃不仅外观艳丽，汁多味美，而且营养丰富，是老少皆宜的

果品之一，民间神话传说为"仙果"，吉祥之称为"寿桃"，深受广大人民喜爱；可制作糖水罐头、桃酱、桃汁、桃干等多种加工制品；根、叶、花、仁可以入药，具有止咳活血、杀虫之功效；桃胶经过提炼，可代替阿拉伯树胶，用途很广；桃木制品极具文化底蕴，具有避邪、观赏、收藏等价值；桃树姿态优美，花形各异，色彩艳丽，先开花后长叶，花色粉红，叶片翠绿，果形美观，是理想的庭院观赏和园林绿化植物，美化环境、观赏价值高；同时桃树适应性强，具有结果早、易丰产、收益高等特点，栽培广，品种多，栽培历史悠久，今后随着国民经济的发展，人民生活水平的提高，贮运设备及技术的改进，桃果品的售价及经济效益会逐年上升，桃果是最有希望占领国际市场一席之地的果品之一。

我国桃子在国际市场上仍具竞争优势，在亚洲除我国及日本、韩国、中西亚部分国家有桃栽培外，其余国家基本不适宜桃树栽培，桃子商品供应主要靠从美国进口。近几年来，日本桃子产量不稳定呈下降趋势，而韩国栽培面积逐年减少，美国和欧洲国家培育的油桃品种多数风味较酸，不适合我国及东南亚地区以甜味为主的消费习惯。受风味所限，直接从欧美进口鲜桃，多数亚洲国家市场都难以接受。这就为我国优质桃出口提供了很好的机遇。因此，积极培育和生产优质桃品种将有重大的意义。

六、桃树的分布

桃树适应性强，分布广，我国除黑龙江、内蒙古、海南等省外，其他各省、直辖市、自治区都有桃树栽培，主要经济栽培地区在华北、华东各省，根据各地生态条件、桃分布现状及其栽培特点，可将我国划分为5个桃适宜栽培区：华北平原桃区、长江流域桃区、云贵高原桃区、西北高旱桃区、青藏高寒桃区；以及2个次适宜栽培区：东北高寒地桃区、华南亚热带桃区。

1. 华北平原桃区　该区位于淮河、秦岭以北，地域辽阔，包括北京、天津、河北、辽宁南部、山东、山西、河南、江苏和安徽北部，年平均气温 10～15℃，无霜期 200 天左右，降水量700～900 毫米。根据气候条件的差异，又可分为大陆性桃亚区（北京、河北石家庄、山东泰安等地）、暖温带桃亚区（山东菏泽、临沂，河南郑州、开封、周口，河北秦皇岛，山东烟台、青岛、临沂等地，该区是我国桃最适栽培区域，各种类型桃（普通桃、油桃、蟠桃等）都可正常生长，成熟期从最早到最晚的品种都有，露地栽培鲜果供应期长达 6 个多月。蜜桃及北方硬肉桃主要分布于该区，著名地方品种有肥城桃、深州蜜桃、青州蜜桃等。该区域是我国桃的主要产区，可发展水蜜桃、油桃、蟠桃和加工黄桃；但要注意适度发展，尤其是中、晚熟优质品种，可加大加工黄桃发展力度。

2. 长江流域桃区　该区位于长江两岸，包括江苏、安徽南部、浙江、上海、江西和湖南北部、湖北大部及成都平原、汉中盆地，处于温暖带与亚热带的过渡地带，雨量充沛，年降水量在1 000 毫米以上，土壤地下水位高，年平均温度 14～15℃，生长期长，无霜期 250～300 天。该区桃树栽培面积大，是我国南方桃树主要生产基地。该区夏季温热，适于南方品种群生长，尤以水蜜桃久负盛名，如奉化玉露、白花水蜜、上海水蜜、白凤等。江浙一带的蟠桃更是桃中珍品，素以柔软多汁、口味芳香而著称。区域以发展优质普通桃、蟠桃为主，可适当发展早熟油桃，但要注重品种的选择。

3. 西北高旱桃区　该区位于我国西北部，包括新疆、陕西、甘肃、宁夏等省（自治区），是桃的原产地。海拔较高，属大陆性气候的高原地带。季节分明，光照充足，气候变化剧烈。降水量少（250 毫米左右），空气干燥。夏季高温，冬季寒冷，绝对最低气温常在－20℃以下。生长季节短，无霜期 150 天以上。晚霜在 4 月中旬至 5 月中旬，有时正逢花期，易造成霜害。桃在该区适应性强，分布甚广，尤以陕西、甘肃最为普遍，各县均有栽培。我国著名的黄桃多集中于此，著名品种有渭南甜桃、庄里白沙桃、临泽紫桃、张掖白桃、兰州迟水桃等，陕西眉县、商县、扶县等地产冬桃，12 月成熟，极耐贮运。西北高旱桃区总的情况较为复杂，甘肃省、陕西省渭北和新疆南疆等地，是绝好的普通桃、油桃生产基地；新疆具有种植蟠桃的良好传统。在发展的同时主要考虑贮运问题。

4. 云贵高原桃区　该区包括云南、贵州和四川的西南部，纬度低，海拔高，形成立体垂直气候。夏季冷凉多雨，7 月份平均温度在 25℃ 以下；冬季温暖干旱（在 1℃ 以上），年降水量约 1 000 毫米。桃树在该区多栽培于海拔 1 500 米左右的山坡上。以云南分布较广，呈贡、晋宁、宜良、宣威、蒙自为集中产区。该区还是我国西南黄桃的主要分布区，著名品种有呈贡黄离核、大金旦、黄心桃、黄绵胡、泸香桃等。以发展优质水蜜桃和蟠桃为主，可适当发展不裂果的早熟油桃品种，应限制发展中、晚熟油桃品种。

5. 青藏高寒桃区　该区包括西藏、青海大部、四川西部，为高寒地带，海拔多在 3 000 米以上，地势高，气温低，降水量少，气候干燥。桃树栽植于海拔 2 600 米以下的高原地带，以硬肉桃居多，如六月经早桃、青桃等。在西藏东部及四川木里地区，野生光核桃甚多，也有成片种植，可供生食或制干。

6. 东北寒地桃区　该区位于北纬 41° 以北，是我国最北的桃区。生长季节短，无霜期 125～150 天，气温和降水量虽能满足桃树生长结果的需要，但冬季漫长，气候严寒，绝对最低气温常在 −30℃ 以下，并伴随干风，桃树易受冻害，影响产量，严重者树体被冻死，栽培甚少。只有黑龙江的海伦、绥棱、齐齐哈尔、哈尔滨，吉林的通化、张山屯等地采用匍匐栽培，覆土防寒，方能越冬。在延边和延吉、和龙、珲春一带分布有能耐严寒（−30℃）的延边毛桃，无需覆土防寒也能安全越冬。果形大、风味好的珲春桃，是抗寒育种的珍贵种质。高寒地区根据区域特点，重点发展早熟且适合保护地栽培的品种。

7. 华南亚热带桃区 该区位于北纬 23°以北，长江流域以南，包括福建、江西、湖南南部、广东、广西北部。夏季温热，冬季温暖，属亚热带气候，年平均温度 17～22℃，1 月平均温度在 4℃以上，降水量 1 500～2 000 毫米，无霜期长达 300 天以上。该区桃树栽培较少，一些需冷量低的品种可以生长，生产上以硬肉桃居多，如砖冰桃、鹰嘴桃、南山甜桃等。华南亚热带桃区栽培桃的限制因子是冬季低温不足，多数桃品种的需冷量不能满足需要，该区宜发展短低温桃、油桃品种。

第二节 桃树生产中面临的问题

一、桃果比重过大、熟期过于集中，增加了市场销售压力

近十年来，桃树产业发展较快，面积、产量已由 2001 年的 45.2 千公顷、456.19 万吨发展到 2009 年的 70.3 万公顷和 1 004 万吨，产量增加了 1 倍多（近几年来我国桃树的发展情况见表 1-5），特别是在生产、加工、销售中仍存在许多问题和诸多不协调的环节，由于桃具有易丰产、产量高、不耐储运、货架期短等特点，特别是我国桃果的成熟期又过于集中，鲜食桃的市场销售压力非常突出。从上海果品市场桃不同品种来源及时间来看上市期大多集中在 6～8 月（见表 1-6），由于比重较大、熟期较集中，销售压力较大，甚至个别年份、个别地方在一定程度上存在着"卖果难"、有潜在"季节烂市"的的现象。就拿产桃大市临沂市来说，总产量已超过 110 万吨，桃占全市水果总产量的比例已达 60%，即使在 6～10 月期间均衡成熟上市，平均每天要运出鲜桃 8 600 吨，何况桃集中成熟期在 7～8 月，此期将有 73.99 万吨鲜桃上市，平均每天上市 12 300 吨，高峰期超过 20 000 吨（约 2 000 车）。特别是仓方早生、川中岛的栽培面积都在 5 万亩

以上，砂子早生、朝晖等品种的栽培面积都在2万亩以上，一个或几个栽培面积比较大的品种同期上市，市场销售压力可想而知。2003年临沂市果茶中心曾对沪浙果品市场进行过考察，该市桃果在南方市场有着相当高的市场占有率和知名度。蒙阴县桃果在上海市占市场容量的30％以上，其中在华中水果交易市场和十六铺果品市场，蒙阴的桃果占居市场的半壁江山，8月2日杭州艮山门果品批发市场共进场11车桃果，其中10车临沂的，1车是河北的；在上海、宁波市场都设有沂蒙山水果直销区。据调查，8月4日当天通过京沪高速公路发往南方市场的桃有719车，其中，蒙阴县342车，兰山、苍山、平邑、费县、沂水等县161车，河北及山东其他地区216车。多方面的信息表明，临沂桃果特别是蒙阴桃果已经稳定地占领了南方果品市场。据了解，四川龙泉、江苏无锡、上海南汇、浙江奉化及金华等南方重点桃区的早熟桃仅在7月中旬前在南方果品市场有一定的占有率，之后山东、河北的桃开始大量上市，因此南方桃对山东影响不大。山东临沂和河北省是国内鲜食桃的主产区，两地的熟期基本一致，桃果外观、口感相差不大，在南方市场形成了竞争之势。

表1-5 近几年来我国桃树的发展情况

项目 年份	桃园面积 （千公顷）	水果园面积 （千公顷）	桃子产量 （吨）	水果总产 （吨）
2000	90.8万	8 931.83	3 830 000	62 251 470
2001	452.25	9 200.44	4 561 893	6 658 万吨
2002	547.1	9 098	5 230 436	69 519 800
2003	607.2	9 436.7	6 148 100	75 515 220
2004	662.9	9 768.6	7 010 985	83 941 340
2005	677.1	10 035.2	7 624 207	88 355 020
2006	669.5	10 042.3	8 214 700	95 992 250
2007	697	10 471.1	9 051 774	105 203 200

（续）

项目 年份	桃园面积 （千公顷）	水果园面积 （千公顷）	桃子产量 （吨）	水果总产 （吨）
2008	695.1	10 734.3	9 534 351	113 389 200
2009	703.3	11 139.5	10 040 200	122 463 900
2010	719.4	11 543.9	10 456 020	128 652 300

表 1-6　上海果品市场桃不同品种来源及时间

（▲蟠桃　●油桃　○白肉桃　■黄桃）

来源 时间	安徽	四川	浙江	山东	河北	江苏	上海	北京	甘肃
5/上	●								
5/中	●								
5/下	●	○							
6/上	●○	○	○	▲					
6/中	●○		○	▲○	○	○			
6/下	●○■	○	○●	▲○	○●		○■		
7/上	●	○	●	○	○●		○■		
7/中	■		●	○	○●		○■		
7/下	■		●■	○	○●		○■		
8/上	●■		■	○	○●	●	■	○	○
8/中	●■		■	○			■	○	○
8/下				○	○●			○	○
9/上				○●■	○●			○	
9/中				○●	○●			○	
9/下				○●■●	○				
10/上				○●●	○●				
10/中				○■●	○●				

信息来源：上海市农科院

二、栽培技术总体水平低，果品质量差

桃树栽培面积的扩大与栽培技术的普及脱节，不适地区盲目发展，以清耕制为主的土壤管理制度及偏重化肥的使用造成有机质含量低，土壤板结，肥力下降严重，土壤酸化，严重制约了桃业的健康发展，同时发展中还存在着以下问题：苗木市场品种混杂、名称混乱的现象；产后处理技术滞后，市场调节能力弱；栽培密度大，整形修剪不当，留枝量过大，树冠交接，内膛光照不足，结果部位外移；生产者为追求大果而牺牲品质，使果实含糖量低，风味不佳；忽视果实采收后的栽培管理，尤其是早熟品种，果实采收后放弃管理，造成病虫害加重，树体衰弱，影响花芽质量；桃树生长旺盛，盛果后树体衰弱快，频繁使用多效唑，致使果肉粗糙，含糖量低，品质不佳，造成对桃果实污染大，目前我国在无公害桃果品上还无明确的安全指标，但根据国外（新西兰、欧盟）0.01 毫克/千克标准，我国许多果园严重超标。寻找代用品或新技术方法是未来桃产业发展的技术方向。2008 年湖北省果树部门用 GF677、毛樱桃、红叶李作中间砧控冠的试验，从初步的试验效果来看，GF677 作中间砧有一定的控冠效果，而毛樱桃和红叶李均有严重的后期（尤其是李作中间砧）不亲和现象，因此，关键是好的中间砧材料选择。中间砧技术在苹果、柑橘、葡萄均有较好的应用，在桃上也应该的较好的前景。另外南方桃控冠技术还可借鉴根域限制技术，这种方法在葡萄上有较成熟的技术，但栽培条件要求比较高，可作为一种技术思路。

三、生产规模小，产销组织化程度低

我国的果园大多实行单户管理，规模化程度低，规模效益上不来，主要由于农户的土地经营规模太小（平均只有半公顷，相当于欧盟的 1/40、美国的 1/400），据管恩桦等调查，临沂市

350万亩果园中，大约100万种植户，户均3.5亩，其中户均最多的是苍山县，果园面积16.5万亩，种植户1.95万户，户均8.46亩，大枣占的比例较大；户均最少的是兰山、费县等县区，费县42万亩果园，19.6万种植户，户均2.14亩。兰山1.5万亩果园主要集中在李官、半程、白沙埠等北部乡镇，种植户多者2~3亩，少者0.5~1.0亩；在这100万种植户中，其中大户（10亩以上）9 350户，占总户数的0.94%，较大规模户（5~10亩）15万户，占总户数的15%，一般规模户（3~5亩）36万户，占总数的36%，较小规模户（3亩以下）48.06万户，占总户数的48.06%，中小规模户（5亩以下）占84.6%。美国、法国等国家生产集约化程度很高，大批量、高质量的生产使产品的成本相对降低而我国农村很多产区规模化低，果品生产在一定程度上还承担着解决果农致富奔小康的任务，因而集约化程度低、生产技术比较落后，人力多而机械化程度低，因此规模化、集约化将是今后我国果业发展的方向，现阶段农民果业合作社将是加强集约化经营的一个突破口。

果品行业组织性差是个严峻的问题，美国脐橙协会控制着脐橙的生产营销等各个环节，政府在3~5年内给予数千万美元的补助；日本和我国台湾地区果品协会能给政府提供参数，由政府出政策，行业协会落实。虽然我们也有果品协会，但与国外相比，政府授予协会的权力少，支持力度还不够，行业生产没有计划统筹，诸多生产加工企业各行其是，企业发展不均衡，有的档次较低，管理水平低下，质量意识和风险意识相对薄弱，从而相互压价，搅乱了国际市场，使国内许多优良企业蒙受损失，导致出口受阻。同时中国没有专门做果品市场分析、信息反馈的部门，使得果品贸易的成本、风险相当高。目前，我国的果品生产基本上是农户单家独户经营，规模小而分散，生产者未能直接进入市场，不能准确获取市场需求信息。果品的销售绝大部分通过个体运销来实现，由于个体运销户规模有限，加上组织不严，管理不善，市场体系未有建立，价格机制未有形成，就更谈不上有统一的营销策略，使果品销售难以形成竞争合力，不能保证果品销售渠道的稳定和畅通，形成市场连锁效应。由于中国果业已经形成零散的自由贸易交易体系，产业结构不合理，科技含量低，经营管理不善，使得我国果业徒有其表，缺乏竞争力，近年来我国各地果市持续疲软，相继出现"卖果难"的同时，大量国外进口果品却又高价入市，对我国的果市及果树产业产生了非常大的影响。

国家桃产业技术体系专家认为，引导果农成立桃生产专业合作社是今后一段时间的主要任务。针对果农分散经营，抗风险能力差的现状，建议在全国桃主产区引导果农成立桃生产专业合作社，将分散的桃生产单位（农户）组织起来，成立松散型的经济合作组织，参加合作社的各成员单位（农户）可以共享技术、信息和市场资源；合作社通过建立科技示范基地，推广栽培管理新技术，开辟国内外销售市场，使桃由分散、小批量生产向规模化、产业化生产推进。

四、宣传力度不够，缺乏品牌建设

我国果品在日本销路好，一个重要因素是我国与日本贸易往来密切，我国的一些名优稀特果品能得到日本广大消费者的认可。果品消费潜力巨大的欧美市场，地理上与我国距离较远，我国的大宗果品因受"绿色壁垒"等因素所限难以扩大市场份额，而对我国有优势的区域特色果品因缺乏了解而需求乏力。同时果品市场营销网络不健全，发达国家早已形成了各种形式的中介组织，在农产品贸易方面主要负责研究和预测市场，建立销售网络，直接面向农民提供服务，为农产品销售开辟了顺畅渠道。如日本农协的多功能经营，满足了农产品销售、生产资料购买、信贷及推广等多种需求，为农民提供了有效的服务。我国目前农民的组织化程度还很低，各地的合作组织虽有一定发育，但在开拓市场、减少交易费用、降低风险、维护农民利益等方面的作用也还很弱,特别在出口创汇方面,销售网络还很不健全,果品通往国际市场的渠道不畅,对国际市场果品需求的研究开发不足,还停留在果熟才找出路的无序竞争阶段,这是造成"内销不旺、外销不畅"的根本原因。

缺乏主导品牌,国际竞争力差,在中国的果品产品市场上,到目前为止尚没有一个能够与国际市场相接轨的中国果品产品品牌,这和中国是世界果品生产大国的地位极不相称,整体的果业产业化尚停留在量化出口或是价格竞争阶段,使得中国果类产品的内部价格竞争日趋恶性循环,忽视品牌是中国果品出口的顽疾。目前中国果业的品牌意识普遍不强,没有真正形成自己的品牌,国内有些较知名的品牌,说到底仍像品种,如:天津鸭梨、陕西白水红富士、石硖龙眼等等,都是以产地来命名,这都是些大而统的品牌,而且品质参差不齐,鱼龙混杂,被盗用和假冒的情况也十分严重,事实上也无法保护;对中国果业来说,当前最大的危机在品牌,随着果品关税的降低,一方面,洋果品蜂拥而入,另一方面,洋果品虽未涌入但洋牌子却涌入,用洋牌子给国产果品进行"冠名",用他们的品牌和先进的管理抢占中国市场,如果国产果品不能树立自己的品牌,将永远无法与之竞争,没有品牌,在国际市场上就没有竞争力,广州市仙果果品(食品)有限公司董事长赵圳升认为形成自己的品牌并不单单是起个好名,更重要的是要有一套产业化的体系来维护自己的品牌。

近年来山东省蒙阴县积极打造蜜桃"蒙阴"品牌,注册了"蒙阴"牌蜜桃,全力打造有影响的果品品牌,蒙阴蜜桃已成为全国较为知名的果品品牌,在农业部发布的《2010中国农产品区域公用品牌价值评估报告》中,"蒙阴蜜桃"品牌价值达28.96亿元,名列农产品区域公用品牌前30强、果品品牌前10强、蜜桃品牌第一。该县从事果品销售的人员已达7 000多人,年销售果品在1 000万千克以上的有20多户,正是这一大批购销大户和销售人员，蒙阴县果品销售才得以迅速扩展到全国各大果品批发市场。到目前，上海、嘉兴、昆山，浙江的杭州、福建的厦门、广东的广州、东莞，江西的南昌等南方的一些重要城市，都有专门的蒙阴蜜桃销售市场，且销售量巨大。在浙江的宁波，占地近千亩的果品批发市场上，销售户家家挂着"蒙阴蜜桃"的牌子，成为一大景观。

第三节　桃树生产发展趋势

桃果属于时令性水果，因为柔软多汁、香甜可口、营养丰富，成为传统的美味鲜果，倍受消费者青睐。近年来，我国有地方特色的名、优、稀桃果竞相走向市场，以瞄准国内、国际水果市场，进行具有竞争力、标准化、科学化、高商品率的专业化生产，果实具有良好的色度、糖度、硬度、营养，获得了市场认可，得到了不同规模的发展，面积稳步上升，产量大幅提高，今后一段时间应把稳定面积、调整优化品种结构作为重点，逐步使早熟品种（5～6 月份成熟）比例占 15％～20％，中熟品种（7～8 月上中旬成熟）比例占 40％～45％，中晚熟和晚熟品种（8 月中下旬以后成熟）比例 35％～45％，同时加强果园管理，改善果品质量。

一、白肉水蜜桃是主流

在我国桃的栽培中白肉水蜜桃占 70％以上，现在市场上主要是"肥城桃"、"五月鲜"、"春蕾"、"雨花露"、"砂子早生"、"白凤"、"大久保"等。由于受果实风味、丰产性、贮运性、栽培面积等诸多因素的影响，这些品种近年的市场价格呈大幅度下降。随着一些新品种的推出，目前建园主要选用果实较大，果形正，外观美，品质优，插空补缺的优良品种，如早熟的"安农水蜜"、"春艳"、"美香"；中熟的"新川中岛"、"红甘露"、"早凤王"；晚熟的"莱山蜜"、"大果黑桃"、"冬宝"等。另外鲜食黄肉桃以其果肉橙黄，营养丰富、香气浓郁的特点开始在上海等大城市崭露头角。

二、蟠桃走俏市场

蟠桃以其形状独特、品质优良得到消费者认可，每年销往我国港、澳及海外达百吨以上，受到人们的青睐，在新疆、北京、江浙一带市场看好，近几年毛蟠桃、油蟠桃均培育出一批新品种，如早露蟠、瑞蟠、仲秋蟠、美国大红蟠、油蟠等市场售价高，效益可观。河北临漳县是 2001 年被国家林业局命名的中国蟠桃之乡——临漳的蟠桃已发展到 5 万亩。

三、油桃备受青睐

以其果皮光滑无毛、色泽艳丽、食用方便而引起人们的浓厚兴趣，20 世纪 80 年代初我国油桃品种主要从国外引进，如"五月火"、"早红 2 号""丽格兰特"等。由于这些品种普遍风味偏酸，已不宜再继续发展。在 20 世纪 80 年代后期由我国培育的甜油桃品系，如"瑞光"、"秦光"等，从根本上改变了风味偏酸的状况，但存在外观欠佳、裂果等问题，现已基本不再发展。1995 年以后推出的甜油桃品系，如"华光"、"曙光"、"艳光"、"早红珠"、"早丰甜"、"丹墨"、"红珊瑚"、"早红宝石"、"千年红"、"丽春"等，表现出高产、外观美、品质佳等优点，显示出较好的市场前景。

四、加工桃发展迅速

世界黄桃生产一直呈小幅下降趋势，主要生产国为希腊、智利、阿根廷等国，除了阿根廷桃种植面积略有增长，其他国家种植面积都有所减少，世界总种植面积在 3 年间减少了约 2 500 公顷。分析产生此问题的主要原因，是由于农业产品的附加值过低，导致农民收入一直处于社会底层，在世界工业化的大环境下，不断有果树种植园地被开辟为工业园区，造成了种植面积的逐步减少。虽然随着种植技术以及各种化肥和农药制剂的应用在一定程度上会使果树单产提高，但总种植面积的减少直接导致黄桃总产量的减少（见表1-7）。

表1-7　世界主要黄桃出产国黄桃种植面积、产量

（单位：公顷、吨）

项目 国家	2005/2006		2006/2007		2007/2008		2008/2009		2009/2010	
	面积	产量	面积	产量	面积	产量	面积	产量	面积	产量
阿根廷	7 600	67 500	7 600	83 700	7 617	83 450	8 188	80 350	8 188	81 100
澳大利亚	1 853	54 693	1 863	44 453	1 753	46 791	1 739	44 935	1 648	37 403
智利	7 600	142 000	9 000	206 380	10 270	305 050	10 270	269 000	10 100	215 000
希腊	23 900	330 000	23 000	330 000	22 300	370 000	21 200	365 000	19 500	280 000
南非	7 038	100 920	7 038	100 920	6 862	97 830	6 675	95 481	6 513	99 119
西班牙		568 900		500 789		398 701		432 635		369 707
总计	47 991	1 264 013	48 501	1 266 242	48 802	1 301 822	48 072	1 287 401	45 949	1 082 329

　　加工用桃在我国20世纪80年代发展迅速，而到90年代初，由于罐头加工业不景气，加工桃价下滑，导致果农大量砍伐，目前已所剩无几，全国现在面积不足20万亩，且面积分散，成规模的基地很少。从2000年，加工桃价格不断上扬，以山东省平邑县武台镇（山东省最大加工用黄桃基地，现有面积6万亩）为例，1996—1999年加工桃价格稳定在1.2～1.6元/千克，2000—2003年1.6～2.0元/千克，2005—2007年上扬到2.4～3.2元/千克。原因一是加工桃制品多样化，从传统的制罐头发展现在的速冻桃片、桃脯、桃汁、桃酱等，改变了人们的消费观念，特别是近年速冻桃片在韩国、日本及东南亚市场深受欢迎，市场潜力巨大，高档桃罐头及桃汁在欧美市场也深受青睐，销量连年剧增；二是优质加工桃品种不断出现，特别是不溶质黄肉桃

类，加工后酸甜适口，风味浓郁，色泽金黄，块型美观。优良代表品种有锦绣、罐5、19、83、黄中皇等；三是我国加入世贸组织后，出口关税的减免及政策上的优惠，刺激了加工企业的发展壮大，仅江苏、浙江两省2007年就新上大中型加工企业16家；四是由于人力资源的优势，我国已成为世界桃产品加工基地。今后应大力发展优质加工类黄桃，精选优良品种，并实行早、中、晚熟品种合理搭配，延长加工时间，走产业化发展道路，形成区域效应，产生规模效益。

2011年全国黄（白）桃的主产区，原料生长情况及质量大体正常，几个主产区并呈现以下特点：

安徽产区：以砀山地区为主，黄桃树结果较多，但果型偏小，主要是5～6月间少雨干旱，直接影响果实膨大。6月23日，砀山下了一场及时雨，黄桃丰收，总产达20万吨，品种主要以83和19为主。砀山地区的几个问题值得进一步关注：近几年，国内稻谷、麦子、玉米、黄豆等农作物都成倍涨价，而黄桃产地收购价没涨，果农没有高效益，造成砀山黄桃种植面积没有增加反而减少。因为油桃、白桃收购价远高于黄桃，近年约有上万亩在增加；政府对农药管理比以往有所改善，农药供应得到相应控制，果农也开始重视，基本做到禁用农药不使用；由于收购时按果型大小定价，促使农户重视疏果工作，今年疏果面积比往年增加，特别是临近采收期气候适宜雨水均衡，果品质量比去年好；83品种正常情况是在7月上旬开采，今年因春季寒期较长，花期推到4月10日，开始收购时间在7月10日左右，3～4天以后即7月中旬才达到批量收购。

北方产区：分布在北京平谷及河北深州一带，河北深州以白桃为主，据目前情况调查，普遍结果较多，长势较好。虽干旱严重，但由于上年收购价格高刺激了农民积极性，目前都在加强抗旱浇水等管理工作，预测今年产量与去年相当。其中，久保品种与去年持平，北京14品种有所增产。北京平谷也以白桃为多，有少量黄桃，但因为去年收购价没有白桃高，果农开始转向种白桃，预测今年产量与去年持平，数量最多2万~3万吨。

山东产区：山东黄桃主要集中在临沂、潍坊、诸城，黄桃主要品种有黄中皇、丰黄、连黄、金童5号、橙香、明星等，白桃主要分布在临沂蒙阴县。近几年，面积发展很快，产量也在不断增长，但品种相对杂，采收期7月15~18日开始，2011年黄桃产量较去年稍微增加，原料产量可达18万吨。临沂当地连续3年黄桃原料收购都以25%~30%价格上涨。临沂市桃加工品种生产基地主要集中在兰山李官、平邑武台、地方和费县费城等乡镇，栽培品种主要是黄金、锦绣、罐5、黄露、明星、金童系列等品种，成熟期集中在7中下旬至8月中旬，缺乏7月上旬和8月下旬成熟的品种，原料品种不能均衡供应加工企业。同时黄金、锦绣、罐5、黄露、明星等品种果肉存在红丝的问题未能有效克服，也直接影响到加工制品的质量。近年来选育出的黄中皇将是今后黄桃发展的主要品种。

东北产区：以大连地区黄桃为主，据当地代收户反映，前两年收购价偏低，挫伤果农种植积极性，毁树改种情况较为严重，保留的果树也放松了管理，加上洪水、冻害等灾害，今年产量将在上年减产基础上继续减产，减产的量大体在30%上下。

五、观赏桃成为创意农业、观光农业中的亮丽风景线

观赏桃花，是指以观赏为目的的桃树品种，与以食用为目的的果桃相比，具有花朵较大、花瓣多、花形优美、花色丰富、花期较长、有香味等特点。除个别品种外，观赏桃花一般不结果实，即便结果，其果实品质也差，而且果色不佳，个头偏小。但它那明媚灿烂的花朵却是春天的象征，也是春季不可缺少的观花植物，唐代诗人杜甫曾用"桃花一簇开无主，可爱深红映浅红"的诗句来形容其繁茂、娇艳。在桃花1 600多年的栽培应用历史

中，在长期的生产实践中赋予了桃花极为丰富的观赏性，观赏桃开花早而繁茂，花型各异，艳丽，深受人们的喜爱。在城镇园林绿化中，因地制宜适当种植观赏桃，可使园林景观更加绚丽多彩。观赏桃是强喜光树种，适宜在阳光充足、通风良好的环境中生长。微酸至微碱性土壤都能栽培，在排水良好的砂壤土中生长良好。观赏桃分为直立型、垂枝型和寿星桃。花色主要有纯白、淡粉、粉红、粉紫、浅红、深红等色，并有一树甚至一花两色的洒金花型。叶色有绿色和紫色两种。花有单瓣型、梅花型、月季型、牡丹型和菊花型。桃花在我国分布极广，品种特性上存在着明显的地区生态差异性，所有这些观赏特性赋予了桃花极强的观赏性，使之得以广泛应用于当今园林中。

观赏桃在园林绿化中的应用主要用于建立观赏桃主题公园、城市绿化观赏、庭院赏花以及盆景、切花、插花等，城市区域增加以观赏桃为主题的公园，既可以满足人们的爱美需求，又可以增加城市绿化面积，全国以桃花为主题的公园很多，其中以湖南桃源县的桃花源最为著名，"忽逢桃花林，夹岸数百步，中无杂草，芳草鲜美，落英缤纷，……"，陶渊明的《桃花源记》赋予了桃花美妙的神话色彩；在城市园林绿化中，可以将观赏桃用做行道树、配景树，亦可培植桃花坛、桃树篱，这样既可增加城市绿化树种的多样性，又可提高市民的文化欣赏的品位。桃红柳绿、临水斜倚、夹岸塞途、竹遮松荫、菜花丛中，可称得上是桃花配置应用最多的五种手法。"春风过柳如丝绿，晴日蒸桃出小红"。柳树枝条纤细，树影婆娑；桃花烂漫芳菲，花团锦簇。桃红柳绿，和谐中更显出桃花的妩媚娇艳，这一搭配成为园林中重要的春季景观，并已形成我国传统的造园手法，也成为桃树的又一朝阳产业。

第二章

桃树生长的环境条件

第一节 桃树对温度的要求

一、桃树对环境温度的要求

桃树对温度的适应范围较广，从平原到海拔 3 000 米的高山都有分布，除极冷极热的地区外，年平均温度在 12～17℃的地区，均能正常生长发育，桃的生长最适温度为 18～23℃，果实成熟期的适温为 25℃左右。桃树生长期温度过低或过高会影响桃树的正常生长，温度过低树体发育不正常，果实不易成熟，温度过高，枝干容易被灼伤，果实品质下降，南方品种群较耐高温。

二、桃树的需冷量

冬季休眠时，须有一定时期的低温，桃树一般需要 7.2℃以下，经过 750～1 250 小时后花芽叶芽才能正常发育。北方品种群的大部分品种比南方品种群的品种需要低温的时间要长，如果冬季 3 个月的平均气温在 10℃以上，翌春萌芽期开花期会参差不齐，甚至引起花蕾枯死脱落，影响坐果，造成减产。一般栽培品种的需冷量为 400～1 200 小时，如不能满足需冷量而表现为延迟落叶，翌年发芽迟，开花不整齐，产量下降，不同生态群的需冷量见表 2-1。

表 2 - 1　桃不同生态群的需冷量

(朱更瑞)

生 态 区	需冷量范围 (小时)	代 表 品 种
华南亚热带区	200~300	南山甜桃 200 小时
云贵高原区	550~650	青丝桃 550 小时、黄艳 600 小时
青藏高原区	600~700	光核桃 650 小时
东北寒地区	600~700	8501、8601 分别为 600 小时、500 小时
西北干旱区	800~900	早熟黄甘 750 小时、新疆黄肉 850 小时
长江流域区	800~900	上海水蜜、平碑子 850 小时
华北平原区	900~1 200	鸡嘴白 900 小时、大雪桃 1 000 小时、深州白蜜 1 200 小时

三、桃树的冻害

桃树属耐寒果树，在不同时期的耐寒力不一致，休眠期花芽在−18℃的情况下才受冻害，花蕾期只能忍受−6℃的低温，开花期温度低于 0℃时即受冻害，一般品种在−22~−25℃时可能发生冻害，如北京地区冬季低温达−22.80℃时，不少品种花芽和幼树发生冻害。桃各器官中以花芽耐寒力最弱，有些花芽耐寒力弱的品种如五月鲜、深州蜜桃等，在−15~−18℃时即发生冻害，是这些品种产量不稳的原因之一。桃花芽在萌动后的花蕾变色期受冻温度为−1.7~−6.6℃，开花期和幼果期的受冻温度分别为−1~−2℃和−1.1℃。

第二节　桃树对水分的要求

桃原产于大陆性的高原地带，耐干旱，雨量过多，易使枝叶徒长，花芽分化质量差，数量少，果实着色不良，风味淡，品质下降，不耐贮藏。各品种群由于长期在不同气候条件下形成了对水分的不同要求，南方品种群耐湿润气候，在南方表现良好，北方品种群在南方栽培易引起徒长，花芽少，结果差，品质低。因此在选用栽培品种时，应注意种群的类型，以避免在生产中带来麻烦。

桃虽喜干燥，但在春季生长期中，特别是在硬核初期及新梢迅速生长期遇干旱缺水，则会影响枝梢与果实的生长发育，并导致严重落果。果实膨大期干旱缺水，会引起新陈代谢作用降低，细胞肥大生长受到抑制，同时叶片的同化作用也受到影响，减少营养的累积。南方雨水较多，早熟品种一般不会缺水，晚熟品种果实膨大时，正处于盛夏干旱时期，叶片的蒸腾量也大，因此，应视实际进行适当的灌水，以促进果实膨大。

桃树花期不宜多雨，有时在桃开花期遇连续阴雨天气，致使当年严重减产，桃树属极不耐涝树种，土壤积水后易死亡。

第三节　桃树对光照条件的要求

桃树原产我国西北，海拔高，光照强，形成了较其他果树更为喜光的特性，对光照不足极为敏感，表现为树冠小，干性弱，树冠稀疏，叶片狭长。一般日照时数在1 500～1 800小时即可满足生长发育需要，日照越长，越有利于果实糖分积累和品质提高，桃树光合作用最旺盛的季节是5、6月两个月。光照不足，枝叶徒长，树体内碳水化合物与氮素比例降低，花芽分化不良，花芽分化少，果实品质差，树冠内易于秃裸，结果部位迅速外移，光照不足还会造成根系发育差、花芽分化少、落花落果多、果实品质变劣的后果。

桃树喜光的特性，要求在栽培上必须注意合理选择光照条件好的地段建园，栽植不可过密，并选用矮冠和较为开张的树形，例如自然开心形、纺锤形、V字形等，在树冠外围，光照充足，花芽多而饱满，果实品质好，反之在内膛荫蔽处的结果枝，其花芽少而瘦瘪，果实品质差，枝叶易枯死，结果部位外移，产量下降。同时种植密度不能太大，避免造成遮荫，同时应较多地进行夏季修剪，通过疏枝，保持树冠枝叶疏密适当，花芽形成良好，提高桃果品质，并防止树冠内部枝条枯死。

第四节　桃树对土壤的要求

桃树适应性强，对土壤的要求不严，一般土壤均可栽培，但以排水良好、通透性强的沙质壤土为最适宜。如沙性过重，有机质缺乏，保水保肥能力差，生长受抑制，花芽虽易形成，结果早，但产量低，且寿命短；在黏质土或肥沃土地上栽培，树势生长旺盛，进入结果时期迟，容易落果，早期产量低，果个小，风味淡，贮藏性差，并且容易发生流胶病，因此，对沙质过重的土壤应增施有机质肥料，加深土层，诱根向纵深发展，夏季注意树盘覆盖，保持土壤水分。对黏质土，栽培时应多施有机肥，采用深沟高畦，三沟配套，加强排水，适当放宽行株距，进行合理的轻剪等等。

土壤的酸碱度以微酸性至中性为宜，即一般 pH5～6 生长最好，当 pH 低于 4 或超过 8 时，则生长不良，在偏碱性土壤中，易发生黄叶病。桃树对土壤的含盐量很敏感，土壤中的含盐量在0.14%以上时即会受害，含盐量达 0.28%时则会造成死亡。因此在含盐量多的地区栽培桃树时，根据盐随水来，盐随水去，水化气走，气走盐存的活动规律，应采取降盐措施，如深沟高畦，增施有机肥料，种植绿肥，深翻压青，地面覆盖等，以确保桃树生长良好，确保丰产丰收。

第三章

桃树的生物学特性

第一节 桃树的生长习性

桃属于落叶果树，小乔木，生长快，一年可抽生二次枝、三次枝，幼年旺树甚至可抽生 4 次枝，干性弱，中心主干在自然生长的情况下，2 年后自行消失；层性不明显，树冠较低，分枝级数多，叶面积大，成花很容易，进入结果期早，过去有"桃三杏四梨五年"的说法，现在通过先进的栽培技术，第二年就可以实现经济产量，5～15 年为结果盛期，15 年后开始衰退，桃树经济寿命的长短，与选用的砧木类别、环境条件和栽培管理水平有较密切的关系。

一、根系

1. 根系的特点

①根系浅　根系分布浅，是落叶果树中根分布最浅的树种之一，其分布的深度和广度因砧木、品种、土壤地理条件不同而不同，水平根系发达，分布范围一般为冠径的 2～3 倍，垂直根不发达，一般在 10～15 厘米土层内，黏重土壤和地下水位高的分布更浅，山地分布深；毛桃砧的根系发育好，分布深广；山桃砧须根少，分布较深；寿星桃砧和李砧细根多，直根短，分布浅。分布浅，固地性差，抗风性差。

②需氧量大　对土壤含氧量敏感，土壤含氧量 10％～15％生长正常，土壤中 O_2 含量降至 7％即生长受到抑制甚至死亡。

③桃树的根系"怕旱、怕涝" 桃树怕积水和淹水，是落叶果树中最怕涝的果树，淹水 24 小时左右就会出现死树。据山东果树所在肥城县调查，肥城桃在地势低洼、易积水的园地比不积水园地死根比例多，前者死根率为 19.3％，后者仅 0.5％。同时观察到积水 1～3 昼夜即可造成落叶，尤其是在含氧量低的水中。

④无明显休眠期 根系在年生长周期中没有自然休眠，只要温度适宜就可生长。在华北地区桃树根系生长有两次高峰，第 1 次在 5 月下旬至 7 月上旬，第 2 次在 9 月下旬。据报道，春季土温 0℃以上根系就能顺利地吸收并同化氮素，5℃ 新根开始生长；7 月中下旬至 8 月上旬土温升至 26～30℃时，根系停止生长；秋季土温稳定在 19℃时，出现第 2 次生长高峰，对树体积累营养和增强越冬能力有重要意义；初冬土温继续下降至 11℃以下，根系又一次停止生长，被迫进入冬季休眠。

⑤忌地性强 桃树根系残留在土壤中，会分解成氢氰酸和苯甲酸，它能抑制桃树新根生长，浓度高时会杀死新根。所以重茬桃树表现生长弱，病害多（如流胶病、根癌病等），果实小，严重的会死树，生产上不能连作。

2. 影响根系生长的条件

①土壤通气性 土壤含氧量 10％～15％生长正常；7％～10％时生长受到抑制；7％以下时，根变成暗褐色，很少发新根，新梢生长明显衰弱甚至死亡。

②土壤酸碱度 pH 值 5.2～6.8 最适宜，4.5 以下时易缺磷、钙、镁，7.5 以上时易缺铁、锰、锌、硼等元素。

③土壤盐分 0.08％～0.1％时可以正常生长，含盐量达 0.2％时出现盐害。

二、芽

1. 芽的种类 芽的种类有花芽和叶芽两种。

花芽：纯花芽，由侧芽形成，花芽内只有花原基，萌发后开花结果，分为单花芽和复花芽。

叶芽：只抽生枝叶，着生在枝的顶端和叶腋。桃的顶芽为叶芽，这是核果类果树的共性。叶芽在叶腋内着生方式很多，有的是单个着生，有的与一个花芽并生，有的位于两个花芽之间，有的与三个花芽并生，但也有的二、三个叶芽并生。

在枝的基部和不充实的二次枝上或弱枝上，只有节的痕迹而无芽，称它为盲芽，枝条基部还有潜伏芽。

2. 芽的特性 桃叶芽具有早熟性，一年可抽梢2~3次，复芽实质上是一个极短枝，是桃芽早熟性的表现。

芽具有萌发力强，成枝力强的特点，一年可抽梢2~3次，因此桃树生长快，成形快，结果早，易衰老，寿命短（一般15~20年）。同一枝上的芽饱满程度，单芽、复芽的数量与着生的部位是有差异的，这与营养、光照状况有关。

桃芽的萌发，花芽比叶芽稍早，花芽为纯花芽，每朵花芽形成一朵花（蟠桃的一些品种有2~3朵花的）。花的开花期常依品种和其他条件的不同而有先后，在一般情况下，萌芽早的品种，开花亦早，老树比幼树早，短果枝比徒长性结果枝早。在同一地区，由于品种不同，其花期也不同。

三、枝条

1. 枝条的种类

（1）生长枝 又分发育枝、徒长枝和叶丛枝。

①发育枝 组织充实，生长健壮，其上均为叶芽（幼、旺树较多，结果树较少），一般粗度1.5~2厘米，长度在60厘米以上，主要构成树体骨架。

②徒长枝 生长旺，较粗，节间长，直立，长度超过1米，在其上常着生2、3或4次枝，早期摘心，培养成结果枝组，也可用于骨干枝的更新。幼、旺树及成年树的树冠上方较多。

③叶丛枝（亦称单芽枝） 大多数由枝条基部芽萌发而成，

极短，在1厘米以下，只有一个顶生叶芽，萌发时形成叶丛，不能结果；在适宜条件下，可抽生中、短果枝。

（2）结果枝　从形态和长度上可分为徒长性结果枝、长果枝、中果枝、短果枝和花束状果枝：

①徒长性结果枝　长60厘米以上，横径8毫米左右，具有副梢，多着生于幼树和旺长树上。徒长性果枝上的复花芽质量较差，但副梢可着生花芽开花结果。

②长果枝　长度为30～60厘米，横径6～8毫米，枝条中上部多着生健壮的复花芽，结果能力强，且能抽生2～3个新梢，连续结果。

③中果技　长15～30厘米，横径3～5毫米，生长充实，单、复花芽混生，结果可靠，且能抽生中、短果枝连续结果。

④短果枝　长15厘米以下，横径3毫米左右，单花芽多。一般营养条件不良时坐果率低，且结果后易枯死，但它是华北系品种的较好结果枝。

⑤花束状结果枝　长度不足5厘米，横径3毫米以下，多见于弱树和衰老树，节间极短，除顶芽是叶芽外，其余全是花芽，呈花束状。除着生于背上者外，结果能力较差，易枯死。不同品系、品种间各类结果枝的结果能力不同，修剪时应予注意。

2. 枝梢的生长特性

①叶芽在春季萌发后，新梢即开始生长，在整个生长过程中，有2～3个生长高峰。第一个生长高峰在4月下旬至5月上旬，5月中旬逐渐减弱；第二个生长高峰在5月下旬至6月上旬，同时在该段时间新梢开始木质化，6月下旬新梢的伸长生长明显减弱。但幼树及旺树上的部分强旺新梢还出现第三次生长高峰。除此之外的新梢这时主要是逐渐进入老熟充实、增粗生长阶段，10月下旬进入落叶休眠阶段。

②萌芽力和成枝力强，除了枝条基部瘪芽外，大部分都能萌发，抽出许多长、中、短枝条。营养生长极性明显，易离心生

长，要注意及时控制。利用芽早熟性产生三次枝可进行整形和夏季修剪培养结果枝组。

③顶端生长优势明显，重剪、结果少、施肥多的情况下更加突出。

四、叶片

叶片是进行光合作用制造有机养分的主要器官，桃树体内90％左右的干物质来自叶片，影响光合作用的因素有光照、温度、水分、二氧化碳浓度、矿质营养等。充足的光照、适宜的温度（20～28℃）、适量的水分、施肥及二氧化碳均有利于光合作用进行；叶片的发育过程从叶原基出现起，经过叶片和叶柄分化、展叶，叶面积迅速增加，直到叶片停止增大为止，桃叶面积指数4～6为宜。

叶片年生长周期内形态、色泽的变化大致分为四个时期：第一期为4月下旬至5月下旬，叶片迅速增大，颜色由黄绿转为绿色；第二期为5月下旬至7月下旬，叶片大小已形成，叶片的功能达到了高峰；第三期为7月中旬至9月上旬，叶片呈深绿色，最终转为绿黄色，质地变脆；第四期为9月上旬至9月下旬，枝条下部叶片渐次向上产生离层，10月底11月初开始落叶。

前期生长的叶片小（约5～8节），生长期短（约36～40天），中期叶片大（约9～14节），生长期长（50～60天），叶片在展叶前生长速度最快（约10天左右），展叶后至最大面积约需40～50天，长到最大时光和效率最高，桃树叶片达到成叶面积的60％～70％时，光合产物开始外运；在一个新梢上部叶的光合产物运向顶部，下部叶的向下部运输，其临界节位在新梢中部；果实发育所需的有机营养主要来自果实上部邻近的新梢。

单叶的寿命：基部4～5节叶片为1～2个月，其他叶片6～8个月，可保持到秋末冬初，若遇干旱、低温、水涝、病虫害、药害等不良因素，可缩短寿命，提前落叶。

第二节　桃树的结果特性

一、桃树的树龄周期

1. 幼树期　是指树龄 1～3 年生，此期的主要目的是促使桃树成形，形成稳定的树架结构，为开花结果打好基础。

2. 初果期　2～4 年生，生长发育和结果同时进行，树形基本成型，已具有一定的经济产量。

3. 盛果期　3～15 年生，达到一定的经济产量并保持相对稳定，此期树相整齐，产量高、质量好，经济效益显著期。

4. 衰老期　一般指树龄 15 年以上，此期树势开始衰弱，树冠残缺不齐，树冠内膛光秃，产量明显下降，果实品质差，无经济栽培意义。

二、桃树的年生长周期

1. 休眠期　11 月至翌年 3 月，此期养分回流，停止生长，树体进入越冬状态。

2. 生长期　3～11 月，积累养分，开花结果，促进发育。

三、桃树主要物候期

1. 叶芽膨大期　鳞片开始分离，露出浅色痕迹，树体随温度升高，已经开始活动了。

2. 始花期　5％的花朵开放，表明已开始授粉。

3. 初花期　25％的花朵开放，表明大量花朵开始授粉，是将来产量的主要部分。

4. 盛花期　50％花朵开放，是授粉的主要时期。

5. 末花期　75％的花瓣变色，开始落瓣。表明花的授粉期已过，幼果开始膨大。

6. 展叶期　第一枚叶片平铺展开，表明已开始进行光合作用。

7. 枝条开始生长期　叶片分开，节间明显，表明枝条已开始生长。

8. 果实成熟期　树上25％的果实成熟，表明开始大量采收。

9. 落叶期　25％的叶片开始落掉，表明气温已明显下降，树体即将逐步进入休眠。

四、桃树的花芽分化

1. 花的种类　桃花有两种，一种叫蔷薇型又叫大花型，一种叫铃型又叫小花型。桃的多数品种能自花授粉，但一部分品种花粉不育，所以对于没有花粉的品种必须配置授粉树。

2. 花芽分化与形成　桃的花芽属夏秋分化型，具体分化时间依地区、气候、品种、结果枝的类型、栽培管理的状况、树势、树龄等方面的不同而差异，6～8月是花芽分化的主要时期，此时新梢大部分已停止生长，养分的积累为花芽分化奠定了基础。花芽基本形成后，花器仍在继续发育，直至翌春开花前才完成。

桃的全树花芽分化前后可延续2～3周，一般情况下，幼树比成年树分化晚，长果枝比中、短果枝分化晚，徒长性结果枝及副梢果枝分化更晚。环境条件、栽培技术的优劣，都能影响花芽分化的时期和花芽分化的质量与数量。桃极喜光，花芽分化时期如日照强，温度高，阴雨天气少，树冠结构合理，通风透光良好，就能促进花芽的分化。在树冠外围光照充足处，则花芽多而饱满，反之则花芽小而少。在栽培技术上，凡有利于枝条充实和营养积累的各种措施都能促进花芽的分化，如幼年树适当控氮肥，加强夏季修剪，改善通风透光条件，成年树采后及时追施基肥等，是促进分化的有效措施。

3. 授粉受精和果实发育　桃的自花结实率很高，但也有许多品种如仓方早生、大团蜜露等，必须配置授粉树，或进行人工辅助授粉，才能正常结果。桃的结实率与花期的温度有关，花期温度高，则结实率高，在 10℃以上，才能授粉受精，最适温度为 12～14℃。

五、桃果实发育时期

1. 果实速长期　自落花至核层开始硬化，此期果实体积和重量迅速增加，一般需要 45 天左右。

2. 硬核期　自核层开始硬化至完全硬化，这一时期胚进一步发育，而果实发育缓慢。该期的长短，因品种而异，早熟品种约 1～2 周，中熟品种约 4～5 周，晚熟品种约 6～7 周或更长。

3. 果实后期生长期　从核层硬化后至果实成熟前，一般在采前 10～20 天果实体积和重量增长最快。

六、桃树结果特性

南方品种群以长、中果枝结果为主，北方品种群以短果枝结果为主。修剪时要注意多保留短果枝并及时更新，培养短果枝组。随着树龄增加，短果枝比例增加，中果枝比例减少，要及时回缩更新，增强树势，防止结果部位外移。

第四章

桃优良品种

第一节　桃主要分类

桃属于蔷薇科（Rosaceae），桃属（*Amygdalus* L.），我国栽培和野生的主要有5个种：

一、普通桃（*A. persica* L.）

普通桃即园桃原产我国，为桃属中最重要的种，目前世界各国栽培的品种均来源于此种。果面有茸毛，核面具深沟纹和孔纹，其中作为品种或砧木之用的有以下3个变种。

1. 蟠桃（*A. persica* var. *compressa* Bean.）　果实扁圆，梗洼和萼洼凹陷，核为圆形，核很小。

2. 油桃（*A. persica* var. *mectarina* Maxim.）　又名李光桃，果皮光滑无毛，较小，含糖量较高。国际上西亚、南欧及美国一带栽培普遍，且经过改良，果实个头增加，近年来我国也培育出了很多品质较好的油桃品种如中油4号、中油10号等。

3. 寿星桃（*A. persica* var. *densa* Makino）　树体极矮小，节间很短，根系浅，有红花、白花、粉花三个品系，可盆栽，也可作桃的矮化砧木，但它的无性繁殖很困难。

二、甘肃桃（*A. kansuensis* Skeels.）

甘肃桃又名毛桃，与普通桃很相似，但冬芽无茸毛，叶片在中下部最宽，叶边缘锯齿较稀，花柱长于雄蕊，大约与花瓣等长。核面有沟纹，但无孔纹。适宜用作桃的砧木。

三、山桃（*A. davidiana* Franch.）

原产华北、西北及东部等地区，树干光滑，核近球形，有孔纹但无沟纹，有红花山桃、白花山桃、光叶山桃等变种，抗性极强，多作北方的抗寒砧木。

四、光核桃（*A. mira* Koehne）

分布于西藏及四川等地，大乔木，高达 10 米以上，枝条细长，叶披针形，花白色，果实小，近球形，果皮无毛，核卵形而光滑，可食用。

五、新疆桃［*A. ferganensis*（Kosst. et Riab.）Kov. et Kost.］

主产新疆和苏联中亚细亚，有很多栽培品种。果实扁球形或球形，较小，绿白色，茸毛较多。核球形或扁椭圆形，表面具纵向平行的棱或纹是其显著特征，多离核。果肉有特殊的风味，种仁苦或甜。

第二节　桃的品种群

桃在全世界有 3 000 多个品种，中国约有 800 个，依其地理分布并结合生物学特性和形态特征，可分为 5 个品种群：

一、北方品种群

主要分布在河北、山东、河南、山西、陕西等地。

主要特点　果实顶尖而突起，缝合线较深；树势枝条直立，以中短果枝结果为主；多为单花芽，而且花芽瘦长，花芽耐寒力差，易遭冻害，产生僵芽；耐旱，抗寒能力强；有些品种花粉粒小，授粉不良，易形成"桃奴"，如深州蜜桃、肥城桃。

分类　可分为蜜桃和硬肉桃两大类：蜜桃：果实一般较大，溶质，多汁，晚熟，如：肥城桃、深州蜜桃；硬肉桃：多为离核，汁少，属硬肉型，如：五月鲜、六月白。

二、南方品种群

适于温暖、多雨的华东、华南一带，以江浙最多。东北地区防寒栽培的桃多为南方种群。

主要特点　果顶平圆，缝合线浅，果肉多汁，不耐贮运；枝条多开张，以长果枝结果为主；花芽多为复花芽而且肥圆，花芽耐寒力强；抗旱、抗寒能力差；南方桃中的硬肉桃，果实顶有小突起，果肉脆硬，汁少，枝条直立，以中短果枝结果为主，单花芽多。如：日本的白凤，大久保属于南方水蜜桃系。

三、黄肉桃品种群

主要分布在西北、西南一带，华北、华东也有栽培，适于加工制罐。

主要特点　树势旺盛，树冠较直立，果实圆或长圆形，皮和肉均呈金黄色，果肉黄色或橙黄色，肉质致密。最适制罐的品种要求果肉肉块大，肉橙黄或金黄色，果肉及近核处无红色，耐煮，不浑汤，如罐 5、19、83、黄中皇等。

四、蟠桃品种群

主要分布在江浙两省。

主要特点　树冠开张，枝条开张，短而密，复花芽多，以夏花芽结果为主，果实扁圆形如饼，从两端凹入，果肉多白汁，柔软多汁，甜味重，品质佳。主要品种有：早露蟠桃、瑞蟠系列、中油蟠桃等。

五、油桃品种群

分布于甘肃、新疆等地。

主要特点　果实光滑无毛，肉紧密，多黄肉，离核或半离核，多汁，味酸。主要品种中油4、中油5、曙光等。

第三节　桃树优良品种

一、我国各地桃品种构成

国家果树种质资源圃在南京、郑州和北京生态区设置了3个国家级桃品种资源圃，共收集、保存了国内外品种资源1 800个左右。一个优良品种必须同时具备综合性状优良、优良性状突出，并且没有明显缺陷，外观性状、品质性状、栽培性状、抗性等都要良好。各地桃品种构成分别见表4-1、表4-2、表4-3。

表4-1　上海市桃品种构成状况（2009，叶正文）

地点	品种名称	栽培面积（万亩）	所占比例（%）	总面积（万亩）	成熟期	备注
上海市南汇区	大团蜜露	3.7	44.58	8.3	7月中下旬	
	湖景蜜露	1.5	18.07		7月中旬	
	新凤蜜露	1.0	12.05		7月中旬	
	锦绣黄桃	0.8	9.64		8月中下旬	
	川中岛	0.3	3.61		8月上旬	
	塔桥1号	0.3	3.61		7月上中旬	
	仓方早生	0.2	2.41		6月下旬	
	早白花	0.1	1.20		7月上旬	
	岗山早生	0.1	1.20		6月下旬	
	其他	0.3	3.61			

（续）

地点	品种名称	栽培面积（万亩）	所占比例（%）	总面积（万亩）	成熟期	备注
上海市奉贤区	锦绣黄桃	1.0	40.00	2.5	8月中下旬	
	大团蜜露	0.4	16.00		7月中下旬	
	锦香黄桃	0.3	12.00		6月下旬	
	湖景蜜露	0.3	12.00		7月中旬	
	沪油桃018	0.2	8.00		6月中下旬	
	其他	0.3	12.00			
上海市金山区	玉露蟠桃	0.9	45.00	2.0	7月下—8月初	
	锦绣黄桃	0.6	30.00		8月中下旬	
	锦香黄桃	0.2	10.00		6月下旬	
	其他	0.3	15.00			
松江区	湖景蜜露	0.2	20.00	1.0	7月中旬	
	锦绣黄桃	0.3	30.00		8月中下旬	
	大团蜜露	0.2	20.00		7月中下旬	
	锦香黄桃	0.1	10.00		6月下旬	
	其他	0.2	20.00			

表4-2 北京市平谷桃品种构成状况（2009，刘国杰）

地点	品种名称	栽培面积（万亩）	所占比例（%）	总面积（万亩）	成熟期	备注
平谷	庆丰	1.5	7.5	约20	6下至7上	
	京红	1.5	7.5		7月上中	
	香山水蜜	0.5	2.5		7月上	
	大久保	3	15		7下8上	
	京玉	1	5		8月上	
	京艳	3.6	18		8下9上	
	八月脆	0.3	1.5		9月中旬	
	艳丰1号	0.3	1.5		9月上	
	陆王仙	0.5	2.5		8月中下	
	艳红	0.3	1.5		8下9上	
	丰白	0.3	1.5		8月中	

表 4‑3　衡水深州市桃品种构成状况（2009，徐继忠）

地点	品种名称	栽培面积（万亩）	所占比例（%）	总面积（万亩）	成熟期	备注
衡水深州市	春雷	0.5	2.5	20.0	5月25日～6月5日	
	玫瑰露	0.2	1.0		6月5～10日	
	春艳	1.0	5.0		6月5～10日	
	早美	1.0	5.0		6月5～8日	
	雨花露	0.5	2.5		6月5～10日	
	美硕	0.5	2.5		6月15～20日	
	沙子早生	1.5	7.5		7月1～8日	
	阿布白桃	0.8	4.0		7月1～10日	
	早凤王	0.5	2.5		7月1～10日	
	中华沙红	0.5	2.5		6月15～20日	
	大久保	2.0	10.0		7月5～20日	
	优系久保	1.5	7.5		7月20～25日	
	岗山白	0.5	2.5		7月15～25日	
	新川中岛	1.0	5.0		7月15～20日	
	北京14号	2.0	10.0		7月20日～8月6日	
	红岗山	1.0	5.0		8月5～10日	
	陆王仙	1.0	5.0		8月14～20日	
	深州蜜桃	1.0	5.0		8月20～30日	
	二十一世纪	1.0	5.0		8月25～30日	
	北京33	1.0	5.0		8月27日～9月4日	
	北京晚蜜	0.8	4.0		8月27日～9月4日	
	中华寿桃	0.2	1.0		10月15～20日	

　　青岛市农业科学研究院姜林等对山东桃的调查结果表明，山东栽培的桃有普通桃、油桃、蟠桃、油蟠桃，栽培品种近百个。主要为肥城桃、安丘蜜桃、冬雪蜜桃、中华寿桃、城阳仙桃、莱

州仙桃、惠民蜜桃、大久保、仓方早生、砂子早生、雨花露、新川中岛等（山东5个示范县的品种组成情况见表4-4）。油桃、蟠桃也有不少栽培。油桃以曙光、中油5号、潍坊甜油桃为主，蟠桃以早露蟠桃为主。设施栽培的主要品种为：曙光、中油4号、中油5号、丽春、艳光、五月火、早露蟠、春艳、青研一号等。

表4-4　山东5个示范县的品种组成情况（2010年）

地　区	品　种　构　成
胶　州	上海水蜜 18.25%、新川中岛 13.58%、寒露蜜 11.11%，其他 57.06%
平　度	仓方早生 20%、川中岛 20%、寒露蜜 40%
威海环翠区	早露蟠 60%、新川中岛 20%，其他 20
沂　源	仓方早生 20%、莱山蜜 10%、中华寿桃 40%、其他 30%
蒙　阴	栽培面积 2 万亩以上的品种为砂子早生、早久保、仓方早生、朝晖、红珊瑚、川中岛、莱山蜜、秋红、寒露蜜、绿化 9 号、中华寿桃、蒙阴晚蜜等

曲阜师范大学生命科学学院栾鹤翔等人 2008 年对山东临沂、潍坊和泰安市的桃品种资源进行了调查，结果表明，三市现有桃栽培品种 145 个，其中，传统及选育品种 127 个，国外引进品种 18 个；毛桃品种 101 个，油桃品种 30 个，蟠桃品种 10 个；粘核品种数量占 58.4%；早熟品种 25 个，中早熟品种 30 个，中熟品种 26 个，晚熟品种 20 个，极晚熟品种 5 个。145 个品种的果肉多为软溶质，可溶性固形物含量 11%～14%，最高达 16%。

就临沂来说，栽培桃树品种 70 个，其中栽培面积 0.5 万～1 万亩品种 9 个；1 万～2 万亩品种 8 个；2 万～3 万亩品种 6 个（锦绣、曙光、砂子早生、寒露蜜、朝晖、上海水蜜）；3 万～4 万亩品种 2 个（黄金桃、中华寿桃）；5 万～6 万亩品种 2 个（仓方早生、川中岛）。从成熟期分析，5 月份成熟的主要有沪 005、早红珠等，栽培面积占 2.5%；6 月份成熟的主要有曙光、早久保、早白凤、青研 1 号等，占 13.5%；7 月份成熟的主要有仓方早生、砂子早生、朝晖、大久保、上海水蜜等，占 39.1%；8 月份成熟的主要有川中岛、莱山蜜、秋风蜜、绿化 9 号等品种，占 32.6%；9 月份成熟的主要有寒露蜜、北京晚蜜等品种，占 5.6%；10 月份成熟的主要有中华寿桃、冬桃等品种，占 6.7%。分析显示，临沂桃的成熟期主要集中在 7~8 月，栽培面积占 71.7%。较大面积（5 000 亩以上）栽培的品种共计 27 个，面积 47.53 万亩，占全市桃面积的 76.9%；其中 7~8 月成熟的品种 17 个，面积 33.15 万亩。2002 年以来，黄肉桃栽培面积发展较快，全市黄肉桃 9.2 万亩，占桃栽培面积的 14.9%。

二、水蜜桃品种

1. 早美　北京林果所 1981 年用庆丰×朝霞杂交，1990 年育成，原代号 81 - 10 - 13，极早熟桃品种。

果实近圆形，果个均匀，平均单果重 97 克，最大 168 克，果顶圆，缝合线浅，两侧较对称；果皮底色黄白，果面 1/3 以上着暗红色晕，成熟时果面近全玫瑰红色，果面绒毛少，不易脱落；果肉白色，肉质细，柔软多汁，软溶质，纤维少，可溶性固形物含量 9.5%~11%，味甜，略有香气，粘核，不裂核，为硬溶质桃。果实发育期 50~55 天，在北京地区 6 月上旬成熟，比春蕾早 3~4 天，比早花露早 2 天。

该品种树势强健，树姿半开张，成枝力强，枝条较细，复花芽较多，蔷薇形花，花粉量大，坐果率高，各类枝均能结果，丰产性好。应适时采收，过迟风味变淡，影响品质。

2. 春艳　原代号 81 - 1 - 10，青岛农科院用早香玉×砂子早生杂交，1986 年选出，1998 年通过山东省品种委员会审定并定名。

果实平顶、近圆形，两半部基本对称，平均单果重 94 克，最大单果重 250 克；硬熟期底色纯白，果顶微红，完熟后，着鲜红色，色泽鲜红，可达全红，极为漂亮，绒毛中多；果肉乳白色，含可溶性固形物 11%，纤维少、汁液中等，风味甜、桃香味浓郁，粘核，七成熟时即可上市，完全成熟时口感更佳，品质上等。果实发育期 65 天，在青岛地区 6 月 20 日左右果实成熟。

该品种植株健壮，长势中庸，长、中、短枝均能结果，极易形成花芽，花粉多，早产丰产，生产上注意疏花、疏果，加强早期肥水管理和磷钾肥的施用。该品种克服了春蕾桃味淡、软核等缺点，需冷量低，是理想的促成栽培品种，也是露地栽培优良的早熟品种之一。在目前山东的毛桃大棚促成栽培中，占有较高的比例。

3. 千姬　又名早红蜜，日本国立果树试验场用高阳白桃×さぉとめ育成，西安市园艺站 1994 年引进。

果实短椭圆形，早熟大果型品种，平均单果重 180 克，最大 350 克；果面全红；果肉白色，肉质细密，多汁，可溶性固形物含量 15%，风味极佳，粘核。果实发育期 70 天左右，在西安 6 月中旬成熟。

该品种有花粉，坐果率高，丰产，耐贮运性良好。

4. 春雪　由山东省果树研究所 1998 年引进筛选的美国早熟红色品种。

果实圆形，果顶尖圆，缝合线浅，茸毛短而稀，两半部稍不对称，平均单果重 150 克，最大果重 350 克；果皮底色白色，全面着红色；果肉白色肉质硬脆，纤维少，风味甜、香气浓，粘核，可溶性固形物 12.5%，总糖 8.65%，可滴定酸 0.33%。

树势旺，树姿开张，1 年生枝黄褐色，新梢绿色，光滑，有光泽。叶片深绿色，叶片大，披针形，叶尖渐尖，叶基楔形。叶缘钝锯齿状，叶脉中密，叶腺肾形。铃型大花，粉红色，雌雄蕊等高，花粉量大，自花授粉。树势健壮，萌芽率高，成枝力强，长、中、短枝均能结果，易成花，花粉多，自花授粉，无需人工授粉，自然坐果率高，需注意疏果，以提高桃的品质。定植当年即结果，第3年亩产达2 000千克，丰产性优良，栽培中需注意适当控制树势旺长。在山东地区4月初开花，6月上旬果实成熟，生育期70天，在0℃条件下可贮存2个月以上。

该品种适应性强，抗病虫能力较强，优于同期成熟的春蕾、岗山、沙子早生等，抗穿孔病、褐腐病、潜叶蛾等。

5. 春美　中国农业科学院郑州果树研究所育成的早熟、白肉桃品种，2008年通过河南省林木品种审定委员会审定。

果实近圆形，平均单果重156克，大果250克以上；果皮底色乳白，成熟后果面80%着鲜红色，艳丽美观；果肉白色，肉质细，硬溶质，风味浓甜，可溶性固形物12%～14%，品质优；核硬，不裂果，成熟后不易变软，耐贮运，可留树10天以上不落果。果实发育期75天。

树体生长势中等，树姿较开张，枝条萌芽力中等，成枝率高。一年生新枝绿色，阳面浅紫红色。叶片长椭圆披针形，叶柄阳面呈浅紫红色，具腺体2～3个，多为2个，腺体多为肾形，少数为圆形。花芽起始节位为1～3节，多为1～2节。花为蔷薇型，花瓣粉色，花粉多，自花结果，丰产性好。幼树期要加强肥水管理，促进尽快形成树冠，盛果期后要适当疏花疏果，合理控制产量。该品种需冷量550～600小时，果实发育期70天左右，适合全国各桃产区栽培。

6. 北农早艳　原代号6-25，北京农业大学园艺系于1963年杂交，1979年定名。

果实近圆形，果顶圆微凹，缝合线浅而明显，两侧较对称，果形整齐，平均单果重134克，最大果250克；果皮底色浅黄绿色，具鲜红色晕，果皮中等厚，完熟后易剥离，茸毛中等；果肉绿白色，近核处与果肉同色，肉质致密，完熟后汁液多，味甜，有香气，粘核，核中等大。可溶性固形物含量为10.4%，含糖量为7.29%，含酸量0.34%，含维生素C每百克果肉为6.30毫克。果实发育期为 75 天；全年生育期 205 天左右，北京地区采收期在 7 月初。

该品种树势健壮，树姿半开张。花芽节位低，复花芽多，有花粉。可利用副梢结果，丰产性良好，坐果期注意疏果，宜分批采收。

7. 日川白凤 日本山梨县田草小利幸氏从白凤桃的枝变中选出，1994 年青岛农科所从日本引入。

果实圆形，端正，果顶平，梗洼窄浅，缝合线浅，果个大，平均单果重 245 克，最大 315 克；果面着色容易，成熟后全红，果面光洁，绒毛稀而短；果肉白色，肉硬，纤维少，果汁多，味甜，风味佳良，可溶性固形物 14.6%，粘核，无裂核裂果现象。耐贮运性好，常温下可自然存放 10～12 天，商品性优良。白凤桃表皮绒毛较短，果色白里透红，艳丽无比，而且花色红艳，花果都有较高的观赏价值。果实发育期 85～88 天，临沂地区 7 月初成熟，6 月 25 日果实开始上色，7 月 2～5 日果实艳红成熟。

树势中庸，树姿较开张，复花芽多，萌芽率高，成枝力中等。各类果枝均能结果，初结果树以长中枝结果为主。花粉多，异花结实率高，丰产性能好，栽后第 2 年结果株率达 100%，平均单株坐果 29 个，株产 6.86 千克，亩产 754.6 千克；用 3 年生树作砧树高接，第 2 年平均株产 16.0 千克，折合亩产果 960 千克，生理落果很轻。

8. 大久保 原产日本，为日本人大久保重五郎在 1920 年发现，1927 年命名，是日本栽培面积最大的品种。

果形圆而不正，果个大，果重约 230～280 克，果顶圆而微凹，缝合线浅，两侧较对称，果形整齐；果皮浅黄绿色，阳面乃至全果着红色条纹，易剥离，绒毛中等；果肉乳白色，阳面有红色，近核处红色，肉质致密柔软，汁液多，纤维少，香气中等，风味甜酸而浓，离核，可溶性固形物含量 12.0%；果实发育期 105 天，北京地区 7 月底 8 月初成熟。

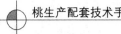

该品种树势中庸，树姿开张，花芽节位低，复花芽多，花粉多，丰产性良好。

9. 白丽 冈山县农业试验场从大久保和原产我国的肥城桃杂交后代中选育的品种。1994 年引入我国。

果实圆形，果顶平，微凹，果个均匀，平均单果重 200 克，大者 300 克，果梗粗短，着生牢固；果皮底色绿白，着色中等，鲜红色，绒毛短而稀，果皮易剥离；果肉白色，微红，软溶质，硬度中等，汁中多，风味甜，可溶性固形物含量 11.2％～12.8％；果实发育期 120 天，7 月底 8 月初果实成熟。

该品种树势中庸健壮，树姿开张，树冠中大，各类果枝均能结果，早果性强，自花授粉坐果率高，应注意严格疏花疏果。

10. 砂子早生 日本品种，上村辉男从购入的神玉、大久保品种的苗木中发现，推测是偶然实生，1994 年引入我国。

果实椭圆形，两半部较对称，果顶圆平，平均果重 165 克，最大单果重果 400 克；果皮底色乳白，果面 40％着红晕，茸毛较少，果皮易剥离；果肉乳白色，伴有少量红色素，硬溶质，果实硬度 17.55 千克/厘米^2，果肉硬度 5.95 千克/厘米^2，纤维中等，可溶性固形物 10％～12％，风味甜，有香味，半离核，果实较耐贮运。果实发育期 77 天，青岛 6 月中下旬成熟。

该品种树势中等，树姿开张，结果枝粗壮，稍稀，单花芽多，花粉败育，需配置授粉树。

11. 仓方早生 日本品种，仓方英藏用（塔斯康×红桃）与实生种（不溶质的早熟品种）杂交选育而成，1951 年定名，1966 年引入我国。

果实椭圆形，两半部较对称，果顶圆平，平均果重 157 克，最大单果重果 266 克；果皮底色乳白，果面 40％着红晕，茸毛较少，果皮不易剥离；果肉乳白色稍带红色，肉质致密，可溶性固形物 10.5％～13.5％，风味甜，有香味；粘核，果实较耐贮运；果实发育期 80 天，6 月底至 7 月初成熟。

该品种树势强健，树姿半开张，枝条粗壮，幼树以长果枝结果为主，随着树龄增长，中短果枝增多，花粉少，稔性低，需配置授粉树，产量中等。

12. 春金　原产美国，江苏省镇江农科所 1992 年引入我国，属黄肉桃系。

果实近圆形，平均单果重 145 克，最大单果重 248 克；果面橙黄色，果皮很易着色，向阳面着鲜红色，着色面积 60%～95%，十分美丽；果肉橙黄色，完熟果肉质细软，易剥皮，果汁较多，酸甜可口，奶油香型香气浓郁，可溶性固形物 10.0%～11.5%，品质上等。在苏南地区，6 月 10～15 日成熟。

该品种树势强健，树冠半开张。定植第二年开始结果，第三年丰产，坐果率高，自花结实率在 30% 以上，且着果牢固，不易脱落，即使部分着果枝上无叶片，果实也可一直生长至成熟。

13. 春雨 1 号　莱西从早熟桃中选育的极早熟桃新品种。

果实圆球形，平均单果重 127 克，最大果重 165 克。果顶微凸，果尖明显，缝合线浅，果皮中等厚，底色乳白，茸毛较多，向阳面着鲜红色，着色面 50% 左右。果肉乳白色，肉质细脆，半溶质，纤维极少，有清香气，含可溶性固形物 13.5%～16.4%。粘核。果实发育期 55 天，果实 6 月中旬成熟，较耐贮运。

该品种树势中等，树姿较直立，性状稳定，外观艳丽、品质极上、极早熟的特点。同时还耐瘠薄、容易成花、早实丰产，抗寒、抗旱性强，不耐涝。

14. 大珍宝赤月桃　日本品种，是由潍坊富岛果树研究所于 1997 年从日本引进，系日本福岛县最新桃品种。

果实圆形，果顶平，属大果型，平均单果重 280～350 克；果实底色白色，茸毛短而稀，果面美观，果实全面鲜红色；果肉硬溶质，果肉致密多汁，可溶性固形物含量 17%，味极甜，口感好，香气浓郁；粘核，不裂果，耐贮运，货架期长；潍坊地区，7 月下旬至 8 月上旬果实成熟。

该品种树势健壮，适应性强，抗旱耐涝，抗病性强。自花结实，花粉量大，自花结实，丰产性好，4 年生产量亩产可达 3 000 千克，着色好，品质优，不裂果，耐贮运，货架期长，商品价值高。

15. 美香桃 日本品种，为"夕空"品种的大果型芽变。

果实短椭圆形，果实大型，平均单果重 350 克，最大 500 克；果实底色白色，果实着色极易，全面鲜红色，树冠内膛亦全红色，果面洁净美观；果实硬溶质，致密多汁，汁液多，可溶性固形物含量 16％以上，口感香甜，甜酸可口，香气浓郁，品质极佳；耐贮运，货架期长。果实在山东潍坊地区 8 月中下旬成熟。

该品种树势稍强，花粉量大，自花结实，早果，丰产稳产，位于新川中岛之后。抗旱，无裂果、裂核。

16. 青研 1 号 青岛农科所从上海水蜜桃自然杂交时生苗中选育而成，原代号 86 - 2 - 18。

果实圆形，果顶微凹，缝合线浅而明显，梗洼中深，平均单果重 214 克，最大单果重 348 克；果实着鲜红色，美观；果肉白色，近皮部散生红色，肉脆，汁多味甜，可溶性固形物含量 11％，粘核。生育期 76 天，青岛地区 7 月初成熟。

该品种树势中庸，树姿半开张，早果丰产，花粉少，需配置授粉树，需冷量低，是一个早熟的硬溶质桃优良品种。

17. 陆王仙桃 由日本培育而成的中晚熟桃品种。

果实近圆形，端正且缝合线明显，两半部对称，果实顶平并微凹，果实个大，平均果重 450，最大果重 995 克；果面底色为白色，着色后为粉红色；果肉为白色且有红线，肉质细、纤维少、多汁、味甜，有一定野生桃味道，品质极上，该品种核小、离核，个别果实有开核特性，常温下可贮 20～25 天，冷藏条件下可贮至春节。果实生育期 120 天左右，8 月下旬成熟。

该品种生长健旺，树势健壮，枝条萌芽率高，成枝力较高，容易整形修剪，长、中、短等各类枝条易形成花芽。幼树以中、长果枝结果为主。

18. 北京晚蜜 北京市农林科学院林业果树研究所 1987 年在所内杂交种混杂圃内发现，亲本不详。

果实近圆形，平均单果重 230 克，大果重 350 克；果实纵径 7.11 厘米，横径 7.11 厘米，侧径 7.33 厘米；果顶圆，缝合线浅；果皮底色淡绿或黄白色，果面 1/2 着紫红色晕，不易剥离，完熟时可剥离；果肉白色，近核处红色；肉质为硬溶质，完熟后多汁，味甜；可溶性固形物含量 12% ~ 16%。粘核，核重 7.6 克。生育期 210 天左右，北京地区 10 月 1 日左右成熟。

该品种树势强健，树冠大，树姿半开张。花芽起始节位 1 ~ 2 节，复花芽较多。各类果枝均能结果。蔷薇形花，花粉多，自花授粉，丰产性强，5 年生树亩产可达 3 000 千克。

19. 青州蜜桃 主产于山东青州市，为著名地方品种，品系较多，以青皮晚熟蜜桃最好。

果实小，圆形，果顶突起有小尖；平均单果重 60 ~ 80 克；缝合线浅，过顶；腹部突出，果实横断面微呈三角形；果皮底色黄绿，向阳面呈暗紫红色；皮薄，易剥离；果肉白色，微带绿晕，近核处有紫红色放射线；肉脆，多汁，味甜，离核。成熟迟，青州一带于 10 月上中旬采收。果实耐贮藏，可贮至次年 2 ~ 3 月份。

该品种树势中庸，枝条细长，半开张，密生，以花束状果枝结果为主，丰产。

20. 秦王 为西北农林科技大学园艺学院果实研究所用大久保自然授粉实生选种方法培育而成的晚熟品种。

果实圆形，果顶凹入，果实较整齐，个大，平均单果重 245 克，最大果重 350 克，缝合线浅不明显，两半部较对称；果实底色白，果肉白色，近核处微红，不溶质，果肉硬，纤维少，风味甜浓，香味浓郁。品质优，常温下可存放 20～25 天。粘核，核小。8 月中旬成熟。

树势强健，萌芽力、成枝力均强。发枝多，树冠形成快。长、中、短果枝均可结果。幼树以长、中果枝结果为主，盛果期以短果枝结果更好。花芽着生节位低，复花芽多，坐果率高，自花结实力强，丰产性能好。

21. 京艳 北京市农林科学院选育，亲本为绿化 5 号×大久保，1961 年育成，1977 年定名。

果实近圆形，整齐，果顶平，中央凹入；平均单果重 120克，最大果重 210 克；果皮底色黄白稍绿，近全面着稀薄的鲜红或深红色点状晕，背部有少量断续条纹，果皮厚，完熟后易剥离，果肉白色，阳面近皮部淡红色，核周有红霞，肉质致密，完熟后柔软多汁，风味甜，有香气。品质上。粘核，耐贮运，罐藏性能优良。果实发育期 135 天左右，8 月中、下旬果实成熟。

该品种树势较旺盛，树姿半开张。初果期以长、中果枝结果为主，盛果期后以中、短果枝为主，花粉极多，花芽抗寒性强，丰产，有采前落果现象。

22. 京唐晚蜜 系传十朗品种的变异后代，1994 年 8 月 22日通过专家技术鉴定。

果实近圆形或稍尖，果形端正，平均果重 250 克，最大可达700 克；果面底色黄绿，着红晕；果肉黄白，近核处有红色，硬溶质，味甘甜，粘核，可溶性固形物含量 14％。果实发育期 125天左右，在北京地区于 8 月 25 日至 9 月 5 日成熟。

该品种树势健壮，树枝开张，枝条萌芽力强，成枝力高，易于整形修剪。各类果枝均易成花，复花芽多，自花不育，应配置授粉树。前期以长、中果枝结果为主，盛果期以中、短果枝结果为主，花束状枝结果正常。耐涝性强，抗流胶病。

23. 二十一世纪 河北省职业技术师范学校从（丹桂×雪桃）的 F_1 代进行自交获得的 F_2 代中选育出来的。

果形圆正，果顶平或微凸，缝合线浅，对称。平均果重350克，果面光洁。果皮不易剥离，果肉白色，无红色素，粘核，果汁中等，不溶质，粗纤维少，风味甜，无涩味，成熟度一致。鲜食品质优良。

生长势强，幼树中、长果枝占60%～70%，短果枝和花束状果枝占30%～40%；成龄树中果枝和长果枝占30%～40%，短果枝和花束状果枝占60%～70%。以中、短果枝和花束状果枝结果为主。生理落果轻，采前不易落果，丰产性强。抗寒性稍差，在河北保定以北地区栽培应注意防寒。

24. 冬雪蜜桃 1986年于从青州蜜桃中选育出的一个极晚熟桃珍贵新品种。

平均单果重125克，最大单果重155克；底色淡绿，向阳面为玫瑰红色；果肉乳白色，肉质细腻，香味浓，脆甜可口，含糖量18%，品质上等。半离核。在山东青州市11月上旬成熟。

该品种适应性强，山坡地、沙壤地、轻盐碱地都表现良好，而且结果早，栽后第2年见果，第3年投产，4年生树亩产可达1 500千克，盛果期亩产可达2 500千克以上。耐藏性强，极耐贮运，普通室内可贮至元旦，低温冷库中可贮至春节，仍保持色泽鲜艳，果肉脆甜，品质基本不变。

25. 八月脆 亲本为绿化5号×大久保，系北京市农林科学院林果所于1961年杂交，1977年定名。

果实近圆形，果顶平或微凹，缝合线较浅或中等，两侧较对称，果形整齐，平均单果重174.0克，最大果重300克；果皮底色黄白带绿色，全果可着红至深红色，点状晕，较易剥离，茸毛少；果肉白色，阳面有深红色，近核处红色；肉质细密而软，汁液较多，纤维少，风味甜，有香味，粘核；可溶性固形物含量为10.0%。果实发育期为132天，采收期在8月下旬。

该品种树势中庸，树姿半开张，丰产性好，花为蔷薇型，无花粉，必须注意配置授粉树或行人工授粉，加强肥水管理。

26. 新川中岛　日本长野县池田正元在福岛县从川中岛桃中选育成的新品种。

果实圆至椭圆形，果顶平或有小尖，缝合线不明显，平均果重 260~350 克；果实全面鲜红，色彩艳丽，果面光洁，绒毛少而短；果肉黄白色，为软溶质，果汁多，风味甜，可溶性固形物 13.5%，粘核，核小。果实发育期 120 天，在鲁南地区果实 8 月上旬成熟。

该品种幼树生长强壮，新梢多次分枝，如配合 2~3 次摘心，当年即可形成稳定的丰产树体结构。进入大量结果以后，树势趋向中庸，生长稳定，新梢抽枝粗壮，萌芽率高，成枝力强，复花芽多。初果幼树以长、中果枝结果为主，盛果期以中、短果枝结果为主，占果枝总量的 75% 以上。虽无花粉，但柱头接受花粉能力较强，所以自然授粉坐果率较高，配置授粉品种效果更好。幼树成花容易，结果早，具有早果丰产特性。

27. 重阳红　河北省昌黎县农林局历时 10 年选育出来的晚熟桃新品种（大久保芽变），1991 年鉴定命名。

果实近圆形，果顶平，单果重 250~350 克，最大 700 克；果皮稍厚，鲜红艳丽，茸毛少，不易剥离。果肉白色，细脆多汁，无纤维，适口性好；含可溶性固形物 13.90%，含酸 0.46%，维生素 C 含量百克果肉为 3.62 毫克，离核，品质上等；耐贮运，常温下可贮 10~15 天。果实发育期 150~160 天，在昌黎地区 9 月上中旬成熟。

该品种树势强健，树姿半开张，萌芽率与成枝力均强，以短果枝结果为主，副梢结实力强，结果枝寿命长。顶端优势明显，结果后如不注意内膛枝组的更新复壮，易造成结果部位外移；花朵为雌能花，无花粉，栽培时要配授粉树。

28. 深州蜜桃　原产河北深县，分红蜜与白蜜两个品系。

果实较大，椭圆形，果顶钝尖，平均单果重 180 克，最大果重在 200 克以上；梗洼狭深，缝合线深；果皮淡黄绿色，向阳面呈紫红色，茸毛多；果肉淡黄白色，近核处微红或白色，肉质致密，汁较少，味极甜，粘核。河北一带采收期为9月上中旬。

该品种树势强健，枝条直立，叶片长、大、色浓绿。盛果期以中、短果枝结果为主，多单花芽，较丰产。在生长势较强的果枝上易发生单性结实现象，桃奴较多。

29. 安农水蜜　又名寿州特蜜，安徽农业大学于1986年发现的砂子早生桃的变异株。

果实长圆形或近圆形，果顶部平、圆或微凹，缝合线浅；果型特大，平均纵横径9.8厘米×8.0厘米，平均单果重250克，果面底色乳白微黄，上着美丽红霞，外观极美；果皮易剥，果肉乳白色，局部微带淡红色，细嫩多汁，香甜可口，品质极佳；可溶性固形物含量11.5%～13.5%，半离核。果实发育期78天，6月18日前后成熟。

该品种树姿较开张，枝条粗壮，叶片宽，有较强的早果性，幼树以中、长果枝结果为主，5～8年生树以中、短果枝结果为主。有明显花果自疏现象，有利于果实的增大和品质的提高，易成花，无花粉，应注意配置授粉树。

30. 布目早生　日本爱知县品种，1951年定名，1966年引入我国。

果实长圆形，果顶圆平；平均单果重100～133克，最大果重250克；果皮底色乳黄，顶部和阳面着玫瑰色红晕，皮易剥离；果肉白色，近核处微红，肉质软溶，汁多，风味甜，有香气；可溶性固形物9%～11%。核半离，无裂核。果实发育期76天，在河南郑州地区6月19日果实成熟。

该品种树势强健，树姿半开张，以长、中果枝结果为主。幼树旺长，花芽形成少，成年树花芽起始节位低，丰产。花为蔷薇型，花粉量多。在多雨年份果实存在腐顶、裂核现象。

31. 阿布白桃　日本品种。

果实近圆形，果顶圆，单果重230～290克。果皮底色乳白，果面着红色晕。果肉白色，红色素少，肉质硬溶、致密，耐贮运。风味浓甜，可溶性固形物含量 15％。黏核。果实发育期 120 天。在河南郑州 8 月上旬果实成熟。

该品种为早熟鲜食品种。果形大，外观美，品质良，较丰产，抗病能力强，无花粉，需配置授粉树。

32. 春霞蜜　河北省农林科学院石家庄研究所用深州蜜桃与花雨露杂交育成的特早熟桃新品种。

果实长圆形，平均果重 125 克，最大果重 207.5 克，果皮底色黄绿，阳面着红色晕，外观美丽，肉质较硬，汁液较多，纤维少，有香气，含可溶性固形物 10.0％～11.5％，粘核，完熟后半离，没有裂核现象发生。

该品种树姿半开张，花为蔷薇型，雌蕊与雄蕊等高，花粉量大，多年无生理落果和采前落果。

33. 沙红桃　陕西省礼泉县沙红桃研究开发中心从中选育而成的早熟桃新品种，是仓方早生的浓红色芽变。

果实圆形至扁圆形，果顶凹入，平均果重 285 克，最大果重 512 克，缝合线浅，两半部对称；果皮较厚，绒毛较少、短，全面着鲜红色；果实底色乳白，果肉白色，近核处与之同色，果实细腻硬脆，硬度大，味甘甜且芳香浓郁，汁液中，可溶性固形物 13％，纤维少。粘核，核小。果实发育期 78 天，7 月上旬果实成熟。

该品种树势生长健壮，树姿半开张，萌芽力强，成枝力强，长中、短果枝均能结果，以长中果枝结果为主，自然坐果率高，丰产性强、抗逆性强。

34. 霞晖 1 号　江苏省农业科学院选育，亲本为朝晖×朝霞，1975 年育成，1985 年定名。

果实中大，平均单果重 130 克；果皮底色乳黄，顶部有玫瑰色红晕；果肉白色至乳黄色，风味甜；可溶性固形物 9％～10％。粘核。果实发育期 70 天，在河南郑州地区 6 月 12 日果实成熟。

该品种树势较强健，树姿半开张，各类果枝均能结果，复花芽多，丰产。但花粉不稔，需配置授粉树。

35. 雨花露　江苏省农业科学院选育，亲本为白花水蜜×上海水蜜，1963 年育成，1973 年定名。

果实长圆形，两半部较宽，对称，果顶圆平；平均单果重110 克；果皮底色乳黄，果顶着淡红色细点形成的红晕，皮易剥离；果肉乳白，近核处无红色，柔软多汁香气浓，风味甜；可溶性固形物 11.8%，核半离。果实发育期 75 天，在河南郑州地区6 月 19 日果实成熟。

该品种树势强健，树姿开张。各类果枝均能结果，花芽形成良好，复花芽居多，花芽起始节位低。丰产。花为蔷薇型，花粉量多。始果早，丰产，稳产，适应性强。

36. 源东白桃　浙江省金华县源东园艺场选育。

近圆形，端正，果顶较平，缝合线浅，果实个大而美观，平均单果重 225 克，最大果重 312 克；果皮白中透黄，果面光洁，茸毛极少，向阳面有断续条纹，果皮易剥离；果肉白黄色，无红色素，肉质细、纤维少，七八成熟时脆甜多汁，硬度大，耐贮运，自然条件下放置 10 天不腐烂，仅略有皱皮；九至十成熟时，可溶性固形物 13%～15%，汁液多，味甜而不酸，芳香味浓，品质优。粘核。果实 6 月中旬开始成熟，在浙江省金华县比春蕾晚 10～15 天。

该品种树势强健，树姿较开张，长、中、短果枝均能结果，但以中、短枝结果为主，自花结实率较低，需配置授粉树。

37. 早久保　大久保芽变，又名香山水蜜，北京、天津、河北等地有栽培。

果实近圆形，果顶圆，微凹，缝合线浅，两侧较对称，果形整齐，平均单果重 154.0 克；果皮淡绿黄色，阳面有鲜红色条纹及斑点，易剥离，茸毛少；果肉白色，皮下有红色，近核处红色，可溶性固形物含量为 10.0％，肉质柔软，汁液多，风味甜，有香味，粘核；果实发育期为 91 天，7 月上旬采收果实。

树势中等，树姿开张，花芽着生节位低，复花芽多，花粉多；丰产性良好。

38. 惠民蜜桃　惠民县大陈乡特有的大果型中熟优质桃品种。

果实圆形或长圆形，单果平均重 240 克，最大 750 克；果面底色黄白，覆红色霞彩，外观亮丽；果肉乳白色，近核处有红色放射状条纹，硬溶质，味甘甜，含可溶性固形物 10％～13％，品质佳；粘核。耐运输，常温下可存放 10～13 天。生育期 115～135 天，实于 8 月 5 日到 25 日陆续成熟。

该品种树势健壮，枝条萌芽力高，成枝力强，各类枝都易成花，早果丰产性好。对土壤要求不严，抗旱性强，不太耐涝。

39. 上海水蜜　主要分布在江苏、浙江、上海一带，为一古老品种。

果实短椭圆形，果顶圆，稍凹入，梗洼椭圆形，中深，缝合线浅而明显，两端稍深，平均果重 160 克左右，大果重 190 克；果实底色黄绿，阳面有鲜红霞，果皮中厚、较韧，绒毛中多，易剥离；果肉黄白色，近核处红色，肉质致密，含可溶性固形物 13％～14％，汁液多，味甜，微酸，粘核。果实生育期 125 天，江苏、浙江、上海一带 8 月上中旬成熟。

该品种树势强健或中等偏强，树姿半开张，萌芽率和成枝率均高，盛果期以中、短果枝结果为主，雄蕊花药瘦小，且不育，注意配置授粉树。

40. 京玉　北京市农林科学院林果研究所于 1961 年以大久保和兴津油桃为亲本杂交选育成的鲜食加工兼用的中熟品种，1975 年定名。在我国有广泛的栽培，在河北省是一个主栽的中晚熟品种。

果形长圆，两半部对称，果顶圆，顶点微凸或平，缝合线中深，梗洼深而中广，果实较大，平均果重 210 克，最大果重 320 克；果皮底色浅黄绿色，阳面着红色，面积 50%，绒毛少，皮不易剥离；果肉白色，腹部稍红色，肉质松脆，硬溶，汁液少，完熟后有空腔，耐贮藏。果实发育期在 112～116 天，在石家庄 8 月上旬成熟。

该品种树势中庸，结果枝充实，初果期多以长果枝结果为主，成年树多以中、短果枝为主，二次枝结实力强，复花芽居多，结果早丰产稳产。生产上应重视疏花疏果，注意枝组更新，防止树势早衰。

41. 莱山蜜　山东烟台市莱山区曲村发现的实生单株芽变，1995 年经烟台市果树专家鉴定命名。

果实近圆形，果实大，果顶略突出，缝合线明显，平均单果重 326 克，最大单果重 510 克；底色乳黄，阳面鲜红，成熟时，果面鲜红色；果肉乳白，肉质细密细腻，可溶性固形物含量 14%～16%、甘甜多汁，品质上，耐贮运，不裂果。生育期 140 天左右，果熟期 9 月上中旬。

该品种树势强旺，树枝开张，成枝力强，副梢发生明显少于一般品种，长中短枝均能结果，以中、长果枝结果为主，结果早，自花结实率高，丰产稳产。

42. 早凤王桃　北京市大兴县大辛庄于 1987 年从固安县实验林场早凤桃芽变选育而成，1995 年北京市科学技术委员会鉴定命名。

果实近圆形稍扁，果顶平微凹，缝合线浅，平均单果重 250 克，大果重 420 克；果皮底色白果面披粉红色条状红晕；果肉粉红色，近核处白色，不溶质，风味甜而硬脆，汁中多，含可溶性固形物 11.2%，半离核，耐贮运，品质上，可鲜食加工。果实生育期 75 天，在北京地区 6 月底 7 月初成熟。

该品种树势强健，结果后树势中庸，树姿半开张，萌芽力、成枝力中等，盛果期以中短果枝结果为主，早果性、丰产性良好。

43. 城阳大仙桃 青岛市城阳区果树站于 1993 年在夏庄镇安乐村桃园中发现的实生变异单株选育出的中晚熟优良品种，1997 年由山东省农作物品种审定委员会审定、命名。

果实微扁圆形，果形整齐，果形对称性好，平均单果重 330克，最大 510 克；果面底色黄绿色，阳面鲜红色，成熟时果面90％着艳红色，茸毛中多；果肉黄白色或浅绿色，阳面略带红晕，肉质细脆，汁多，可溶性固形物 13.6％，离核，无裂核，酸甜适口；果实耐贮运，一般室温可存放 10 天左右，果实 8 月下旬成熟。

该品种树势强健，树姿开张，幼树以中、长果枝结果为主，成年树以中、短果枝结果为主。自花授粉坐果率较高，丰产，但因该品种为大型果，特别是结果大树，内膛个别枝条易出现光秃无果现象，适应性、抗逆性较强。

44. 莱州仙桃 莱州市果树站在 1987 年全市桃品种资源普查中发现的一优良实生单株，历经 10 年选育而成的中晚熟新品种，1998 年通过山东省农作物品种审定委员会审定。属硬肉桃品种。

果实近圆形，果顶微凹，平均单果重 273 克，最大果重 780克，梗洼深而狭，缝合线浅而明显；果皮底色黄绿，成熟后红色鲜艳，果面茸毛稀少；果肉乳白色，近果皮和核的果肉略带粉红色，肉质致密，脆，可溶性固形物 12.36％，甜酸适口，品质上乘；核小，离核，可食率 97.1％，较大久保高 1.1％，不裂果，耐贮运。果实发育期 120 天左右，8 月下旬成熟。

该品种树势健壮，树势开张，萌芽力、成枝力均较强，树冠成形快。初结果期树以中、长果枝结果为主，成龄树长、中、短及花束状果枝均能结果，以中、短及花束状果枝结果为主。该品种花粉极少，自花授粉不能正常坐果，与大久保、麦香混栽桃园，自然授粉坐果率 12.6％，坐果量可以满足正常生产需要，进行人工授粉坐果率可提高到 60％以上。果实较耐贮运，采后室温下可贮藏 10 天左右。

45. 中华寿桃　山东省莱西市选育的一个极晚熟桃品种，1998 年通过山东省农作物品种审定委员会审定。

果实倒阔心形或近圆形，果顶渐尖，梗洼深广，腹缝线明显，两半部对称，果个大，平均单果重 350 克，最大果重 975 克；果皮底色黄绿，阳面有鲜红彩色，套袋果底色乳黄，色泽鲜红，着色面积达 77％，果面光洁；果肉乳白色，近核处呈放射状红色，肉质硬脆而韧，味甘甜，汁液中多，可溶性固形物含量 15％，高者达 20％，粘核。果生生育期 190～195 天，10 月中下旬成熟，不耐贮藏，在常温条件下可贮藏 20 多天，过熟易褐变。

该品种树势健壮，树姿直立，树冠圆头形，萌芽力强，成枝力中等，有明显的短枝结果性状，幼树以中长果枝结果为主，成龄树以中短果枝结果为主，易成花，自花授粉率高达 53％，早期丰产性好，易裂果，套袋后可减轻。

46. 秋红蜜　河北省任丘市北京桃品种研究中心从大久保实生苗中选育出来的优良变种。

果实扁圆形，有短尖角，缝合线两侧对称，果形端正，平均单果重 250 克，最大果重 400 克；成熟果实全面红色，阳面色较深，十分艳丽；果肉黄白色，果实硬度大，含糖 17.6％，口感上乘，离核；果柄凹入，紧贴树枝，不自行脱落；极耐贮运。成熟期在 8 月 30 日前后。

该品种树势健壮，树姿较直立，萌芽率较高，成枝力较强，一年可抽生 2～3 次副梢，有双芽和单芽开花习性，结果以中、长果枝为主。其树势、树形、着果性能、叶片形状等都保持了大久保的优良性状，而果色、果味及耐贮运性则优于大久保。

47. 红清水　原产日本岗山市，从清水白桃园的偶发实生苗中选育的早熟红色芽变，1992 年引入我国。

果实扁圆形，果个整齐，平均单果重 300 克，最大单果重

500 克；果皮底色乳白，果面全红，外观很美；果肉白色，肉质软，蜜汁多，可溶性固形物 14%～16%，糖度高，味浓甜、香味浓，粘核。西安地区 8 月上旬成熟。

该品种有花粉，易栽培，丰产、稳产，管理容易见效快，还可作为大多数品种的授粉树。

48. 加纳言白桃 日本山梨县加纳言农协在浅间白桃中选育的芽变品种。

果实扁圆形，果个大，平均单果重 350 克，最大单果重 650 克；果实底色绿黄，着色浓红，外观美；果肉白色，肉质软，汁多，可溶性固形物含量 12%～14%，糖度高；粘核；果实生育期 94 天，7 月上旬成熟。

该品种有花粉，丰产，极耐贮运，可挂树上一月不软，品质极优。

49. 红雪桃 河南省浚县中华冬熟果树研究中心用大果型青色满城雪桃作母本，小果型红色冬桃作父本杂交育成。

果实扁圆形，有短尖角，一般单果重 130～220 克，最大单果重 300 克，果实缝合线两侧基本对称，果形端正；向阳面着有鲜艳的紫红色，背阳面为全黄色，果实红黄相间十分美观；果肉白色，肉质细，口感脆甜，含糖量 20%～26.5%；果实与雪桃同期成熟上市，在河南北部地区 10 月 25 日成熟。

该品种树势健壮，树姿半开张，长、中、短果枝均能结果，但以长、中果枝结果为主，自花授粉，坐果率极高，具有丰产、优质、抗裂果性极强等优点。

50. 濑户内白桃 日本冈山山阳农园在冈山白中选育的芽变品种，硬肉桃品种。2000 年引入我国。

果实扁圆形，平均单果重 400 克，最大单果重 550 克；果皮着全面红霞，外观干净美丽；果肉白色，硬溶质，果肉极细，汁多，核极小，可食率高可溶性固形物含量 15%～17%，品质特佳；粘核。果实发育期 145 天，西安地区 9 月上旬成熟。

该品种树势强，树姿半开张，需冷量低，有花粉，自花结实率高，特丰产，易栽培。

51. 晚 9 号 绿化 9 号的变异单株，陈吴海 2003 年育成，鲁农审 2009068 号公布。

中晚熟鲜食品种。果实圆形，两侧对称，果顶平，缝合线明显；果个大，平均单果重 205 克，比对照品种绿化 9 号重 17%；果面光洁，果实易着色，全面艳红至深红，对照品种果面 3/4 着色深红；果肉底色白，散生玫瑰红点，粘核，近核处红色，不溶质，肉质细脆，风味浓甜，有香味，可溶性固形物 12%～14%；果实发育期 135 天，在临沂地区 8 月下旬成熟，比绿化 9 号晚熟 10～15 天。

定植后第 2 年亩产量 1 000 千克以上，第 3 年亩产量超过 2 000 千克，早果、丰产性与绿化 9 号无明显差异。适宜栽植密度 3 米×4～5 米。

52. 脆红 白丽天然杂交实生选种，山东省果树研究所 1998 年育成，鲁农审 2009072 号公布。

中熟鲜食品种。果实扁圆形，缝合线浅，两半部对称，果顶凹，果尖微凸；果个大，平均单果重 235.8 克；果皮底色绿，果面全红，有光泽；果肉白色，肉质细，硬脆，不溶质；果核小，离核；果汁中多，风味酸甜，有香气，可溶性固形物 12.41%；果实发育期 120 天，在泰安地区 8 月上旬成熟，比对照种白丽晚熟 10 天左右。

定植后第 3 年平均亩产 1 718.1 千克，第 4 年平均亩产 2 459.3 千克，分别比白丽高 25.8% 和 35.1%，丰产性好。栽植株行距 1.5～2.0 米×3.0～4.0 米。

53. 春晖 砂子早生的芽变，潍坊市农业科学院 2003 年育成，鲁农审 2009069 号公布。

早熟鲜食品种。果实近圆形，果顶圆平，缝合线浅，两半部较对称；平均单果重 205 克左右；果皮底色乳黄，着色为条红或红晕，着色指数 70％；果肉乳白色，肉质细密，粘核，硬溶质，风味酸甜，可溶性固形物含量 11.7％；果实发育期 60 天左右，在潍坊地区 6 月上旬成熟，比对照品种砂子早生早熟 18 天左右。

定植后第 2 年结果，第 4 年平均亩产 2 775.9 千克，与砂子早生无明显差异。适宜栽植密度 2～3 米×4 米；采用自然开心形或"V"字形整枝；以雨花露、早红珠等为授粉品种。

54. 早红　早熟鲜食品种，白丽天然杂交实生选种，山东省果树研究所 1998 年育成，鲁农审 2009073 号公布。

需冷量 350 小时左右，适合露地及保护地栽培。果实近圆形，缝合线明显，两半部对称，果尖微凸；果个中大，平均单果重 153 克；果面全红，光滑；完熟后果肉红色，汁液浓红色；肉质细脆，不溶质，粘核；果汁中多，风味酸甜，可溶性固形物 12.1％；果实发育期 50～55 天，在泰安地区 6 月 5 日左右成熟，比白丽早熟 40 天左右。

定植后第 3 年亩平均产量 1 452.5 千克，第 4 年亩平均产量 1 867.5 千克，与白丽无明显差异。栽植株行距 2.0 米×4.0 米；采用"V"字形或者改良纺锤形整枝。

三、油桃品种

1. 超五月火　亲本不详，山东省果树研究所 1993 年从美国引入的一批特早熟复选材料中选出。

果实近圆球形，果顶扁平，稍凹，缝合浅不明显，两半部对称，平均单果重 77.4 克，最大果重 98.1 克；果皮油光亮泽，底色黄绿，果面浓红，成熟时更加艳丽，外观美丽；果肉黄色，肉厚 1.45 厘米，肉质细嫩，可食率最高可达 95.1％，汁液较多，不溶质，果实可溶性固形物含量 9.8％，总糖 8.7％，总酸 0.2％，糖酸比为 14：10，风味酸甜，有香味，品质上等；粘核。果实发育期 62 天，在泰安 6 月上旬成熟。

该品种树势健壮，树冠较大，树姿半开张，萌芽率、成枝力均高，以中、短果枝结果为主，自花授粉，坐果率高，早实丰产。

2. 早丰甜 美国品种，是山东省果树研究所 1993 年由美国引入一批特早熟复选材料中选出。

果实近圆形，果实中大，平均单果重 70 克，最大果重 88 克，果顶扁平，稍凹，缝合线不明显，两半部对称，果柄粗短，着生牢固，梗洼浅狭；底色黄绿，几呼全面鲜红色，果皮油光亮泽，完熟时更加艳丽，外观美丽；果肉黄色，肉质致密细脆，汁液较多，酸甜适中，有香气，含可溶性固形物 11％～12％，风味较好；粘核；较耐储运，在 0～5℃条件下，可储藏 20 天以上；5 月底成熟，发育期 58 天左右。

该品种树冠紧凑，幼树长势旺盛，结果后树势中庸，树姿开张。萌芽力和成技力均强。各类果枝均能结果，以中长果枝结果为主。花芽形成极易，早果性强。对气候、土壤的适应性强，抗旱、不耐涝，根系好氧性强，在土地疏松，排水良好的沙壤土生长好，黏重土生长不良。无特殊病虫害。

3. 早红珠 北京市农林科学院选育，亲本为京玉×美国阿肯色州 A369，1988 年育成，1994 年定名。

果实近圆形，平均单果重 90～100 克，最大果重 120 克，果顶圆平或微凹，缝合线浅，两侧较对称，果实整齐；果皮底白色，着明亮鲜红色，外观艳丽；果肉白色，软溶，质细，风味浓甜，香味浓郁，可溶性固形物 11％；粘核；果实 6 月上旬成熟。

该品种树势中庸，树姿半开张，各类果枝均能结果，自花结实，坐果率高，丰产。

4. 曙光 中国农科院郑州果树所以丽格兰特×瑞光 2 号杂交选育而成。

果实长圆形，果型端正，果顶平，梗洼中深，缝合线浅，不明显，两侧对称，平均单果重 96 克，大果重 162 克；果皮底色黄绿，大部分果面着有鲜红至红色，外观艳丽；果肉黄色，质地较细，初熟时肉脆，晚熟后肉软，多汁，甜酸可口，富芳香，可溶性固形物含量 12.7％；粘核，耐贮运；果实生育期 65 天，6 月 10 日成熟。

该品种树势健壮，树冠开张，萌芽力、成枝力均强，幼树以中长结果枝结果为主，盛果期树以中短果枝结果为主，自花结实力强，抗旱、抗寒、不耐涝、不裂果，采收过晚易发生"烂顶"现象。

5. 早红宝石　郑州果树所以早红 2 号×瑞光 2 号杂交育成，1998 年通过品种审定。

果实近圆形，果顶凹，缝合线浅而明显，平均单果重 98.5 克，大果重 152 克；果面底色乳黄，着宝石红色，光洁艳丽，极美观；果肉黄色，柔软多汁，风味浓甜，香气浓，可溶性固形物 12％～13％，不裂果；粘核；果实发育期 60～65 天。莱西成熟期为 6 月上中旬。

该品种树势旺盛，萌芽力、成枝力均高，进入结果期后长势中庸，各类果枝均能结果良好，以中长果枝结果为主，适应性强，丰产。

6. 丹墨　北京市农林科学院 1989 年以（京玉×NJ76）×早红 2 号育成。

果实圆正，稍扁，果顶圆平，缝合线浅，过顶，两半部对称，梗洼深，广度中等，果实整齐，平均单果重 97 克，最大单果重 130 克；果皮底色绿白，果面着深红至紫红色，有不明显条纹，着色不均匀，充分成熟时，果顶及部分果面呈黑色；果肉黄色，果肉细、硬溶质，皮下红色较多，近核无红色，风味甜，香味中等，可溶性固形物 10.1％，总糖 6.57％，总酸 0.55％，维生素 C 含量百克果肉为 5.19 毫克；粘核；果实发育期仅 65 天，北京地区 6 月中下旬成熟。

该品种树势中等，树姿半开张，以长中果枝结果为主，耐贮

运，适应性、抗逆性强。

7. 超红珠 北京市农林科学院植保环保所培育的极早熟品种。

果实椭圆形，缝合浅浅，果形正，平均果重 122 克，最大果重 293 克；果面全面着浓红色，鲜艳亮丽；果肉乳白，脆甜可口，含可溶性固形物 12.1%，完熟后品质更佳，有典型中国水蜜桃风味；粘核；果实生育期 55 天，北京地区 6 月 14～18 日成熟，比早红珠成熟早 7～10 天。

该品种树势健旺，自花结实，花粉量大，坐果率极高，且成花容易，早产、丰产、稳产，是我国目前早熟露地桃和大棚桃的更新换代品种。

8. 丽春 北京市农林科学院植保环保所培育的极早熟品种。

果实近圆形，缝合线直，果形正，平均果重 128 克，最大 320 克；果实底色乳白，全面着玫瑰红色，极其美观；果实白色，近表皮有红色素，半粘核，含可溶性固形物 13.2%，脆甜可口，完熟后更加甜蜜，硬度高，耐贮运；果实生育期 53～55 天，北京地区 6 月 12～16 日成熟。

该品种树势健旺，树姿开张，蔷薇形花，花粉量中等，自花结实力强，果品等级率高，管理容易，特丰产。

9. 早红 2 号（Early Red Two） 美国品种，1985 年由新西兰引入郑州果树所。

果实圆形至椭圆形，果顶微凹，两半部对称，平均果重 117.0 克，最大单果 220 克；果皮底色橙黄，全面着鲜红色，有光泽，皮不易剥离；果肉橙黄色，渗有少量红色素，硬溶质，汁液中等，可溶性糖 8.12%，可滴定酸 0.82%，维生素 C 百克果肉含量为 9.33 毫克，可溶性固形物 11.0%，酸甜适中；离核，不裂果，耐贮运；果实发育期 90～95 天，7 月上旬成熟。

该品种树势强健，树姿半开张，各类果枝均能结果，花粉多，丰产，生理落果轻，裂果轻，风味偏酸，应适当晚采。

10. 瑞光 2 号　北京市农林科学院林果所 1982 年杂交，1995 年育成。亲本为京玉 B7×R2T1129。

果个大，平均单果重 135 克；硬溶质，有浓郁甜酸味，完熟后柔软多汁，不裂果；果面 3/4 以上着深红色，粘核。蔷薇形花，花粉多。树势强，树姿半开张。花芽起始节位 1～2，复花芽占 64%，各类果枝均可结果，丰产性强。北京地区冻花芽率在 25%～35%，树体抗寒性较强。可溶性固形物含量为 8.0～10.2%，可溶性糖 7.87%，可滴定酸 0.649%，维生素 C 含量 9.52% 毫克/100 克，糖酸比 12:1。果实发育期 70 天，北京地区 6 月下旬至 7 月初成熟。

适时采收，成熟度不够时，风味偏酸；成熟度大时，肉质较软。采收后控制灌水，减少旺长，控制树冠。

11. 千年红　中国农业科学院郑州果树研究所以 90-6-10（白凤×五月火）为母本，以曙光为父本杂交而成，2000 年定名。

果实椭圆形，果形正，两半部对称，果顶圆，梗洼浅，平均单果重 80 克，最大果重 135 克；果皮光滑，底色乳黄，果面鲜红色，成熟状态一致，果皮不易剥离；果肉黄色，红色素少，肉质硬溶，汁液中，纤维少，可溶性固形物 9%～10%，可溶性糖 6.67%，可滴定酸 0.516%，维生素 C 百克果肉含量为 4.33 毫克；果核浅棕色，粘核，不碎核；果实生育期 55 天，在郑州 5 月 25 日成熟。

该品种树势中强，树姿半开张，萌芽力、成枝力均强，幼树以中长枝结果为主，进入盛果期后，长中短果枝均能结果。

12. 东方红　江苏丰县油桃研究所通过多年的精心培育，原代号 98-3，系华光品种的早熟枝变。

实近圆形，果顶平，两半较对称，果个大小一致、平均单果重 98 克，最大果重 180 克；果皮底色白，果面光亮无毛，80% 着玫瑰红色或全红，鲜艳美观，果皮难剥离；果肉白，软溶，含可溶性固形物 10%，有红色素，粘核，风味浓甜，香气浓，连续三年，没发现裂果现象；果实发育期 45～50 天，在丰县 5 月 23～25 日成熟，比华光早熟 10～13 天。

树势中庸，树姿半开张，芽萌发率及成枝力均强，各类果枝均能结果，自花结实，极丰产。花为大花型，花瓣浅红色，花粉多，适应性强。

13. 玫瑰红 中国农业科学院郑州果树研究所以京玉×五月火杂交选育而成，2000 年定名，2003 年通过审定。

果实椭圆形，果形正，果顶尖圆，梗洼浅，缝合线浅，平均单果重 150 克，最大果重 250 克；果皮光滑，底色乳白，果面 75%～100%着玫瑰红色，果皮不易剥离；果肉乳白色，红色素少，肉质硬溶，汁液多，纤维少，果实风味甜，含可溶性固形物 11%，可溶性糖 9.2%，维生素 C 百克果肉为 11.10 毫克，可滴定酸 0.31%；果核浅棕色，半离核；果实生育期 86 天，在郑州地区 6 月 25 日左右成熟。

该品种树势中庸，树姿开张，萌芽力、成枝力均强，幼树以中长枝结果为主，进入盛果期后，各类果枝均能结果，自花结实率高。

14. 双喜红 中国农业科学院郑州果树研究所以瑞光 2 号为母本，以 89-Ⅰ-4-12（25-17×早红 2 号）为父本杂交选育而成，2003 年通过审定。

果实圆形，果形正，两半部对称，果顶平，果尖凹入，梗洼浅，缝合线浅，平均单果重 170 克，最大果重 250 克；果皮光滑无毛，底色乳黄，果面着鲜红～紫红色，果皮不易剥离，成熟状态一致；果肉黄色，肉质硬溶，汁液多，纤维少，果实风味浓甜，含可溶性固形物 13%～15%，可溶性糖 10.01%，可滴定酸 0.48%，维生素 C 百克果肉为 8.8 毫克；果核浅棕色，半离核至离核。果实生育期 90 天左右，郑州地区 6 月底 7 月初成熟。

该品种树势中庸，树姿较开张，幼树以中长枝结果为主，进入盛果期后，各类果枝均能结果，自花结实率较曙光好。

15. 中油桃 4 号　中国农业科学院郑州果树研究所育成。

果实椭圆形至卵圆形，果顶尖圆，缝合线浅，平均单果重148 克，最大单果重 206 克；果皮底色黄，全面着鲜红色，艳丽美观，果皮难剥离；果肉橙黄色，硬溶质，肉质较细，风味浓甜，香气浓郁，可溶性固形物 14％～16％，品质特优；粘核；果实发育期 80 天，郑州地区 6 月中旬成熟。

该品种树势中庸，树姿半开张，萌芽力、成枝力中等，各类果枝均能结果，以中、长果枝结果为主，花粉多，极丰产。

16. 中油桃 5 号　中国农业科学院郑州果树研究所育成。

果实短椭圆形或近圆形，果顶圆，偶有突尖。缝合线浅，两半部稍不对称，果实大，平均单果重 166 克，大果可达 220 克以上；果皮底色绿白，大部分果面或全面着玫瑰红色，艳丽美观；果肉白色，硬溶质，果肉致密，耐贮运。风味甜，香气中等，可溶性固形 11％～14％，品质优，粘核。果实发育期 72 天，郑州地区 6 月中旬果实成熟。

该品种势强健，树姿较直立，萌发力及成枝力均强，各类果枝均能结果，以长、中果枝结果为主。花为铃型，花粉量多，丰产，果实成熟度高时，果肉变软变淡，应适当早采。

17. 中油桃 8 号　中国农业科学院郑州果树研究所育成。

果实近圆形，平均单果重 190 克，最大单果重 250 克；果肉黄色，肉质细，硬溶质，甜味香浓，可溶性固形物 13％～16％；粘核；郑州地区 8 月上旬至中旬成熟。

该品种树势强，有花粉，丰产，是晚熟油桃品种的佼佼者。

18. 中油桃 10 号　中国农业科学院郑州果树研究所育成，亲本：620×曙光，国家专利品种。

果实近圆形，果顶平，微凹，果个中等，单果重 116～197克；果皮底色浅绿白色，80％以上果面着条状紫玫瑰红色，果皮不能剥离；果肉乳白色，肉质硬度适中，成熟后软化过程缓慢，常温下货架期可达 10 天以上，风味浓甜，可溶性固形物达12%～14%，汁液中等，品质优；粘核，不裂果。果实发育期65 天，郑州地区 6 月 5 日前后成熟。需冷量 600 小时。

花型为铃型，花瓣小；花粉多，自交可育，坐果率高，丰产。果实抗裂果能力强，果肉半不溶质，成熟后留树时间长，可充分成熟时采收，适宜全国桃各主产区栽培。

19. 中油桃 13 号 中国农业科学院郑州果树研究所育成，早熟、大果形、极丰产、优质油桃新品种。

果实近圆形，果顶圆，果皮底色白，全面着浓红色。果形大或特大，单果重 213～264 克，大果 470 克以上。果肉白色，风味浓甜，可溶性固形物 12%～14.5%，果肉脆，硬溶质。粘核。果实发育期约 85 天，成熟期 6 月 25 日左右。不裂果。花朵蔷薇型（大花型），花粉多，自交结实，极丰产。需冷量 550 小时左右。

大果形、极丰产、优质、不裂果，是目前综合性状最好的品种之一。生产上须严格疏果，以发挥其大果形潜力。需冷量较短，露地、保护地均可栽培。

20. 中油桃 12 号 中国农业科学院郑州果树研究所育成，亲本：6-20×SD-92638。

果实近圆形，果顶圆，无突尖。果皮底色白，大部分果面着玫瑰红色。果形中大，单果重 118～175 克。果肉白色，风味浓甜，可溶性固形物 11%～14%。果肉脆，汁液多。粘核。果实发育期 55～60 天，5 月 25 日左右成熟。不裂果。花朵铃型，花粉多，自交结实，极丰产。需冷量 600 小时。

该品种是早熟、优质、大果、丰产等诸多优良性状的聚合，是目前综合性状最好的特早熟品种之一，露地、保护地均可栽培。

21. 中油桃 14 号 中国农业科学院郑州果树研究所育成的半矮生、早熟白肉油桃品种，亲本：中油桃 5 号×SD9238。

果实近圆形，果顶圆或偶突，果皮底色白，80％～100％果面着鲜红色。果形中大，单果重125～180克。果肉白色，有红色素，风味甜，可溶性固形物10％～12％。果肉较致密，不易软化，留树时间长。粘核。果实发育期65～70天，成熟期6月5～10日。不裂果。花朵铃型（小花型），花粉多，自交结实，丰产。需冷量550～600小时。

树势中庸，半矮化，修剪、管理省工，早熟、大果形、留树时间长、半矮化油桃新品种，适合适度密植，露地、保护地均可。

22. 中油桃10号　国农业科学院郑州果树研究所用红珊瑚×曙光育成，设施栽培专用品种。

果实圆形，果顶圆凹进，果形十分美观。果皮底色白，大部分果面着鲜红色。果形大，单果重165～230克。果肉白色，风味浓甜，可溶性固形物13％～15％。果肉松脆，汁液多，粘核。果实发育期60天，成熟期6月5日前后。设施栽培不裂果，露地栽培过熟时，稍有裂顶。花朵铃型（小花型），花粉多，自交结实，丰产。树势中庸，细弱枝结果为主。需冷量550～600小时。

最大特点是果实大、果形美观、优质。适合保护地栽培。宜长梢修剪，多留花芽。露地栽培时，产量不稳定。

23. 艳光　中国农业科学院郑州果树研究所用瑞光3号×阿姆肯杂交选育而成，1998年通过审定。

果实椭圆形，平均果重120克；果面1/2以上着玫瑰红色，外观美；果肉白色，肉质软溶，风味甜，有芳香，可溶性固形物含量11％；粘核；果实生育期70天，郑州地区6月10～12日成熟。

该品种树势强，树姿较直立，以中、长果枝结果为主，花粉多，丰产性能好。

24. 瑞光22号　北京市农林科学院林业果树研究所1990年

用丽格兰特×82-48-12杂交选育而成。

果实椭圆或卵圆形，果顶圆，果形整齐，缝合线浅，梗洼中等深宽，平均单果重150克，最大果重196克；果皮底色黄色，中等厚，果面近全面着红色晕间有细点，完熟后紫红色，耐贮运，不裂果，不易剥；果肉黄色，肉质为硬溶质，细韧，近核同肉色、无红，味甜，含可溶性固形物11％，维生素C百克果肉为8.09毫克，可溶性糖7.39％，有机酸0.37％，糖酸比约为20∶1；果核浅棕色，核大，半离核，不裂核；果实发育期73天左右，北京地区7月初成熟。

该品种树势强健，树姿半开张，花粉多，丰产，为早熟黄色浓红型甜油桃。

25. 瑞光2号 北京市农林科学院林业果树研究所1981年用京玉×NJN76杂交选育而成育成，1997年定名。

果实近圆形，果形正，两半部对称，果顶平，平均单果重150克，最大果重225克；果皮底色黄，果面玫瑰红色，着色面积1/2，不离皮；果肉黄色，核周围无红色素，硬溶质，风味甜，汁中多，香味浓，可溶性固形物含量9.5％～11.0％；半离核。果实发育期90天，北京地区7月上旬果实成熟。

该品种树势强，树姿半开张。花粉量多，丰产性强。

26. 瑞光5号 北京市农林科学院林果所1981年用京玉×NJN76杂交育成，1989年命名，1997年通过审定。

果实短椭圆形，果顶圆，缝合线浅，两侧较对称，果形整齐，平均单果重170克，最大果重320克；果皮底色黄白，果面1/2着紫红或玫瑰红色点或晕，不易剥离；果肉白色，肉质细，硬溶质，味甜，风味较浓，黏核，含可溶性固形物7.4％～10.5％，可溶性糖7.0228％，可滴定酸0.3624％，维生素C百克果肉为7.6828毫克。果实发育期85天左右，北京地区7月上中成熟。

该品种树势强健，树姿半开张，树冠较大，发枝力强，复花芽较多，花粉多，各类果枝均能结果，丰产性好。

27. 瑞光 7 号 北京市农林科学院林果所 1981 年用京玉×NJN76 杂交育成，1989 年命名，1997 年通过审定。

果实近圆形，果顶圆，缝合线浅，两侧对称，果形整齐，平均单果重 145 克，最大果重 240 克；果皮底色淡绿或黄白，果面 1/2 至全面着紫红或玫瑰红色点或晕，不易剥离；果肉黄白色，肉质细，硬溶质，耐运输，味甜或酸甜适中，风味浓，半离核或离核，含可溶性固形物 9.5%～11.0%，可溶性糖 8.065 2%，可滴定酸 0.580 6%，维生素 C 百克果肉为 9.860 0 毫克。果实发育期 90 天左右，北京地区 7 月中旬成熟。

该品种树势中等，树姿半开张，树冠较小，各类果枝均能结果，丰产性好，不足之处是果面光泽度不够。生产上要注意加强早期肥水供应，加强夏剪促进果实着色，控制留果量，防止树势早衰。

28. 红珊瑚 1988 年北京市农林科学院植保环保所以秋玉×NJN76 杂交选育而成，1997 年通过审定。

果实近圆形，果顶部圆，呈浅唇状，两侧对称或较对称，平均果重 160 克，最大果重 203 克；果皮底色乳白，着鲜红-玫瑰红色，有不明显的条斑纹；果肉乳白，有少量淡红色，硬溶质，质细，风味浓甜，香味中等，可溶性固形物 11%～12%，可溶性糖 80.7%，可滴定酸 0.24%，维生素 C 百克果肉为 18.26 毫克；粘核；果实发育期 94～96 天，在北京地区 7 月 21～25 日成熟。

该品种树势旺盛，树姿半开张，幼树半直立，丰产、稳产，各类果枝结果良好，幼树以长果枝结果为主，花粉多，坐果率高。

29. 瑞光 18 号 北京市农林科学院林果研究所以丽格兰特×81-25-15 杂交选育而成，1996 年命名。

果实椭圆形，果顶园，缝合线浅，两侧较对称，果形整齐，平均单果重 180 克，最大果重 250 克；果皮底色黄，果面近全面着紫红色晕，不易剥离；果肉为黄色，肉质细韧，硬溶质，耐运输，味甜，粘核，含可溶性固形物 10.0%；果实发育期 104 天，北京地区 7 月底成熟。

该品种树势强，树姿半开张，花粉多，丰产性强，不裂果，耐贮运，生产上要注意控制留果量，防止树势早衰。

30. 瑞光 19 号 北京市农林科学院林业果树研究所以丽格兰特×81 - 25 - 6 杂交选育而成。

果实近圆形，果顶园，缝合线浅，果个均匀。平均单果重 150 克，最大果重 220 克；果皮底色绿白，果面全面玫瑰红色，色泽亮丽，不易剥离；果肉白色，硬溶质，风味甜，可溶性固形物含量 12.0%，半离核，不裂果。北京地区 7 月下旬果实成熟。

该品种树势强，树姿半开张，花粉多，丰产性强。

31. 秦光 2 号 西北农林科技大学园艺学院 1982 年用"京玉"为母本，"兴津"油桃为父本，杂交选育。2000 年 8 月通过陕西省农作物品种审定委员会审定。

果实圆球形，果顶圆，缝合线中深，两半部基本对称，平均单果重 196 克，最大果重 265 克；底色浅绿至白色，果面光洁无毛，果顶及阳面有玫瑰色晕和继续条纹，果面 3/4 以上着色；果肉白色，阳面红色素深入果肉，近核处玫瑰色，肉质致密脆硬，纤维较少，风味浓甜，芳香浓郁，含可溶性固形物 12.3%～14.8%，品质优；粘核，核小；陕西关中地区 8 月上旬果实成熟。

该品种树势强健，树姿半开张，萌芽力、成技力均较强，各类果枝均能结果早果丰产性好，能自花结实。

32. 双红油桃 河北昌黎选育，原名特大甜油桃、9103。

果实近圆形，果顶圆平，部分果微凸，缝合线浅，两侧对称，果实整齐，平均单果重 236 克，最大果 452 克；果皮较厚，不易剥离，全面着鲜红色，外观极美，平原栽培无裂果，无果锈；肉质细脆，纤维中等，果汁多，可溶性固形物含量 13％～15％，风味浓甜，无酸味，香味浓郁；半离核，核重 10.6 克，可食率达 95.5％；果实发育期 75 天，7 月中旬成熟。

树势强健，树姿开张，萌芽力及成枝力均强，成形快，以中长果枝结果为主，占结果枝总数的 70％以上，自花授粉结实率高，结果早。

33. 美秋 北京市农林科学院植保环保所 1999 年以丽格兰特×81‐3‐63 杂交育成，2000 年通过北京市审定。

果实长圆形，整齐，果顶部圆，对称或较对称，呈浅唇状，梗洼深，广度中等，缝合线浅，果形大，单果重 226‐240 克，最大果重 320 克；果皮表面光滑无毛，底色黄，全面或近全面着浓红色、明亮；果肉黄色，皮下少量红色，果肉硬溶质、细，硬度中等，风味浓甜，有微香。品质优，可溶性固形物含量11％～12％，可溶性糖 7.14％，可滴定酸 0.22％，维生素 C 百克果肉为 2.04 毫克；果实发育期 112～116 天，北京地区 8 月 9～14 日成熟。

该品种树势旺盛，树体健壮，半开张。丰产性好，各类果枝结果良好，幼树以长、中果枝结果为主，副梢结果能力强，多复花芽，花芽抗寒能力强。

34. 晴朗 原产美国，品种原名不详。1984 年大连华侨农场从澳大利亚引入我国，引种代号 23 号。

果实圆形，平均单果重 160 克，最大 251 克，果顶圆，微尖，缝合线浅明显，两半部不对称；果皮底色橙黄，阳面紫红，且稍有条纹，果面光滑；果肉橙黄，粘核，果实可溶性固形物12.4％，酸甜适口，但酸味较重，品质中上；核较大，粘核；果实发育期 160 天左右，10 月上旬果实成熟。

该品种树势强健，生长中庸，树冠大，萌芽率高，成枝力强，以中短果枝结果为主，丰产。

35. 布雷顶峰 美国油桃品种，1970 年引入日本，1987 年从日本引入我国。

果实为短椭圆形，果顶圆形，缝合线较明显，果个大，平均单果重 250 克左右；果面全面着鲜红色，有光泽；完全成熟时果肉软而细腻，黄色，有韧性，果汁多，甜酸适口；果核较小，离核；果实较耐贮运；生育期 125 天左右，9 月上旬成熟。

该品种树势健壮，树姿开张，萌芽力、成枝力均强，易成花，结果早，以中长果枝结果为主，自花结实率极高，勿需配授粉树，适应性较强，抗旱，但不耐涝，抗寒。

四、加工桃品种

1. 黄中皇　晚黄金桃的芽变，加工鲜食兼用黄桃品种，临沂市兰山区果树技术推广中心 2001 年育成，鲁农审 2009070 号公布。

果实圆形，缝合线浅，两半部对称，果顶凹；平均单果重 196.6 克；果皮黄色，成熟后果面着鲜红色，果皮不易剥离；果肉橙黄色，无红色素，肉质细密，不溶质，韧性强；粘核，近核处无红色素；风味酸甜，品质佳；可溶性固形物含量 11.8%，比对照品种罐 5 高 26.9%；可滴定酸含量 0.28%，比罐 5 低 55.6%；果实发育期 130 天左右，在临沂地区 8 月中旬成熟。

定植后第 4 年亩平均产量 2 640 千克，与罐 5 无明显差异，适宜栽植密度 2~4 米×4~5 米；自花授粉坐果 30% 以上；可不配置授粉树。

2. 钻石金蜜　从生产园中发现的变异单株，临沭县生产力促进中心 2001 年育成，鲁农审 2009071 号公布。加工、鲜食兼用黄桃品种。

果实卵圆形，两半部对称，果顶圆凸；平均单果重 180 克；果皮底色橙黄，果面 80% 着深红色，成熟期一致，果皮不能剥离；果肉橙黄色，无红色素，硬溶质，粘核，纤维含量少，近核无红色素，汁少，风味甜，香气浓，可溶性固形物含量 11.9%，可滴定酸含量 0.20％；原料加工利用率大于 70％，加工后块形整齐，金黄色，汤汁清，香味浓；果实发育期 95～100 天，在鲁南地区 7 月中旬成熟。

定植后第 4 年平均亩产 3 874 千克，与一般品种无明显差异，适宜栽植密度 3～5 米×5 米；可选择自然开心形、"V"字形、杯状形等树形；以春艳、锦绣等为授粉品种。

3. 金皇后黄桃 属中晚熟品种，沂水县果茶中心、沂水县诸葛镇政府从当地黄桃生产园中选育的变异单株，1996 年育成，鲁农审 2008065 号公布。

果实圆形，端正，缝合线明显，果顶微凸，两半部对称，平均单果重 164.7 克；果皮黄色，光滑；果肉黄色，近核处无红色，硬溶质，粘核；可溶性固形物 12％，酸甜适中，具菠萝风味，生食加工兼用，制罐品质优于对照品种金童 7 号；果实生育期 130 天左右，在临沂地区 8 月下旬至 9 月上旬成熟，比对照品种晚熟 3～5 天。

早实丰产性好，5 年生树亩产量 5 175.8 千克，病虫防治、花果和肥水管理、整形修剪等技术与其他主栽黄桃品种相同。

4. 黄露 又名连黄，由大连市农科所于 1960 年播早生黄金自然杂交育成。

果实椭圆形，果顶圆平，两半部对称；果实较大，平均单果重 170 克，最大 215 克；果皮橙黄色，不易剥离，茸毛中等；果肉橙黄色，肉质细，致密，肉层厚，不溶质，味甜酸；鲜食品质中等，加工形状好，7 月下旬成熟；成熟度过高时果肉渗透红晕较多，若在七八成熟时采收，后熟 3～5 天，待色泽变黄，红晕即可减少。

该品种树势强健，树姿开张，以中长果枝结果为主，丰产。树体抗寒力强，花芽耐寒力稍差。

5. 丰黄 大连市农科所 1960 年播早生黄金自然杂交种子育成。

果实短椭圆形，中等大小，平均单果重 160 克；果皮橙黄色，阳面呈暗红色点状红晕和斑纹；果肉橙黄色，肉层厚，肉质细，半韧性，汁液中多，味酸甜，粘核。7 月底成熟。

该品种树势强，树姿开张，以中长果枝结果为主，丰产，抗寒性强，花芽耐寒性比黄露稍强。

6. 罐 5　日本农林水产省园艺试验场育成。

果实圆正，较对称，果顶略凹或平；平均单果重 107 克，最大果重 250 克；果皮金黄色，向阳面红晕较多，不易剥离；果肉橙黄色，几乎无红色，近核处无红晕，肉质细，韧性强，汁液少，属不溶质类型，味酸甜；粘核，7 月下旬成熟。

该品种树势强健，树冠大，树姿直立，发枝力强。幼树以长果枝结果为主，成年树长、中、短枝均可结果，适应性强，结果性能好。

7. 金童 5 号　系美国新泽西州农业试验站育成，金童系列品种。

果形近圆形，平均单果重 158.3 克，果顶圆或有小突尖，果皮黄色，果肉橙黄色，肉质为不溶质，肉质细韧，汁液中等，纤维少，味酸甜，粘核，果皮下及近核处均无红晕，罐藏加工吨耗 1：0.87，加工适应性强，成品外形整齐，色泽橙黄，有光泽，肉质细而柔韧，甜酸适中，有香气。其树势较强，树姿稍开张，生理落果少，丰产性好，成熟期为 7 月中下旬。

该品种成花容易，早果丰产。

8. 金童 6 号　原产美国新泽西州，金童系列品种。

果实近圆形，平均单果重 160 克，大果重 280 克；果顶圆，两半部较对称；果皮金黄色，不易剥离，全果有暗红晕分布；果肉橙黄色，近核处微红色，不溶质，细密，韧性较强，汁液中等，味酸甜适中，具香气。加工耐煮性较强，利用率高，7 月中下旬成熟。

该品种树势中强，树姿半开张，以中长枝结果为主，花粉量多，丰产性强，抗旱、抗寒，7月中旬成熟。

9. 金童 7 号　NJC19，又名 19 黄桃，原产美国新泽西州，金童系列品种。

果实近圆形，较大，平均单果重 181 克，最大果重 250 克；果顶圆或有小突尖，两半部较对称；果皮底色橙黄，果面大部分着红晕；果肉橙黄色，腹部稍有红晕，近核处无红色或微显红色，不溶质，细密，韧性强，纤维少，汁液较少，香气中等，味酸多甜少，粘核，耐贮运。加工性能良好，利用率高，成品橙黄，有光泽。8月中下旬成熟。

该品种树姿半开张，树势稍强，各类果枝均能结果，以中长果枝结果为主，自花结实，丰产性较好，结果部位易外移，抗寒性较强。

10. 金童 9 号　原产美国新泽西州，金童系列品种。

果实圆形，平均单果重 160 克，最大果重 210 克；果顶平圆，缝合线中深，明显，两半部对称；果皮橙黄色，阳面有红晕，茸毛多，皮厚，不易剥离；果肉橙黄色，肉质细韧，不溶质，果汁少，风味酸甜，有香气，粘核。加工性能优良，9月初成熟。

该品种树姿半开张，树势中强，定植后 3 年开始结果，以中长枝结果为主，花粉多，坐果率高，丰产，应注意疏花疏果。

11. 黄金　国外引进，来源不详。

果实近圆形，平均单果重 150 克，最大果重 200 克；果顶圆，尖微凹；果皮金黄色，阳面着玫瑰红晕，皮较薄，可以剥离，茸毛较多、细短；果肉黄色，质细，柔软多汁，纤维较少，味甜，有香气，粘核。为品质优良的中晚熟黄肉鲜食、加工兼用品种，8月中下旬成熟。

该品种树势中庸，长、中、短果枝结果均好，花粉败育，需配置授粉树。适应性强，抗旱、抗寒、怕涝。

12. 明星　日本品种，以山下×西姆士杂交育成。

果形圆，果顶平，果实中大，平均单果重 150 克；果面黄或橙黄色，阳面有红晕；果肉黄或橙黄，肉细，不溶质，味酸甜，有香味，粘核，品质优。加工利用率高，块形美观，风味较好，但因果胶含量较高，加工后有焦味。果实 8 月初成熟。

该品种树势强，半立或直立，结果性能好，较丰产。

13. 菊黄　大连市农科所 1974 年用早生黄金×非力蒲杂交育成。

果实圆形，两半部对称，平均单果重 198 克，最大 223 克；果面浅橙黄色，阳面有浓红色晕和不明晰断续细条纹，易去皮；果肉浅橙黄色，近核处周围稍有红晕，肉质细密，韧性强，汁液中多，不溶质，味酸甜，稍有清香，红晕极少，粘核；加工利用率高，果块整齐，色泽橙黄，均匀一致，制成罐头后，风味酸甜适口，桃香味浓，有透明感；8 月底 9 月初成熟。

该品种树势强健，树姿开张，以中、短果枝结果为主，早产、丰产。适应性强，对细菌性穿孔病、缩叶病、疮痂病都有较强的抗性。有单花芽，留单花芽短截，结果后无新发育枝，修剪时要注意克服。

14. 佛雷德里克　NJC83，又名 83 黄桃，系美国新泽西州育成，1981 年引入我国。

果实近圆形，果顶圆平，两半较对称，平均单果重 136.2 克，最大果重 203.6 克；果皮橙黄色，果面 1/4 具红色晕；果肉橙黄色，近核与肉同色，无红色，肉质不溶质，细韧，汁液中等，纤维少，粘核，罐藏吨耗 1：0.918，加工适应性优良，成品色泽橙黄，有光泽，外形整齐，质地柔软，细密，味甜酸适口，有香气。果实生育期 105 天，北京地区 8 月上旬成熟。

该树势强健，树冠大，以中、长果枝结果为主，丰产性好，抗冻力强，坐果率高，生理落果少，加工利用率高，采收成熟度可控制在 8.5～9 成熟，是一个优良的中早熟制罐品种。

15. 锦绣　上海市农业科学院选育，亲本为自花水蜜×云署

1 号，1973 年育成，1985 年定名。

果实椭圆形，两半部不对称，果顶圆，顶点微凸，平均单果重 150 克，最大果重 275 克；果皮金黄，着玫瑰红晕，覆盖程度 75%，皮厚，韧性不强，可剥离；果肉金黄，近核处着放射状紫红晕或玫瑰晕，硬溶质，风味甜微酸，香气浓；可溶性固形物 12%～16%；粘核；在南京地区 8 月中下旬果实成熟。

树势中等，树姿开张，以长、中果枝结果为主，丰产。鲜食与加工兼用品种，鲜食品质中上，罐藏品质中。

16. 灵武黄甘桃　主产于甘肃灵武一带。

果实大，近圆形，果顶突出，平均单果重 232 克；果皮黄色，向阳面密布细小红斑点；果皮厚，不易剥离；果肉橙黄色，近核处红色，肉质致密而韧，汁液较少，粘核；在灵武一带于 9 月上旬成熟。

该品种可加工制罐，生产上注意加强肥水，调节树势，疏花疏果，耐贮运。

17. 郑黄 5 号　郑黄 5 号（原代号 1-6-23）是以日本罐桃 14 号为母本，连黄为父本杂交选育出的晚熟罐藏品种。

果实近圆形，整齐度高，果顶圆平，梗洼中窄，缝合线浅，两侧对称；果皮橙黄色，有深红色晕；大果型，平均果重 180 克，最大果重 300 克。粘核，核窝稍红；果肉橙黄色，细韧，不溶质、汁少，酸甜味浓，有香味，肉厚 3.0 厘米左右，含可溶性固形物 12.8%，pH 值 3.5，总酸含量 0.73%，维生素 C 含量百克果肉为 11.2 毫克；果实成熟期 8 月下旬。

该品种树势强，树姿开张，花粉量多，自花授粉力强，坐果率高，栽培管理容易，抗性较强。

18. 金丰（63-9-6）　江苏省园艺科学研究所用西洋黄桃与菲利浦杂交培育而成的晚熟罐藏加工品种。

果实圆正，腹部微突，果顶圆，缝合线两端深，中部浅而宽，两半较对称，平均果重 173 克；果皮金黄色，稍有红晕，绒

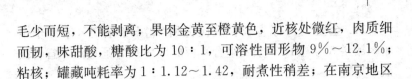

毛少而短，不能剥离；果肉金黄至橙黄色，近核处微红，肉质细而韧，味甜酸，糖酸比为 10∶1，可溶性固形物 9%～12.1%；粘核；罐藏吨耗率为 1∶1.12～1.42，耐煮性稍差；在南京地区8月中旬成熟。

该品种树势中等偏强，枝条开张，结果枝分布均匀，各类果枝结果均好，而以长果枝结果为主，多复花芽，花为铃形，花粉发育完全，丰产。

19. 郑黄 2 号　中国农业科学院郑州果树研究所以罐 5 号与丰黄为亲本杂交育成的早熟罐藏黄肉桃品种，1989 年定名。

果形近圆，两半部较对称，果顶圆，顶点有小尖，缝合线浅；梗洼中广，果实平均果重 123 克；果皮金黄，具红色晕；果肉橙黄，香气中，酸甜适中，可溶性固形物 9%～10%；粘核；果实合格率 88%，原料利用率 57.6%，吨耗率 1.18，成品橙黄色，块形完整，质地细韧，香气浓，风味甜酸适中；果实发育期77～82 天，在郑州地区 6 月底果实成熟。

该品种树势强健，树姿半开张，花芽形成良好，复花芽多。结果早，坐果率高，丰产性强，当果面由绿转淡黄，彩色浅淡时采收为宜，以延长贮藏与加工时间。

20. 郑黄 3 号　中国农业科学院郑州果树研究所用早熟黄甘桃与车黄为亲本杂交育成的早中熟罐藏黄桃品种，1989 年定名。

果形椭圆，果顶带小尖凸，缝合线浅，对称，平均果重 132克；果皮浅橙黄，阳面具浅紫红色晕；果肉橙黄，近核处红色，肉质细，韧性强，不溶质，汁液少，香气淡，风味酸甜。可溶性固形物 9.2%；粘核；果实合格率 94%，原料利用率 62.7%，吨耗率 1.16，成品色泽橙黄，有光泽，肉厚，肉质软硬适度，甜酸适中，香气中；果实发育期 85～90 天，10 月底落叶，在郑州地区，7 月上旬果实成熟。

该品种树势强健，树姿较直立，成枝力中等，长、中、短、花束状果枝均能结果，花芽形成良好，坐果率高，丰产。

21. 金莹 江苏省农科院园艺所 1977 年杂交（来源于金丰×罐桃 5 号等 18 个杂交组合）育成，1994 年通过江苏省省级成果鉴定。

果实圆形，果肉金黄至橙黄色，肉质细韧，不溶质；单果重 120～148 克，含可溶性固形物 8.8%～13.6%、维生素 C 百克果肉为 12.45 毫克。果实加工制罐容易，耐煮性好，成品色泽橙黄，块形完整，肉质细密，有香味；在江苏南京地区 7 月 25 日果实成熟。

该品种树势强健，树姿开张，丰产性好。

22. 金艳 江苏省农科院园艺所 1977 年杂交（来源于金丰×罐桃 5 号等 18 个杂交组合）育成，1994 年通过江苏省省级成果鉴定。

果实近圆形，果肉金黄至橙黄色，肉质韧，不溶质；平均单果重 140 克，含可溶性固形物 11%～14.2%、维生素 C 百克果肉为 148.5 毫克；在江苏南京地区，7 月 25 日果实成熟。

该品种树势较强健，树姿较开张。果实加工性和丰产性同金莹。

23. 橙香 大连市农科所于 1960 年从早生黄金自然杂交后代选出，1971 年定名，制汁品种，可鲜食兼用。

果实卵圆形，两半部对称，果顶圆微凹，缝合线明显，平均单果重 94.8 克，最大果重 154 克；皮底色橙黄色，阳面有暗红色条纹，皮易剥离；果肉橙黄色，近核处呈黄色，肉质柔软，味酸甜，汁液多，有香气，可溶性固形物 9%～10%；离核；果汁成品香味浓；果实生育期 88～93 天，6 月底成熟。

该品种树姿开张，树势强健，成枝力强，幼树以长果枝结果为主，随着树龄增加，中短果枝比例增加，采收成熟度控制在九成熟为好。

24. 红港 原名 Redhaven，美国密执安州农业实验站以 Halehaven×Kalhaven 杂交选育而成，1997 年引入我国，制汁品种。

果实近圆形，果顶圆，顶点有小尖，缝合线中深，两侧较对称，单果重 130 克，最大果重 200 克；果皮橙黄色，果面着玫瑰红晕，茸毛少，皮中等厚，易剥离；果肉橙黄色，近核处少有红色，肉质稍粗，纤维中多，汁液中多，充分成熟后为软溶质，风味浓，酸甜适中，有香气；离核；果汁风味浓；果实发育期 97天，在郑州地区 7 月中旬成熟。

该品种树势旺盛，树姿半开张，以中长果枝结果为主，坐果率高，采收成熟度控制在九成熟为好。

25. 郑州早凤 中国农科院郑州果树所 1960 年用白凤×碧桃杂交选育而成，制汁品种，可鲜食兼用。

果实圆形，果顶圆平，缝合线中，两侧较对称，单果重 73克，最大单果重 134 克；果皮底色绿白，果面有玫瑰色斑纹，茸毛中等，皮厚，韧性强，果皮易剥离；果肉乳白色，近核处与肉色相同，肉质柔软，纤维少，汁液中，风味浓甜，可溶性固形物 12%～14%；粘核；果汁成品色香味俱佳；果实生育期 77 天，在郑州地区 6 月中下旬成熟。

该品种树势中等，树姿半开张，花粉量大。

26. 白凤 日本神奈农业试验场在 1924 年以冈山白与橘早生为亲本杂交选育而成，1933 年命名，制汁品种，可鲜食兼用。

果形圆，果顶圆平，微凹，平均单果重 106 克，最大单果重 163 克；果皮底色乳白，阳面着玫瑰红晕，果皮易剥离；果肉乳白色，近核处微红，肉质细，微密，纤维少，汁液多，风味香甜，可溶性固形物 13.5%；粘核；果实生育期 100 天，在郑州地区 7 月上中旬成熟。

该品种树势中庸，树姿开张，幼树以中长果枝结果多，随着树龄增长，中短果枝增多，花粉量大，坐果率高，丰产稳产。其果汁成品的色香味俱佳，是一个鲜食加工兼用品种。

27. 皖 83 安徽农业大学选育的黄桃优良品种，系佛雷德里克变异，2008 年 8 月通过安徽省级成果鉴定。

果实近圆形，果顶圆平，两半匀称，缝合线不明显，果形整齐美观，果皮金黄色，绒毛少，富有弹性，阳面着生红色条斑；果肉金黄、细嫩，果汁少，不溶质，光滑紧密，香味浓，味甜酸适中；黏核，核椭圆形，浅棕色，表面棱沟浅，缝合线及近核果肉无红色素，果肉厚 3.5 厘米左右，较韧。平均单果重 141.22 克；果实纵径 6.46 厘米，横径 6.59 厘米，侧径 6.50 厘米，果核纵径 3.45 厘米、横径 1.79 厘米、侧径 2.78 厘米；果实可溶性固形物 8.92%，可溶性糖 6.19%，有机酸 0.64%，维生素 C 含量 88.5 毫克/千克，采收时果肉硬度 7.67 千克/厘米^2。果实加工后果肉金黄色、光泽好，色卡 9 级以上；质地细韧，风味甜酸，香气浓；原料利用率 68.5%～73.5%，吨耗量 1.02～1.07。特别适宜加工罐头出口。

树势中庸，树姿半开张，萌芽率、成枝力较高。以中、长果枝结果为主。花芽起始节位低，为第 2 节，复花芽多，花蔷薇型、粉红色，雌蕊比雄蕊略高。自花结实率高，丰产性强，自然授粉坐果率达 56.41%。3 月中旬萌芽，4 月初始花，花期 3～5 天，5 月中下旬为新梢生长高峰，6 月中下旬新梢开始停止生长，7 月初果实开始采收，果实发育期为 90 天左右，成熟期比对照品种佛雷德里克提早 10 天，11 月上旬开始落叶，全生育期 230 天左右。

五、蟠桃品种

1. 早露蟠桃　北京市农林科学院林果研究所 1978 年以撒花红蟠桃与早香玉杂交选育而成。

果形扁平，果顶凹入，缝合线浅，平均单果重 68 克，最大果重 95 克；果皮底色乳黄，果面 50% 覆盖红晕，茸毛中等，皮易剥离；果肉乳白色，近核处微红，硬溶质，肉质细，微香，风味甜，可溶性固形物 9.0%；粘核，核小，果实可食率高；果实发育期 67 天，6 月 10 日果实成熟。

该品种树势中庸，树姿开张，各类果枝均能结果，丰产，易栽培管理。

2. 早硕蜜 江苏省农科院园艺研究所 1985 年白芒蟠桃×朝霞水蜜桃育成。

果实扁平形，平均果重 95 克，最大果重 130 克；果皮乳黄色，果面色艳，着玫瑰红晕；肉质柔软多汁，风味甜，有香气，含可溶性固形物 12%；果实发育期 65 天，在南京地区 6 月初成熟。

该品种特早熟，品质优良，果大，丰产，花粉不稔，需配置授粉树，适应性强。

3. 早黄蟠桃 中国农业科学院郑州果树研究所 1989 年以大连 8～20 与法国蟠桃杂交选育而成。

果形扁平，果顶凹入，两半部较对称，缝合线较深；平均单果重 90～100 克，大果 120 克；果皮黄色，果面 70%着玫瑰红晕和细点，外观美，果皮可以剥离；果肉橙黄色，软溶质。汁液多，纤维中等。风味甜，香气浓郁，可溶性固形物 13%～15%；半离核，可食率高；果实发育期 80 天，6 月 25 日成熟。

该品种早实、丰产，适应性强。

4. 新红早蟠桃 陕西省果树研究所于 1976 年以撒花红蟠桃为母本、新端阳为父本杂交选育而成，原代号 76 - 2 - 12，1982 年定名。

果形扁平，两半部对称，果顶圆平凹入，缝合线中深，梗洼浅而广，平均单果重 86 克，最大果重 132 克；果皮底色浅绿白，果顶有鲜艳的玫瑰色点或晕，覆盖程度为 40%～60%，外观美，茸毛中等，厚度中等，易剥离；果肉乳白色，近核处亦同色；阳面果肉微红，柔软多汁，纤维中等，芳香爽口，甜酸适中，可溶性固形物 10.5%，可溶性糖 7.95%，可滴定酸 0.56%，维生素 C 百克果肉为 16.42 毫克；核半离，极小，扁平；果实生育期

70 天，在陕西地区 6 月中旬成熟。

该品种树势强健，萌芽力强，发枝量多，长、中、短果枝均可结果，以长果枝结果为主，丰产性能好。

5. 早蜜蟠桃 陕西省果树研究所选育。

果形扁平，果顶圆平凹入，两半部对称，缝合线中深，梗洼浅而广，平均单果重 80 克，最大果重 114 克；果皮底色浅绿白，果顶有紫红；甜味浓，可溶性固形物 11.3%，半离核。果实发育期 75 天，在郑州地区 6 月 10 日左右成熟。

树姿较开张，花为蔷薇型，花粉量大。

6. 早魁蜜 江苏省农业科学院园艺所晚蟋桃×扬州 124♯杂交后代鉴定筛选获得。

果实扁平形，果实大，果心小，平均果重 130 克，最大果重 180 克；果皮乳黄，果面有玫瑰红晕；肉质柔软多汁，风味浓甜，有香气，含可溶性固形物 12%；在南京地区 6 月底至 7 月初成熟。

该品种早熟，大果，优质，丰产，经济效益高。

7. 蟠桃皇后 中国农业科学院郑州果树研究所选育。

果实扁平，果个大，平均单果重 173 克，最大果重 200 克；果面 60% 着玫瑰红晕；果肉白色，硬溶质，风味浓甜，可溶性固形物含量 15%，有香味；粘核；果实发育期 70 天，郑州地区 6 月 13 日左右成熟。

该品种树姿半开张，花粉多，自花结实，丰产性好。

8. 美国红蟠桃 美国品种。

果实扁平，平均果重 185 克，最大 400 克；果面 100% 着艳红色，内膛果也能全面着色，鲜红夺目；硬溶质，可溶性固形物 14.2%，味特甜，品质极优；果核小，离核，无采前落果现象，抗裂果，即使遇长期阴雨亦不裂顶、裂果。在重庆地区 7 月上旬果实成熟，但 6 月下旬可采摘上市。

该品种自花结实，极丰产，较耐贮运，需冷量低，无枯芽现象。

9. 农神蟠桃 美国品种，1989年中国农业科学院郑州果树研究所从法国引入。

果实扁平，果顶凹入，平均单果重90克，最大果重130克；果皮底色乳白，全面着鲜红晕，皮易剥离；果肉乳白色，近核处少有红色，硬溶质，硬熟时脆甜，完熟后柔软多汁，风味浓甜，有香气，可溶性固形物10.7％；离核；果实发育期100天，7月中旬成熟。

该品种树姿半开张，花为蔷薇型，花粉量多，丰产。

10. 124蟠桃 江苏里下河地区农科所1975年以大斑红蟠桃与早生水蜜杂交选育而成，1974年定名。

果形扁平，端正，两半部对称，果顶凹入，平均果重110克，大果175克；果皮底色绿黄，70％～90％着紫红色细点或晕，茸毛中等，果皮韧性强，易剥离；果肉浅绿—白色，近核处着少量红色，软溶质，纤维中等，汁液多。香气中，风味浓甜，可溶性糖11.56％，可滴定酸0.33％，维生素C百克果肉为15.22毫克，可溶性固形物14.5％～16％；粘核，耐贮运；较丰产。果实发育期111～118天，7月下旬成熟。

该品种树势中庸，树姿开张，成枝力强，各类果枝均结果良好，花粉量多，自花结实，坐果率高，为蟠桃中较为丰产的品种。

11. 瑞蟠1号 北京市农林科学院林果所用大久保×陈圃蟠桃杂交育成。1985年杂交，1989年初选，初选号为85-2-7，1996年命名。

果实扁平形。纵径3.776厘米，横侧6.54厘米，侧径6.86厘米；平均单果重150克，最大果重200克，果顶凹入，两侧较对称，果形整齐；果皮底色淡绿或黄白色，能剥离。果面1/2着玫瑰红色晕。果肉黄白色，肉质细，为软溶质；味甜；半离核。含可溶性固形物13％。品质上，丰产。北京地区7月上中旬成熟。

该品种坐果率高，应注意适量留果，否则果个偏小，注意适时采收，采后控制灌水。

12. 瑞蟠 2 号　北京市农林科学院林果所 1985 年用晚熟大蟠桃×扬州 124 蟠桃杂交育成，1989 年初选，初选号为 85‐1‐9，1996 年命名。

果实扁平形，果顶凹入，两侧较对称，果形整齐，果实平整，平均单果重 150 克，大果重 220 克；果皮底色黄白色，能剥离，果面 1/2 着玫瑰红色晕；果肉黄白色，肉质细，为软溶质；味甜，可溶性固形物含量 11.5%；粘核；北京地区 7 月中旬成熟。

该品种树势中等，树姿半开张，坐果率高，应注意疏果，极丰产。

13. 瑞蟠 3 号　北京市农林科学院林果所 1985 年用大久保×陈圃蟠桃杂交育成，初选号为 85‐2‐15，1996 年命名。

果实扁平形，果顶凹入，两侧较对称，果形整齐，平均单果重 200 克，最大果重 280 克；果皮底色黄白色，能剥离，果面 1/2 着玫瑰红色晕；果肉白色，肉质细，硬溶质，味浓、甜，含可溶性固形物 11%；粘核；果实生育期 105 天，北京地区 7 月中旬成熟。

该品种树势较强，树姿半开张，一年生枝均能结果，丰产性强。

14. 瑞蟠 4 号　北京市农林科学院林果所 1985 年用晚熟大蟠桃×扬州 124 蟠桃杂交育成，初选号为 85‐1‐12，1994 年命名。

果实扁平形，果顶凹入，两侧对称，果形整齐，平均单果重 221 克，最大果重 350 克；果皮底色淡绿或黄白色，完熟时黄白色，不易剥离，果面 1/2 着深红色或暗红晕；果肉白色，肉质细，硬溶质，含可溶性固形物 12%～14%。含可溶性糖 10.5%，可滴定酸 0.30%，维生素 C 百克果肉为 13.55 毫克，味浓、甜；粘核，耐贮运，品质上。果实生育期 134 天，北京地区 8 月下旬至 9 月上旬成熟。

该品种树势中等，发枝力较强，各类果枝均能结果，丰产性好。

15. 中油蟠 1 号 中国农业科学院郑州果树所以 WPN14（NJN78×奉化蟠桃杂交后代）与 25-17（京玉×NJN76 杂交后代）杂交选育而成，1998 年命名。

果形扁平，两半部较对称，果顶圆平，微凹，缝合线中等、明显，单果重 90～100 克；果皮绿白色，光滑无毛，着红晕，约占 75%，皮不易剥离；果肉乳白色，硬溶、致密，汁液中多，风味浓甜，有香气，可溶性固形物 15%；粘核，品质上。果实发育期 120 天左右，7 月底成熟。

该品种树势中庸，树姿半开张，各类果枝均能结果，花粉量大，丰产性好，但在多雨年份，有裂果现象。

16. 中油蟠 3 号 中国农业科学院郑州果树研究所选育。

果形扁平，果顶圆平，两半部较对称，平均单果重 100 克。果皮乳黄色，果面着红晕；果肉黄色，硬溶、致密，风味甜，可溶性固形物含量 13%，有香气；离核，品质上；果实发育期 120 天，在河南郑州 7 月底果实成熟。

该品种树势中庸，树姿半开张，花粉多，极丰产，基本不裂果。

17. 蟠桃皇后 中国农业科学院郑州果树研究所用早红 2 号×早露蟠桃，经胚培养选育而成。

果实扁平，果个大，平均单果重 173 克，最大果重 200 克；果面 60%着玫瑰红晕；果肉白色，硬溶质，风味浓甜，可溶性固形物含量 15%，有香味，粘核；果实发育期 70 天，郑州地区 6 月 13 日左右成熟。

该品种树势中庸健壮，树姿半开张，各类果枝均能结果，花粉多，自花结实，有裂果现象，注意合理灌溉，保持土壤水分。

18. 碧霞蟠桃 又名秋蟠桃，北京市平谷县刘店乡桃园 1964年发现的一棵优株，1992 年定名。

果实扁圆形，果顶凹，缝合线浅，两半部较对称，茸毛多，平均单果重 99.5 克；果皮绿白色，有红色晕，不易剥离；果肉绿白色，近核处红色；肉质致密有韧性，汁液中等，味甜，有香味，可溶性固形物含量 15%，可滴定酸 1.33%；粘核。果实发育期 160 天，北京地区 9 月下旬成熟。

该品种树势强，树姿半开张，花芽起始节位低，各类果枝均能结果，产量中等，成熟期晚，耐贮运，品质优，适应性强。

19. 仲秋蟠桃 山东省淄博市林科所从蟠桃自然实生苗中选出的晚熟蟠桃新品种，1994 年由山东省林业厅组织鉴定，并定名。

果实扁圆形，果形端正、对称，果顶浅凹、平广，梗洼广、中深，肩部平圆，缝合线明显，平均单果重 137 克，最大单果重205 克；果实底色乳白色，果面呈鲜红片状，着色面积达 60% 以上，果面洁净，无果锈，美观，果皮薄，完熟后可剥离；果肉白色、质地细腻，含可溶性固形物 16.80%，味甜，品质上等，离核，不裂果；果实发育期 170 天左右，山东省淄博 10 月上中旬果实成熟。

该品种树势强健，树姿直立，萌芽力、成枝力强，幼树以中、长果枝结果居多，随着树龄增大，逐渐转为短果枝为主，但长、中、短果枝坐果率均良好，短果枝寿命长，可达 3 年以上，自花结实率较高，不需配置授粉树，生理落果和采前落果均较轻，早实性和丰产性均较强，幼树栽后第二年即可结果，第三年株产 8 千克，第四年株产 35 千克，第五年株产 60 千克。

20. 瑞蟠 8 号 北京农林科学院林业果树研究所 1990 年用大久保×陈圃蟠桃杂交育成，1997 年定名。

果实扁圆，果顶凹入，缝合线浅，平均单果重 125 克，大果重 180 克；果皮黄白色，具玫瑰红晕，绒毛中等；果肉白色，风味甜，有香气，可溶性固形物 10%～11.5%；粘核；果实生育期 75 天，在北京地区 6 月底采收。

该品种树势中庸，树姿半开张，各类果枝均能结果，坐果率高，丰产性好。

21. 香金蟠 大连市农业科学研究所于 1972 年采用常规杂交育种方法育成。

果形扁平，两半部对称，背部微上翘，果顶圆平凹陷，梗洼中深广，呈眼形，缝合线中深，果实大，平均果重 321 克，最大果重 358 克；果皮橙黄色，阳面着暗红色细点晕和较明晰粗斑纹，果皮中厚，韧度中等，易剥离，茸毛短、中多，外观色泽美；果肉橙黄色，近核处与肉色相同，软溶质，纤维多而粗，汁液多，香气较浓，风味甜酸适口，可溶性固形物含量 12.73%，干物质 14.27%，总糖 9.91%，可滴定酸 0.35%，维生素 C 百克果肉为 6 毫克，单宁 0.169%；离核，核重 4 克，不耐贮运；香金蟠的花芽抗寒性较强；对细菌性穿孔病、缩叶病、疮痂病均有较强的抗性。果实发育期 100 天左右，8 月上旬果实成熟。

该品种树势强健，生长旺盛，树冠大，树姿开张，以短果枝结果为主，结果枝不易光秃，可连续结果。

六、观赏桃品种

1. 探春 中国农业科学院郑州果树研究所 1996 年用迎春×白花山碧桃杂交，采用胚挽救的方法获得。

郑州地区花蕾献蕾期 3 月上旬，始花期 3 月 10 日，盛花终期 3 月底，开花持续天数 20 天以上。花重瓣，牡丹型，花蕾红色，花朵粉红色，花径 4.4 厘米，花瓣 4～6 轮，花瓣数 22，花药橘红色。需冷量仅为 400 小时。

该品种是目前我国需冷量最低的粉红色、重瓣桃花品种，花期较普通碧桃提早 20 天左右，主要应用在春节上市。

2. 迎春 亲本不详。郑州地区始花期 3 月 18 日，盛花初期 3 月 25 日，末花期 4 月 10 日。开花持续天数 22 天。花重瓣，蔷薇型，花蕾红色，花粉红色，花径 4.7 厘米，花瓣 4～5 轮，花瓣数 24，花药橘红色。需冷量 450 小时。

果实性状：白肉水蜜桃，果实成熟期 7 月下旬。果实圆形，平均单果重 86 克，果顶平，缝合线明显。自然状态下 70％着鲜红色。果肉乳白色，软溶质，风味甜，可溶性固形物 10％。

该品种为低需冷量、早花品种资源。

3. 满天红 1992 年中国农业科学院郑州果树研究所用北京 2-7（白凤×红花重瓣寿星桃）自然授粉种子进行实生而成。

树体直立，小乔木。花芽起始节位 1.6，节间长度 1.8 厘米。郑州地区花蕾现蕾期 4 月 1 日，始花期 4 月 9 日，盛花初期 4 月 13 日，盛花终期 4 月 22 日，末花期 4 月 26 日。开花持续天数 18 天。花重瓣，蔷薇型，花蕾红色，花红色，花径 4.4 厘米，花瓣 4～6 轮，花瓣数 22，花丝粉白色，花丝数 45，花药橘红色。需冷量 850 小时。

果实性状：果实大，7 月 25 日成熟，平均单果重 127 克，果面 50％着红色，果肉白色，软溶质，粘核，风味甜，可溶性固形物含量 12％，丰产性好。

该品种花色鲜艳、着花状态密集，果实具有一定的可食性，是优良的观赏、鲜食兼用品种，用于盆栽、庭院、行道树、观光果园都十分优秀。

4. 黄金美丽 美国品种，原名 NJ271，亲本不详。

树体直立，小乔木。花芽起始节位 3.3，节间长度 2.1 厘米。郑州地区花蕾现蕾期 4 月 1 日，始花期 4 月 10 日，盛花初期 4 月 15 日，盛花终期 4 月 24 日，末花期 4 月 27 日。开花持续天数 18 天。花重瓣，花蕾粉红色，花粉红色，花径 4.6 厘米，花瓣 6～8 轮，花瓣数 39，花丝粉白色，花丝数 92，花药橘黄色。需冷量 850 小时。

果实较大，7 月 30 日成熟，平均单果重 171 克，果面 75％着红色，果肉黄色，硬溶质，离核，风味甜，可溶性固形物含量 11％，丰产性好。

该品种花型大，果实综合性状良好，是优良的观赏、鲜食兼用品种，可以作为以果实为主要目的商品品种栽培。

5. 菊花桃 我国地方品种资源。树体直立，小乔木。花芽起始节位 2.9，节间长度 2.5 厘米。郑州地区花蕾现蕾期 4 月 5 日，始花期 4 月 17 日，盛花初期 4 月 20 日，盛花终期 4 月 27 日，末花期 5 月 2 日。开花持续天数 16 天。花菊花型，花蕾红色，花粉红色，花径 4.4 厘米，花瓣数 27，花丝粉白色，花丝数 36，花药橘黄色。果实小，无食用价值。需冷量 1 200 小时。

该品种花型别致，酷似菊花，是桃花中的精品。

6. 洒红桃 我国地方品种资源。树体直立，小乔木。花芽起始节位 1.6，节间长度 2.1 厘米。郑州地区花蕾现蕾期 4 月 5 日，始花期 4 月 17 日，盛花初期 4 月 20 日，盛花终期 4 月 27 日，末花期 5 月 2 日。开花持续天数 16 天。花重瓣，花蕾红、粉、白杂色，花红、粉、白杂色，花径 4.9 厘米，花瓣 5～6 轮，花瓣数 52，花丝粉白色，花丝数 45，花药黄色。果实小，无食用价值。需冷量 1 100 小时。

该品种花色别致，花瓣数多，花型活泼可爱。

7. 红花重瓣垂枝桃 我国地方品种资源。枝条柔软、下垂，形似垂柳。花芽起始节位 3.9，节间长度 1.8 厘米。郑州地区花蕾现蕾期 4 月 4 日，始花期 4 月 10 日，盛花初期 4 月 15 日，盛花终期 4 月 22 日，末花期 4 月 25 日。开花持续天数 16 天。花重瓣，蔷薇型，花蕾深红色，花红色，花径 4.3 厘米，花瓣 6～7 轮，花瓣数 24，花丝粉白色，花丝数 37，花药黄色。果实小，无食用价值。需冷量 850～900 小时。

该品种树型美丽，花色鲜艳，但花瓣数较少。

8. 朱粉垂枝 我国地方品种资源。枝条柔软、下垂，主干明显，形似垂柳。花芽起始节位 3.8，节间长度 2.0 厘米。郑州地区花蕾现蕾期 4 月 4 日，始花期 4 月 16 日，盛花初期 4 月 17 日，盛花终期 4 月 24 日，末花期 4 月 27 日，开花持续天数 12 天。花重瓣，蔷薇型，花蕾粉红色，花粉红色，花径 3.9 厘米，花瓣 5～6 轮，花瓣数 32，花丝粉白色，花丝数 38，花药橘黄色。果实小，无食用价值。需冷量 900～950 小时。

该品种树型美丽，主干明显，花色鲜艳。

9. 鸳鸯垂枝 我国地方品种资源。枝条柔软、下垂，形似垂柳。花芽起始节位 3.5，节间长度 1.9 厘米。郑州地区花蕾现蕾期 4 月 4 日，始花期 4 月 15 日，盛花初期 4 月 17 日，盛花终期 4 月 24 日，末花期 4 月 27 日。开花持续天数 13 天。花重瓣，蔷薇型，花蕾白、粉、红杂色，花粉、白杂色，花径 4.1 厘米，花瓣 4～6 轮，花瓣数 31，花丝白、粉、红杂色，花丝数 41，花药黄色。果实小，无食用价值。需冷量 1 100 小时。

该品种树型美丽，白色花瓣上嵌有粉色条纹，看起来十分别致，花期较晚。

10. 寿星桃 有红色、白色、粉红色不同类型，是我国地方品种资源。树体矮化。花芽起始节位 2.1，节间长度 0.6 厘米。郑州地区花蕾现蕾期 4 月 2 日，始花期 4 月 8 日，盛花初期 4 月 10 日，盛花终期 4 月 21 日，末花期 4 月 23 日。开花持续天数 16 天。花重瓣或单瓣，蔷薇型，花蕾有深红色、粉红色、白色，花有红色、粉红色、白色，花径 4.0 厘米，花瓣 5～6 轮，花瓣数 27，花丝有粉白色、白色，花丝数 37，花药黄色。

该品种矮化，花色鲜艳、重瓣。

11. 瓣桃 7130 实生苗。树体极矮化，成龄树高仅 80～100 厘米，枝条节间长仅 0.5～1.0 厘米，复花芽多，3 芽占 75%。萌芽力强，成枝力中等。在当地 5 月中旬开花，粉色的花径 2.5 厘米，白色的花径 2.5～3.0 厘米，由于皆是 15 个花瓣，其艳丽程度为果桃花中前所未有。自花结实，果实 9 月中、下旬成熟。单果重 100～200 克，底色黄绿，阳面有红晕，核小，近核处果肉紫红，甜中有酸，微有香味，适口性强。

盆栽时要注意选留最佳节位芽剪截。

12. 二乔与玉双娇 盆栽用短枝型品种。果重达 100～200克，肉厚核小，酸中有甜，9 月上、中旬果熟。成龄树高 80～100 厘米。耐寒，－20℃ 冻不死，在黑龙江可于初冬把花盆埋于地下，围上锯末，罩上塑料布即可在室外安全越冬，来年 5 月 1日前后撤去防寒物。5 月中旬开花，重瓣花，10 个花瓣，花期可长达半个月。其中粉二乔花冠直径 2.5 厘米，初开时为粉白色，渐次为浅粉白色，最后变为深粉红色；外轮瓣稍大，内轮瓣略小。玉双娇花冠直径 2.5～3 厘米，瓣尖微皱，冰清玉洁，整个花期如银似雪。

适合盆栽，南北均可。

13. 白花山碧桃 我国地方桃品种资源。树体直立，小乔木。花芽起始节位低，节间长度 2.2 厘米，郑州地区始花期 3 月16 日，盛花初期 3 月 20 日，盛花终期 4 月 9 日，末花期 4 月 16日。开花持续期 26 天。花重瓣，蔷薇型，花蕾白色，花朵纯白色，花径 5 厘米，花瓣 4～5 轮，花瓣数 25，花丝白色，花丝数72，花药黄色。雌蕊败育，没有果实。需冷量 400 小时。

该品种花色纯白，花期早，香味浓，花型活泼。

14. 绯红 我国地方桃品种资源。树体直立，小乔木。花芽起始节位低，平均为 2.5 节，节间长度 2.3 厘米。郑州地区花蕾现蕾期 4 月 3 日，始花期 4 月 16 日，盛花初期 4 月 18 日，盛花终期 4 月 25 日，末花期 4 月 29 日。开花持续期 14 天。花重瓣，花蕾红色，花红色，花径 5 厘米，花瓣 6～7 轮，花瓣数 54，花丝粉白色，花丝数 34，花药桶黄色。

该品种果实小，无食用价值。花色鲜艳，花型活泼。

15. 绛桃 我国地方桃品种资源。树体直立，小乔木。郑州地区花蕾现蕾期 4 月 5 日，始花期 4 月 13 日，盛花初期 4 月 16 日，盛花终期 4 月 24 日，末花期 4 月 29 日。开花持续期 17 天。花重瓣，蔷薇型，花蕾红色，花红色，花径 4.2 厘米，花瓣 4 轮，花瓣数加，花丝粉白色，花丝数 48，花药糯黄色。

该品种果实小，无食用价值。需冷量 900 小时。花色暗红，浓艳。

16. 红叶桃 我国地方桃品种资源。树体直立，小乔木。郑州地区现蕾期 4 月 5 日，始花期 4 月 14 日，盛花初期 4 月 16 日，盛花终期 4 月 24 日，末花期 4 月 27 日。开花持续期 14 天。花重瓣，蔷薇型，花蕾红色，花红色，花径 3.9 厘米，花瓣 5～6 轮，花瓣数 32，花丝粉白色，花丝数 38，花药桶黄色。果实小，无食用价值。需冷量 1 000 小时左右。初春叶色紫红，有光泽，盛夏叶色紫红，秋天逐渐转为红绿色。因此，叶和花都有较高的观赏价值；是行道树的常用树种之一。

该品种在长期的栽培中，有不同类型的变异。有的二色桃枝，有的叶片红色深浅不一。

17. 人面桃花 我国地方品种资源。树体直立，小乔木。花芽起始节位第三至第四节，节间长度 2.1 厘米。郑州地区现蕾期 4 月 5 日，始花期 4 月 16 日，盛花初期 4 月 18 日，盛花终期 4 月 27 日，末花期 5 月 2 日。开花持续期 17 天。花重瓣、铃型，花蕾粉红色，花粉红色，花径 4.5 厘米，花瓣 6 轮，花瓣数 45，花丝粉白色，花丝数 53，花药桶黄色。果实小，无食用价值。需冷量 1 200 小时。属晚花品种。

该品种花色艳丽；花瓣数多且卷曲，花型活泼可爱，在同一枝上可见到深浅差异明显的两种粉红色花朵。

第五章

桃树苗木繁育技术

第一节 砧木苗的繁育

一、苗木的类型

生产上常用的苗木主要有实生苗、营养砧苗、芽苗、一年生苗、二年生苗等。

实生（砧）苗：是指用种子繁殖的砧木，包括毛桃、山桃、甘肃桃、新疆桃、光核桃等。

营养砧：是指通过营养繁殖的方法生产的砧木。

芽苗：又称半成品苗，指当年播种、秋季嫁接但接芽当年不萌发的苗木。

一年生苗木：又称速生苗，指当年播种、当年嫁接、当年成苗出圃的苗木。

二年生苗木：是指播种当年嫁接或第二年春天嫁接成活后，生长一年，于秋季落叶后或第三年春天出圃的苗木。

生产上要求最好选用二年生或一年生苗木，一般情况下不要用芽苗，但在繁育栽植新品种时，由于苗木的缺乏，也可用芽苗。在选择苗木时同时要注意苗木的粗度、高度以及整形带内的芽等具体指标，砧段粗度指距地面 3 厘米处的砧段直径；苗木粗度是指嫁接口上 5 厘米处茎的直径；苗木高度是指根茎处至苗木顶端的高度；整形带指二年生苗和当年生苗地上部分 30～60 厘米之间或定干处以下 20 厘米的范围；饱满芽指整形带内生长发育良好的健康叶芽。

二、砧木的种类

我国桃树用砧木主要有山桃、毛桃、山樱桃等，在我国南方及西部地区多用实生毛桃；北方则多用山桃（主要特性见表 5-1）；也有少数采用杏、李、扁桃作砧木的。近年来为了矮化密植的需要，开始以毛樱桃、榆叶梅等作砧木，矮化效果虽较明显，但各地表现不一，有待进一步观察。近年来我国引进了一些优良的桃树砧木，与我国常用的实生毛桃相比具有抗性强等特点，2008 年湖北省用 GF677、毛樱桃、红叶李作中间砧进行控冠的试验，从初步的试验效果来看，GF677 作中间砧有一定的控冠效果，而毛樱桃和红叶李均有严重的后期（尤其是李作中间砧）不亲和现象。

表 5-1　我国桃树常用砧木及其特性

砧　　木	主要特性	粒数/千克	适用地区
山　桃	抗寒抗旱，耐盐碱耐瘠薄	350～400	华北、西北
毛　桃	耐盐碱耐瘠薄，较抗旱	400～600	华北、中原
毛樱桃	抗寒、耐旱、耐瘠薄	8 000～14 000	南北方果区

1. 山桃　山桃新梢纤细，果实小，7～8 月成熟，不能食用，出种率 35%～50%，嫁接亲和力强，成活率高，生长健壮，长势不如毛桃发达；耐寒、耐旱、抗盐碱、耐瘠薄，主根发达，不耐湿，在地下水位高的黏重土壤生长不良，易感染根癌病、颈腐和黄化病，适宜我国大部分地区。山毛桃作砧木，表现为主根大而深、细根少，吸收养分的能力略差，早果性好，耐寒、耐盐碱的能力较强，缺点是在温暖地区结果不良。

2. 毛桃　毛桃新梢绿色或红褐色，果实较大，8 月份成熟，可以食用，但品质差，果实出种率 15%～30%，嫁接亲和力强，根系发达，长势较强，寿命较山桃强，耐寒、耐旱、抗盐碱、耐瘠薄、耐多湿温暖，结果早；在黏重土壤和透透性差的土壤上易患流胶病。毛桃类的砧木，嫁接的栽培表现为根系发达、对养分水分的吸收能力强，耐瘠薄和干旱，结果寿命较长；但土壤如很肥沃，容易生长过旺。如排水不良或地势低湿，易生长不良，结果较差。

3. 毛樱桃 作为桃的矮化砧木，加拿大应用的最早，是日本应用较多的矮化砧木。抗寒、耐旱、耐瘠薄，与桃亲合力较强，矮化作用明显，适于主干树形，根系不耐湿，对除草剂敏感。

4. GF677 GF677 是法国 INRA（Institut National de la Recherche Agronomique）于 20 世纪 60 年代从桃和扁桃杂交实生后代中选育出的优质桃砧木，树势强，1997 年引入我国。果实近圆形，果皮底色黄白，无彩色。果实较小，果肉白色，果实苦涩，无食用价值，离核，产量低。其主要优良性状，一是对碱性土壤有很强的适应性，对含钙量高的碱性土壤特别强的忍耐力，表现为抗缺铁性失绿；二是有较强的耐盐性；三是有较强的抗污染能力；四是具耐旱性；五是有良好的抗再植能力。因此 GF 677 作为桃树主要砧木之一，广泛被各国使用，在意大利、法国、西班牙等国都有大量繁殖。但在我国，核果类果树砧木一直采用实生山桃、山杏等，没有专门做砧木育种方面的研究。将 GF 677 引入我国进行推广，对于解决南方碱性土壤地区的桃缺铁失绿症，老桃园更新，增加产量都具有重要意义。GF 677 只有通过无性繁殖才能保持其抗性，无性繁殖包括扦插和组织培养。

5. 西伯里亚 C 加拿大农业实验站 1967 年育成，为中国北方桃自然授粉品种后代。果实近圆形，果皮底色黄白，果实表面着 1/2 红色。果实较小，北京地区平均单果重 100 克。8 月中旬成熟，果肉白色，可食，风味酸甜适中，离核。

树体开张，树冠小，成年树为普通桃树高度的 1/2。开花早，较普通桃树早 3～5 天。早果丰产，2 年生实生树可开花，3

年生树可大量结果。花粉红色，较小，花粉多。抗春季晚霜。秋季落叶早，较普通桃树早2周左右，抗寒性非常强。

作为砧木品种，西伯利亚C萌芽早，出苗整齐。当年定植苗木质化较普通砧木早2周以上，可以提早嫁接。砧木亲和力强，成活率高。用西伯利亚C做砧木，可使接穗品种提前落叶，提前起苗，从而避免一些病虫在苗圃中侵染苗木，同时可提高接穗品种的耐寒力。用西伯利亚C嫁接的品种比用其他砧木嫁接的品种树冠小15%以上，提早结果。结合以上情况，西柏利亚C作为桃砧木，十分适宜我国北方地区建立丰产密植桃园使用。

6. 筑波6号 优良的日本桃砧木品种，1988年引入我国。果实苦涩，无食用价值，离核，产量高。树势中等，叶色深红，雨季老叶带绿色。花为粉红色。根系发达，须根多。

用作砧木，嫁接亲和力强，成活率高。嫁接后，苗木木质化程度高，成苗可形成很多花芽。抗涝能力强，一年生实生苗可抗2周以上水淹。由于筑波6号为红叶，对于春季除萌特别方便，并可快速判断苗木的成活情况。初步实验表明，筑波6号抗盐能力较普通毛桃强。筑波6号由于其抗盐、抗涝能力强，适宜在雨量较多或土壤黏性较大的地区使用。

三、种子的选择

1. 种子的选择 优良的砧木品种应具有容易繁殖的特性，如实生繁殖的砧木应具有较高的结实率，产量高，且具有良好的遗传稳定性，这样获得的种子一致性好，由此种子播种获得的实生苗生长一致，便于嫁接；营养繁殖的砧木同样应具有容易扦插、组培等特点，这样可以获得一定规模的砧木。其次，应根据当地的气候、土壤等特点选择砧木品种。如南方地区夏季高温多湿，有的地区土壤偏黏，地下水位较高，应选择耐涝性强的毛桃、GF43等砧木；而耐旱、抗寒的山桃则更适宜作为北方寒冷地区的砧木。生长旺盛的桃、扁桃种间杂种 GF677 可以作为再植桃园的首选砧木，Nemared、Nemaguard 等则具有较好的抗线虫能力。另外，砧木品种应与栽培桃具有良好的嫁接亲和性。如毛樱桃，虽然具有较好的矮化性，但与栽培桃嫁接后容易产生大、小脚现象，而且萌蘗太多，管理起来费时、费工。

2. 种子的采集 作为砧木用的种子应该品种纯正，采种的植株，生长强健，无病虫害，选用发育正常、充分成熟的果实采种，将果实堆藏 7 天左右，待种子充分成熟后除去果肉，清洗干净、阴干，包装放在阴凉通风干燥的地方贮藏备用，贮藏期间严防鼠害。然后在低温干燥下贮藏。加工或腐烂取核时，要避免 45℃以上的高温，以免种子失去活力。生产上要选成熟度好，核大而饱满，外形完整，色泽鲜亮、个头匀称的当年生种子作砧木，纯度应在 95% 以上，务必选用当年的种子，陈种子不能用，桃品种种子不能用，近几年发现有人用黄金桃等品种种子做繁育砧木用的种子，种苗长势强键，苗粗壮，出苗率高，当年生苗木高度可达 1.5～2.0 米，但是这种苗木栽植后容易出现早衰，死苗率高。

3. 种子的处理 第二年播种的种子必须进行层积处理，满足一定的冷积温和湿度，才能完成种子的后熟和发育。层积时先将种子在清水中浸泡 3～5 天，每天换一次清水，使种子充分膨胀，然后在背阴不积水的地方开深 50 厘米、宽 80～100 厘米的沟，沟长依种子多少而定。沟底铺湿细沙 10～15 厘米厚，将种子和不少于种子体积 5 倍的湿细沙混合后放在上面，再盖上 5～7 厘米厚的沙子保湿，一层种子一层砂，直至种子放完，最后在种子上放一层约 60 厘米后的湿沙，如果沙藏沟较长时，应隔 30～50 厘米放一草把，通出地面，草把与种子同时埋入，以利于通气。沙藏的适宜温度是 5～10℃，湿度是 40%～50%，沙的湿度以手擦能成团，松手不散为宜。层积期间，保持湿润，并防止积水霉烂，另外，温度必须保持与自然温度相同，过高会抑制胚的活动而影响出苗率，整个冬季注意保持湿度，如无雨雪，应在种子堆上泼 3~5 次水，春天开冻后，翻倒一两次，以保证出芽整齐；层积时间因种子种类而不同（不同种子层积时间见表 5-2），桃、山桃等 90~100 天，杏、李 50~70 天，毛樱桃 30 天左右即可。发芽以毛樱桃最早，杏、李其次，桃较晚。在华北的自然条件下，通常杏、李 12 月中、下旬层积，到第二年 3 月中旬即可播种。对虽经沙藏处理但到播种时仍未萌动的种子，可人工去除核壳，再用 100 毫克/升赤霉素浸种 24 小时，能有效地促进发芽。

表 5-2　果树砧木种子层积日数（2~7℃）

树　种	层积日数（天）	平均日数（天）
山杏	45~100	72.5
扁桃	45	45.0
山桃、毛桃	80~100	90.0
中国李	80~120	100.0
山樱桃	180~240	210.0

四、苗圃的选择和整理

育苗地要选择未种过桃树和未育过桃苗、土质较好、容易排水和灌溉方便的田块，应符合下列条件：

1. 地势　应背风向阳、排水良好，避开易涝和地下水位高的地块。

2. 土壤　偏沙性的壤土好，太沙或重黏土都不好。

3. 灌溉条件　最好有喷灌或滴灌等良好的灌溉设施。

4. 忌老果树地、菜地　以减少病虫害，避免重茬的隐患。

在育苗地选定后，为育苗作好土壤准备，在秋冬进行深翻，施足基肥，一般要施入腐熟好的有机肥 2 000~3 000 千克/亩，硫酸钾复合肥 50 千克/亩，硫酸亚铁 30~50 千克/亩；开好沟畦，畦宽 1.2 米，长 10~20 米，让土壤充分熟化；移植圃宜在移前 1 个月左右即 3 月上旬应及时整好地，作好畦，使土壤保持实而不坚，这样可提高桃苗移栽成活率。

五、种子的播种时期

秋播一般从 9 月份至土地结冻前进行，种子可不经沙藏，浸泡 5~7 天便可直接播种，秋播发芽早，出苗率较高，生长快而强健，同时可省去层积手续，但是播种量大，浪费种子，春播种子需经沙藏，华北地区在土地解冻后即可播种。

六、种子的播种方法

秋播在秋季封冻前进行，要求在播种前，将种子用清水浸泡 24 小时，漂去空壳后再浸泡 3~5 天，捞出放到荫凉处凉干，即可播种，每公顷播种量＝每公顷播种的计划留苗数/（每千克种子粒数×种子发芽率×损耗），在生产中播种密度一般行距为 40 厘米，株距为 10 厘米，每 667 米^2 留苗 1 万株左右，播种量视种子大小而定（表 5-3）。种子之间距离 20 厘米，深度为种子大小的 3~4 倍，山桃、毛桃种播深 4~5 厘米，保水性差的沙地可深些，黏重地可浅些。播种后浇足底水，第二年春天盖地膜，方法简单省工，第二年出苗早，生长壮。但冬春天干旱年份要浇水保墒，否则出苗率低不整齐。播种方法，畦播、垄播、沟播、穴播均可。

表 5-3　桃常用种子的播种量

砧木种类	用种量（千克/亩）
毛　桃	25~30
山　桃	20~25
毛樱桃	2~3

春播一般在春季化冻后及时进行，当种核裂开将仁儿捡出，

置放 30 分钟（勿阳光直射），待芽略变黄方可播种（目的是使芽尖萎蔫变黄，相当于断主根，促侧根萌发），先开沟浇足水，然后隔 10 厘米左右点一种，并撒施辛硫磷颗粒 2～5 千克/亩，最后覆土刮平耧实。层积或浸种后的种子，为提高苗木整齐度和出苗率，春季播种前最好催芽，既将种子拌少量的湿砂，放在背风的向阳的温暖的地方，白天的时候用塑料薄膜盖好，夜间增加覆盖物保温，温度保持在 15～20℃，每天翻动 1～2 次，有 20％的种子发芽即可播种，种子不拌砂直接放在温暖地方催芽也行，但要注意每天早晚用清水冲洗种子，排除多余的二氧化碳，以防霉变。

七、苗期的管理

幼苗出土后，注意防止杂草侵没，及时中耕、及时防治病虫害，特别是蝼蛄、金龟子、蚜虫和立枯病。幼苗期应追施 1～2 次氮肥并配合灌溉，特别是早春提倡小水浇灌，以利提高地温，可撒施速效氮肥，以促进苗壮；生长季节可喷施 3～5 次 0.3％尿素、0.3％磷酸二氢钾、300～500 倍氨基酸复合微肥等叶面肥，生长季后期追施磷钾肥并控水，以促进苗木充分木质化，达到嫁接粗度，保证其安全越冬。当苗长至 20 厘米时，可在苗行之间锄一条沟，使沟帮的土覆在苗根上，保护幼苗。及时对砧木抹芽、除萌蘖，促主枝生长。加强肥水管理，为了使砧木提前达到嫁接的粗度和嫁接苗当年达到出圃标准，必须加强肥水管理，促使苗木迅速生长，苗木生长期要多施巧施追肥，八月份以前以"促"为主，从定苗到接芽萌发应追施三次，每次每亩施尿素 10 千克，8 月份以后应控制氮肥，增加磷肥，钾肥，每次每亩施复合肥 10 千克。此外每半月左右要叶面追肥一次，前期可喷 300 倍尿素，加适量生长激素，后期可喷 300 倍的磷酸二氢钾，浇水是快速育苗中的重要措施之一，从定苗开始一直到 9 月份，都不能缺水。

幼苗长出 2～3 片真叶时进行间苗，疏去密，弱小和受病虫为害的幼苗，及时在缺苗的地方进行移植补苗，幼苗 4～5 片真叶时，按 10～20 厘米株距定苗，苗床集中育苗的，在幼苗长出 1～2 片真叶时即可定植于圃地。

定苗要结合中耕弥缝，以免幼根裸露，漏风死苗，移植补苗要及时灌水，以利于幼苗成活，幼苗 5～7 片真叶时，要控制灌水，进行蹲苗，5～6 月份，幼苗生长较快，天气比较干旱，必须注意灌水，结合灌水追肥 1～2 次，每亩每次施尿素 5～10 千克，如果苗木细弱，7 月上旬可再追施一次。桃砧木苗生长较快，且容易发生副梢，嫁接前一个月左右，苗高 30 厘米时，要进行摘心，以促使其加粗生长，苗干距地面 10 厘米以内发生的副梢，应留基部叶片及早剪除，以利嫁接，其余副梢则应全部保留，以扩大叶面积，增加养分积累。

病虫害防治：春季幼苗容易发生立枯病和猝倒病，特别是在低温高湿的情况下，会造成大量死苗，防治方法为幼苗出土后，地面撒粉或都喷雾进行土壤消毒，施药后浅锄，开始发病，要及时拔除病株，并在苗垄两侧开浅沟，用硫酸亚铁 200 倍液或 65％的代森锌可湿性粉剂 500 倍液灌根。

第二节　嫁接苗的繁育

一、嫁接品种的选择

1. 鲜桃品种的选择　桃品种很多，用途广，根据当地实际情况，依用途、肉色、成熟期等确定品种，要求果实大，外观美，风味浓，口感好，耐运输，丰产性好，抗逆性强，易管理。一般要求具备以下几个条件：

①对当地环境条件的适应，做到适地适栽。每个品种，只有在它的最适条件下才能发挥该品种的优良特性，产生最大效益。如：肥城桃、深州水蜜只有在当地才能表现个大、味美、产量

好，其他地方种植则表现不佳。白凤在各地表现均好。又如油桃对水分很敏感，常因水分分配不合理而引起裂果，如久旱不雨、骤然降雨，尤其在果实迅速膨大期，发生严重的裂果现象，有时连阴雨也会引起裂果。所以，当前各地选择油桃品种时，就要注意果实迅速生长期、成熟期和降雨的关系。南方宜选择雨季到来之前即采收的极早熟品种；黄河故道地区以选用早熟品种为主，中晚熟品种应套袋避雨栽培，北方、西北选择品种时可不考虑果实成熟期。

②市场销售良好。生产园所在地的人口、交通、加工条件等都直接影响果品的销售。城市近郊可选用鲜食品种，在交通不便地区要选用耐贮运或加工品种。

③成熟期合理搭配。首先要考虑与其他瓜果成熟期排开，进而确定桃品种间的早中晚搭配。一般早中晚的比例为 5∶2∶3 或 6∶1∶3，突出以"早"为中心。作为生产品种不可过多，一般以 3~4 个为好。

④科学配置授粉品种。桃的多数品种自花结实能力强，但异花授粉可明显提高结实率。对于花粉不育的品种如砂子早生、霞晖 1 号、仓方早生等应配置授粉树。

主栽品种无花粉时，应配置 30%~50% 的授粉树，授粉品种的花期必须与主栽品种一致。

2. 制罐品种的选择 制罐桃不同于鲜食桃，要求果实圆形，果实横径在 55 毫米以上，个别品种可在 50 毫米以上，重量为 100~200 克，新鲜饱满，成熟适度，风味正常，白桃为白色至青白色，黄桃为黄色；果皮、果尖、核窝及合缝处允许稍有微红色；果肉不溶质，果肉尽可能为橙黄-橙红色或乳白-乳黄色，黄桃罐头成品色卡达到 7 以上；含酸比 22~30∶1 为好，含酸量在 0.45% 以上，香气浓郁；吨耗量不高于 1.38 吨/吨。无畸形、霉烂、病虫害和机械伤。

3. 制汁品种的选择 制汁（原浆）用桃要求出汁率高，不容易褐变，风味浓，制汁用桃果实等级标准见表5‑4，生产上常用的品种见品种介绍章节。

表5‑4　制汁用桃果实等级标准

项目名称	特等	一等	二等
果实重量（克）	≥125	≥100	≥75
成熟度	加工成熟度	加工成熟度	非生理成熟度
可溶性固形物含量（%）	≥12.0	≥10.0	≥8.0
单宁（100克含毫克数）	<70.0	<70.0	<70.0
可滴定酸（%）	≥0.4	0.3～0.4	<0.3
红色素	少	少	少
肉色	橙黄或乳白	橙黄或乳白	黄或白
肉质	溶质	溶质	溶质
果肉褐变程度	轻	轻	中
裂核率（%）	<1.0	<3.0	<5.0
出汁率（%）	≥65	≥60	≥55

二、接穗的采集和保存

接穗应从健康树的树冠中、上部外围，选剪健壮、充实的发育枝，应选3年生以及优良品种桃树上长出的当年新枝条，且皮光滑细嫩、生长健壮、无病虫害、花芽饱满充实、茎粗与砧木保持一致；芽接用的接穗最好随剪随用，接穗剪下后立即去掉全部叶片，保留下叶柄。田间嫁接时，接穗应放在盛水小桶或小盆内，或用湿布或湿报纸包盖保湿，切勿在阳光下爆晒。接穗短期保存的条件是冷凉、湿润和适当通气，贮存场所有冷库、冷凉室、山洞、水井等，量少时也可放在家用冰箱的贮藏室内，贮存时添加半湿的蛭石、珍珠岩、沙子或锯末，用塑料膜捆扎，以防止接穗因呼吸缺氧而丧失活力。

枝接接穗在落叶后冬季休眠期或结合冬季修剪时剪取，在背阴处开沟用湿沙埋藏或在 0℃ 左右的冷库内保湿贮藏，留作春季嫁接用。为缩短贮藏时间，接穗可延迟到早春萌动前剪取，也可将接穗蘸石蜡液封存，保存效果好，嫁接成活率高。

三、嫁接的时期

桃苗的嫁接时期可从早春至休眠，其方法也很多，可根据不同季节选择不同的方法，可在春季、夏季、秋季等多个季节进行，春季多采用枝接法，夏秋季采用芽接法，以秋季嫁接最为广泛应用。

四、主要的嫁接方法

1. "T"字形芽接　芽接从 6 月到 9 月下旬均可进行，只要接芽充实饱满，砧木已够嫁接粗度。但需避开阴雨天气，以免接后流胶，降低成活率。芽接以"T"字形芽接最普遍（见图 5-1）。

图 5-1　"T"字形芽接

嫁接时先从接穗上取芽，选用两刀取芽，即先在芽上方 0.3 厘米处横切一刀深及木质部，然后从芽下方 1 厘米处向上方连带木质部斜削至芽上方的横切口，芽片剥下后成盾形，取芽片时，不要撕去芽内侧的维管束，以免影响成活，芽片大小与砧木粗度相适应，一般要求宽 0.6 厘米左右，长 1.0 厘米左右。将接芽剥下后立即含入口中，同时在砧木距地面 10~15 厘米处，选择平滑、向西北面处切"T"字形切口，用芽接刀稍将切口上端两边的皮层撬开，迅速将接芽插入，使接芽上端与砧木上的横切口密接，再用塑料薄膜条从接芽上方向下方绑缚，绑缚时留出叶柄及芽。同时要注意嫁接刀要保持锋利，剪砧木、削接穗要快，切口平滑，接穗插入要与砧木尽量吻合，要尽快绑缚紧实。绑缚材料以塑料膜取材较方便。枝接用的接穗，经过配合绑缚，接口和接穗不易失水，嫁接成活率高。

2. 带木质部芽接 带木质部芽接选择砧木的切口方法略有不同，即在接穗上要削取较大盾形芽片，芽片背面要稍带一层木质，在砧木的适宜部位削掉和芽片大小相同的稍带木质的皮层，然后将接穗芽片镶上，并用塑料薄膜条绑缚，缠法与"T"字形芽接相同，春、夏、秋均可进行（见图 5-2）。

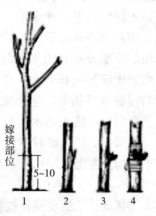

图 5-2 带木质部芽接法
（单位：厘米）
1. 桃砧嫁接部位 2. 削砧
3. 砧穗结合 4. 绑缚

①枝接 枝接多在春季，以叶芽萌动前后最普遍。依接穗和砧木接合的方式不同大致又分多种：从砧木中间的劈口插入接穗的叫劈接，从砧木一边切口插入接穗的叫切接，从砧木皮层与木质部之间插入接穗的叫插皮接，从砧木腹部切一斜口插入接穗的叫腹接。当砧木与接穗粗度相近时，将砧木与接穗削成马耳形斜面，并分别在各自的斜面上切竖切口，嫁接时从切口处相互插入，斜面接合的叫舌接。依嫁接部位不同又可分为土接、高接等。枝接法多用于大龄砧木，加之砧木多在原地生长，成活后生长旺盛，形成树冠快，结果早，但不适于批量育苗。

②切接 切接适用于根颈 1～2 厘米粗的砧木作地面嫁接。将接穗截成长 5～8 厘米，带有 3～4 个芽为宜，把接穗削成两个

削面，一长一短，长斜面长2～3厘米，在其背面削成长不足1厘米的小斜面，使接穗下面成扁楔形。嫁接时在离地4～6厘米处剪断砧木，选砧木皮厚光滑纹理顺的一侧，用刀在断面皮层内略带木质部的地方垂直切下，深度略短于接穗的长斜面，宽度与接穗直径相等，把接穗

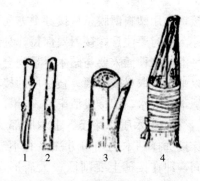

图5-3　切接法
1、2. 削接穗　3. 切砧　4. 插接穗、绑缚

大削面向里，插入砧木切口，务必使接穗与砧木形成层对准靠齐，如果不能两边都对齐，对齐一边亦可，最后用塑料条扎紧，并由下而上覆上湿润松土，高出接穗3～4厘米，勿重压（见图5-3）。

③插皮接　插皮接是枝接中常用的一种方法，适应于3厘米以上的砧木，也可用于高接换头，该法操作简便、迅速，此法必须在砧木芽萌动、离皮的情况下才能进行。嫁接时把接穗削成3～5厘米的长削面，如果接穗粗，削面应长些，在长削面的背面削成1厘米左右的小削面，使下端削尖，形成一个楔形，接穗留2～3个芽，顶芽要留在大削面对面，接穗削剩的厚度一般在0.3～0.5厘米，具体应根据接穗的粗细及树种而定。在砧木上选择适宜高度，在较平滑的部位剪断，断面要与枝干垂直，截口要用刀削平，以利愈合，在削平的砧木口上选一光滑而弧度大的部位，通过皮层划一个比接穗削面稍短一点的纵切口，深达木质部，将树皮用刀向切口两边轻轻挑起，把接穗对准皮层接口中间，长削面对着木质部，在砧木的木质部与皮层之间插入并留白0.5厘米，然后绑缚。

④舌接　这种嫁接很适合接穗和砧木的直径都很小（直径在6～12毫米），且粗度相当的情况下采用，这种方法砧穗形成层

接触面相当大，愈合快，有利于成活。在接穗基部芽下面的节间部位削一个长 2.5 厘米左右的长削面。削面要求光滑平整，再在削面距顶端 1/3 处，垂直切一纵切口，长约 1 厘米，这样形成一个舌形口向下的接穗。砧木处理方法同接穗削取。嫁接时将接穗与砧木的舌形口对接，形成层对齐，不能两边对齐时也要对齐一边，最大限度使形成层接触，最后用塑料条将接口安全地扎好。

五、嫁接苗的管理

1. 解绑与剪砧　要求当年成苗的嫁接后要及时检查成活，若发现没有嫁接成活，可及时进行二次嫁接。接后七八天，如果保留的叶柄一触即掉，芽色新鲜，则证明嫁接成活。接活后的植株要及时解绑，萌芽一周后解除薄膜；在接口上部 0.5～1 厘米处剪砧，剪砧要进行 2～4 次。注意砧木苗基部一定要留老叶5～8 片叶，嫁接后对砧木上所萌生的芽及时抹掉，以促使营养集中，接芽旺长，一般每7～10 天检查一次；待嫁接新枝条

图 5 - 4　剪砧方法

长到 20 厘米以后，在砧木上绑一木棍，用绳子将新梢捆在支柱或砧木上（见图 5 - 4），以防被风吹折；待嫁接部位伤口完全愈合后，即可去掉塑料包扎条，以防缢伤。枝接后 20 天，检查成活率，稍后松绑，剪除嫁接部位上下的砧木的萌芽。

2. 除萌　砧木本身的芽比接芽长得快，一般要进行 2～3 次除萌，及时抹除接芽以外的芽，保证接芽正常生长，除萌务必要尽，在除萌时不要把砧木上保留的叶片去掉，以促进苗木的生长。

3. 肥水管理　嫁接后的植株由于生长旺盛，需肥量大，要

及时追施适量的化肥，以氮肥为主，每隔 10～15 天追施 1 次尿素，每次每亩施 10 千克左右，同时进行叶面喷肥，前期用 0.5％的尿素溶液喷施 2～3 次，后期用 1％磷肥过滤浸出液喷施 1～2 次，追肥后浇一次透水，嫁接苗粗壮充实，苗木成熟度提高，每隔 15 天左右结合防治虫害喷施 0.3％的磷酸二氢钾。后期要控制浇水，防止冬前贪青徒长，以保证安全越冬。同时要注意雨季的排水防涝，及时中耕除草，使苗圃地无杂草为害。

4. 圃内整形　桃树嫁接苗新梢生长迅速，一年可发生二到四次副梢。因此，圃内整形是桃树育苗的一项重要措施，当新梢生长到 80 厘米左右时，在 60～70 厘米进行摘心定干，同时将距地面 30 厘米以下的副梢全部剪除，其余副梢任其生长，8 月下旬至 9 月上旬干高 40～60 厘米处，选留生长健壮，方位合适的 3～4 个副梢作为主枝培养，并将其基角调整到 60～70 度，其余副梢全部加大角度，用枝软化、短截、疏间方法严加控制。打算利用副梢进行圃内整形时，砧木苗的株行距应适当加大，一般行距不小于 60 厘米，株距不小于 30 厘米。

5. 病虫害防治　嫁接枝条由于生长嫩绿，易遭受害虫侵袭，如食心虫、毛虫、刺蛾等，可用 20％速灭杀丁乳油 2 000～3 000 倍、20％杀蛉脲 2 000～3 000 倍、10％吡虫啉 2 000～3 000 倍等防治；同时可用 70％甲基托布津 1 000～1 200 倍、80％大生 M－45 药剂 800 倍、50％多菌灵 800 倍防治多种常见病害。

六、苗木的出圃

苗木出圃是育苗工作的最后一道程序，也是把苗木质量关的最后一个环节，苗木出圃质量直接影响建园的质量。二年生苗木要求生长健壮，有 3 条以上主侧根，且分布均匀，舒展而不卷曲，根长 20 厘米以上；苗高 80 厘米以上，苗粗 0.8 厘米以上；砧穗愈合良好，穗砧桩剪处剪口环状愈合或完全愈合；无根癌病和根结线虫病。起苗应按计划进行，起苗前应对苗木的品种、数量、质量有详尽的调查清单，并准备好起苗、包装、运苗的工具和材料，有临时的假植场地和暂时存放条件，组织安排好劳力。起苗时间应与建园栽树的时间衔接，于春季或秋季栽树，随起随栽最好。起苗时应尽量减少根系损伤，同时要保护好地上部分的枝稍和芽子。起出的苗子根据苗木质量要求立即分级和拴上标记，待运或临时假植。若土壤干旱，应充分浇水后再起苗，以免起苗时损伤过多的根系。

七、苗木的检疫和消毒

苗木的检疫：按照植物检疫的规定，把好桃苗的检疫关，一旦发现桃树根癌、根结线虫等检疫对象，应立即就地烧毁，严格控制其蔓延，发病的苗圃地要进行土壤消毒。苗木运输前，须经国家检疫机关或指定的专业人员进行检疫，合格后方可运输，严禁引种带检疫对象的苗木，避免接穗带病传播。

苗木的消毒：起苗时可适当剪除主根和过长的侧根，每50株捆成一捆，远距离运输苗木可用黄泥浆蘸根。最好用 $3\sim5°Be$ 石硫合剂浸苗10分钟，然后用清水冲洗干净，也可用抗根癌剂蘸根消毒，防止根癌病。同时要注意消毒要彻底，更要注意消毒安全。

八、苗木的贮藏

起苗后暂时不栽植的话，要进行假植，暂时把苗木集中埋入土中，作到不露根、保湿、不伤苗。方法是挖深1米，宽0.8米的沟，长视苗木多少酌定，放一排苗木（苗略斜靠坑边）埋一层细沙（理到苗木1/2处），再放一排苗木，再埋一层沙，一直到苗木排放完，最后灌足水。待天气变冷要封冻时，再用细沙将苗盖严或露小尖儿，盖上草帘以便越冬。

第六章

桃树的建园技术

第一节　园地的选择

建园要根据当地的气候、交通、地形、土壤、水源等条件，结合桃树的适应性，特别是强喜光性和怕涝性，选择阳光充足、地势高燥、土层深厚、水源充足且排水良好的地块

一、园址的选择原则

①交通便利　桃树的结果量大，成熟期集中，要求交通便利，使运载工具能够畅通。

②地形适宜　桃树适宜坡地生长，因为坡地通透条件好，所以桃园一般建在丘陵地带，或建在有一定坡度的耕地上；当然平地也可以建园，但要修排水沟渠。坡地建园以东南坡向为好，东坡、南坡也可以建园，可起到避风透光作用；坡度在 5～15 度，海拔 400 米左右，环境优良，无污染，浇灌用水质地好。

③水位较低　地下水位不能高于 1 米，桃树根浅，生长旺盛，需要通气性良好的土壤。地下水位过高时，要起垄做高畦。

④排水良好　桃树根系呼吸旺盛，最怕水淹，要做好排水防涝工作。

⑤pH 值不超过 8　桃树耐盐碱能力差，一般在微酸性土壤上生长良好，当 pH 超过 8 时，会出现黄化，以致影响产量、品质和抗病性。酸性土壤在整地时可以施用适量石灰；碱性土壤多施农家肥。

⑥禁选风口　桃枝叶密集，果柄短，遇风常出现"叶磨果"，似果锈，降低或失去商品价值。在气候条件相对不稳的地方和丘陵山区，因为风口常会发生冻花、冻伤幼果的现象，所以要避开风口，不能在山口、沟谷地建园。

⑦忌重茬　桃树根系残留在土壤中，会分解成氢氰酸和苯甲酸，它能抑制桃树新根生长，浓度高时会杀死新根。所以重茬桃树表现生长弱，病害多（如流胶病、根癌病等），果实小，严重的会死树。如果必须利用老桃园时，应先种2～3年禾本科作物、豆类或绿肥，再行种植，或先采用客土，多施有机肥的方法，减少不良影响。注意李、杏、樱桃园废弃后种桃也会出现再植病。

⑧适地建园　壤土或沙壤土为好，土壤疏松透气，如是黏性较大的黄土，应结合挖树坑进行改造；忌在涝洼地建园。

二、地势条件

地势每升高100米，气温平均下降0.6℃，海拔越高，气温越低。所以，一般在海拔2 200米以下，桃树生长结果良好，因此建园应选择以2 200米以下为宜，特别坡度在5～15度，海拔400米左右的山地、坡地效果好。山地、坡地通风透光，排水良好，栽植桃树病害少，品质比平地桃园好。谷地易集聚冷空气并且风大，因桃树抗风力弱，故要避免在谷地或大风地区建园。山地、坡地的地势变化大，水土易流失，土壤瘠薄，需改造后建园，并以坡度不超过20°为宜。平地地势平坦，土层深厚、肥沃，供水充足，气温变化和缓，桃树生长良好，但通风、排水不如山地，易染真菌病害。平地还有沙地、黏地、地下水位高、盐渍地等不良因素，故以先改造后建园为宜。

三、土壤条件

1. 桃树适应性强，平原、山地、砂土、沙壤土、黏壤土上均可生长。但是桃最适宜的土壤为排水良好、土层深厚的砂质壤土，pH值4.9～6.0呈微酸性，盐的含量应在0.1％以下。当土壤石灰含量较高，pH在8以上时，由于缺铁而发生黄叶病，在排水不良的土壤上，更为严重，土壤pH过高或者过低都易产生缺素症；在瘠薄地沙地上，桃根系容易患上根结线虫病和根癌病，且肥水流失严重，易使树体营养不良，果实早熟而小，产量低，盛果期短，炭疽病重等；在肥沃土壤上营养旺盛，易发生多次生长，并引起流胶，进入结果期晚；粘重的土壤易发生流胶。根系对土壤中氧气敏感，土壤含氧量10％～15％时，地上部分生长正常；10％时生长较差；5％～7％时根系生长不良，新梢生长受到抑制。

2. 桃树对重茬反映敏感，往往表现生长衰弱、流胶、寿命短、产量低，或者生长几年后突然死亡等，原因一是由于线虫多，直接食害根部，并分泌一种扁桃苷酶分解于根部，形成有毒物质；二是前作老桃树的根系有较多的扁桃苷，水解后变为氢氰酸和苯甲醛，这两种物质抑制根呼吸作用。应采取轮作，在桃园中种植2～3年农作物对消除重茬的不良影响很有效果，若土地无法轮换，需挖大定植穴彻底清除残根，进行客土，凉坑，土壤消毒，才会有所改善。挖定植穴时最好与旧址错开，填入客土、加强肥水管理等综合措施相结合等都有较好的效果。

3. 果树再植病的综合防治

①土壤处理　用含37％甲醛的福尔马林土壤消毒处理效果较好，成本较低。处理时将定植穴内或栽植沟内的土壤挖起，然后边填土边喷洒福尔马林，喷洒后用地膜覆盖土壤，杀死土壤内线虫、细菌、放射菌和真菌。也可用EDB，BBCD（1,2-二溴-3氟丙烯）等杀线虫剂、克菌丹杀菌剂、广谱性生物杀伤剂；如三氯硝基甲烷、溴甲烷以杀死线虫、真菌和细菌。也可用棉隆，在每平方米的土壤内施入50克甲烷，再加入22.5克氰化苦；或用高剂量的溴甲烷，每平方米土壤中施入100克溴甲烷。

②土壤加热　在夏季和早秋的晴朗天气，利用地膜覆盖土

壤，使果园土壤温度上升到 50℃ 以上，能起加热杀菌的作用。少量土壤加热时，可用容器加温的方法。一般温度到达 50℃，可以部分消除再植病的发生，达到 60～70℃ 时可以完全消除再植病的发生，70℃ 经 1 小时的效果最好。土壤处理后重栽时对桃、苹果、梨、杏、樱桃均有促进生长的作用。

③深翻换土　可在定植穴内进行深翻，把定植穴内 0.5 米³ 的土壤挖起移走，换好土填入定植穴，然后栽植果树，可避免果树再植病的发生。

④果树轮作　前茬桃树的果园内不宜再栽植核果类果树，如桃、杏、李和樱桃，以栽植梨树较为理想。前茬为苹果的果园，以重栽樱桃较好，可以防止樱桃发生再植病。

⑤土壤辐射　少量土壤也可用 γ 射线照射处理，杀死土壤中的线虫和微生物，防止再植病的发生。

⑥施用 VAM 真菌　VAM 真菌即泡囊-丛枝菌根真菌，是一种与果树发生有益共生的内生菌根真菌。重茬地果树栽植时，在果树根际直接接种 VAM 真菌，可减轻果树再植病的发生，促进果树的生长和结果。也可在果树栽植前，先种植豆科植物如小冠花、三叶草和苜蓿。这些豆科作物是 VAM 真菌的寄主，种植这些作物，可以促进土壤内 VAM 真菌的发生、发育和大量繁殖；同时还可固定氮素，增加土壤肥力，果树定植后不易发生再植病。特别是在土壤消毒的基础上再接种 VAM 真菌，为防止果树再植病的发生有十分显著的效果。

⑦科学补充土壤营养元素　果园重茬栽植前应进行果园的土壤分析，了解果园土壤内营养元素亏损或积累情况，然后确定果园施肥方案，补充和调节土壤内的营养元素，特别注意有机肥料和微量元素的应用。

⑧应用抗性苗木　果园重茬栽植果树时，选用抗再植病的果树苗木是比较理想的措施。我国在这方面的研究已取得了一定成果。扁桃和桃杂交砧木品种 GF677，对桃树再植病的抵抗能力

强。栽培品种嫁接到这一砧木上后，在连续栽过两茬的桃园里进行栽种，其树体生长仍然表现良好，产量也不受影。

第二节 桃园的规划

一、桃园的规划

1. 桃园规划设计的基本原则

①要从全局出发，全面规划，统筹安排建园的各项事宜。

②应有长远的观点，慎重考虑建园的前景和可能出现的问题。

③要遵循"因地制宜"、"相对集中"的原则，建立适应本地情况的桃园。

④要了解掌握当地各种不良环境因素的情况，及早因害设防，防患于未然。

⑤要适应新科技的应用，为桃园的科学化管理创造条件。

2. 规划设计的内容 园地规划包括桃园及其他种植业占地、防护林、道路、排灌系统、辅助建筑物占地等。规划时应根据经济利用土地面积的原则，尽量提高桃树占用面积，控制非生产用地比率。一般认为：桃园各部分占地的大致比率为：桃树占地90％以上、道路占地3％左右，排灌系统占地1.5％，防护林占地5％左右，其他占地0.5％左右。

①果树栽植小区 果树栽植小区即作业区的面积通常在1～10公顷左右，可根据果园规模、地势等情况决定，平地宜大，山地宜小，栽植小区面积较大时，有利于提高土地利用率；小区形状和方位，一般以长方形为宜，其长、宽比例为2～5∶1，长边宜南北向或垂直于主风向；山地、丘陵地可以一面坡或一个丘为一个小区，山地果树小区，长边必须沿等高线延伸。

通常栽植小区总面积应占果园面积的80％以上，其余为道路、水利、林带及果园建筑物等。果园建筑物中的管理用房、工具农药肥料室、包装场、果品贮藏库等，应设在交通方便处或果园的中心处，包装场和果品贮藏库应设在较低的位置；配药池应设在靠近水源、灌溉渠道处和较高的位置。

②道路系统　果园道路可分为主路、支路和小路三级。主路连接公路，宽度5～7米。支路筑在小区之间，供较大型车辆通行，外接主路、内连小路，宽度3～5米。小路即作业道，设在小区内果树的行间，宽度1～3米。山地、丘陵果园，坡度小于10°的园地，支路可以直上直下，路面中央稍高，两侧稍低；坡度大于10°的山地果园，支路宜修成"之"字形绕山而上，路面适当向内倾斜。小路设在梯田背沟边缘或两道撩壕之间。

③水利系统　蓄水池与引水沟：山地、丘陵果园应选址修建小型水库蓄水，无修建水库条件的地方，可在果园上方根据荒坡坡面、地形和降水量等情况，挖掘拦水沟，并在拦水沟的适当处修建蓄水池。引水沟宜设在果园高处，最好用混凝土或石头砌成。

输水渠和灌水渠：输水渠上接引水沟，下连灌水渠，其位置低于引水沟，高于灌水渠，多设在干路的一侧，也可采用木制架槽缩短其长度，输水渠可以用混凝土或石头砌成，也可以采用塑料管，输水渠的宽度与深度或塑料管的直径，视小区多少和输水量而定；灌溉渠设在小区内，接受输水渠的流水灌溉果树，输水渠多在树行的外缘采用犁沟将水引入树盘和树行内灌溉。山地梯田或撩壕果园，利用梯田的背沟或撩壕的壕沟为灌溉渠。

④排水系统　明沟排水：在地表挖掘一定宽、深的沟排水。山地果园，其上方有荒坡或坡面时，由拦水沟（包括蓄水池）、集水沟和总排水沟组成。果园上方无荒坡或坡面时，则由集水沟和总排水沟组成。拦水沟拦截果园上方的径流，贮在蓄水池内。蓄水池与灌溉系统的引水沟相通。集水沟是利用梯田的背沟或撩壕的壕沟，集水沟上端连接引水沟，下端通总排水沟。总排水沟利用坡面侵蚀沟改造而成。平地果园，通常由小区内的集水沟、

小区间的干沟和果园的总排水沟组成。集水沟多与灌溉系统的灌水渠结合使用。干沟可以单设，也可设在干路输水渠的另一侧，上端连接集水沟，下端通总排水沟。总排水沟可以单设，在大型果园里也可以设在主路的另一侧，上端连接干沟，将水排出果园。

暗管排水：在果园地下埋设管道排水。通常由排水管、干管和主管组成。其作用和位置分别类似明沟的集水沟、干沟和总排水沟。主要用于平地果园。暗管埋设的深度与排水管的间距，根据土壤性质、降水量和排水量决定。一般其深度为地下 1.0～1.5 米，排水管的间距为 10～30 米。暗管均用无管口套的瓦管或塑料管，每段长约 30～35 厘米，口径为 15～20 厘米。铺设时干管与主管成斜交。管道下面和两旁均铺放小卵石或砾石，各管段接口处均留 1 厘米缝隙，缝隙上面盖塑料板，管段和塑料板上面也需铺盖砾石，然后填土埋管平整地面。

⑤防风林系统　在果园四周或园内营造林带防御自然灾害，不同地区的果园，可营造不同的防风林系统。如山区以涵养水源、保持水土、防止水土冲刷为主；沙荒地以防风固沙为主；沿海地区以防御台风为主等。

林带一般是长方形：迎风面为主林带，栽 5～9 行树，两个主林带的间隔距离为 200～400 米；顺风面设副林带，栽 3～5 行树，两个副林带的间隔距离为 400～800 米。面积在 70 公顷以下的果园，可在外围设主林带，其余林带与道路相结合，在路的一侧栽植 1～2 行乔木，形成 200～500 米间距的防风林网络。

林带宜采用透风林带结构：透风林带由阔叶的乔木树种和灌木树种构成，其中，中间栽乔木，两侧栽灌木。透风林带的防风距离，在林带前面约为树高的 5 倍；在林带后面约为树高的 25 倍。

防风林的树种：应选速生、高大、抗风，与果树无相同病虫害或中间寄主，经济价值较高的树种。适于做防风林的阔叶乔木树种有各种杂交杨树、泡桐、枫树、涤悬木、乌柏、皂角、臭椿、白桦、核桃楸等；灌木树种有紫穗槐、荆条、枸杞、枳、女贞、夹竹桃等。

林带的营造：林带的营造要在果树栽植前或与果树栽植同时进行，林带树种的行株距，一般乔木树种为 1.5～2.0 米×1.0～2.0 米，灌木树种减半。林带与果树需保持 10～30 米的距离，果树南面的林带距离要大些，北面的距离可小些。

⑥辅助建筑物　包括管理用房，药械、果品、农用机具等的贮藏库，包装场，配药池，畜牧场，积肥场等。管理用房和各种库房最好建在靠近主路（交通方便）、地势较高、有水源的地方。包装场、配药池等建在桃园或作业区的中心部位较合适，以利于果品采收集散和便于药液运输。畜牧场、积肥场位置则以水源方便、运输方便的地方为宜。山地桃园，包装场应建在下坡，积肥场建在上坡。

⑦绿肥地　利用林间空隙地、山坡坡面、滩地种绿肥，必要时还应专辟肥源地，以供桃树用肥。

二、果园水土保持

为了减少和防止山地、丘陵果园的水土流失，通常在栽植果树后，不断扩大栽植穴和栽植沟，增施有机肥料。当果园的坡度为 6°～10° 和 11°～25° 时，应分别修筑撩壕和梯田。

①治坡　坡度较大 25° 以上的地段不宜栽桃树。在坡度一般的地段建园，其上坡应结合定植用材林、护坡林，以涵养水源，减少水流量。

②撩壕　坡度在 6°～10° 的丘陵果园，可采用等高撩壕，壕上挖沟，将土撩于坡上方成壕，沟宽 1 米左右，深 30～40 厘米，沟依等高线绕坡延伸。在一定距离也可加筑小埂以缓水势。桃树栽于壕顶外侧。

③梯田　梯田适用于 11°～25° 的坡地果园。梯田的主要部分

为梯壁和阶面。梯壁可用石头或土壤筑成直壁式或斜壁式。坡度大、梯壁高、取石方便时，宜用石头砌成直壁式；坡度小、土层较厚时，通常用土壤筑成斜壁式。阶面一般为水平式，阶面的宽度，宜使梯壁的高度控制在 1.5 米以内。边梗位于阶面的外沿，底宽约 40 厘米、高约 30 厘米。背沟位于梯壁基部或间隔梯壁基部约 50 厘米处，深约 30 厘米、宽约 40 厘米，沟内每隔 5～10 米筑有缓水坝，形成竹节状，背沟通向总排水沟。

山坡、丘陵地新建果园时，应先修梯田，后栽树。梯田宜从上坡向下坡修筑，边筑梯壁，边填阶面。石壁需砌牢固，土壁应拍打紧实。待基本完成梯壁和外高内低的阶面后，再依次挖背沟、筑边埂和平整阶面，然后将树栽在阶面由外向内的 1/3 处。

④挖鱼鳞坑　单株定植穴外围做水簸箕状土窝以保持水土的设施叫鱼鳞坑，坑内平，坑缘有埂，保持局部水土，拦蓄小面积地表径流。

三、土壤改良

发展桃树往往是利用丘陵、坡地、瘠薄的沙荒、低产田，如在土壤瘠薄和土壤结构较差的条件下建园，必须进行土壤改良。改良的办法通常是挖定植沟或定植穴。定植沟一般挖沟宽 80～100 厘米，深 60～80 厘米，行向以南北行向为宜，深施底肥，底肥以有机肥为主，化肥为辅。有机肥一般每亩 5 000 千克，化肥可用多元素复合肥，一般每亩用 100 千克左右，施一层有机肥，撒上一层化肥，然后回填熟土，回填平面高出表土平面 10 厘米左右。若有机肥缺乏，也可用稿秆野草、树叶之类，先填入沟（窝）内，厚度以压实后距土面 30 厘米为宜，然后灌水以湿透稿秆，再将化肥兑成肥液均匀浇于稿秆上，回填泥土至比表土平面高 10 厘米，回填泥土应尽量使用耕作层的土壤，时间应比栽植时间提前一个月以上，有利于底肥腐熟。定植穴一般长宽 80 厘米，深 60 厘米，其余方法与定植沟相同。

对黏重或沙性较强的土壤，宜通过掺沙或掺粘进行改良；对坚实、黏重的土壤，应进行深翻，打破不透水层。同时施入足量有机肥，一般施优质腐熟厩肥每亩 8 000 千克，腐熟鸡粪每亩 3 000～5 000 千克。

第三节 品种的选择

一、品种选择的原则和依据

1. 品种选择的原则 一个优良品种必须同时具备综合性状优良（包括外观性状、品质性状、栽培性状、抗性都要在良好以上）、优良性状突出〔在综合性状优良的基础上，与同类品种比较，必须具备一个或一个以上的目前生产中急需的突出性状，例如成熟期极早或极晚、果实大、外观漂亮（全红或者纯黄色、纯白色）、耐贮运、高品质（含糖量高或高糖低酸，口感浓郁）〕，并且没有明显缺陷（优良品种不同于优异种质资源，优良性状再突出，如果有明显缺点的品种就不是优良品种）。从果品市场对果品的基本品质要求方面来看，当前及今后比较畅销和有消费趋势的水果的基本特征为：红、大、圆、硬、甜、稳。

所谓红：就是指水果的外观着色，一定要红，最好的颜色是粉红色，而且是全红的。

所谓大：是指水果的个头，要求水果的个头要大而匀，一般在单果重 200～250 克最好，过大了也不好。

所谓圆：是指水果的果型，要求水果的果型要圆整，一般的果品商都不喜欢带凸尖的水果，因为容易在运输和销售的过程中凸尖易于磨损和病变。

所谓硬：是指水果的耐运性，水蜜系的桃子，比如说肥桃等，最大的缺点是耐运性差，不容易运输，货架期短，以后受欢迎的水果要求硬度要高，以便于运输和销售。

所谓甜：是指水果的糖度，各地消费者对水果的糖度要求不一，健康的消费习惯是水果逐步低糖化，当然也不能过低，大约在 10～12 个糖度以上为宜。

所谓稳：是指水果的产量，果品商和果品市场更看重水果的质量，而不是产量。从更高的品质要求看，水果现在和以后的发展方向是生产绿色无公害水果和有机水果，满足日益严谨的国内外果品市场对水果的品质要求。

2. 品种选择的依据　桃品种很多，用途广，依用途、肉色、成熟期等可分成十多种。如何根据当地实际情况正确确定品种十分重要。主要依据有：

①环境条件的适应性，做到适地适栽　每个品种，只有在它的最适条件下才能发挥该品种的优良特性，产生最大效益。

②关注品种来源，了解品种特性　首先要了解这个品种的来源，包括其父母本，育成单位的地理位置，这个品种有哪些优点和缺点，然后分析它可能的适应性，再通过引种试种。育成品种必须经过审定才可以大面积推广。要知道它在引种后的表现，首先要了解这个品种的来源，包括其父、母本、育成单位的地理位置，以及这个品种有哪些优点和缺点。

③销售情况　生产园所在地的人口、交通、加工条件等都直接影响果品的销售。城市近郊可选用鲜食品种，在交通不便地区要选用耐贮运或加工品种。

④成熟期　首先要考虑与其他瓜果成熟期排开，进而确定桃品种间的早中晚搭配。一般早中晚的比例为 5∶2∶3 或 6∶1∶3，各地区可根据本地的实际，采取不同的比例，突出特色，可以突出以"早"为中心，也可突出以"晚"为中心，形成自己的成熟特色。作为生产品种不可过多，一般以 3～4 个为好。

⑤果品利用目的的选择　选择品种要结合利用目的：鲜食品种要求果型大、果肉为溶质，白色、乳白色或者黄色，果面红色鲜艳，果形整齐，糖酸比高，风味浓而芳香，成熟度均匀；罐藏加工品种要求果实大小均匀，缝合线两侧对称，果肉厚，粘核，

核圆，核小，不裂，核周围不红或者少红色，果肉以不溶质、金黄色为好，果肉褐变慢，具有芳香味，含酸量可比鲜食品种稍高。制干（脯）品种与罐藏桃大体相似，最好是离核，风味更甜。用于出口品种应该选择个大、色艳、味美和耐贮运的品种，如中华寿桃、寒露蜜桃等。

⑥选择品种要注意交通条件、据市场的远近、技术水平的高低等条件　在大城市附近或主要交通道路边，可选择肉质柔软的的品种，居市场远、需长途运输的地区应选择硬肉性品种；面向国外和大城市市场的产区，要选择大果、全红、优质、适合精品包装的优良品种。

3. 选择桃品种时应注意的问题　生产上选择优良品种至关重要，但在生产过程中往往注意了品种的新、奇、特，而忽视了品种的品质特性、结果特性、适应性，选择桃品种时应注意以下问题：

①确定种植目的　提倡使用专用品种，不提倡使用兼用品种。种植者为了减轻市场风险，有时选用鲜食与加工兼用品种，鲜食与观赏兼用品种，往往事与愿违。

②根据品种的适应性　品种的适应性是选择品种的最基本因素，先引种试种，再扩大发展，结合当地的气候和市场，选择对路的品种进行试种，在试种的过程中，对品种的果实经济性状、生物学特征特性、丰产性、适应性、抗逆性等充分了解后，再行推广。在气候相似的地区也可以直接发展。西北地区引种时，应注意品种抗抽条能力和花期抗晚霜能力；东北地区应注意品种抗冬季绝对低温能力；长江流域应注意油桃的裂果性；而云贵高原和华南地区要注意选择低需冷量品种。

在生产中已有很多忽视适应性的的例子，比如南方种植油桃，绝大多数失败的原因是裂果问题，如华光这个品种，风味很甜，但裂果很重，在南方雨水多的地区种植，裂果更甚。再如南方种植中华寿桃，由于这个品种需冷量比较长，在湖南、湖北南部一带出现开花不整齐，花期持续时间长，坐果率低的问题，加上严重裂果、缩果病、容易出现徒长，产量不高。正是这个品种的缺点在南方表现得淋漓尽致。

③根据市场需求　要考虑3年后桃的销售地点的市场需要，是本地还是哪个大城市还是出口等，做好规划和定位，做到有的放矢，避免"卖果难"。当然，对优良品种的要求不是一成不变的，随着时间、地点、市场的改变，对品种的要求也在改变，最终需要市场来检验，可以说被市场认可的品种就是好品种，被老百姓真正种出来的品种就是好品种，消费者和果农都认可的品种才具有生命力。

④根据种植规模　种植规模大，要考虑不同品种成熟期的配套，还要考虑品种的配置比例；种植规模小，如果种植品种过多，就会显得凌乱，反而给管理和销售带来麻烦。

⑤根据风险承受能力　种植者选择最新品种往往可以获得比较高的收益，但也可能有失败的风险。对于承受风险能力弱者，可以选择经典品种进行种植，通过加强栽培管理获得较高的收益。

二、授粉树配置

在桃树所有品种当中，大多数品种都具备有自花结实能力，而且坐果率高，但是也有一部分品种自花结实能力差，如花粉不育的有上海水蜜、砂子早生、冈山白、大白桃、晚黄金、朝晖、霞晖1号、霞晖2号、霞晖3号、霞晖4号等品种需配置授粉树；同时异花授粉结实率高，果实品质好。

1. 授粉品种应具备的条件

①于主栽品种花期一致，或略早1~2天，并且产生大量发芽率高的花粉，同主栽品种授粉亲和力强，无杂交不育现象，并能与主栽品种相互传粉。

②能适应当地的自然环境，产量高、品质优、抗逆性强。

③于主栽品种同时进入结果期，果实成熟期基本一致，经济结果寿命长短相近，且能连年丰产。

④于主栽品种授粉亲和力强，能生产经济价值高的果实，果实大，品质好。

⑤能与主栽品种相互授粉，两者的果实成熟期相近或早晚互相衔接。

⑥当授粉品种能有效地为主栽品种授粉，而主栽品种却不能为授粉品种授粉，又无其他品种取代时，必须按上述条件另选第二种作为授粉品种的授粉树，但主栽品种或第一授粉树品种也必须能作为第二授粉品种的授粉树。

2. 授粉树的设置　建园时不论主栽品种自花结实率是否高，一定要配置 2～3 个授粉品种作为授粉树。授粉品种的比例可按 1：3～5 成行排列（花粉结实率低或花粉败育的品种桃园的授粉树比例为 1～2：1），或多品种成带状排列，也可按双行、四行间栽植一行授粉树，最好在主栽品种行内按配置比例定植，以利于密蜂传粉。授粉树在果园的常见配置方式：

①中心式　小型果园中，果树作正方形栽植时，常用中心式配置，即一株授粉品种在中心，周围栽 8 株主栽品种。

②行列式　大中型果园中配置授粉树，应沿小区长边，按树行的方向成行栽植。梯田坡地果园可按等高梯田行向成行配置。两行授粉树之间的间隔行数，多为 3～7 行。处于生态最适带的果园，相隔的行数可以多些，间隔距离可以远些。生态条件不很适宜地区，间隔行数应适当减少，间隔距离相应缩短。

第四节　合理栽植

一、栽植前的准备工作

1. 土地改良　栽植前最好先深翻土壤，可采用带状深翻或定植穴深翻的方法，施入有机肥，对改良土壤结构，提高土壤肥力，促进果树根系生长有明显的作用。

2. 定植穴　带状深翻或定植穴深翻要按株行距，以定值点为中心，挖深 80～100 厘米、宽 80 厘米的定植沟（穴）；挖沟（穴）时要将表土和底土分别放置，回填时不要打破土层；栽植时先在地层放置 20～30 厘米农作物秸秆，在按 4 000～6 000 千克/亩准备腐熟的有机肥和适量的磷肥作基肥，将土与基肥按 1：1 混合后填入，厚度 25 厘米，然后在其上填土与地面持平，充分浇水"阴坑"，栽前用表土在定植穴中央填土堆呈馒头状，准备栽植。土壤黏重，土层较薄的山地不宜开穴，最好起垄栽培。

3. 苗木处理　苗木对于建园的质量至关重要，甚至影响整株果树一生的产量，因此应选择品种纯正、砧木适宜的壮苗建园，即所谓的"良种良砧"，尽量选用优质苗木，以保持园貌整齐。对劈伤的枝干和主侧根应予修整，并对从外地调入的苗木用 100 倍的 K84 或 0.3‰硫酸铜溶液浸根 1 小时，或者用 3°Be 石硫合剂喷布全株消毒后再定植。定植前用 50 千克水加 1.5 千克过磷酸钙及土壤调成泥浆，将桃苗的根系蘸满泥浆后栽植，可以提高成活率。

4. 起垄栽培　对于地下水位过高的桃园，以及排水通气不良、容易积涝的黏土地等可采用起垄栽培。方法是：定植前根据栽植的行距起垄，将土壤与有机肥混匀后起垄，垄高为 30～40 厘米，宽为 40～50 厘米，起垄后将桃苗直接定植于高垄上，行间为垄沟，实行行间排水和灌水。起垄栽培的优点是利于排水，桃园通气性好，可防止积涝现象。起垄栽培的特点是增加疏松土层的厚度，使土壤结构疏松，空隙度大，透气好，供氧充足。

二、栽植的时期

桃树的栽植时期一般为春季或秋季，春季以 3 月上旬至 3 月下旬发芽前栽植为最适宜，此期栽植，地温回升快，易生根，成活率高；冬季较温暖地区最好秋栽，秋栽在落叶后至土壤封冻前进行，一般在10月下旬或11上旬苗木落叶或带叶栽植，秋栽的苗木根系伤口愈合早，翌春发根早，甚至当年即可产生新根，缓苗快，有利于定植后苗木的生长，生产上提倡带叶栽植，但在寒冷地区，容易受冻或抽条。北方地区以春栽为主，南方地区秋冬栽更好。

三、栽植密度

合理确定栽植密度可有效利用土地和光能，实现早期丰产和延长盛果期年限，栽植密度小时，通风透光好，树体高大，寿命长，虽单株产量高，但单位面积产量低，进入盛果期晚，管理不方便。栽植密度大时，结果早，收效快，单位面积产量高，易管理，但树体寿命短，易早衰。一般栽植密度为：平原地区株行距3米×4~5米，丘陵山地2米×3~4米，栽植45~111棵/亩。为促进早产，也可实行矮化密植，通过合理密植，促进花芽分化和利用副梢结果等三项措施，达到早产、丰产的目的，一般栽植量可达111~417棵/亩（见表6-1），山东省平邑县武台镇水沟三村黄桃采用株行距1米×1.5米，植444株/亩，树形采用圆柱形，第一年成形，第二年每株平均结果5千克，产量2 220千克/亩，第三年产量5 000千克/亩，第四年可达6 000千克/亩，进入盛果期的时间提前3~4年。

表6-1　桃矮化密植不同地区栽植密度

地　区	株行距（米）	株/亩
长江流域	0.8×3	278
中原地区	0.8×2.5	333
华北地区	0.8×2	417

四、栽植模式

1. 宽行栽植　就是行距特宽、株距特密的栽植方式，株行距一般为（2~3）米×（4~6）米，栽植 37~83 棵/亩。优点是株密行不密，桃园通风透光好，早产、丰产，有利于果园管理和间作，适合树形为纺锤形或圆柱形。

2. 正方形定植　就是株行距相等的栽植方式，株行距一般为 4 米×4 米或 5 米×5 米，栽植 27~42 棵/亩；优点是桃园内光照分布均匀，通风透光好，利于树冠的发展，便于园内纵横作业；缺点是密植情况下容易出现密挤现象，稀植早期丰产性不好。

3. 带状定植　包括双行带状栽植和篱状栽植，一般两行为一带，带间距为行距的 3~4 倍，带内可采用株距较小的长方形栽植。优点是带内栽植较密，可增加群体抗逆性，方便园内管理；缺点是行内较密，带内管理不方便。

4. 长方形定植　株距小，行距大的栽植方式，一般为 3 米×4 米、4 米×5 米或 3 米×5 米、3 米×6 米，栽植 56~33 棵/亩。优点是行间大，通风透光良好，便于操作，也有利于间作，密度大，能达到早产的目的，目前生产上应用最普通。

5. 计划密植　先密后稀的栽植方式，即按长方形的永久株的株行距，增植 1~4 倍，开始出现封行、过密时，将加密的临时株有计划的分批分期进行移植或间伐，解决树体采光的目的。优点是桃园早结果、高产、稳产，增加果园的早期效益。

6. 等高线栽植　丘陵山地果园沿等高梯田成行栽植，单株梯田的梯面水平宽度即为行距，梯田内的栽植距离为株距，即桃树不一定呈直线排列，而是沿着等高线栽植，相邻两行不在同一水平面上，但行内原距应保持相等。优点是能适应山地的变化，有利于水土保持，是山地果园的主要栽植方式。

7. 三角形定植　相邻行间的单株位置互相错开，呈三角形排列。优点是可提高土地利用率，提高单位面积的栽植株数；缺点是通风透光条件差，不便于管理和操作。

$$栽植株数 = \frac{栽植面积}{栽植距离的平方 \times 0.86}$$

五、栽植技术

栽植时，先在回填好的穴内挖一小穴，让根系均匀分布在土中，栽苗时将苗扶正后再覆土，盖一半土再提一提苗子，使根系与土充分贴紧，不留空隙，再把土封好，并注意株行间前后左右位置对齐，然后填土，接近填满坑时，将苗木轻轻向上提一下，让根系舒展开，尽量使根系不相互交叉或盘结，并将苗木扶直，做到左右对准，纵横成行；嫁接口要朝迎风方向，以防风折；栽植深度以根颈部（即苗圃地的苗木根系与地面交界处的部位）与地面相平为宜，切忌过深，嫁接部位较低的苗木，特别是芽苗一定要使接芽露出地面5厘米以上，栽植过深，影响成活和树体生长；栽植太浅，根系外露，影响成活（见图6-1、图6-2）。定植完成踏实后，在苗木周围培土埂作树盘，浇足水，待水全部渗

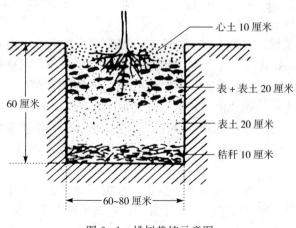

图6-1　桃树栽植示意图

下后，整平树盘，并要及时松土保墒，确保成活。

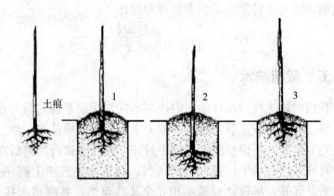

图 6-2　栽植深度
1. 正好　2. 太深　3. 太浅

栽植行向以南北向为好，秋栽的应做好埋土防寒工作。

六、栽后管理

1. 定干　定植后应立即定干，定干高度应根据苗木高度及土壤类型等确定，同时考虑桃树将要采取的树形等因素，一般平原地定干高度为 70～80 厘米，丘陵地为 50～60 厘米，保留 5～10 个饱满充实的叶芽。

2. 覆膜　春季干旱少雨多风，水分蒸发散失快，苗木栽植定干后，要立即覆盖 1 米^2 的地膜，既保温、保湿，又促进根系活动，是提高苗木成活率，缩短苗木缓苗期的有效措施。

3. 灌水　秋栽桃园，越冬前应灌一次透水，提高越冬能力。

4. 埋土防寒　秋栽的苗木，特别是速成苗，组织发育不充实，应注意培土防寒，翌春天气转暖后扒开防寒土，整平后覆盖地膜。

5. 套袋　为防止鼠害、兔害、金龟子等危害，利于越冬及提高早春温度，促进树干发芽整齐增加新植苗木生长量的作用，套袋采用长 40～50 厘米，宽 10 厘米左右的塑料袋，在桃树定干后将袋自上而下套在苗上（剪口上留5厘米左右间隙），避免操作碰芽体，然后在塑料袋的中部和下部绑扎两道，或将袋口下端埋入土中，以防止由于风吹而使塑料袋来回摆动而碰伤嫩芽，待发芽后先在袋上捅些小洞漏气，以后于傍晚或阴天将塑料袋逐步打开。

6. 除萌　及时除去砧木上发出的芽或成品苗30厘米以下的新梢，以免影响整形带内新梢的生长。

7. 加强肥水管理　定植后第一年的重要任务是确保苗木生长健壮，为形成丰产骨架打下良好基础。为此，应加强土肥水管理，可与6~8月份追施1~2次速效肥，每次50克左右，追施时要离树干30厘米以上，采用环状沟法或用木棍捅施，要防止离根太近烧伤根系；同时要加强叶面肥的应用，每隔15~20天左右喷施一次0.3%尿素、0.2%~0.5%磷酸二氢钾、300~500倍氨基酸复合微肥等叶面肥；干旱时可结合追肥适量浇水，雨季要注意排水防涝。

8. 注意病虫防治　幼树病虫害较少，主要加强对穿孔病、白粉病、金龟子、蚜虫等病虫害的综合防治，以使幼树生长健壮。

第七章

桃园的土壤管理

土壤管理通常指土壤改良、土壤耕作技术措施，目的是通过增施有机物料、生草覆草等措施提高土壤肥力，保证桃园的丰产优质与可持续生产能力。我国多数桃园分布在山地、丘陵和沙滩地上，存在土层薄、有机质含量低、养分不均衡、透气性差和保水、保肥能力低等不利因素，而生产中存在重视化肥施用，轻视土壤管理的倾向，导致桃园土壤肥力下降。我国的土壤有机质含量平均为 0.7%，日本、美国等国家的桃园土壤有机质含量在 4%~5%，有些果园甚至达到 10%，而我国发展果树的原则是"上山下滩，不与粮棉争地"，这就造成了我们的一些桃园土壤有机质含量极低，甚至在 0.1%~0.3%，导致土壤缺素症、病虫害严重，树体发育不良，果实品质低。因此土壤管理的注重点就是要加大果园投入，规范土壤管理措施，彻底改善土壤理化性状，增加果园有机质含量，为桃园优质丰产打好基础。

第一节　我国桃园土壤状况

果园土壤肥力状况是反映土壤生产力的基础，土壤的性质对桃树的生长发育、结果寿命、产量高低、品质优劣和各种栽培措施的效果都有着密切的关系，根据中国桃种质信息平台提供的《全国果园土壤肥力状况》，目前我国桃园土壤有机质、氮磷钾以及中微量元素等养分状况等方面都存在一些问题。

一、土壤有机质

土壤有机质水平的高低对于果园生产的可持续的意义非常重要，我国无公害果树技术规程要求果园有机质含量要达到 15 克/千克以上，最好能达到 30 克/千克，而国外优质果园土壤有机质含量达到 40～80 克/千克。根据对 2007—2008 年全国 800 多个桃园土壤有机质状况分析测试可以看出，我国大部分桃园土壤有机质含量偏低，尤其在华北、西北生态区，这不利于桃园高产优质。因此，我国桃园土壤的有机培肥工作势在必行。

二、土壤全氮

土壤氮状况是决定桃树产量的重要因子之一。由于近些年来，桃园施氮水平差异较大，土壤氮状况较第 2 次土壤普查时发生了较大变化。北京、河北、山东、陕西、河南、四川、安徽、江苏、上海等省市 800 多个桃园土壤样本数据结果表明，华北生态区和西北生态区大部分桃园土壤全氮水平较第 2 次土壤普查时有所增长，但大部分处于中低水平。长江流域和西南生态区桃园土壤全氮较第 2 次土壤普查时降低。这与区域水热条件和施肥有关（见表 7-1）。

表 7-1 我国不同地区桃园土壤全氮含量变化

生态区	省区	样本（个）	平均值（克/千克）	第 2 次普查（克/千克）	与第 2 次普查比较（克/千克）
西南生态区	四川	90	0.92	1.23	−0.31
华北生态区	北京	121	0.89	0.80	0.09
	河北	183	0.67	0.74	−0.07
	山东	96	1.00	0.54	0.46
	河南	75	0.41	0.49	−0.08
	平均	475	0.74	0.64	0.10

（续）

生态区	省区	样本 （个）	平均值 （克/千克）	第2次普查 （克/千克）	与第2次普查比较 （克/千克）
西北生态区	陕西	111	0.90	0.73	0.17
长江流域	上海	30	1.42	1.50	−0.08
	安徽	45	0.36	0.52	−0.16
	江苏	75	0.88	1.08	−0.20
	平均	150	0.89	1.03	−0.15

三、土壤有效磷

20个世纪90年代以来，桃园土壤有效磷呈明显上升趋势，与第2次土壤普查时比较总体表现出积累。通过分析我国桃主产区桃园土壤样本分析结果表明，大部分地区桃园土壤有效磷（Olsen-P，下同）均出现明显积累，尤其华北、西北、江苏、上海等区域。其中河北、江苏和上海等区域桃园土壤有效磷含量超过了60毫克/千克。这与90年代以来注重磷肥施用，尤其施用高浓度磷肥；另一方面，与长期培肥地力所施用的大量有机肥，如含磷量高的家禽粪便有关，尤其在北京、天津等大城市郊区，农牧结合程度高，养殖业发达，家禽粪便施用量较高，对土壤有效磷积累起到很大作用；相反桃树每年从土壤带走磷素数量较低，加速了土壤有效磷积累。

四、土壤速效钾

通过对我国桃主产区桃园土壤调查分析，结果表明，与第2次土壤普查结果相比，大部分区域桃园土壤速效钾含量均有所上升，尤其在河北、山东、上海等区域上升幅度较大，这与近几年当地桃园注重施用有机肥和三元复合肥有关，但是，北京、河南和安徽等区域桃园土壤速效钾下降幅度较大（见表7-2）。

表7-2 我国不同地区桃园土壤速效钾含量变化

生态区	省区	样本（个）	平均值（毫克/千克）	第2次普查（毫克/千克）	与第2次普查比较（毫克/千克）
华北生态区	北京	121	142.80	184.48	−41.68
	河北	183	232.73	135.00	97.73
	山东	96	164.15	68.10	96.05
	河南	75	67.28	116.00	−48.72
	平均	475	151.74	125.90	25.85
西北生态区	陕西	111	143.28	146.00	−2.72
长江流域	上海	30	188.83	120.00	68.83
	安徽	45	70.15	108.00	−37.85
	江苏	75	132.90	118.00	14.90
	平均	150	130.63	115.33	15.29
西南生态区	四川	90	115.35	90.61	24.74

五、土壤中微量元素

我国第2次土壤普查期间，在北方桃园土壤中量元素养分基本上是丰富的，但是近些年，桃树产量增加，重视氮磷钾养分的施用，而忽视中量元素养分的投入，造成局部地区土壤交换性钙含量下降现象，如山东区域；在南方桃园，由于土壤酸性较强，降水量高，造成钙镁养分淋失多，土壤交换性钙镁含量低于北方石灰性土壤，如西南区和长江流域。通过对2007年桃主产区366个桃园土壤样本中量元素测定分析，表明我国桃园土壤中量元素钙镁总体上较高，但局部区域应注意钙镁流失问题，尤其桃树生理性钙镁缺乏问题，见表7-3。

表7-3 我国不同地区桃园土壤交换性钙镁状况

生态区	省区	样本（个）	交换性钙（毫克/千克）	交换性镁（毫克/千克）	交换性钙临界值/交换性镁临界值
华北生态区	北京	27	3 182.88	591.82	1 000/150
	河北	183	3 129.00	416.00	
	山东	36	2 790.10	389.26	
	河南	36	6 832.60	278.85	
	平均	282	3 983.65	418.98	
西北生态区	陕西	12	7 601.77	365.93	
长江流域	上海	18	3 738.44	746.10	
	江苏	36	1 553.77	300.10	
	平均	54	2 646.10	523.10	
西南生态区	四川	18	2 030.10	249.60	

　　桃园土壤微量养分状况因所受影响因素较多，变化较大。由表7-4、表7-5我国主产区366个桃园土壤样本测定结果可以知道，大部分调查桃园土壤有效铁含量较高，尤其在长江流域的上海、江苏，西南区的四川等地，高者甚至是土壤铁丰富值的10倍。但华北的河南和西北区的陕西调查桃园土壤有效铁含量较低，均低于丰富值，处于中等水平；调查桃园土壤有效锰含量除了四川和北京、山东较高外，其他区域锰含量低于锰丰富值，尤其河南和陕西桃园土壤有效锰接近缺乏水平；桃园土壤有效锌铜含量除了华北河南和西北陕西等地略低外，其他调查区域均达到锌铜丰富水平。其中华北的北京、山东区域有效锌含量是锌丰富值的3.7~3.9倍。长江流域的上海、江苏和华北山东的桃园土壤有效铜含量远高于丰富值，分别是丰富值（1.8毫克/千克）的10.8、2.6、3.4倍。由于桃树对微量元素养分需要量很低，桃园土壤微量元素含量过高的区域应该引起重视，但微量养分含量接近缺乏水平的区域亦不容忽视。

表 7 - 4 我国不同地区桃园土壤微量元素铁锰有效含量变化

生态区	省区	样本（个）	平均值 Fe（毫克/千克）	平均值 Mn（毫克/千克）	Fe 丰富值/缺乏值	Mn 丰富值/缺乏值
华北生态区	北京	27	40.80	39.86	10/2.5	30/5
	河北	183	25.45	17.02		
	山东	36	38.40	77.13		
	河南	36	6.17	7.22		
	平均	282	27.71	35.31		
西北生态区	陕西	12	7.95	9.06		
长江流域	上海	18	107.55	13.60		
	江苏	36	75.42	23.11		
	平均	54	91.48	18.36		
西南生态区	四川	18	81.08	74.82		

表 7 - 5 我国不同地区桃园土壤微量元素锌铜有效含量变化

生态区	省区	样本（个）	平均值 Zn（毫克/千克）	平均值 Cu（毫克/千克）	Zn 丰富值/缺乏值	Cu 丰富值/缺乏值
华北生态区	北京	27	7.87	3.37	2/0.5	1.8/0.2
	河北	183	1.59	1.93		
	山东	36	7.52	6.04		
	河南	36	1.24	0.83		
	平均	282	4.56	3.04		
西北生态区	陕西	12	1.15	1.48		
长江流域	上海	18	2.81	19.53		
	江苏	36	2.21	4.75		
	平均	54	2.51	12.14		
西南生态区	四川	18	2.55	3.47		

六、桃园土壤酸碱状况

据资料显示，桃树适宜生长的土壤酸碱范围为 pH6.0～
7.5，通过对我国不同生态区 800 多个桃园土壤样本数据分析表
明，我国大部分桃园土壤酸碱状况适宜桃树生长。仅河南和安徽
桃园土壤 pH 在 8.0 以上，江苏桃园土壤 pH 低于 6.0（见表 7-
6）。近些年，由于有些地区桃园过量施用氮肥，加之桃树产量较
高，土壤发生酸化现象，应引起重视。如山东沂蒙山区蒙阴县部
分桃园有土壤酸化加重的趋势，这将影响桃树的优质、高效
生产。

表 7-6　我国不同地区桃园土壤酸碱状况

生态区	省区	样本（个）	pH
华北生态区	北京	121	6.87
	河北	183	7.81
	山东	96	6.37
	河南	75	8.49
	平均	475	7.39
西北生态区	陕西	111	6.21
长江流域	上海	30	6.83
	安徽	45	8.03
	江苏	75	5.94
	平均	150	6.93
西南生态区	四川	90	7.78

七、桃园土壤盐渍化状况

桃树耐盐性较低，土壤盐渍化程度高将影响桃树的正常发
育。从调查桃园土壤测试结果看，不同区域桃园土壤盐渍化程度
较低，土壤含盐量均在 2 克/千克以下（见表 7-7）。

表7-7　我国不同地区桃园土壤盐渍化状况

生态区	省区	样本（个）	含盐量（克/千克）
华北生态区	北京	121	0.75
	河北	183	1.01
	山东	96	0.46
	河南	75	0.49
	平均	475	0.68
西北生态区	陕西	111	1.08
长江流域	上海	30	0.58
	安徽	45	0.80
	江苏	75	0.56
	平均	150	0.65
西南生态区	四川	90	0.51

第二节　桃园土壤管理制度

一、免耕制

1. 免耕制的概念　免耕制，即果园全园或只一部分地面（另一部分生草或覆盖）用化学除草剂除草，不耕作或很少耕作（故又称零耕法或最少耕作法）。免耕制已经在我国果树生产上应用多年，虽然不普及，但它的省工高效的特点已被人共识。

2. 免耕法的优点

①无耕作或极少耕作，土壤结构保持自然发育状态，无"犁底层"，适于果树根系生长发育；土壤随时间的变化见表7-8。

②果园光照、通风好，特别是果树树冠下通风透光更好。洁净的地面有反射光，可改善树冠内光照状况。

③易清园作业，果树病虫潜藏的死枝、枯叶、病虫果、纸袋等一次清除，效率高。

表7-8 土壤实行免耕后土壤随时间的变化

（中国科学院东北地理与生态研究所）

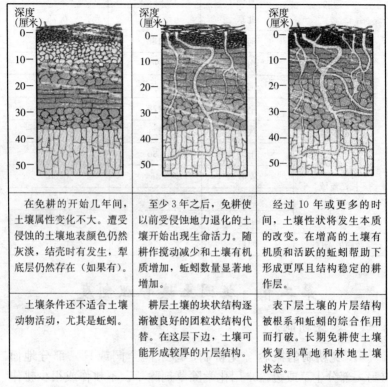

在免耕的开始几年间，土壤属性变化不大。遭受侵蚀的土壤地表颜色仍然灰淡，结壳时有发生，犁底层仍然存在（如果有）。	至少3年之后，免耕使以前受侵蚀地力退化的土壤开始出现生命活力。随耕作搅动减少和土壤有机质增加，蚯蚓数量显著地增加。	经过10年或更多的时间，土壤性状将发生本质的改变。在增高的土壤有机质和活跃的蚯蚓帮助下形成更厚且结构稳定的耕作层。
土壤条件还不适合土壤动物活动，尤其是蚯蚓。	耕层土壤的块状结构逐渐被良好的团粒状结构代替。在这层上边，土壤可能形成较厚的片层结构。	表下层土壤的片层结构被根系和蚯蚓的综合作用而打破。长期免耕使土壤恢复到草地和林地土壤状态。

④省劳力。免用除草剂，可结合灌溉、地面追肥或喷施农药进行。一次人工清耕除草，每公顷需劳力20~30个，而免耕法化学除草只需1~2个劳力或更少，而且劳动强度大大降低。

3. 实施免耕制的条件　免耕制也要一定的条件，即：土壤肥力较高，尤其是土壤有机质含量较高，因为免耕条件下土壤有机质含量下降得很快；土壤肥力若低，则对人工施肥的依赖性大。较密植的果园，实施生草、覆盖或清耕均较难，实施免耕更合理一些。

4. 免耕制技术要点

①免耕和施用除草剂原则 果树与农作物、蔬菜或其他密植经济作物比较，单位土地面积上种植的密度小，土地空余面积大，这样对草的危害和防治的要求都降低了，即草对果树的影响，小于草对密植作物的影响。所以，果园应当允许一些低矮的草存在，或对高的草允许其幼苗期存在。现代果树生产中的免耕制，是在人们承认果园有一定量的草生长有利无害的前提下实施的。

②对果园杂草种类、数量应有清楚的了解 了解杂草的状况，并依据此制定除草对策，包括免耕和施用除草剂的方法。主要应了解哪些种类的杂草是危害大的杂草（生长高大、攀援性茎蔓、禾本茎枝、"串根性"地下茎和粗大主根等）、危害的主要时期、在果园杂草中占的比例等，只有清楚了解这些情况，才能正确地选择除草剂种类、用量、施用时期和施用方法。

③了解各种除草剂性能，结合果树情况正确选用除草剂 每种除草剂均有其除草对象。广谱性除草剂只是少数，果园尽量不用全杀性除草剂。一般豆科草和禾本科草、一年生草和多年生草，不用一种除草剂。

④桃园免耕适用的除草剂 灭除一年生及多年生杂草可用草甘膦、磺草灵、特草定、杀草强、茅草枯、百草枯、五氯酚钠。

灭除一年生杂草可用草萘胺、敌草隆、西玛津、扑草净、恶草灵、敌稗、利谷隆、除草剂1号、伏草隆。

灭除一年生及多年生禾本科杂草可用禾草克、拿扑净、盖草能、精稳杀得。

灭除一年生禾本科杂草可用氟乐灵、杀草丹、菌达灭、拉索、毒草胺。

灭除一年生莎草科杂草可用草乃敌。

⑤除草剂的施用时期 果园用除草剂应当主要在两个时期：一是春末夏初，正值果实迅速生长、枝叶也旺盛时，地上杂草多数已长起来，有的达一定高度，但茎叶幼嫩，易用除草剂灭除。

此时对草杀死或半杀死，使其保持一定覆盖率。二是秋初，地上杂草要结籽，用除草剂半杀死杂草，控制其生长和产籽量，对第二年杂草量亦有控制效果。只要不影响果园通风透光，这两次除草就可以了。夏季中期、雨季之前，个别易攀援的、易长高秆的杂草、可以进行人工刈割（铲除也可）或涂抹除草剂。

5. 介绍两种常用除草剂的使用方法

①草甘膦　草甘膦是一种传导型灭生性叶茎处理剂，通过植物茎叶吸收输导，使根中毒，失去再生能力，主要用于禾本科、莎草科和阔叶杂草，对白茅（茅草）、狗牙根、香附子（莎草）有良好的效果。对1、2年生杂草每公顷用10％的草甘膦9 750～15 000毫升，再加入0.3％～0.5％的洗衣粉效果很好。对多年生深根杂草要适当增加药量，每公顷用22 500～37 500毫升，兑水750～900升，每公顷用10％草甘膦7 500毫升＋硫胺7.5千克＋洗衣粉9千克＋水450升，对禾本科、莎草科杂草的防治效果为100％。

注意使用时勿将药液喷在树冠上，不要将药液放在钢制容器中，以免产生氢气，遇火引起爆炸。

②茅草枯　茅草枯是一种内吸传导型除草剂，植物根系、叶面都可吸收，主要用于深根性杂草，如白茅、碱草等，每公顷用85％的茅草枯可湿性粉剂15千克，加洗衣粉300克、水750升，在杂草长到15厘米左右时进行茎叶喷雾。每公顷用茅草枯9千克与50％利谷隆可溶性粉剂3.75千克混合喷雾，可将白茅一次斩草除根。

茅草枯要现用现配，对金属有腐蚀性，喷药后要及时清洗喷药器具。

二、清耕制

1. 清耕制的概念　清耕是我国北方桃园传统的土壤耕作方法，在桃树生长季节多次进行浅耕除草，来保持果园地面无杂草和土壤表层疏松的土壤管理方法。

桃园无其他作物时，为防止杂草与树体争肥水，应经常耕作，使土壤疏松、无杂草，以促进桃树的生长。特别是在较为黏重的砂姜黑土和黄坚土，雨后或灌水后要及时松土保墒，防止地面裂缝。但若长期清耕，反而使土壤有机质下降，土壤结构受到破坏而造成板结，也不利于桃树的生长，所以清耕的次数和深度要掌握好。

2. 清耕制的优点

①保持桃园整洁，避免病虫害滋生，它对干旱地区桃园，可以切断土壤毛细管，保持土壤湿度，是抗旱保墒的好方法。

②采用清耕法，由于土壤直接接触空气，所以春季可提高地温，发芽早。

③清耕的桃园，通风透光性好，尤其是密植园，一般能保持较好的产量水平，且果实品质较好。

④清耕条件下，果园易做到较彻底的清园，清园加深翻土地，以农业防治法控制病虫害效果较好。

⑤技术简易，物力投入小。

3. 清耕制的缺点

①长期清耕，破坏土壤结构，表层水土肥易流失，表层以下有一个坚硬的"犁底层"，影响通气和渗水。

②长期清耕，土壤有机质含量下降得快，对人工施肥，特别是对有机肥的依赖性大。这是许多果园的一项大负担；特别是每年惊蛰后，干热风骤发，地表冷热、干湿变化幅度大，导致0～20厘米土层果树根系分布少。

③清耕条件下，果树害虫天敌少。清耕果园虽然通风透光好，但不是理想的生态环境。

④清耕管理，劳力投入多，劳动强度大，这也是现代果园中清耕法难以维持的一个重要原因。

⑤浅层土壤中的毛细根系是桃树的主要吸收器官，清耕的最

大弊端是大量损伤桃树的毛细根系。

4. 清耕制的做法

①早春在根系第一次生长高峰前灌水后深耕 5～10 厘米 1 次，既可保墒又能提高地温。

②在果实硬核期，根系生长缓慢，而地上部正值旺盛生长期，为防止伤根，只浅耕松土即可。

③到八九月份，根系进入夏眠，又逢雨季，不松土有利于水分的蒸发，故只除草不中耕。

④桃树的秋耕是在落叶前进行，每年都要进行一次。这时树体的营养正从树冠向下输送，是根系秋季活动的旺盛季节，深耕（深翻）时被切断的根很快愈合并长出新根。秋耕深度要根据土壤状况与根系分布情况而定。一般是自主干处向外，里浅外深，内深 10～15 厘米，树冠外围可达 20～30 厘米。秋耕时难免切断一些根系，但要注意少切 1 厘米粗的输导根，同时注意少伤根，特别是防止伤大根、粗根。但耕作时间不宜过晚，否则有害无益。

⑤中耕一般在灌水后或降雨后进行，可以使土壤疏松通气，保持土壤湿度，防止土壤板结，减少杂草对土壤水分和养分的竞争，减少病虫害的来源。

5. 清耕制的配套措施 对清耕桃园增施有机肥可以缓解清耕制带来的土壤肥力下降的问题，大量的研究和实践认为，有机肥不仅能改善土壤理化性状，促进土壤微生物的活动，并且有机肥中含有植物必需的大量元素、微量元素，养分全面，肥效持久，并且通过增施有机肥，改善了桃树根系生长环境，提高了根系吸收养分的能力，相应地也能降低化肥的用量。实践证明清耕桃园只有坚持施用有机肥，才能实现优质、丰产。

三、覆盖制

覆盖制，即用覆盖物覆盖全园或部分面积，其目的是土壤保墒、提高地温、灭草或改善树冠内光照状况等。所用的覆盖物有薄膜、秸秆（粉碎或不粉碎）、粗沙、石板（块）、城镇垃圾（粉碎或不粉碎）等。在薄膜覆盖中，又分保墒覆盖和反光膜覆盖，覆盖材料不同，其功能和管理特点也不同。

（一）覆膜

1. 覆盖的方法　常用的薄膜材料是 0.02 毫米厚的聚氯乙烯塑料膜，白色或无色透明，每千克可铺 45 米^2 左右地面，操作与保管好可用 2 年，一般只用 1 年。

2. 薄膜保墒覆盖的优点

①抑制土壤水分蒸发，尤其春夏季节，这种保墒效果非常好，胜过 2~4 次灌溉。北京郊区，3~5 月 3 个月土壤蒸发量 500~750 毫米，薄膜覆盖可以减少 40%~70%。

②提高地温，尤其是早春，可促使果树根系早开始吸收活动和生长，地上萌芽、开花亦早。

③灭除或抑制杂草，主要是窒息和灼伤作用。

④土壤养分转化效率高，使果树当年营养状况好。

⑤果园通风透光好，树冠内光照状况有一定改善。

⑥减轻一些病虫害，一些在土壤中越冬，春季返回树上的害虫受阻。

⑦排水良好的情况下，雨涝害轻。

3. 薄膜保墒覆盖的缺点

①早春苹果树由于覆盖而早萌芽、开花，有的地区可能增加了晚霜危害的几率。

②土壤有机质含量降低得快，土壤中养分转化得快，土壤肥力降低得快，对人工施肥依赖性更大了。

③减少了蚯蚓等有益动物和果树害虫的天敌种群与数量，增加果园化学防治病虫害的投入。这些缺点通过采取带状覆盖、树盘覆盖、春季晚些覆盖等措施均能缓解。

（二）覆草法

1. 覆草的方法　果园可用麦秸、豆秸、稻草、玉米秸或谷糠，也可用杂草等取之方便的植物材料，覆盖全园或带状、树盘状覆盖，覆盖厚度均15～20厘米以上，以后每年加草保持15～20厘米以上的厚度，覆草后要立即浇水，在草上均匀地压些小土堆，以免草被风吹散，并注意防止火灾。

2. 覆草的优点

①保墒，覆后土壤较稳定地保持一定湿度，冬季可减少雨雪被风吹走，保持降水量。

②长期覆草，增加土壤有机质含量，提高土壤肥力，增加土壤团粒结构。

表7-9　覆盖后土壤结构变化

（中国科学院东北地理与农业生态研究所）

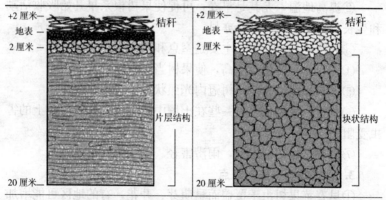

表层土壤生物活性极强，土壤结构也相对稳定。不过，土壤结构也容易在耕种等机械搅动中解体。从上图可看出有秸秆覆盖的地表同常规耕种下的裸露地表是何等不同。在表下层，粗质地土壤（如左）易形成片层结构；相比之下，黏土则易于形成块状结构（如右）。随时间延长，黏土将形成新的次级结构，结构体通常在手指头的压力下破碎。土壤结构的形成通常需要很长的时间，但也很脆弱。

③覆草也是一种形式的免耕，覆盖使土壤结构得到良好的发育，团粒结构增加。

④防止返盐，由于地面蒸发受抑，下层可溶性盐分向土表的上升、凝集也自然减少。因此，在旱季根系分布层中的盐分减

少，盐害减轻。

⑤使土壤温度变化缓慢，较稳定；炎夏因覆盖减少太阳直射地面的辐射能，使桃园的气温和地温降低，严冬又因覆盖层使地温提高，对避免高温灼果和护根防凉有明显作用。一般春季解冻迟，但冻土层薄。覆草层夏季可使果园温度降低5~7℃，冬季提高1~3℃，保持温度，相对稳定，利于根部生长。

⑥也有一定抑制杂草的作用。山区、半干旱地区的苹果园，秸秆覆盖应当进一步总结经验，稳步发展。

3. 覆草的缺点

①秸秆覆盖费材料、费工，果园成本增加，所以只宜在劳动力多、秸秆材料丰富又方便的地区实施。

②第一年麦收后覆盖，第二年春季延迟果树萌芽、开花期，若授粉品种花期不同步往往影响坐果率和产量。

③山坡地覆盖不当时，雨季引起大的水土流失，加重山坡冲刷。

④易发生鼠害和火灾，不注意会造成果园的极大损失。

4. 覆草负面影响的改正措施

①早春翻晾覆盖材料，或轮番倒翻一边，使部分覆盖过的地面晒太阳，以利于土壤升温。

②做畦埂压住覆盖材料，防冲刷、隔火。

③树干套、包扎塑料膜，避鼠。田鼠的防治，可采用毒饵法，将毒饵投放到鼠洞10厘米深处，每个鼠洞投放2~3条毒饵；也可将适量毒饵投放到距主干约20厘米的覆草下；投放毒饵的时间以10月份的效果较好。拌制和投放毒饵时，应严格遵守鼠药的使用说明和安全要求进行操作。覆盖3~4年后于秋季浅翻入土中。

5. 覆草的几项配套技术

①覆草前深翻土壤，深度30~40厘米为宜。

②许多果园利用秋冬季清园的落叶、杂草等作为覆盖材料，

这虽是一项可行的措施，但需对落叶、杂草采取喷 6～8 波美度石硫合剂等防病虫措施。

③覆草要全园进行，或树盘覆草，行间生草，树干周围 5～10 厘米内不要覆草，50 厘米内不要生草。

（三）砂、石覆盖

我国西北地区，如河西走廊的农田，包括果园有用砂、石覆盖的传统。其目的主要是保墒，也有使土壤积温增加的效果，这在干旱和半干旱地区、年积温低的地区，是非常有意义的。

砂、石覆盖，可分为长期覆盖和短期覆盖两种类型。长期覆盖，先在幼树树冠下小面积覆盖，后逐渐扩大面积，至带状覆盖或全园覆盖，覆盖厚度 10～20 厘米，施肥时可挪动石块，施肥后恢复原覆盖状。短期覆盖，主要在土壤蒸发量最大、降雨最少的季节覆盖，厚度也是 10～20 厘米。

四、生草制

果园生草是在果树行间或全园种植草本植物作为覆盖的一种生态果园模式，具有改善土壤理化性状、提高有机质含量、调节果园的微生态环境、增强土壤抗侵蚀能力、保持水土及土壤肥力等作用，能够减少果园投入、提高果品质量和产量，现已成为世界上许多国家和地区广泛采用的果园土壤管理方法之一，目前欧美及日本实施生草果园面积占果园总面积的 55%～70%，甚至高达 95%左右。

1. 生草制　全园种草或只行间带状种草，如豆科或禾本科作物，长高后刈割覆盖于行内，一般每年要 2～4 次，这是一种先进的土壤管理制度，可提高土壤有机质含量，改善果园小气候，防止水土流失，是目前推广的、广泛采用且效果很好的方法。但在干旱且无灌溉条件地区不适宜。实施生草制是果园土壤耕作管理的方向，一般按照"行间种草、株间清耕覆盖"的方法进行，旱地果园要遵循"限制性生草与果树枝、叶、果限制性输出综合协调"的原则，力争草、树营养达到良性循环，是建设"果、畜、沼、窖、草"五配套生态果园的重要技术措施。

2. 生草制优点

①显著地保持水土肥不流失，尤其是山坡地、河滩沙荒地，效果更突出，辽宁省果树所测定，生草地比裸露地地表径流减少40％～60％，减少土壤冲刷量30％～90％。土壤中有效钾、有效磷等养分含量提高，减少了商品肥料和农家肥的施用量，果树缺磷和钙的症状减少，果园很少或根本看不到缺铁的黄叶病、缺锌的小叶病、缺硼的缩果病。这是因为果园生草后，果园土壤中果树必需的一些营养元素的有效性得到提高。因此，与这些元素有关的缺素症得到控制和克服，如磷、铁、钙、锌、硼等（见表7-10）。

表7-10　草类种植方式、开垦方式的不同对桃园土壤养分影响（肖雪辉）

处理方法	分析项目	有机质（克/千克）	全氮（克/千克）	有效氮（毫克/千克）	全磷（克/千克）	有效磷（毫克/千克）	全钾（克/千克）	有效钾（毫克/千克）	pH值（H_2O溶）
梯田区	梯壁种植百喜草	8.8	0.70	53.52	0.34	26.69	14.91	50.01	5.30
	梯壁裸露	6.3	0.54	29.20	0.31	22.60	14.73	50.05	5.30
梯田开垦区	全园种植百喜草	9.7	0.83	62.84	0.41	4.289	15.73	58.59	5.50
	百喜草草带+花生	8.5	0.52	57.20	0.31	2.467	15.29	67.29	5.40
	百喜草带状覆盖	7.4	0.60	46.30	0.33	2.571	14.05	51.66	5.40
	全园假俭草	7.6	0.45	33.28	0.32	0.673	13.73	50.08	5.30
	全园裸露	7.0	0.51	31.10	0.36	2.059	13.13	46.07	5.20
	香根草草带+大豆	8.1	0.78	40.20	0.33	3.178	14.60	59.61	5.30

②增加土壤有机质，改善土壤结构，提高土壤肥力。据试验，含土壤有机质0.5％～0.7％的果园，经5年生草，土壤有机质含量可增加到1.5％～2.0％，团粒结构多18％～25％，团聚体数量增加，容重降低，总孔隙度及有效隙度增加，克服了土

壤原有的坚实、板结等不良性状（见表7-11），特别是有利于蚯蚓繁殖，促进了水稳性团粒的形成。同时豆科植物还具有固氮作用，提高土壤肥力（常见豆科植物固氮量见表7-12）。

表7-11 牧草改土效果比较（占干土中的比率，0~30厘米土层）/%

处 理	根 系		有机质		0.25~5毫米团粒粒径	
	含量	比较	含量	比较	含量	比较
一般对照	0.47	100	0.52	100	9.2	100
紫花苜蓿	7.18	1 527.7	2.30	442.3	32.25	350.5
毛苕子	7.01	1 491.5	0.77	148.1	21.44	233.0

注：引自西北农业大学主编，旱农学，1991。

表7-12 豆科植物固氮量

豆科植物	固氮量（千克/亩/年）	
	报道值范围	典型值
苜蓿	4~34	14.5
拉地诺三叶草	—	13.4
草木樨	最多20	8.9
红三叶草	6~13	8.5
三叶草（类）	4~23	—
野葛	—	8
白三叶草	—	7.7
豇豆	4~9	6.8
胡枝子（一年生）	—	6.4
巢菜	6~10	6
豌豆	2~11	5.4
大豆	4~12	7.5
冬豌豆	—	3.4
花生		3.2
菜豆	最多5	3
蚕豆	4~11	9.8
蚕豆（阴生型）	最多49	—

③缓和土壤表层温度的季节变化与昼夜变化，有利于果树根系的生长和吸收活动，可使树体的表层根系免遭较大温差的影响。夏季炎热的中午，清耕园沙土地表面温度可达 65℃左右，而生草之后地表温度可明显下降；冬季清耕园冻土层（北京）最厚达 40 厘米，而生草园只有 20 厘米，北京种植三叶草试验结果表明 8 月份林地距地面 2 米高度的气温下降了 2～4℃，果园生草对桃园土壤状况与气温的影响见表 7-13、表 7-14。

表 7-13　果园生草对桃园（4 年生）土壤状况与气温的影响

处　理	土壤有机质（克/千克）	全氮（%）	0～20 厘米土壤含水量（%）	林内距地面 2 厘米高度的气温（℃）	相对湿度（%）
种植白三叶	2.25	0.157	42.2	27～29	57.1
清耕园（对照）	1.24	0.08	30.2	30～32	45
较对照%	增加 82	增加 97	增加 38	下降 2～4	增加 27

表 7-14　不同的种草方式、不同草类对土壤吸湿水、容重、土壤孔隙度的影响（肖雪辉）

处理		测试项目	吸湿水（克/千克）	容重（克/厘米³）	毛孔度（%）	总孔度（%）	黏粒含量（%）
百喜草草带＋花生	梯田区	水平梯田梯壁种植百喜草	39.0	1.27	46.52	52.08	45.5
		水平梯田梯壁裸露	39.8	1.28	44.33	50.92	45.5
	顺坡种植区	全园种植百喜草	42.0	1.23	48.21	54.13	45.7
		百喜草草带＋花生	40.3	1.33	47.65	50.00	43.5
		百喜草带状覆盖	40.7	1.24	47.65	53.21	45.6
		全园种植假俭草	40.5	1.26	49.27	52.45	43.6
		全园裸露	39.9	1.44	45.25	47.18	43.5
		香根草草带＋大豆	37.7	1.23	47.13	53.58	45.5

（续）

测试项目 处　理	吸湿水 （克/千克）	容重 （克/厘米³）	毛孔度 （%）	总孔度 （%）	黏粒 含量 （%）
根箱区　百喜草	35.3	1.02	52.08	60.38	59.5
宜安草	29.2	1.22	57.07	53.96	59.5
鸭茅	30.5	1.21	52.89	54.34	45.5
弯叶画眉草	30.4	1.29	41.48	51.23	45.5
白三叶	29.8	1.05	40.97	55.37	59.5
香根草	29.6	1.12	40.25	61.57	57.7
马尼拉草	29.6	1.28	41.99	51.70	59.5
裸地（对照）	23.5	1.32	41.53	53.96	55.5

　　④生草条件下，果园机械或人力可随时作业，尤其是黏重土壤果园，即使雨中、雨后也不影响作业，这样能保证一些作业及时进行，不误季节，同时减少了除草等用工，降低了成本，提高了效益。

　　⑤生草园有良性生态条件，害虫天敌的种群多、数量大，万年峰等研究认为种植了白三叶草桃园和不种草桃园相比生草区桃树害虫的水平生态位、垂直生态位和时间生态位宽度最大的分别是桃红颈天牛（0.999）和茶翅蝽（0.795），而对照区其值分别是 0.918 和 0.632；生草区桃树天敌的水平生态位、垂直生态位和时间生态位宽度最大的都是蜘蛛，分别为 0.996、0.983 和 0.932，而在对照区其值分别是 0.900、0.800 和 0.818；生草区桃树害虫的三维生态位宽度依次为茶翅蝽＞叶蝉＞蜡蝉＞桃蚜＞桃潜叶蛾＞桃蛀螟＞桃红颈天牛＞梨小食心虫＞桑白蚧，而对照区为桃蚜＞叶蝉＞茶翅蝽＞桃红颈天牛＞梨小食心虫＞蜡蝉＞桑白蚧＞桃潜叶蛾＞桃蛀螟；生草区桃树天敌的三维生态位宽度为蜘蛛＞小花蝽＞草蛉＞寄生蜂＞瓢虫＞食蚜蝇，而对照区为蜘蛛＞草蛉＞瓢虫＞寄生蜂＞小花蝽＞食蚜蝇；对照区小花蝽、瓢

虫、食蚜蝇、寄生蜂均有推迟活动迹象；生草区小花蝽与害虫的三维生态位重叠值都比相应的对照区大，天敌与害虫在时间上的同步性和空间上的同域性总体优于对照区。生草可增强天敌控制病虫害发生的能力，减少人工控制病虫害的劳力和物力投入，减少农药对果园环境的污染，创造了生产有机食品的良好条件，有机果园最好实行生草制。

⑥生草条件下，使果园土壤温度和湿度昼夜变化幅度变小，有利果树根系生长和吸收活动。雨季来临时草能够吸收和蒸发水分，缩短果树淹水时间，增强了土壤排涝能力，特别对于桃这样的不耐涝树种尤为重要，果园雨涝害减轻。此外还可以减轻落地果的损伤，尤其是采前落果或雨季风灾之后的落果。同时，生草果园果实"日烧"病也减轻，落地果损失也小。生草果园田间湿度较大，创造了湿润的果园环境，为果实生长提供了良好条件，可提高坐果率 6%～15%。

⑦土壤管理的人力物力投入上，生草管理比清耕园、覆盖园低，且省工高效，尤其是夏季，生草园可有较多的劳力投入到树体管理和花果管理。

3. 人工生草种类选择原则　人工生草种类选择原则：草的高度较低矮，但生物量（通常用产草量表示）较大、覆盖率高；草的根系应以须根为主，没有粗大的主根，或有主根而在土壤中分布不深；没有与果树共同的病虫害，能栖宿果树害虫天敌；地面覆盖的时间长而旺盛生长的时间短；耐荫耐践踏，繁殖简单，管理省工，便于机械作业。

4. 人工种植生草的草种类　人工种植生草是果园生草的一种，目前果园中所采用的生草种类有：鼠茅草、白三叶草、匍匐箭舌、豌豆、扁茎黄芪、鸡眼草、扁蓿豆、多变小冠花、草地早熟禾、匍匐剪股颖、野牛草、羊草、结缕草、猫尾草、草木樨、紫花苜蓿、百脉根、鸭茅、黑麦草等。根据果园土壤条件和果树树龄大小选择适合的生草种类，目前主要推广豆科草种如三叶草、小冠花、毛苕子、草木樨，禾本科草种黑麦草、高羊茅、鼠茅草等，重点推广以紫花苜蓿、黑麦草、鼠茅草为主的草种选择方案；果园人工生草，可以是单一的草种类，也可以是两种或多种草混种，通常果园人工生草多选择豆科的白三叶草与禾本科的早熟禾草混种，白三叶草根瘤菌有固氮能力，能培肥地力；早熟禾耐旱，适应性强两种草混种发挥双方的优势，比单种一种生草效果好。目前宜推广"以三叶草为主、其他草种为辅"的草种选择方案。果园草生产性能见表7-15、表7-16。

表7-15　果园草生态、生物学特性

种/品种	直播生长3个月后		越夏率（％）	越冬率（％）
	生长高度（厘米）	草群盖度（％）		
白三叶草（白霸）	13.4	100	100	100
白三叶草（铺地）	12.7	100	100	100
白三叶草（艾丽丝）	15.2	100	100	100
红三叶	33.4	85	100	95
杂三叶	30.3	85	100	75
波斯三叶草	22.4	75	100	25
阿尔刚金	66.7	95	100	100
WL323	62.4	95	100	100
WL252HQ	67.1	95	100	100
CW300	69.5	95	100	100
CW400	68.2	95	100	100
苜蓿王	64.7	95	100	100
三得利	64.1	95	100	100
鸭茅（大拿）	43.7	85	100	85
鸭茅（凯瑞）	40.2	80	100	15
鸭茅（波多洛）	43.8	85	100	85

（续）

种/品种	直播生长 3 个月后		越夏率（%）	越冬率（%）
	生长高度（厘米）	草群盖度（%）		
多年生黑麦草（雅晴）	43.6	90	100	20
多年生黑麦草（马蒂达）	42.8	90	100	65
无芒雀麦	48.5	90	100	90
白脉根	24.3	85	100	100

表 7-16 果园草生产性能比较

种/品种	产草量（第 1 次刈割干重千克/亩）	累计产草量（第 1 次刈割一整年量千克/亩）	粗蛋白（%）	粗纤维（%）
白三叶草（白霸）	96.6	172.4	28.28	15.74
白三叶草（铺地）	89.9	178.3	27.21	16.41
白三叶草（艾丽丝）	86.4	159.2	25.42	16.9
红三叶	132.7	386.7	15.15	30.17
杂三叶	107.6	116.5	17.78	26.82
波斯三叶草	100.1	65.8	17.42	26.99
阿尔刚金	265.8	1098.5	22.44	30.5
WL323	298.3	999.8	20.79	32.77
WL252HQ	266.5	1246.1	21.44	33.25
CW300	318.7	1953.9	20.89	33.13
CW400	353.1	1144.4	20.46	34.42
苜蓿王	252.4	1018.6	21.18	31.21
三得利	287.5	1028.9	20.62	31.14
鸭茅（大拿）	152.7	232.3	13.5	34.82
鸭茅（凯瑞）	101.5	152.5	12.49	35.76
鸭茅（波多洛）	146.1	247.8	13.78	32.61

（续）

种/品种	产草量（第1次刈割干重千克/亩）	累计产草量（第1次刈割一整年量千克/亩）	粗蛋白（%）	粗纤维（%）
多年生黑麦草（雅晴）	219.9	110.2	15.87	31.33
多年生黑麦草（马蒂达）	233.6	196.5	15.26	30.25
无芒雀麦	189.7	376.3	15.23	34.53
白脉根	125.4	295.6	26.09	13.78

5. 自然生草 自然生草就是利用果园自然杂草的生草途径，即果园有什么杂草，就利用什么草，只对那些高大、容易荒地的恶性杂草（直立生长、茎秆易木质化的草）进行控制，如人工铲除，如此连续进行多次这些恶性杂草就少了，再通过自然竞争和多次刈割，最后剩下适合当地自然条件的草种。具体做法是，生长季节任杂草萌芽生长，人工铲除或控制不符合生草条件的杂草，如曼陀罗、灰菜、千里光、白蒿、白茅等高大草，再通过刈割覆盖，2～3年后选育出适合果园生草覆盖的草种，在每年的生长初期，让果园自然生草，在草长到20～30厘米时进行刈割覆盖地面以控制草的生长，一年刈割3～4次。谷艳蓉等研究认为果园自然生草覆盖后能够增加土壤有机质含量，增加幅度为10.4%～38.1%，能够提高桃产量与品质，单果质量提高2.8%～5.4%，可溶性固形物增加0.65%～1.35%。国外这种自然生草果园比较普遍，我国还较少。

①自然生草的优点 草种资源丰富，产草量大；有利于解决麦草等覆盖资源紧缺问题，能收到就地取材，以园养园，节资省工的效果；能诱集害虫到草中觅食、越冬，降低地上防治难度。现行各种优质草，由于叶鲜嫩，不仅害虫爱吃，且为害虫提供栖息场所，所以果园生草后能大量诱集害虫，从而缩小上树为害的几率和次数；防治时，只要在草上喷药即可，大大降低树上喷药难度和用药成本。

②草种的选留原则　自然生草的草种来源靠野生，也就是先任由野生草种生根发芽，然后根据情况人为去除有可能与果树强烈争夺肥水的草种。实践证明，草种应选用具有无木质化或仅能形成半木质化茎、须根多、茎叶匍匐、矮生、覆盖面大、耗水量小、适应性广的特点，并以一年生草种（每年都能在土壤中留下大量死根，腐烂后既增加了有机质，又能在土壤中留下许多空隙，增加了土壤通透性）为主要对象，多年生草一般不考虑。

③自然生草常利用的草种　果园的野草种类很多，如马唐、虮子草、虎尾草、狗尾巴草、车前草、蒲公英、荠菜、马齿苋、野苜蓿等，都可以利用良性草。

a. 马唐　俗称抓地龙、鸡窝草，属禾本科，一年生杂草，幼苗暗绿色，全体密生柔毛，成株秆丛生，光滑无毛，基部倾斜或横卧，着土后节易生根，上部近直立，叶片条状披针形，边长3～17厘米，宽3～10毫米，边缘稍厚，略粗糙。颖果长椭圆形，长约3毫米，淡黄色或灰白色。果园一般5月初发生，5月中下旬出现第一次高峰，以后随降水或灌水出现1～2次小高峰。7～9月果实渐成熟，边熟边落。

b. 虮子草　俗称沾沾草，属禾木科，锋芒草属草种，一年生杂草，幼时向上倾斜或平铺地面，开花时上部直立，下部膝曲，高15～35厘米，细弱，稍硬，光滑无毛，基部淡紫色，节的颜色稍深。叶片披针形，长3～8厘米，宽2～4毫米，边缘有刺毛。种子卵圆形，黄褐色，透明。花、果期为6～9月。

c. 附地菜　紫草科，附地菜属，俗称伏地菜、鸡肠、鸡肠草，一年生草本，株高5～30厘米。茎斜生，通常基部分枝，被细毛，叶互生，总状花序，花有小细梗，可药用。

d. 益母草　唇形科，夏至草属，俗称小益母草、白花夏枯，多年生草本，株高15～30厘米。茎斜生，分枝，被柔毛，花冠白色，可药用。

e. 抱茎苦荬菜　菊科，小苦荬属，俗称苦蝶，多年生草本，株高约 30～80 厘米，无毛。茎直立，上部有分枝。头状花序，瘦果纺锤形，黑色，长约 3 毫米。有细纵肋及粒状小刺，长为果实的 1/4，冠毛白色。

f. 虎尾草 属禾本科虎尾草属一年生草本植物。几布全国，北方居多。为家畜优质食草；但也是北方常见的农田杂草之一，一年生或多年生、簇生草本，须根，根较细；秆稍扁，基部膝曲，节着地可生不定根；虎尾草丛生，高 10～60 厘米；叶鞘松弛，肿胀而包裹花序。叶片扁平，长 5～25 米，宽 3～6 毫米。穗状花序长 3～5 厘米，4～10 余枚指状簇生茎顶，呈扫帚状，小穗紧密排列于穗轴一侧，成熟后带紫色。花期 7～11 月，果期 11～12 月。

④自然生草果园需拔出的恶性草种

a. 曼陀罗 属茄科、曼陀罗属草种，一年生有毒杂草。幼苗暗绿色，全株疏生短柔毛。有特殊气味，揉之味更浓。初生叶 1 片，长卵形或宽披针形，全缘。后生叶宽卵形，边缘有稀齿，成株茎直立，粗壮、光滑无毛或幼嫩部分有短毛，上部多呈二叉状分枝。叶互生，宽卵形，长 8～17 厘米，宽 4～12 厘米，顶端渐尖，基部呈不对称楔形，边缘有不规则的波状浅裂或大牙齿，裂片三角形，脉上疏生短柔毛。蒴果直立，卵圆形，表面有长短不等的硬刺，成熟时由顶向下四瓣开裂。一般果园 5 月上旬出现高峰期，以后数量较少，花果期为 7～10 月。

b. 苘麻 俗称青麻，属锦葵科、苘麻属草种，一年生杂草。幼苗暗绿色，柔毛遍布全体，成株全体有柔毛，茎直立，高大，上部有分枝，叶互生，具长柄，叶片心形，顶端尖，边缘有粗细不等的锯齿。一般果园 5 月上旬出现高峰，以后随降水或灌水出现 1～2 次高峰。花果期为 7～10 天。

c. 藜 俗称灰条菜、灰菜，属藜科、藜属草种，一年生杂草。初生叶 2 片，长卵形，前端钝，基部宽，边缘呈波状，主脉明显，叶背呈紫红色，有白粉。后生叶片变化较大，边缘波状或牙齿状，叶柄较长。成株茎直立、光滑，有绿色或紫红色的条纹，分枝向上或横生。花小，黄绿色，簇生成圆锥花序，排列甚密。一般果园于4～8月常见幼苗，5月中下旬出现第一次高峰，7月下旬出现第二次高峰。早苗7月见花，8月果实成熟。晚苗花果期为8～10月。

其它恶性草还有刺儿菜、反枝苋等。

⑤自然生草园的管理　自然生草园一般要求路边外，四季全园生草，一般春季进行人工拔除恶性草，连续2～4次，这样可在恶性草尚未对果树形成危害前就被消灭，同时为良性草留出充足的生长空间。在果树萌芽、开花、展叶需要肥水较多时，此时尽量控制草的生长，以保证土壤中的水分、有机质优先满足于果树生长需要。每年根据实际情况割草2～6次，并将割下的草覆盖树盘，自然生草果园一般3～10年不耕翻。

6. 果园生草种植方法

①播种方法　果园主要采用直播生草法，即在果园行间直播草种子，又分为条播和撒播。这种方法简单易行，但用种量大，而且在草的幼苗期要人工除去杂草，用工量较大。土地平坦、土壤墒情好的果园，适宜用直播法，分为秋播和春播，春播在3～4月份播种，秋播在9月份播种，温度是确定播种期的首要条件，一般而言，土壤温度上升到草种子萌发所需要的最低温度时，开始播种比较适宜，果园常用草种子萌发所需要的温度见表7-17。

表7-17　果园常用草种子萌发所需要的温度（℃）

种　类	最低温度	适宜温度	最高温度
紫花苜蓿	0～4.8	31～37	37～44
三叶草	2～4	20～25	32～35
箭舌豌豆	2～4	20～25	32～35
黑麦草	2～4	25～30	35～37
黑　麦	0～4.8	25～31	31～37
鸭　茅	2～4	20～25	30

②播种量 播种量跟种子的大小、发芽率、纯净度等有直接关系，总的原则是：种子粒大者应多播，粒小者应少播；同一草种子，纯净度、发芽率低的比高的播种量要大；种子品质好的播种量要小，品质差的播种量要大；干旱地区比湿润地区播种量要大；条播比撒播节省种子20%～30%；整地质量好的、土壤细碎的可以相对少播，果园主要草适宜的播种量、播种深度见表7-18。

表7-18 果园主要草适宜的播种量（种子用价100%的理论播量）与覆土深度

草种种类及名称		播种量（千克/亩）		种子覆土深度（厘米）		
		撒播	宽行条播	轻质土	中黏土	重质土
禾本科	鸡脚草	1.0～1.25	0.75～1.0	2.0	1.5	1.0
	多年生黑麦草	0.75～1.0	0.35～0.6	3.0	2.0	1.0
	意大利黑麦草	0.75～1.0	0.35～0.6	3.0	2.0	1.0
豆科	紫花苜蓿	1.0	0.5	2.0	1.5	1.0
	红三叶	1.0	0.5	2.0	1.0	1.0
	白三叶	0.5～0.75	0.25～0.5	1.0	0.5	0.5
	杂三叶	1.0～1.5	0.5～0.75	2.0	1.0	1.0
	百脉根	0.75～1.0	0.35～0.5	1.0	0.5	0.5
	春箭舌豌豆	5.0	2.0～3.0	8.0	6.0	4.0
	冬箭舌豌豆	6.0	1.5～2.5	5.0	4.0	3.0
	紫云英	1.5～2.5	1.0～1.5	3.0	3.0	2.0
	扁茎黄芪	1.5～2.0	1.0～1.5	3.0	2.0	1.0

③播种技术 直播法的技术要求为：进行较细致的整地，然后灌水，墒情适宜时播种。可采用条播或撒播，条播先开沟，播种覆土；撒播先播种，然后均匀在种子上面撒一层干土。出苗后及时去除杂草，此方法比较费工。通常采用在播种前进行除草剂处理，选用在土壤中降解快的和广谱性的种类，如白草枯在潮湿

的土壤中 10～15 天即失效，就可以播种了。也可播种前先灌溉，诱杂草出土后施用除草剂，过一定时间再播种。也可采用苗床集中先育苗后移栽的方法。采用穴栽方法，每穴 3～5 株，穴距 15～40 厘米，豆科草穴距可大些，禾本科穴距可小些，栽后及时灌水。为控制杂草通常也是采用预先在土壤中施用除草剂，除草剂有效期过后再栽生草的幼苗，果园种植三叶草和禾本科草后常见的防除杂草的除草剂见表 7-19。

表 7-19　果园种植三叶草和禾本科草后常见的防除杂草的除草剂

草地种类	防治对象	药物名称	用量（千克/公顷）	处理方式
三叶草草地	双子叶杂草	2,4-D 丁酸	0.25～2.24	苗期，选择传导性
	禾本科杂草	Slepter		内吸传导性
	一年生禾本科杂草	苯胺灵	2.24～4.5(13℃) 4.5～9.0(24℃)	播前/苗前/苗后均可
	一年生禾本科杂草及部分阔叶杂草	氯苯胺灵	1.2～3.5	出苗前后均可喷洒，选择性
禾本科草地	双子叶杂草	2,4-D	0.3～1.2	分蘖末期，选择传导性
		2,4-D 丙酸	2.25～3.3	分蘖末期，选择传导性

　　果园生草通常采用行间生草，果树行间的生草带的宽度应以果树株行距和树龄而定，幼龄果园行距大生草带可宽些，成龄果园行距小生草带可窄些。果园以白三叶和早熟禾混种效果最好。全园生草应选择耐荫性能好的草种类。

　　④播后管理

　　幼苗期管理　出苗后，根据墒情及时灌水，随水施些氮肥，及时去除杂草，特别是注意及时去除那些容易长高大的杂草。有断垄和缺株时要注意及时补苗。

　　刈割　生草长起来覆盖地面后，根据生长情况，及时刈割，一个生长季刈割 2～4 次，草生长快的刈割次数多，反之则少。

草的刈割管理不仅是控制草的高度，而且还有促进草的分蘖和分枝，提高覆盖率和增加产草量。割草时，先保留周边1米不割，给昆虫（天敌）保留一定的生活空间，等内部草长出后，再将周边杂草割除，割下的草直接覆盖在树盘周围的地面上。

刈割的时间，由草的高度来定，一般草长到30厘米以上刈割。草留茬高度应根据草的更新的最低高度，与草的种类有关，一般禾本科草要保住生长点（心叶以下）；而豆科草要保住茎的1～2节。有些茎节着地生根的草，更容易生根。草的刈割采用专用割草机。秋季长起来的草，不再刈割，冬季留茬覆盖。

生草地施肥灌水　苗期注意管理，草长大后更要加强管理，草要想长得好一定要施肥，有条件的果园要灌水，一般追施氮肥，特别是在生长季前期。生草地施肥灌水，一般刈割后较好，或随果树一同进行肥水管理。

7. 果园生草应注意的问题

①预防鼠害和火灾，禁止放牧　特别是冬春季，应注意鼠害，鼠类等啮齿动物啃食果树树干。可采用秋后果园树干涂白或包扎塑料薄膜预防鼠害，冬季和早春注意防火。果园应禁止放牧以保护草的生长。

②严格控制草体生长区域　果树定植带1～1.5米内保持清耕带，特别是树干周围50厘米不要养草，以免病虫上树，其他所有部位均种草，这是最快的沃土方法，当草长至30厘米左右时，及时刈割，覆盖于树盘，刈割留茬高度5～10厘米。

③果园秋施基肥　随土壤肥力提高可逐渐减少施肥。在树下施基肥可在非生草带内施用。实行全园覆盖的果园，可采用铁锹翻起带草的土，施入肥料后，再将带草土放回原处压实的办法。生草初期，草与果树争肥、争水矛盾比较突出，肥水管理特别重要。果园生草要和节水灌溉措施相配套，果园长期干旱缺水将导致生草失败。果园生草前三年，亩施肥量应增加1/3左右。生草

3～5年后，土壤有机质含量增加，持水保肥能力增强，可逐渐减少化肥用量。

④合理灌溉　生草果园最好实行滴灌、微喷灌的灌溉措施，防止大水漫灌。果园喷药，应尽力避开草，以便保护草中的天敌。

⑤注意清园，重视病虫害防治　刮树皮、剪病枝叶，应及时收拾干净，不要遗留在草中。生草制果园生态环境与清耕制相比有明显改变，生物多样性增加，病虫防治技术措施应做相应调整。

⑥草的更新　一般情况下果园生草5年后，草逐渐老化，要及时翻压，使土地休闲1～2年后再重新播草。也有的地区采用除草剂和地膜覆盖相结合的方法进行草的更新。

因地制宜选用草种　好多地方都引种白三叶，但白三叶耐旱性差，去冬今春渭北一带多数地区大旱100多天，旱地果园种的白三叶，一般死苗率都在30％以上。因此，应因地制宜选用草种：灌区可选用耐阴湿的白三叶为主。旱地可选用比较抗旱的百脉根和扁茎黄芪为主。

草的更新　一般情况下果园生草5年后，草逐渐老化，要及时翻压，使土地休闲1～2年后再重新播草。也有的地区采用使用除草剂和地膜覆盖的方法进行草的更新。

8. 介绍几种果园常见的生草品种

①白三叶草（White Clover）

生物学特性　白三叶为豆科三叶属多年草本植物，常选用的品种为铺地、海发。主根短，侧根和须根发达，主要分布于15厘米之内的土层中，根上着生许多根瘤。主茎短，分枝多，匍匐生长，长30～60厘米，圆形实心，细软光滑，茎节易生根、长出新的匍匐茎向四周蔓延，形成密集草层覆盖地面，草高30～40厘米。三出复叶，叶小，倒卵形，叶缘有细锯齿，叶面和叶背光滑，叶柄细长。总状花序，花小，白色或粉色，花柄长25

厘米左右。荚果小而细长，每荚有种子 3~4 粒，种子心脏形，黄色或棕黄色，千粒重 0.5~0.7 克。种子落地自然更新的能力强，具有耐荫性能，在 30% 透光率的环境下正常生长，适宜果园种植。

植物学特性　白三叶草属宿根性植物，生长年限 7~8 年，成坪后具有较发达的侧根和匍匐茎，与其他杂草相比有较强的竞争力，具有一定的耐寒和耐热能力，对土壤 pH 值的适应范围达到 4.5~8.5，可以在我国广大南北地区生长，在我国华北地区绿期可长达 270 天左右，开花早、花期长、叶形美观。

生产特点　白三叶草茎叶柔软，叶量丰富，一年播种能利用多年，是放牧与刈割兼用型草，在北方可刈割利用 2~3 次，当年可获鲜草 1 000 千克/亩，第 2 年可获鲜草 2 500 千克/亩。

种植白三叶草能增强生物防治能力，减少病虫发生。由于种植白三叶草改善了果树的生长环境和营养条件，从而使果树抗病力增强，特别是对果树腐烂病有明显的抑制作用。同时白三叶有利于红蜘蛛、蚜虫等害虫天敌的生存和繁育，使虫害发生率明显下降。此外，白三叶是良好的蜜源植物，开花早（4 月初）、花期长（约 5 个月），有利于吸引蜜蜂等授粉昆虫，从而提高果树的授粉率。

果牧结合发展，提高综合经济效益。白三叶是食草类畜禽优质饲草，产量和营养价值高。白三叶的营养成分优于很多豆科牧草，鲜草的粗蛋白含量为 29.8%，全株为 19.3%，混合牧草的粗蛋白含量为 16%，另外还含有大量氨基酸和维生素 B_1、维生素 B_2、维生素 C、维生素 E 和维生素 K 等，干物质消化率可达 80%。实验证明，在混播的白三叶草地终日放牧，不补任何精料，黄牛可日增重 902 克。四川农学院把白三叶加入奶牛的日粮中，用以取代粗饲料，三天后即提高产奶量 11.8%，净收益增加 23.7%~34.6%。为防止牛羊发生食用豆科类牧草常见的泡沫性膨胀病，采用白三叶作饲草时，一定要和其他非豆科类牧草混喂；在放牧区，白三叶应与其他禾本科草（如黑麦草）合理混播，同时不在雨天或露水较大的时候放牧，牧后不要让牧畜大量饮水。

　　白三叶草播种与管理　白三叶草一年四季播种均可，以春秋二季播种最佳。因白三叶最适生长温度为 19～24℃，故春季播种可在 3 月中下旬，气温稳定在 15℃以上时即可播种。秋冬播种一般从 8 月中旬开始直至 9 月中下旬，秋季墒情好，杂草生长势弱，有利于白三叶生长成坪，因此较春播更适宜。白三叶草种播前宜将果树行间杂草及杂物清除，翻后整平，覆土应浅（1～2厘米），一般把种子撒于地表后以轻度钉齿耙耙过即可，每亩播量 0.4～0.6 千克。苗期保持土壤湿润，补充少量 N 肥，并及时清除杂草，成坪后需补充磷、钾肥，并于长期干旱时适当浇水。白三叶草更新的主要措施是刈割和翻压，白三叶草植株低矮，一般 30 厘米左右，可于高度长到 20 厘米左右时进行刈割，刈割时留茬不低于 5 厘米，以利再生。每年可刈割 2～4 次（新建的草被在最初的几个月中最好不割），割下的草可就地覆盖，也可作牧草饲料使用。每次刈割后都要补充肥水。生草 5 年左右后草已老化，应及时翻耕，休闲 1～2 年后，重新播种。深翻的时期以晚秋为宜，并需注意防止损害果树根系。

　　②红三叶（Red Clover）

　　生物学特性　红三叶草喜温暖湿润气候，适应生长温度15～25℃，不耐热，为需水型草，在年降水量 400 毫米以下的地区种植需灌溉，耐酸性强，抗碱性弱，适宜的 pH 值 6～7.5，属突根性多年生植物，如管理适当，可持续生长 3 年。喜光，适于幼龄桃园行间种植，覆盖地面能力较差。

　　植物学特性　属多年生豆科三叶草属，株高 50～70 厘米，丛生，多分枝；直根系，较短（约 20 厘米），测根发达、须根并生有根瘤固定氮素；三出复叶，卵形，叶表面有白色"V"字形斑纹，头形总状花序，聚生于茎顶或枝梗上，有小花 50～100朵，花序腋生，头状紫红色。荚果小，每荚有一粒种子，种子圆形或肾形，棕黄色，千粒重 1.5 克左右。

生产特点　红三叶草为高产型草种，在北方地区每年可刈割
2～3 次，鲜草产量可达 2 000 千克/亩，是优良的蜜源植物和草
坪绿化植物；据国内外专家测定，在达到一定覆盖率的情况下，
每亩红三叶茎可固定氮素 20～26 千克尿素，相当于施 44～58 千
克尿素，四年生草园片全氮、有机质分别提高 110.3％和
159.8％，果园种植红三叶草可大大降低乃至取代氮肥的投入。
不耐干旱，对土壤要求也较严格，pH6～7 时最适宜生长，pH
值低于 6 则应施用石灰调解土壤的酸度，红三叶不耐涝，要种
植在排水良好的地块。在红三叶草的植被作用下，冬季地表温
度可增加 7℃，土壤温度相对稳定，有利于果树正常的生理活
动，生草后抑制了杂草生长，减少了锄地用工。红三叶草是畜
禽的优质饲料，产草量高，可作为饲草发展畜牧业，增加肥料
来源。

播种与管理　红三叶草春夏秋季均可播种，最适宜的生长温
度为 19～24℃。春季播种可在 3 月中下旬气温稳定在 15℃以上
时播种。秋播一般从 8 月中旬开始至 9 月中下旬进行。秋季墒情
好，杂草生长弱，有利于红三叶草生长成坪，因此秋播更为适
宜。播种前需将果树行间杂草及杂物清除，翻耕 20～30 厘米将
地整平，墒情不足时，翻地前应灌水补墒。

果树行间可单播红三叶，也可与黑麦草按 1∶2 的比例混播。
可撒播也可条播，条播时行距 15 厘米左右。播种宜浅不宜深，
一般覆土 0.5～1.5 厘米。红三叶草每亩用种量 0.5～0.75 千克。
苗期应适时清除杂草，以利红三叶草形成优势群体。

红三叶草属豆科植物，自身具有固氮能力，但苗期根瘤菌尚
未生成需补充少量氮肥，待形成群体后则只需补磷、钾肥。苗期
应保持土壤湿润，生长期如遇长期干旱也需适当浇水。当株高
20 厘米左右时进行刈割，一年可刈割 4～6 次。刈割时留茬不低
于 5 厘米，以利于再生。割下的草可作为饲草，也可就株间覆

盖。最后一次刈割后的留茬高10~12厘米，7~8月高温时常行灌溉，可降低土温，利于越夏。红三叶最常见的病害为菌核病，可喷施多菌灵防治。红三叶宜在短期轮作中利用，忌连作，一次种植后须隔数年方可再种，在土质较粘而雨水较多地方应整地作畦，以利排水和田间管理。

③杂三叶（Alsike Clover）

生物学特性 杂三叶喜温凉湿润气候，生态习性与白三叶极相似，耐寒性及耐热性比红三叶、绛三叶强，耐旱性较差，但特别耐湿，在湿地可正常生长，也耐短期水淹。形态介于红三叶与白三叶之间，有主根，侧根多，根系入土浅，多根瘤。杂三叶喜凉爽湿润气候，且耐寒冷气候。耐湿、耐碱、较耐干旱和高温，但在春季水淹和夏季高温条件下不易存活，耐盐性和耐荫性较差，适宜pH值6.5~7.5，pH值小于5.5的酸性土壤不能种植，具有一定的耐阴性，生长年限为3~4年，管理好的可达4~5年。

植物学特性 多年生草本植物，直根系，主根穿透力强，侧根发达，并且耐寒力强，即使经过非常寒冷的冬季其碳水化合物也不会流失。茎光滑，高60~150厘米，分枝横向生长，分枝力强，一般10~20条，多者30条，生长习性为主轴无限生长，即使在花期腋芽也不断分枝。叶冠丰满，叶丰富；三出掌状复叶，小叶卵形或倒卵形，叶面有灰白"V"形斑纹；整个生长季都开花，总状花序，花朵为粉红色或白色，花冠约1厘米，种子小，颜色为黄绿混色，千粒重0.7~0.8克。

生产特点 营养价值及栽培技术与白三叶相似，生长速度快，产草量高，鲜草产量1 500~2 000千克/亩多在盛花期刈割，每年可刈割2次。由于根系发达，可作为水土保持植物。

播种与管理 播前精细整地，在瘠薄土壤或未种过三叶草的土地上，应施足底肥，并用相应的根瘤菌拌种。春、夏、秋均可播种，北方宜三月春播。条播宽20~30厘米，播深1~1.5厘米，每亩播种量750～1 000克，撒播要适当增加播量，苗期生长缓慢应注意中耕除草。生产上常用的品种为曙光（Aurora），其喜冷凉湿润气候，且耐寒性强，它是三叶草中最耐寒的品种之一，较耐干旱和高温，但在春季水淹和夏季高温条件下不易存活，耐盐性和耐荫性较差。产草量高，适口性好，是优良的牧草。同时，它生长速度快，根系发达，地面覆盖度高，又是良好的水土保持植物。

④多年生黑麦草（Perennial Ryegrass）

生物学特性 又称黑麦草，宿根黑麦草，牧场黑麦草，英格兰黑麦草，是世界温带地区最重要的禾本科牧草之一。多年生黑麦草适合温暖、湿润的温带气候，适宜在夏季凉爽，冬无严寒，年降雨量为800～1 000毫米的地区生长。生长的最适温度为20～25℃，耐热性差，35℃以上生长不良，分蘖枯萎。在我国南方夏季高温地区不能越夏，但在凉爽的山区，夏季仍可生长。耐寒性较差，−15℃时不能很好生长。在我国东北、内蒙古和西北地区不能稳定越冬，遮荫对生长不利，对土壤要求较严格，在肥沃、湿润、排水良好的壤土和粘土地上生长良好，也可在微酸性土壤上生长，适宜的土壤pH为6～7，多年生黑麦草生长快，成熟早。一般利用年限为3～4年，第二年生长旺盛，生长条件适宜的地区可以延长利用。

植物学特性 多年生黑麦草多为多年生草本植物，须根发达，分蘖多，茎秆细，中空直立，高80～100厘米，疏丛型，穗状花序，小穗互生，颖果被坚硬内外稃包住，种子无芒，呈扁平，千粒重为1.5～1.8克。

生产特点 青贮在抽穗前或抽穗期刈割，每年可刈割3次，留茬为5～10厘米，一般亩产鲜草5 000～6 000千克，放牧利用可在划层高25～30厘米时进行，亩产种子为50～80千克。

播种与管理 多年生黑麦草可春播或秋播，最宜在9～10月份播种，播前需精细整地，保墒施肥，一般每亩施农家肥1 500

千克，磷肥20千克用做底肥，条播行距为15~30厘米，播深为1~2厘米，播种量每亩为2~2.5千克，人工草地可撒播，最适宜与白三叶、红三叶混播，建植优质高产的人工草地，其播种量为每年多年生黑麦草0.7~1千克，白三叶0.2~0.35千克，或红三叶0.35~0.5千克。对草地要加强水肥管理，除施足基肥外，要注意适当追肥，每次刈割后应及时追施速效氮肥，生长期间注意浇灌水，可显著增加生长速度，分蘖多，茎叶繁茂，可抑制杂草生长。若用做干草，最适宜刈割期为抽穗成熟期；延迟刈割，养分及适口性变差。采种时种子极易脱落，当穗子变成黄色，种子进入蜡熟期间，即可收获，亩产种子为50~75千克。生产上常用的品种为喜尔（Sherpa），喜尔是四倍体多年生杂交黑麦草。春季生长早且长势旺盛，可以尽早为牲畜提供春季饲草，植株高但抗倒伏，非常适合刈割。喜尔抗锈病，鲜草和干物质产量都非常高，全年的干物质产量比普通四倍体多年生黑麦草高4%，第一次刈割的干物质产量比普通四倍体多年生黑麦草高6%，比二倍体中型多年生黑麦草高22%。

⑤扁茎黄芪（*Astragalus complanatus* R. Br.）　为豆科黄芪属多年生草木植物，野生种分布广泛，茎秆是优良牧草，种子药用价值广，原产地为陕西省关中东部沙苑地区及潼关等地，故又名"沙苑子"、"白疾藜"等。作为较理想的优良草种，其特点是：茎叶完全匍匐地面，2~3年生分枝数多，枝叶繁乱重叠，能形成理想的覆盖层。覆盖层下面，叶片陆续脱落、腐烂，使地面经常保持湿润、温凉和疏松；根系没有不定芽，地下茎也不产生不定根，揭开覆盖层，除主根与土壤相连外，茎叶都平铺在地表上；它还具有抑制杂草、耐旱、耐荫、耐踩、保持水土、改良土壤等优点；它的茎叶春季萌芽晚，6月份前生长缓慢，因而减弱了与果树春季展叶、开花和新梢生长对水分、养分的争夺，而且它的茎叶无毒、无味、适口性

好，可做优质饲料。

⑥百脉根（*Lotus corniculatus*）　多年生豆科、百脉根属牧草（根部根瘤菌具有固氮肥地作用）。主根深长，侧根多而发达，类似禾本科的须根簇拥在颈下方 0～25 厘米土层中，根瘤在细根、须根上密布，无不定根和不定芽。茎圆形，中空，无明显主茎，呈匍匐状，茎叶纵横交叉，上下重叠，形成厚而密的覆盖层，有利于稳定夏日地温，抑制杂草生长。百脉根 5 月逐渐覆盖地面，6～9 月上旬为花期，9 月中上旬高茬刈割，可促进晚秋根茎萌发新芽。适温足墒时，四季均可播种，易出苗，可移栽。北方春、秋播种最好。果园套种量为每亩 0.5 千克，单播每亩 0.8 千克。可用作饲草，利用年限为 5～8 年。

⑦毛苕子（*Vicia villosa* Roth）　毛苕子为豆科野豌豆属一年生或越年生牧草，别名冬苕子、毛野豌豆等。该草根系发达，茎细长，蔓生，长 1.5～3 米，分枝 20～30 个，偶数羽状复叶，全身长有长柔毛，顶生卷须，总状花序，蓝紫色，荚果宽扁，矩形，色淡黄，内含种子 2～8 粒。种子黑色，球形，千粒重 25～30 克。毛苕子对土壤要求不严，但不耐积水和潮湿；耐寒力强，根瘤多，固氮能力强，喜温凉湿润气候，适合在年降水量 400 毫米以上、年均温 10～15℃的地区种植，其耐旱、耐酸、耐盐碱，抗寒性强，在秋季 0～5℃的霜冻下能正常生长，冬季－30℃的低温能安全越冬，但不耐高温，不耐低洼潮湿；秋末生长快，冬季青绿，次春生长迅速，适宜与多年生黑麦草、燕麦、大麦等混播。该草产量比苜蓿略低，亩产 2 000～3 000 千克，但草质优良。毛苕子茎叶、根细软，不会木质化，嫩茎尖人也可食。根茎翻入土中几天便腐烂，也是一种优质绿肥。毛叶苕子春、秋季均可播种，条播行距 30～40 厘米，播深 2～3 厘米，播种量 3～4 千克/亩，撒播播种量 5～6 千克/亩，与禾本科牧草混播比例为 1∶1 或 2∶1（禾草 2），当年生产的种子发芽率较低，用温水浸种可提高发芽率。

五、果园间作

幼龄果园间作是果园早成形、早结果、早丰产的前提，也是果园立体栽培的一种模式，科学合理间作一些"短、平、快"的农作物，不仅可以提高土地利用率，改善生态条件，而且还可以弥补幼龄果园前期的经济效益，达到以经促果、以短促长的目标。

1. 果园间作的意义　可提高土地利用率，更好地发挥土地的生产潜力，取得较好的经济效益，弥补桃园前2年的收入。桃园间作可使地上形成林网，地面形成覆盖层，可降低风速，减轻风害，减少蒸发，提高土壤含水量和有机质，增加土壤腐生菌和蚯蚓数量，改善土壤结构，提高土壤肥力，调节桃园和土壤温、湿度的效应。

2. 果园间作的原则　果园间作的作物和草类应与桃树无共生性病虫；间作物生长旺盛期不能与桃树旺盛生长期同步，间作作物应生长期短，对水分、养分的需要量较少，尤其是需水需肥时间能与果树生长高峰期错开；间作作物能适应果树的生长条件，并且植株矮小，经济价值较高，抗逆性较强而且管理简便，不影响果树管理，有利于培肥地力，保持水土等；品种应选择浅根、矮秆，以豆科植物和禾本科、豆科牧草为主，具体如下：适宜间作的作物：花生、大豆、绿豆、草莓等，适宜间作的草类有：白三叶草、红叶草、杂三叶草、多年生黑麦草等。不适宜间作的作物：烟草、甘蔗、高粱、玉米、红薯等。

3. 间作方法　在桃苗定植后1～3年内，行间可以间作其他作物，合理间作应在留足果树营养带的前提下进行，1～3年生果树可以进行合理的间作，3年生以上的果树不应再进行间作。间作时要求1年生果树留营养带1.5米，2年生果树留营养带2米，3年生果树留营养带2.5米，果树营养带内不得点播任何作物。

通过调查对比，进行合理间作的 1 年生果树成活率提高 30%，生长量大 50%，经济收入每亩增加 300～500 元，且可安全越冬。进行合理间作的 2～3 年生果树发枝量明显增多，且已基本成形，3 年可增收 900～1 500 元。

4. 间作应注意的问题

①间作只是果树的附带产业，应以果园管理为重点；间作作物与果树发生矛盾，应及时对间作作物采取控制措施，以保证果树的正常生长发育。在一般条件下，间作作物与果树存在争水争肥的矛盾，只要增加水肥满足果树和间作作物的需要，才可以缓和矛盾，达到"以园养地，以短养长"的目的。

②间作时一定要留好营养带，如果营养带预留宽度不足，或不留营养带，间作时犁耕耙耱会损伤果树，造成间作后果园缺株断行，甚至毁园。

③只宜在未封闭园的幼龄果园进行，成龄结果树，干粗枝多冠大，荫蔽严重，间作套种的作物受光差，光合效率低，往往得不到什么收获。间作只宜在幼龄未封闭园果园进行。幼龄园，树短小，透光好。

④间作作物不宜高，不宜间作玉米、棉花等高秆作物，以免影响果树的通风透光条件，严重影响树体生长，并遭蚜虫、红蜘蛛等危害；藤木作物也不能间作于果园。南瓜、黄瓜、丝瓜、峨眉豆等蔓生作物攀爬力强，其藤蔓缠绕果树，严重抑制果树生长，使树势衰，结果少，有害无利，往往致果树于"死地"。

⑤间作作物不宜长，不宜间作生育期长，特别是多年生的作物，以免影响果树的施肥及果园的耕作管理，宜间作与果树共生期较短的作物。

⑥间作作物不宜深，不宜间作根系发达、扎根较深的深根系作物，以免发生作物与果树争水、争肥的矛盾，宜间作根系分布较浅、主根不发达的作物。另外，不宜与地力消耗较强的作物和

蔬菜等间作，最好与豆类或绿肥作物间作。

⑦间作作物不宜同，不宜间作与果树收获期以及病虫害相同的作物，以缓解收获季节劳动力紧张的矛盾，避免作物与果树间病虫害互相侵染和蔓延。宜间作速生期、收获期与果树相异、无共同病虫害的作物。间作作物要合理轮作倒茬，复种指数不宜过大。

⑧间作作物不宜近，不宜将作物紧挨树干或在树冠下种植，以免妨碍对果树的管理，影响果树的生长。间作的距离尽可能与果树远些，一般宜在树冠垂直投影30～50厘米以外为宜，以确保果树与间作作物正常生长，互不影响，间作面积不宜超过果园面积的5％，果树栽植行内不宜种植任何作物。

⑨以间作豆科作物为最理想，豆科作物根系生有根瘤，根瘤内的根瘤菌具有固氮作用。其所固定的氮素除自需外，尚能供果树根系吸收利用。一般宜间作大豆、绿豆、赤豆等。提倡种植短期绿肥，种植绿肥既可肥土供肥，改良土壤结构，又可减弱雨水对地面的侵蚀，防止板结。一般可种植白三叶草、红叶草、杂三叶草、多年生黑麦草等。据中国农业科学院郑州果树所报道，种植"毛叶苕子"平均每公顷产34 680千克鲜草，显著增加土壤有机质并改善土壤结构，"毛叶苕子"可"自生自灭"，不需每年播种，连续种植7年产量仍很高，是沙地果园改土的良好绿肥品种。

⑩提倡种植一些害虫趋避植物，如害螨克星——霍香蓟，霍香蓟系菊科胜红蓟属一年生草本植物，该植物原产墨西哥，我国南方地区有少数野生，现主要作花卉栽培，全株药用有清热解毒、消肿止血之功效。果园套种霍香蓟除产鲜茎叶2 000～3 000千克/亩可作绿肥外，其最重要的作用是可大量栖息繁殖各类害螨的天敌——捕食螨，在种植霍香蓟后，可大大减少化学杀虫剂的使用，既降低成本，节约用工，又为生产有机果品奠定基础，开拓了生态农业，旅游农业的新途径。

第三节 土壤改良

一、深翻改土

1. 深翻的意义 土壤疏松透气是保证果树根系正常生产的重要条件，而深翻则是创造果园土壤疏松透气最基本的措施。在定植前，虽然进行了翻耕、挖大穴的土壤改良工作，但改土只限于局部（定植穴内）。随着树龄的增加，根系不断向外伸展，定植穴外的未改良的土壤就会限制根系生长。因此，必须每年在定植穴的外缘或定植沟的外缘向外扩穴深翻改土，才能满足根系每年不断向外生长对土壤疏松透气的要求。深翻后的果园疏松透气，加速了土壤熟化，使土壤里面难溶于水的营养转化为可溶性养分，提高了果园的有机质、速效磷、速效钾和全氮含量，为根系生长创造了良好的环境条件，从而达到促进果树的生长、结果的目的。

①可改善土壤结构和理化性状，促进土壤团粒结构形成，即能降低土壤容重，增加孔隙度，提高蓄水和保肥能力，增强透气性，提高养分有效性。据调查，深翻后的园土容重由 1.40 降低到 1.29，孔隙度由 47.27% 增加到 52.18%，土壤含水量增加 2%~4%。

②深翻结合施肥可增加土壤有机质，提高土壤熟化程度和肥力。据调查，深翻熟化后土壤有机质含量增加 0.32%，土壤含氮量、速效磷、速效钾均明显增加，土中微生物增加 1.29 倍。

③深翻一方面可促进根系纵深伸长和横向分布，明显地增加了根的密度和数量（侧根增加两倍以上，吸收根增加 3~6 倍），因而，显著地提高根系的吸收能力。

④深翻另一方面也促进地上部的生长发育和增强光合作用，表现为树体健壮，新梢粗长，叶色浓绿；幼树生长成形快，易成花，早结果，早丰产；结果树产量高，品质好，寿命长。一般深

翻效果可维持 5～7 年。若能在深翻时，埋入一定数量的植物残体，如树枝、落叶、秸秆等，更有利于深翻效果的充分发挥和维持时间的延长。一般要求每个新建果园必须要在果树进入盛果期前，完成土壤深翻熟化，在黄土高原区尤为重要。

2. 深翻的时期　深翻一般在桃树落叶后，以秋季进行效果最好，结合施基肥进行，此时正值根系生长高峰，伤口易愈合，并能生长新根。如结合灌冬水，可使土粒与根系迅速密接，有利于根系生长，深翻也可在早春解冻后进行，此时地上部仍处于休眠状态，根系刚开始活动，生长比较缓慢，伤根后容易愈合和再生。春季土壤解冻后，水分上移，土质疏松，操作省工。北方多春旱，深翻后要及时灌水。在风大、干旱缺水地区不宜春翻。深翻应与当年的清耕结合进行。

3. 深翻的方式

①深翻扩穴　扩穴又叫放树窝子。桃树定植后，可逐渐向外深翻，挖 40 厘米左右深的环形沟，扩大栽植穴，结合土施基肥。在沙砾较多的地方，要抽沙换土。深翻应每年进行，直到株行间全部深翻一遍为止。

②全园深翻　将栽植穴以外的土地结合施肥一次深翻完毕，这种方法动土量大，需劳力较多，但便于平整土地，有利于桃园的耕作。一次性深翻一般在低龄幼树果园进行，因为树小根量少，伤根不多，对树体影响不大。深度一般要求 60～80 厘米，对于土壤下部存在粘板、砾石等限制层和土层较浅的果园，必须深翻 80～100 厘米，才能保证下层通透，若不存在障碍层，通透性好，则深翻到 40～60 厘米即可。

4. 深翻的方法　成龄树以人工深翻为主，幼树也可用深耕犁机耕。

5. 深翻注意的问题

①深翻要结合果园施基肥进行，并根据条件进行客土，黏土客沙土，盐碱地客淡土，沙荒果园客淤土，深翻回填时，要加入

有机物和有机肥料，下层加入作物秸秆、绿肥等，以增加深层的通透性，中上层掺拌有机肥、复合肥或果树专用肥，以增加根群区肥力，最后将沟填平。

②深翻时一定要彻底，不留夹层。深翻时无论采用什么方式都要与前一次深翻位置接茬，不留隔墙。

③深翻时尽量少伤根，对各种较粗的伤根要将伤头剪齐茬，以利伤口愈合，并要及时回填封沟、踏实，避免晒根、冻根，如发现根部有病害，应切断或刮除病部，再用5波美度石硫合剂消毒。注意保护根系，不可长时间暴晒，更不能受冻。

④填土后，一定要灌透水，使土壤与根系密切结合，否则易引起旱害。无灌溉条件的园地，应随开沟随回填，边回填边踏实，以保墒情。

6. 土壤改良剂的应用

①Agri‐sc 免深耕土壤调理剂　Agri‐sc 免深耕土壤调理剂是一种高科技产品，广泛适用于黑土、黄土、红黄壤等类型的土壤和各类免耕、少耕的田地、翻耕不便的各类果树、蔬菜、茶园、药材等经济林地，以及各种土壤水分、养分分布不均，耕层较浅的土壤和林地、草原。尤其配合免耕法使用，效果更佳。针对一般土壤，第一年使用两次，第二年开始每年只需使用一次，在同等产量时，可起到节省肥料，降低生产成本的功效。它能起到疏松土壤，打破土壤板结；加深耕层，提高土壤保水蓄肥能力；节省肥料，提高肥料利用率；促进生长，减少土传病害；增加产量，改善品质；省工省力，减轻耕作负担等作用，打破了传统土壤调理剂的作用模式，能标本兼治，从根本上改善土壤生态环境，具有省工、省时、保水、节肥、绿色环保的特点，被誉为二十一世纪世界农业新一轮"土地革命"的高科技产品。一般200克瓶装兑水 60～100 千克直接喷施于 1 亩面积的田地，雨后或浇水后应用效果最佳。但不能与芽前除草剂混合使用；误饮或入眼时，用干净清水冲洗并遵医嘱；气温低于−5℃时，有结块

现象，经温水溶解后不影响效果。

②绿原贝有机钙粉钙　含量 57%，其中有机钙质含 25%，有机钙更有利于根系的吸收和利用，根据果园缺钙情况，结合施基肥，每株使用 2～2.5 千克，有机钙粉肥料可以与有机肥、氮磷钾复合肥等所有肥料混用并且增效显著。

③乐施通新型土壤改良剂　是英国欧麦思农用流体公司生产的一种土壤调理剂，含钙（CaO）24%、镁（MgO）9.8%，通过土壤基施，补充钙、镁、锌、硅、硼、钴、钼等中微量元素，改良酸性土壤，促进果树根系对营养成分的吸收。

④银龟牌硅钙镁型土壤调理剂　可溶性硅（SiO_2）≥20%，钙（CaO）≥33%，镁（MgO）≥3%，中微量元素≥20%使果实产量更高、表光更亮、着色更好，更是添加了土壤活化剂、免深耕调理剂、床土调酸剂、抗重茬剂，高抗重茬，土壤免耕，增效调酸，提高氮磷钾肥料利用率 30% 以上，破除土壤板结、高抗重茬、活化土壤、促进根系生长，防治多种生理病害及桃树软腐病等。

二、不良土壤的改良

（一）沙质土及其改良

1. 砂质土的肥力特征　砂性土壤孔隙过多、大，保水性和保肥性差，养分含量少，有机质含量低，土表温度变化剧烈，蓄水力弱，保肥力较差，通气性和透水性良好，容易耕作。

2. 改良及管理措施

①抽沙换土　把果园的沙换走，从园外搬来好土填充，具体做法是从行间开沟，把表层较肥沃的土壤翻到树株间，把下面的沙运走，用运来的土填充，最后把表土复原；若砂层较浅，可通过深翻，将下面的土壤与上面的砂土混合。

②掺黏土　把运来的黏土特别是汪泥等铺在地表面，结合施用富含纤维有机肥的方法，然后深刨，使土和沙充分混合，以达

到改造的目的。

③管理上选择耐旱品种，保证水源，及时灌溉，尽可能用秸秆覆盖土面，以防水分过快蒸发。

④砂质土本身所含养料比较贫乏，因此对砂质土要强调多施有机肥料，施用化肥时应强调少施勤施。由于砂土的通气性好，好气性微生物活动旺盛，施入砂质土中的有机肥料分解迅速，常表现为肥效猛而不稳，前劲大后劲不足。所以对砂土施肥，一方面应掌握勤施少施的原则，另一方面要特别注意防止后期脱肥。砂质土壤含水量少，热容量小，昼夜温度变化大，这对某些作物生长不利，但有利于桃果实品质的提高。

⑤行间生草或种草，种植绿肥作物，加强覆盖。

⑥可采用土壤结构改良剂如吸水树脂等保水剂，提高保水性能，促进土壤团粒结构的形成。

（二）黏质土及其改良

1. 黏质土的特点　保水力和保肥力强，养分含量丰富，土温比较稳定，但通气透水性差，并且耕作比较困难，黏质土由于粒间孔隙很小，孔隙相互沟通后形成曲折的毛细管，水分进入土壤时渗漏很慢，保水力强，蓄水量大，水分蒸发慢，排水比较困难。

2. 改良及管理措施

①营养沟改土，在株间挖沟，挖透穴隔，行间用营养沟代替扩穴，分2~4年完成，改土深度60~80厘米，并注意冠下起垄要高，回填时混入纤维含量高的作物秸秆和稻壳等有机肥，并拌入适量的沙，可有效改善土壤通透性。

②采用深沟、高畦、窄垄等办法，加强排水措施的建设，整地时要尽可能干耕操作，精耕细锄，基肥要足，以利于桃树早期生长的营养需要。

③黏质土中黏粒含量越多，所含养料特别是钾、钙、镁等阳离子也越丰富，施用磷肥和石灰，施量为50~70千克/亩，调节

土壤酸碱度。

④黏质土对施肥的反应表现为肥劲稳、肥效长，这些特性和砂质土相反，生产上要特别注意增施有机肥，防止土壤粘结（成大块，不利耕作），多施有机肥，例如每年埋压杂草、绿肥1 000～2 000千克/亩，种植和施用毛叶苕子等绿肥作物，提高土壤肥力。

⑤合理耕作，免耕或少耕，实行生草制和覆草制。

⑥掺沙，一般一份黏土掺两至三份砂。

（三）山岭地土壤改良

1. 山岭地的特点　山岭地土层较浅，雨水冲刷严重，地表裸露，肥力一般。

2. 改良及管理措施

①果园培土：主要针对山地果园因雨水冲刷而造成根系裸露而采取的加厚土层的措施，培土前，要先刨地松土，培土层不超过15厘米，并结合培土，在培土中掺入20%～30%土杂肥。

②深翻扩穴。

③爆破松土：利用炸药在树冠外围进行小穴放炮松土，一般在休眠期进行，以采果后落叶前进行为好，炮窝挖在树冠内缘30厘米处，每树开1～2个；炮眼直径5～6厘米、深80～100厘米，每眼装0.5千克炸药（80%硝酸铵＋20%的0.4～0.6毫米的锯屑或地瓜秧碎粒），雷管1个，导火索1米；引爆后要及时消除石砾，填入表层熟土及有机肥，并及时灌水；爆破松土要注意因地制宜，合理用药量，以穴炸开、土松动而不飞石为宜；爆破松土要在当地派出所的监督指导下进行。

④覆草栽培，每年果园覆草2 000～3 000千克/亩，厚度20～30厘米。

三、土壤酸碱度的调节

土壤酸碱度对果树的生长发育影响很大，土壤中必需营养元素的可给性、微生物的活动、根部的吸水吸肥能力和有害物质对根部的作用等，都与土壤酸碱度有关，果树根系喜微酸性到微碱性土壤。施肥，尤其施氮肥，会使土壤酸化，在酸性土壤上这是有害的，而在石灰性土壤或缺铁、锰或其他微量元素的土壤上这可能是有益的，降低土壤 pH 值可使这些元素有效性提高。

土壤过酸时，易出现缺磷、钙镁的现象，可通过施用磷肥和石灰，或种植和施用碱性绿肥作物，如紫云英、金光菊、豇豆、蚕豆、二月兰、大米草、毛叶苕子和油菜等，进行调节；对酸度过高的土壤一般用石灰来处理，以达到适合的土壤酸度。石灰对土壤的作用远远超过中和土壤酸性，它还改善土壤物理性质、刺激土壤微生物活性、使矿物质对植物的有效性增强、为植物提供钙和镁、增加豆科作物共生固氮。常用的石灰材料有碳酸钙、方解质石灰石（结晶碳酸钙）、白云质石灰石（结晶碳酸钙镁）、生牡蛎壳、烧过的牡蛎壳、泥灰岩、生石灰、熟石灰、钢渣磷肥、石膏等，确定施用石灰量时，要从活性酸度和潜在酸度两方面考虑，pH 值提高到一定水平时的石灰需要量见表 7 - 20，生石灰的主要作用是中和酸性土壤，补钙的效果较差，如果生石灰使用不当如挖坑埋施，很容易烧根，造成死树。最好使用有机钙粉 1.5～2.5 千克，把 pH 值调到 6.0 以上。

表 7 - 20　用 Andrews 和 Pierre 法计算的氮肥当量酸碱度*

肥　料	氮含量（%）	生成石灰性盐所需的纯石灰量（千克）**		中和所需的纯石灰量（千克）***	
		每千克氮	每 100 千克肥料	每千克氮	每 100 千克肥料
无机氮肥					
硫酸铵	20.5	7.14	146	5.35	110
磷铵 A	11.0	6.77	74	5.00	55
液氨	82.2	3.57	293	1.80	148
硝酸钙	15.0	0.42	6	1.35B	20B

（续）

肥　料	氮含量（％）	生成石灰性盐所需的纯石灰量（千克）**		中和所需的纯石灰量（千克）***	
		每千克氮	每100千克肥料	每千克氮	每100千克肥料
硝酸铵钙	16.0	0.66	11	1.31B	21B
硝酸铵钙	20.5	1.77	36	0	0
含氮原液	44.4	2.98	132	1.20	53
硝酸钠	16.0	0	0	1.80B	29B
硝酸钾	13.0	0	0	2.00B	26B
合成有机氮肥					
氨基氰	22.0	1.18B	26B	2.85B	63B
尿素	46.6	3.57	166	1.80	84
尿素氨水	45.5	3.57	162	1.80	82
天然有机氮肥					
可可壳粉	2.7	2.37	6	0.60B	2B
蓖麻籽饼	4.8	2.67	13	0.90	4
棉籽壳粉	6.7	3.17	21	1.40	9
干血粉	13.0	3.52	46	1.75	23
鱼粉	9.2	2.67	25	0.90	8
鱼粉	8.9	1.78	16	0.01	0
秘鲁鸟粪	13.8	2.72	38	0.95	13
白鸟粪	9.7	2.22	21	0.45	4
活性淤泥肥	7.0	3.47	24	1.70	12
动物下脚料	9.1	1.92	17	0.15	1
食物下脚料	2.5	0.93B	2B	2.70B	7B
高级下脚料	8.4	2.52	21	0.75	6
低级下脚料	4.3	5.43B	23B	7.20B	31B
屠宰加工厂下脚料	6.0	0.12	1	1.65B	10B

（续）

肥　料	氮含量（%）	生成石灰性盐所需的纯石灰量（千克）**		中和所需的纯石灰量（千克）***	
		每千克氮	每 100 千克肥料	每千克氮	每 100 千克肥料
加工下脚料	7.4	3.32	25	1.55	12
烟草茎	1.4	16.03B	22B	17.80B	25B
烟草茎	2.8	2.53B	7B	4.30B	12B
钾肥					
粗钾盐	0	0	0	0	0
氯化钾	0	0	0	0	0
硝酸钾	13.0	0	0	2.00B	26B
硫酸钾	0	0	0	0	0
硫酸钾镁	0	0	0	0	0
磷肥					
磷铵 A	11.0	6.77	74	5.00	55
沉淀骨粉	0	0	0	0	29B
过磷酸钙	0	0	0	0	0
重过磷酸钙	0	0	0	0	0

* B 为比生成中性盐或中性肥料所需量过量的石灰。

** 有机氮肥生成中性盐的数据是在每千克氮生成中性肥料所需量上加 1.77 千克。

*** 中性肥料的法定方法（Pierre 法）。

资料来源：Andrews, *The Response of Crops and Soils to Fertilizers and Manures*, 2nd ed. Copyright 1954 by W. B. Andrews.

土壤偏碱时，硼、铁、锰的可给性低，可通过施用硫酸亚铁或种植和施用酸性绿肥作物，如苜蓿、草木、百脉根、田菁、扁蓿豆、偃麦草、黑麦草、燕麦和绿豆等，来进行调节。

第八章

桃园的养分管理

第一节 桃树的需肥特点

一、桃树的需肥特点

1. 桃树树体具有储藏营养的特性 桃树的花芽分化和开花结果是在两年内完成的。桃树的树体具有储藏营养特点，前一年营养状况的高低不仅影响当年的果实产量，而且对来年的开花结果有直接的影响。研究表明，桃树早春萌动的最初几周内，主要是利用树体内的储藏营养。因此，前一年的秋天桃树体内吸收积累的养分多少，对花芽的分化和第二年的开花影响很大，进而影响桃树的产量，在桃树的施肥调控方面，梢果争夺养分矛盾突出，要有全局的观点，桃子收获之后仍要加强肥水管理。

2. 桃树的根系特性 桃树的根系较浅，吸收根主要分布在10～30厘米；但根系较发达，侧根和须根较多，吸收养分的能力较强。生产中为防止根系过于上浮，影响树的固地性和抗旱能力，在桃树施肥中应注意适当深施，宜深不宜浅，或深施与浅施相结合，最好不要使用冲施肥。

桃树的根系要求较好的土壤通气条件，土壤的通气孔隙量在10%～15%较好，国际上沃土的标准是：水25%，空气25%，土壤45%，有机质5%。为保证根系有较好的呼吸条件，在施肥中注意多施有机肥，并将有机肥与土壤适度混合，以增加土壤的团粒结构，提高土壤的空气含量。有条件的地方，还可在桃树下种植绿肥后进行翻压，提高土壤的有机质含量，以提高土壤自身调控水气的能力。

3. 桃树的营养特性　对氮肥特别敏感，在幼树期，如施氮过量，常引起徒长，不易成花，花芽质量差，投产迟，落果多，流胶病重；盛果期又需氮肥多，如氮素不足，易引起树势早衰；果实生长后期如施氮肥过多，果实味淡，风味差；在衰老期，氮素不足，会加速衰老，结果寿命缩短；反之，氮素充足，可促进多发新梢，推迟衰老过程。桃树在营养的需求上，幼树以磷肥为主，配合适量的氮肥和钾肥，以诱根长粗为主；进入盛果期后，施肥的重点是使桃树的枝稍生长和开花结果相互协调，在施肥方面以氮肥和钾肥为主，配施一定数量的磷肥和微量元素。

4. 梢果争夺养分矛盾激烈　桃的新梢生长与果实发育都在同一时期，因而梢果争夺养分的矛盾特别突出，如健壮树落花后施氮肥过多，枝梢猛长，落果特重；弱树如氮素不足，又会引起枝梢细短，叶黄果小，产量和品质下降。因此应根据树龄树势和结果量，适时施好花后肥和壮果肥，以协调梢果矛盾。

5. 砧木对养分吸收利用的影响　使用的砧木不同对桃树的生长发育和养分吸收也有明显的影响。如用毛桃类的砧木，嫁接的栽培表现为根系发达、对养分水分的吸收能力强，耐瘠薄和干旱，结果寿命较长，但土壤如很肥沃，容易生长过旺。如排水不良或地势低湿，易生长不良，最终都使桃树的结果较差。山毛桃作砧木，表现为主根大而深、细根少，吸收养分的能力略差，早果性好，耐寒、耐盐碱的能力较强，缺点是在温暖地区不易结果。

6. 喜微酸性至中性土壤　桃最适应的酸碱度为 pH 值 5～6，pH 值高于 8 易发生缺锌症，低于 4 又易发生缺镁症，吸收氮要在偏酸环境下才能进行，故施肥时必须注意土壤酸碱度的调节，酸性土多施碱性肥，碱性土多施酸性肥，过酸土增施土壤调理剂。

7. 桃树对养分的需要　各地的试验资料表明，桃树每生产

100千克的桃果需要吸收的氮量为0.3～0.6千克、吸收的磷量为0.1～0.2千克、吸收的钾量为0.3～0.7千克，对氮肥特别敏感，需钾量大，尤其以果实的吸收量最大，其次是叶片，果实和叶片钾的吸收量占全部吸收量的91.4％。在果实的整个生长期，果实对钾的吸收是逐渐增加的，尤其是在果实生长的第二速生期，对钾的吸收迅速增加（见图8-1）。因而满足钾素的需要是桃树丰产优质的关键。

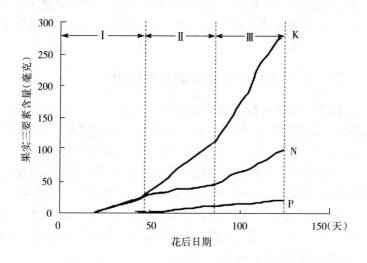

图8-1　桃果实氮磷钾含量季节变化

Ⅰ. 果实生长的第一速生期；Ⅱ. 硬核期；Ⅲ. 果实生长的第二速生期

8. 桃树对氮、磷、钾肥的需求比例　与苹果和梨树相比，桃树对钾肥的需求量更大。各器官对氮、磷、钾三要素吸收量以氮为准，其比值分别为：叶10∶2.6∶13.7；果实10∶5.2∶24；根10∶6.3∶5.4，对三要素的总吸收量的比值为10∶3～4∶13～16，由此可见，果实是需钾最多的器官，如果生产上施肥不当，氮肥施用过多时，则枝叶徒长，影响钾的吸收，容易造成落花落果。

日本以及中国台湾等地不同产量条件下桃树对氮、磷、钾的吸收量，在 1 000 平方米平均产量 2 090 千克的生产条件下，桃树吸收的氮含量为 10.2 千克，磷为 4.1 千克，钾为 14.6 千克，进而计算出每生产 1 000 千克桃果实，需要的氮、磷、钾、钙、镁含量分别为 4.9 千克、2.0 千克、7.0 千克、8.8 千克和 1.5 千克。

据北京地区的经验，产量为 2 500 千克/亩的高产桃园的施肥量，每生产 100 千克，需施基肥 100～200 千克，氮肥（纯氮）0.7～0.8 千克，磷（五氧化二磷）0.5～0.6 千克，钾（氧化钾）1 千克。

二、桃树主要营养元素的生理作用

1. 氮　氮是叶绿素的重要成分。氮不足时，新梢短，叶片变薄，颜色变浅，尤其是老枝、老叶表现比较明显。严重缺氮时，叶呈黄绿色，基部叶出现红褐色斑点或穿孔；枝条短硬、纤细，呈纺锤状，小枝表皮棕红或紫红色；果小，味涩，品质差；树势弱，花芽少且瘦弱，产量低，寿命短。氮过多时枝叶生长过旺，树冠易郁闭，上强下弱，下部易光秃；花芽少，坐果率低；果实小，味淡，品质差，着色差，产量低。缺乏有机质的土壤和多雨地区的砂土最容易缺氮。

2. 磷　磷是植物细胞核的重要成分。磷可在树体内转移。桃树缺磷的表现与缺氮相似，症状多发生在新梢老叶上，叶片狭小，初期暗绿色，随后呈棕褐色。如遇气温下降，叶变成红色或紫色，顶叶直立，进而有的出现叶斑，叶缘下卷而早落；新梢节间短，甚至呈轮生叶；细根发育受抑制，植株矮小；果早熟，肉干汁少，风味不良，并有深的纵裂和流胶。最常见的缺磷土壤有高度风化并呈酸性反应的土壤；石灰性土壤中磷含量可能很高，但对植物无效；泥炭和腐殖土多半需要施磷。另外，还有一些因素可以影响磷的有效性，如土壤温度低，磷的有效性就低；土壤温度高，对植物有效的磷就多；酸化石灰性土壤，或在土壤中施用厩肥或有机质都会增加土壤中的有效磷。

3. 钾　钾虽然不是植物组织的组成成分，但是它与植物许多酶的活性有关。缺钾的桃叶色淡而小；皱缩卷曲，有时纵卷并弯曲呈镰刀状；叶上散布小孔或裂口，叶缘焦枯，叶片破碎，部分脱落；新梢细短，生理落果严重；成花少，甚至完全没有花芽，果小，产量低。轻度缺钾时，前期不易表现症状，到后期果实膨大，需钾量增加，容易表现病症。桃对钾的需求量也较其他果树高，施钾可有效增加产量和提高品质。通常见到的缺钾的土壤为轻砂土，其中的钾被淋洗。

4. 硫　硫是植物生长和完成生理功能的必须营养元素，也是农业生产中继 N、P、K 之后的第 4 个重要营养元素，S 在营养作用方面的限制作用不如 N 和 P，但它与其他元素的许多反应远超过它的营养作用。硫是构成蛋白质和酶不可缺少的成分，硫参与植物体内的氧化还原过程，是多种酶和辅酶及许多生理活性物质的重要成分，影响呼吸作用、脂肪代谢、氮代谢和淀粉的合成。硫参与固氮过程，是豆科作物及其他固氮生物固氮酶的重要组成部分，可提高根瘤菌的固氮效率，增强肥效，减少落花落果。缺硫将导致新叶黄化，失绿均一，生育期延迟，多发生在嫩叶部位，而在供氮不足时，缺硫症状发生在老叶，缺氮加速老叶的衰老；硫元素过剩会使植物生长缓慢，叶片变小，有时叶脉间发黄或烧叶，在缺铁的强还原条件下可导致硫化氢毒，S 在改善植物对主要营养元素的吸收方面也发挥着重要的作用。S 与 N 或 Ca、K、Zn 之间交互作用对养分吸收和利用是协同的，而 S 与 Mg、Mo、Cu、Fe 之间交互作用对养分吸收和利用是拮抗的；硫在大多数土壤中存在的形式是有机态，土壤溶液中的可溶性硫酸盐和土壤复合体上的吸态硫是桃树利用硫元素的主要来源。硫肥的补充主要通过施用如硫酸钾、硫酸铵、硫酸铜、硫酸钙等含硫肥料。

5. 钙 钙以果胶钙的形式构成细胞壁的成分，钙在植物体内移动性很小。缺钙，桃树根系生长受阻，根短而密，长到一定长度（1.5~7.5厘米）后，根尖便开始向后枯死，枯死后又长出新根，逐渐加密，形成膨大、弯曲的须根。春季或生长期缺钙，顶梢上的幼叶从叶尖或中脉处坏死。严重缺钙时，枝条顶端的幼叶似火烧般地坏死，并迅速向下部枝条发展，致使许多小枝完全死亡。生长后期缺钙，枝条异常粗短；顶叶深绿色，大型叶片多，花芽形成早，茎上皮孔胀大，叶片纵卷。晚熟桃（如中华寿桃、寒露蜜桃）生长后期发生裂果与缺钙密切相关。经常缺钙的土壤有：酸性土，在钙的盐基饱和度低于25%时，许多作物都会出现缺钙的症状；砂土，特别在年降雨量超过760毫米的湿润地区，缺钙尤甚；蛇纹石发育而成的土壤；强酸性的泥炭土；土壤黏粒以蒙脱土为主的土壤比高岭土为主的更容易缺钙；交换性钠和pH都高的碱土或苏打盐土也容易缺钙。一些土壤管理措施也会导致土壤缺钙如长期施用硫酸铵或其他酸性肥料；但增加有机质可减少钙的淋洗。常见钙过多的土壤有：含石膏、氯化钙以及其他可溶性钙的盐土，含碳酸钙的土壤。

6. 镁 镁是叶绿素的组成成分，镁在植物体内可运转重新利用，但桃树常表现为上部和基部几乎同时出现缺乏症。缺镁初期，成熟叶片呈深绿色，有时呈蓝绿色，随后基部老叶出现坏死区，呈深绿色水渍状斑纹，并具有紫红色边，坏死区可变成灰白至浅绿色至淡黄棕色、棕褐色。老叶边缘褪绿、焦枯，常造成落叶。严重缺镁时，花芽明显减少。缺镁症一般发生在雨量多的酸性砂土，在碱性土壤上也有缺镁的报道，冲积土较冰渍土更易缺镁。

7. 铁 铁是叶绿素合成和保持所必需的元素，铁在植物体内不易移动。桃对缺铁敏感。缺铁症从幼叶开始。缺铁的典型症状是，叶脉保持绿色，而叶脉间褪绿。严重缺铁时，整个叶片全部黄化，最后白化，伴有棕黄色坏死斑，可导致幼叶嫩梢枯死。

在砂姜黑土等石灰性或 pH 值较高的土壤栽培桃树，容易发生缺铁症。在石灰性土壤上果树容易发生缺铁失绿症，这是由于树体铁营养失调引起的；失绿症也容易在碱土中发生，这是因为碱土通气不良，重碳酸根浓度较高，土壤磷酸盐水平高或土壤 pH 过高，使土壤中的铁成为不溶性的氢氧化铁，以致不能为果树所吸收。

8. 硼 硼能促进花粉的发育、萌发和花粉管的生长。桃对硼比较敏感。桃树缺硼，茎尖、根尖生长锥将停止生长，褐变枯死；在新梢生长过程中发生顶枯，叶片增厚而脆；果实呈现凹陷的青斑，使果形凹凸不平和流胶。缺硼还将引发晚熟桃裂果。最常见的缺硼土壤为：含硼低的土壤，如酸性火成岩发育的土壤或新的冲积物；已被淋洗的酸性土壤，如灰壤和红壤；轻质砂土；酸性泥炭或腐殖土；碱性土，特别是含石灰的碱性土；灌溉水中含硼极低且有碳酸盐沉淀的灌溉土壤；有机质含量低的土壤。土壤中硼的有效性还受多种因素的影响，如季节性干旱或连年干旱，会使硼的有效性降低；在 pH4.7～6.7 间硼的有效性最高，而在 pH 7.1～8.1 时，硼的有效性则随 pH 的升高而降低。因此，在酸性土壤上施石灰，会降低硼的有效性而导致缺硼。土壤中有效硼的含量与果树硼素营养关系很密切，而土壤有效硼的最适量、中毒量和使果树发生缺硼症状间的差异很小。

9. 锌 锌作为酶的金属活化剂，并参与生长素的合成，锌对碳水化合物的形成是重要的。桃对锌比较敏感，缺锌时，新梢生长受阻，表现叶片小而脆，常丛生在一起，称小叶病、簇叶病，顶端叶先出现症状。新梢有时呈扫帚状，节间短，丛生。老叶呈现不规则叶间失绿。花芽少，产量低，果个小，果皮厚，质量差。最常见的缺锌土壤为：全锌含量低的被淋洗的酸性土壤；碱土；花岗岩和片麻岩发育而成的土壤；过去的畜栏遗址和坟地；锌呈难溶状态的某些有机土壤；Si/Mg 比低的含有黏粒的土壤；凡果树根系受限制的土壤，如坚实的土壤、有硬盘层的土壤和地下水位高的土壤。常见的含锌过多的土壤有：某些类型的酸性泥炭；锌矿、铅矿附近的土壤和富含锌的岩石或其他物质发育而成的土壤。

10. 锰 锰是形成叶绿素和维持叶绿素结构所必需的元素。缺锰时，嫩叶和叶片长到一定大小后出现特殊的侧脉间褪绿。严重缺锰时，叶脉间有坏死斑，亦有早期落叶；新梢可能死亡，整个树体叶片稀少；根系不发达，开花结实少，果色暗淡，品质差；缺锰也能引发裂果。土壤中锰的有效性，受土壤的酸碱度、氧化还原电位、温度、湿度、通透性和有机物含量等影响，通常土壤 pH 升高，锰的有效性降低。石灰性土壤、石灰性底土的薄层泥炭土、冲积土或石灰性物质发育而成的沼泽土等，都经常发生果树缺锰症。在酸性土壤上增加有机质，可使锰的有效性增加，而在碱性土壤中增加有机质，由于锰和有机质生成络合物，反而降低其有效性。

11. 铜 铜是许多重要酶的组成成分，在光合作用中有重要作用。缺铜时，新梢幼嫩及新生长的部分枯死；叶片暗绿，进而叶脉间褪绿呈黄绿色，网状叶脉仍为绿色。顶端叶变成窄而长、边缘不规则的畸形叶；顶端生长停止而形成簇状叶，并开始萌发不定芽。由含铜低的花岗岩和流纹岩发育而成的土壤，缺铜的砂质土，特别是石灰性砂土，都会发生缺铜。缺铜还会发生在黏土含量低、地下水位过深，而干旱时不能保持表土湿润的泥炭土或低地沼泽土。缺铜时，可对土壤施用铜盐或喷铜盐克服

12. 钼 钼参与植物体内氮代谢、促进磷的吸收和转运，对碳水化合物的运输也起着重要作用。钼在土壤中以 MoO_4^{2-} 或 MoO^- 的形式存在，花岗岩母质发育的土壤含钼较高，黄土母质发育的土壤含钼较低，生草灰化土、高位泥炭土、砂土和沙丘、沙砾、漂石、蛇纹石等发育的土壤，钼的含量也较低，石灰性土壤中钼的有效性较高。我国土壤含钼仅为 0.1～6 毫克/千克，而其中对植物有效的不过 10%。因此，即使在含钼较高的土壤中施用钼肥，也有良好的肥效。

三、桃树主要缺素症的防治

果树缺素症是由生长环境中缺乏某种营养元素或营养物质不能被果树根系吸收利用引起的，可通过施用相应的大量或微量元素肥料进行矫正，部分作物缺乏养分的一般形态特征见表8-1。

表 8-1　部分作物缺乏养分的一般形态特征

缺乏养分		植株变态	叶	根、茎	生殖器官	指示作物
大量元素	氮	生长受到抑制，地上受影响较地下部明显。	叶小，整个叶片呈黄绿色，严重时下部老叶几乎呈黄色，干枯死亡	茎细小多木质；根受抑制，较细小。	花、果实发育迟缓，严重时落果；不正常地早熟。种子小，千粒重低。	玉米
	磷	植株矮小，生长缓慢，分蘖少；地下部严重受抑制，次生根极少。	叶色暗绿，无光泽或呈紫红色；从下部叶子开始，叶缘逐渐变黄，然后死亡脱落。	茎细小，多木质；根不发育，主根瘦长，侧根长不出。	花少，果少，果实迟熟，种子小而不饱满，千粒重下降。	番茄
	钾	较正常植株小，叶变褐，枯死，植株较柔弱，易感染病虫害。	开始从老叶尖端沿叶缘逐渐变黄，干枯死亡；叶缘似烧焦状，并出现斑点状的死亡组织，有时叶卷曲显皱纹。	茎细小而柔弱，易倒伏。	分蘖多而结穗少，种子瘦小；果肉不饱满，果实畸形。	玉米番茄
中量元素	钙	植株矮小，组织坚硬，病态先发生于根部及地上幼嫩部分，未老先衰，并易死亡。	幼叶卷曲、脆弱，叶缘发黄，逐渐枯死；叶尖有粘化现象。	根系发育受到抑制，根尖分生组织的细胞腐烂、死亡，有粘化现象。	不结实或很少结实。	

（续）

缺乏养分		植株变态	叶	根、茎	生殖器官	指示作物
中量元素	镁	变态发生在生长后期，黄化，植株大小没有显著变化。	首先从下部老叶开始缺绿，叶脉仍呈绿色，只有叶脉间的叶肉变黄，以后叶肉组织逐渐变褐色而死亡。	变化不大。	开花受抑制，花的颜色苍白。	玉米
	硫	植株普遍缺绿，后期生长受到抑制。	幼叶开始黄化，叶脉先缺绿遍及全叶，严重时老叶变黄，甚至变白，但叶肉仍呈绿色。	茎细长，很稀疏，支根少。	开花结实期延迟，果实减少。	
微量元素	铁	植株矮小，缺绿病态，失绿症状首先表现在顶端幼嫩部分。	新出幼叶肉部分缺绿、黄化，严重时叶子枯死。	茎、根生长受制。果树长期缺铁，顶部新梢死亡。	果实小。	槐树桃树
	硼	植株矮小，病态首先出现于幼嫩部分，植株尖端发白，茎及枝条的生长点死亡。	新叶粗糙，淡绿，常呈烧焦状斑点；叶片变红，叶柄叶脉易折断，如芹菜的茎折病。	茎脆，分生组织（如根尖、茎尖）退化或死亡。根ът短，根系不发达，生长点常有死亡。如甜菜的心腐病，萝卜的溃疡病。	蕾、花和子房脱落，果实种子不充实。油菜缺硼时花而不实。果实畸形，果肉有木栓化现象或干枯。	油菜苜蓿
	锰	植株矮小，缺绿病态。	幼叶的叶肉黄白，叶脉保持绿色，显白条状，叶上常有斑点。	茎生长势衰弱，黄绿色，多木质。	花少，果实重量减轻。	

（续）

缺乏养分	植株变态	叶	根、茎	生殖器官	指示作物
微量元素 铜	植株矮小，缺绿病态，易感染病害。	禾谷类叶尖开始黄化，缺绿，叶尖萎蔫。果树缺铜，上部叶片畸形，变色，新梢萎缩，如梨树的（枯顶病）。	发育不良。果树茎上常排出树胶。	果实和种子均少。谷类作物穗和芒发育不全，有时大量分蘖而不抽穗。	
锌	植株矮小。	形成叶蔟，缺绿，新叶呈灰绿或黄白色斑点。	叶蔟，黄色小而卷曲；根系生长差。	果实小或变形；核果、浆果的果肉有紫斑。	苹果玉米
钼	植株矮小，易受病虫危害。	幼叶黄绿，叶脉间显出缺绿并老叶变厚，呈蜡质；叶脉间肿大，并向下卷曲。	豆科作物根瘤不发育。	豆科作物有效分枝数和结荚数减少，百粒重下降。棉花蕾铃脱落严重。小麦灌浆很差，成熟延迟，籽粒不饱满。	大豆棉花小麦

1. 缺氮症

主要症状：桃树缺氮，首先是新梢下部老叶发病，初期，叶片失绿变黄，叶柄、叶缘和叶脉有时变红；后期脉间叶肉产生红棕色斑点，斑点多、发病重时叶肉呈紫褐色坏死。新梢上部幼叶发病晚且轻，缺氮严重时表现为叶片小而硬，呈浅绿色或淡黄色。新梢则停止生长，细弱而硬化，皮部呈浅红色或淡褐色。最终全树矮小，叶片发黄并自下而上早期脱落，花芽少，花少，坐果少，果实小、味淡，但果实着色早。

发生原因：管理粗放、氮肥施用不足或施肥不均匀都是造成缺氮的主要因素。在秋梢速长期或灌水过量时，桃树也易发生缺氮。

防治方法：发现缺氮后，应及时追施速效氮肥，可用尿素进行叶面喷施，生育前期可喷布 200～300 倍尿素液，秋季可喷布 30～50 倍尿素液；其次也可喷施硫铵、碳酸氢铵等氮肥。

2. 缺磷症

主要症状：桃树缺磷，首先是新梢中下部叶片发病，然后逐渐遍及整个枝条，直至症状在全树表现。发病初期叶片呈深绿色，叶柄变红，叶背叶脉变紫；后期叶片正面呈紫铜色。枝条基部老叶有时出现黄绿相间的花斑，甚至整叶变黄，常常提早脱落；枝条顶端幼叶有时直立生长，狭窄并下卷，表现为舌状叶。新梢细弱并且分枝较少，呈紫红色。果实个小，且味淡，早熟。

发生原因：土壤本身缺磷；在酸性土壤中，磷易被铁、铝和锌等固定；在碱性土壤中，磷易被钙固定；偏施氮肥，不利于对磷的吸收；这些都是造成桃树缺磷的主要因素。此外，地势低洼、排水不良和土壤温度偏低等原因，桃树也易发生缺磷。

防治方法

①在秋施基肥时，应多施有机肥，以及磷酸二铵、过磷酸钙等含磷肥料。

②在温室升温后、覆地膜前，以及花芽分化前，应追施复合肥。

③在生长季里，应及时喷施 300～500 倍磷酸二氢钾液或 100～200 倍过磷酸钙澄清液。

3. 缺钾症

主要症状：桃树缺钾，首先是从新梢中部的叶片发病开始，然后逐步向基部和顶端发展，通常老叶受害最明显。发病初期因为缺钾造成水分供应失调，叶缘表现为枯焦，即灼伤状；同时，因为缺钾又限制了对氮的利用，叶缘表现为黄绿色。发病后期叶缘继续干枯，而叶肉组织仍然生长，表现为主脉皱缩、叶片上卷。最终叶缘附近出现褐色坏死斑，叶片背面多变红色，只是叶片一般不易脱落。其他症状还表现为新梢细而长，花芽较少，果小着色差并早落，缺钾严重时全树萎蔫，抗逆性下降，容易感染灰霉病。

发生原因：土壤酸性、有机质含量少以及结果过多而钾肥施用量不足均易造成桃树缺钾。氮、钙、镁施用量过多时，引起元素供应失调，也会造成缺钾。此外，地温偏低、光照不足、土壤过湿等，都会阻碍桃树对钾的吸收。

防治方法

①在秋施基肥时，结合施有机肥的同时，应混施钾肥。

②在花后以及花芽分化前，应追施速效钾肥。在果实膨大期，应进行叶面喷肥，可喷布磷酸二氢钾 300～500 倍液、或硫酸钾 200 倍液。为防止在高温下，溶液在短时间内浓缩变干，引起叶片肥害和减低肥效，喷施时间在上午 10 时以前或下午 4 时以后为宜，每间隔 7～10 天喷 1 次，共喷 2～3 次。

4. 缺钙症

主要症状：主要表现在幼叶上，叶片较小，幼叶首先出现褪绿与坏死斑点，严重时枝梢先端的嫩叶叶尖、叶缘和叶脉开始枯死，顶叶和茎枯死，或花朵萎缩。新根停止生长早、粗短、扭曲、尖端不久褐变枯死，枯死后附近又长出很多新根，形成粗短且多分枝的根群。缺钙还能导致核果类果树的流胶病和根癌病。

发生原因：当土壤酸度较高时，钙很快流失，导致果树缺钙。另外，前期干旱而后期大量灌水，或偏施、多施速效氮肥，特别是生长后期偏施氮肥，均会降低果实内钙的含量，从而加重苦痘病的发生。

防治方法：为防治果树缺钙，应增施有机肥和绿肥，改良土壤，早春注意浇水，雨季及时排水，适时适量施用氮肥，促进植株对钙的吸收。在酸性土果园中适当施用石灰，可以中和土壤酸度、提高土壤中置换性钙含量，减轻缺钙症。对缺钙果树，可在生长季节叶面喷施 1 000～1 500 倍硝酸钙或氨基酸钙 300～500 倍溶液，一般喷 2～4 次，最后 1 次应在采收前 3 周为宜。

5. 缺锌症

主要症状：果树缺锌时早春发芽晚，新梢节间极短，从基部向顶端逐渐落叶，叶片狭小、质脆、小叶簇生，俗称"小叶病"，数月后可出现枯梢或病枝枯死现象。病枝以下可再发新梢，新梢叶片初期正常，以后又变得窄长，产生花斑，花芽形成减少，且病枝上的花显著变小，不易坐果，果实小而畸形。幼树缺锌，根系发育不良，老树则有根系腐烂现象。

发生原因：在沙地、瘠薄山地或土壤冲刷较重的果园中，土壤含锌盐少且易流失，而在碱性土壤中锌盐常转化为难溶状态，不易被植物吸收，另外，土壤过湿，通气不好，会降低根吸收锌的能力，引起果树发生缺锌症。

防治方法：对缺锌果树，可在发芽前 3～5 周，结合施基肥施入一定量的锌肥。在树下挖放射状沟，每株成年结果树施 50％硫酸锌 1～1.5 千克或 0.5～1 千克锌铁混合肥。第 2 年即可见效，持效期较长，但在碱性土壤上无效。在萌芽前喷 2％～3％、展叶期喷 0.1％～0.2％、秋季落叶前喷 0.3％～0.5％的硫酸锌溶液，重病树连续喷 2～3 年。

6. 缺硼症

主要症状：可使花器官发育不良，受精不良，落花落果加重发生，坐果率明显降低。叶片变黄并卷缩，叶柄和叶脉质脆易折断。严重缺硼时，根和新梢生长点枯死，根系生长变弱，还能导致果实畸形（即缩果病）。病果味淡而苦，果面凹凸不平，果皮下的部分果肉木栓化，致使果实扭曲、变形，严重时，木栓化的一边果皮开裂，又称"猴头果"。

发生原因：山地果园、河滩砂地或砂砾地果园，土壤中的硼易流失，易发生缺硼症。另外，土壤过干、盐碱或过酸，化学氮肥过多时也能造成缺硼。

防治方法：对于缺硼果树，可于秋季或春季开花前结合施基肥，施入硼砂或硼酸。施肥量因树体大小而异，每株大树施硼砂 150～200 克，小树施硼砂 50～100 克，用量不可过多，施肥后及时灌水，防止产生肥害。根施效果可维持 2～3 年，也可喷施，在开花前，开花期和落花后各喷 1 次 0.3％～0.5％的硼砂溶液。溶液浓度发芽前为 1％～2％，萌芽至花为 0.3％～0.5％。碱性强的土壤硼砂易被钙固定，采用叶喷效果好。

7. 缺铁症

主要症状：果树缺铁首先表现在新梢嫩叶，叶片变黄，发生黄叶病。其表现是叶肉发黄，叶脉为绿色，称典型的网状失绿，严重时，除叶片主脉靠近叶柄部分保持绿色外，其余部分均呈黄色或白色，甚至干枯死亡。随着病叶叶龄的增长和病情的发展，叶片失去光泽，叶片皱缩，叶缘变褐、破裂。

发生原因：果树缺铁的原因比较复杂，一般土壤中并不缺铁，只是由于土壤碱性过大，有机质过少土壤不通透或土壤盐渍化等原因，使表土含盐量增加，土中可以吸收的铁元素变成了不能吸收的铁元素。

防治方法：首先应注意改良土壤，排涝，通气和降低盐碱。春季干旱时，注意灌水压碱，低洼地要及时排除盐水；增施有机肥料，树下间作豆科绿肥，以增加土中腐殖质，改良土壤。发病严重的树发芽前可喷 0.3％～0.5％硫酸亚铁溶液，或在果树中、短枝顶部 1～3 片叶失绿时，喷 0.5％尿素＋0.3％硫酸亚铁，每隔 10～15 天喷 1 次，连喷 2～3 次，效果显著。对缺铁果树，也可结合深翻施入有机肥，适量加入硫酸亚铁，但切忌在生长期施用，以免产生肥害。

8. 缺镁症

主要症状：幼树缺镁，新梢下部叶片先开始褪绿，并逐渐脱落，仅先端残留几片软而薄的淡绿色叶片。成龄树缺镁，枝条老叶叶缘或叶脉间先失绿或坏死，后渐变黄褐色，新梢、嫩枝细长，抗寒力明显降低，并导致开花受抑，果小味差。

发生原因：在酸性土壤或砂质土壤中镁容易流失，常会引起缺镁症。

防治方法：轻度缺镁果园，可在 6、7 月叶面喷施 $1\%\sim2\%$ 硫酸镁溶液 $2\sim3$ 次。缺镁较重果园可把硫酸镁混入有机肥中根施，每亩施镁肥 $1\sim1.5$ 千克。在酸性土壤中，为了中和土壤中酸度可施镁石灰或碳酸镁。

9. 缺锰症

主要症状：桃树对锰敏感，缺锰症状从老叶叶缘开始，逐渐扩大到主脉间失绿，在中肋和主脉处出现宽度不等的绿边，严重时全叶黄化，而顶端叶仍为绿色。整株树体叶片稀少，根系不发达，开花结实少，果色黯淡，品质差，有裂果现象。

发生原因：土壤中一般不缺锰，如土壤为碱性时，使锰成为不溶解态，易表现缺锰症。土壤如黏重、通气不良或为砂土，易发生缺锰症。春季干旱，易发生缺锰症。

防治方法：缺锰果园可在土壤中施入硫酸锰，在碱性土或石灰性土上，土施硫酸锰等锰肥效果差，最好结合施有机肥分期施入，一般每亩施硫酸锰 $2\sim5$ 千克。也可叶面喷施 $0.2\%\sim0.3\%$ 硫酸锰，喷施时可加入半量或等量石灰，以免发生肥害，也可结合喷布波尔多液或石硫合剂时一起进行。

第二节　施肥的判断标准

一、形态诊断

根据树体和土壤的营养状况进行化学或形态分析，据此判断果树营养盈亏状况，从而指导施肥，形态诊断是一种直观辅助性的施肥指标，是根据果树的外观形态，判断营养的盈亏，它要求果树经营者具有丰富的经验。通常叶片大而多，叶厚而浓绿，枝条粗壮，芽眼饱满，未结果树新梢长度50厘米以上，结果树新梢长30～40厘米，短枝具6～8片健叶，结果均匀，丰产稳产者，是营养正常，否则应查明原因，采取措施加以改善。在形态诊断和叶分析诊断的基础上，最后确诊可用施肥诊断的方法，即设置施肥处理和不施肥处理。经过一段时间观察，如果缺肥症状消失，表明诊断正确。

二、叶分析诊断

近二十年来，国外广泛采用叶片分析来确定和调整果树的施肥量。果树的叶片一般能及时准确地反应树体营养状况。叶分析诊断通常是在形态诊断的基础上进行。特别是某种元素缺乏而未表现出典型症状时，须再用叶分析方法进一步确诊。一般说，叶分析的结果是果树营养状况最直接的反应，因此诊断结果准确可靠。叶分析方法是分析植株叶片的元素含量，与事先经过试验研究拟定的临界含量或指标（即果树叶片各种元素含量标准值）相比较，用以确定某些元素的缺乏或失调，并参考土壤养分分析结果指导施肥。叶分析的标准值是一个范围，不同的品种表现出一定的差异，桃树叶片养分含量诊断指标见表8-2。

表8-2 桃新梢叶片的营养诊断指标（7月取样）（Shear 和 Faust，1980）

元　素	缺　乏	适　量
氮（%）	<1.7	2.5～4.0
磷（%）	<0.11	0.14～0.4
钾（%）	<0.75	1.5～2.5
钙（%）	<1.0	1.5～2.0
镁（%）	<0.2	0.25～0.60

（续）

元　素	缺　乏	适　量
铁（毫克/千克）		100～200
锌（毫克/千克）	<12	12～50
锰（毫克/千克）	<20	20～300
铜（毫克/千克）	<3	6～15
硼（毫克/千克）	<20	20～80

三、土壤分析诊断

从果园土壤里挖取具有代表性的土壤，经过适当的处理和相应的分析，测定出各种营养元素和有机质含量、酸碱度等，根据分析结果，判断营养的盈亏程度，从而决定施肥量。生产中一般每3年化验一次土壤养分，并按分析值和土壤养分标准比对，缺什么补什么，大量养分分级标准见表8-3。

表8-3　土壤大量养分分级标准

项　目 级别　含量	有机质 （%）	全氮 （%）	速效氮 （毫克/千克）	速效磷（P_2O_5） （毫克/千克）	速效钾（K_2O） （毫克/千克）
很高	>4	>0.2	>150	>40	>200
高	3～4	0.15～0.2	120～150	20～40	150～200
中等	2～3	0.1～0.15	90～120	10～20	100～150
低	1～2	0.07～0.1	60～90	5～10	50～100
很低	0.6～1	0.05～0.075	30～60	3～5	30～50
极低	<0.6	<0.05	<30	<3	<30

注：有机质是土壤肥力的标志性物质，其含有丰富的植物所需要的养分，调节土壤的理化性状，是衡量土壤养分的重要指标，按全国第二次土壤普查的分级标准将土壤养分划分为六级。

第三节　施肥原则

一、施肥原则

1. 加强有机肥施用比例，依据土壤肥力和早中晚熟品种及产量水平，合理调控氮磷钾肥施用水平，以有机肥为主，化肥相辅，并注意硫、钙、镁、硼和锌的配合施用。

2. 不同品种的春季追肥时期要有差别，早熟品种较晚熟品种追肥时期早，追肥次数少。

3. 与优质栽培技术相结合，夏季宜出现涝害的平原地区需进行起垄、覆膜等土壤管理工作；干旱地区提倡采用地膜覆盖，穴贮肥水技术。

4. 所使用的肥料，必须符合有关标准，一般最低要按照生产无公害食品的要求，肥料使用必须满足桃树对营养元素的需要，使足够数量的有机物质返回土壤，以保持或增加土壤肥力及土壤生物活性。按照 NY/T 496—2002 规定要求，所施用的肥料不应对果园环境和果实品质产生不良影响，应是经过农业行政主管部门登记或免于登记的肥料，提倡根据土壤和叶片的营养分析进行配方施肥和平衡施肥，增加有机肥的施用量，减少化肥特别是氮肥的施用量。所有有机或无机（矿质）肥料，尤其是富含氮的肥料应对环境和果树（营养、味道、品质和植物抗性）不产生不良后果方可使用。

二、允许使用的肥料

有机肥料：包括堆肥、沤肥、厩肥、沼气肥、绿肥、作物秸秆肥、泥肥、饼肥等农家肥和商品有机肥、有机复混肥等。

腐殖酸类肥料：以含有腐殖酸类物质的泥炭（草炭）、褐煤、风化煤等经过加工制成含有植物营养成分的肥料。

无机（矿质）肥料：包括氮、磷、钾等大量元素肥料和微量元素肥料及其复合肥料等，主要有矿物钾肥和硫酸钾、矿物磷肥（磷矿粉）、煅烧磷酸盐（钙镁磷肥、脱氟磷肥）、粉状硫肥（限在碱性土壤使用）、石灰石（限在酸性土壤使用）。

微生物肥料：包括微生物制剂和经过微生物处理的肥料。

三、禁止使用的肥料

1. 禁止使用未经无害化处理的城市垃圾和污泥、医院的粪便垃圾和含有害质（如毒气、病原微生物、重金属等）的工业垃圾，控制使用含氯化肥和含氯复合肥，禁止使用硝态氮肥。

2. 生产 AA 级绿色食品禁止使用任何化学合成肥料，严禁施用未腐熟的人粪尿，禁止施用未腐熟的饼肥。

四、肥料的种类和特点

（一）有机肥

1. 有机肥的种类

①农家肥　系指就地取材、就地使用的各种有机肥料，它由含有大量生物物质、动植物残体、排泄物、生物废物等堆制而成的，包括堆肥、沤肥、厩肥、沼气肥、绿肥、作物秸秆肥、泥肥、饼肥等，农家肥的卫生指标按照 NY/T 5002—2001 的附录 C 执行；它的来源广泛，数量巨大，可降低农业生产成本，在农业生产上起着重要的作用。

堆肥是以各类秸秆、落叶、山青、湖草为主要原料并与人畜粪便和少量泥土混合堆制经好气微生物分解而成的一类有机肥料，堆肥发酵过程中要注意微生物维持生命活动与繁殖要消耗必要的养分和能量，常以 C/N 比作为指标，一般微生物每吸收 25～30 份碳时，需要消耗 1 份氮，因此一般 C/N 比以 25～30：1 为基准，各种有机物 C/N 比见表 8-4。C/N 比过小，说明氮多（养料多），而碳少（能量少），造成氮的积累，不利于微生物正常活动；C/N 比过大，缺乏微生物细胞繁殖所需的 N 素，也不利于微生物活动。堆肥材料中，一般植物残体 C/N 比大，而人畜粪尿的 C/N 比较小，所以，应合理搭配植物残体与人畜粪尿的比例或适量加入一些含氮化肥如尿素等，以保证微生物对碳、氮直接吸收，有利于其活动，加速发酵腐解。

表 8-4　各种有机物 C/N 比

名　称	C/N
稻　草	62~67:1
麦　秆	98:1
玉米秆	63:1
豆　秆	37:1
草木樨（幼嫩）	12:1
谷物秸秆	80:1
锯末（普通）	400:1
杂　草	25~45:1
泥　炭	16~22:1
人　粪	12~13:1
畜　粪	15~29:1

沤肥所用物料与堆肥基本相同，只是在淹水条件下，经微生物嫌气发酵而成一类有机肥料；

厩肥以猪、牛、马、羊、鸡、鸭等畜禽的粪尿为主与秸秆等垫料堆积并经微生物作用而成的一类有机肥料；

沼气肥在密封的沼气池中，有机物在嫌气条件下经微生物发酵制取沼气后的副产物，主要有沼气水肥和沼气渣肥两部分组成；

绿肥以新鲜植物体就地翻压、异地施用或经沤、堆后而的肥料，主要分为豆科绿肥和非豆科绿肥两大类；

作物秸秆肥以麦秸、稻草、玉米秸、豆秸、油菜秸等还田的肥料，秸秆还田的方式见图 8-2，但要注意一般禁止烧灰还田。

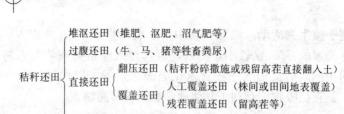

图 8-2 秸秆还田的常见方式

泥肥以未经污染的河泥、塘泥、沟泥、港泥、湖泥等经嫌气微生物分解而成的肥料，养分含量大多比一般土壤中的养分含量高，施到土壤里能起到增产的作用，根据各地农业部门的分析结果，河泥和塘泥这两种泥肥的养分含量见表 8-5。

表 8-5 河泥、塘泥肥的养分含量

名称	有机质（%）	氮（%）	磷酸（%）	氧化钾（%）	铵态氮（毫克/千克）	硝态氮（毫克/千克）	速效磷（毫克/千克）	速效钾（毫克/千克）
河泥	5.28	0.29	0.39	1.92	125	1.4	2.8	17.5
塘泥	2.45	0.20	0.16	1.00	273	6	97	245

饼肥以各种含油分较多的种子经压榨去油后的残渣制成的肥料，如菜籽饼、棉籽饼、豆饼、芝麻饼、花生饼、蓖麻饼等。

②商品肥料 是按国家法规规定，受国家肥料部门管理，以商品形式出售的肥料。包括商品有机肥、腐殖酸类肥、微生物肥、有机复合肥等。商品有机肥料是以大量动植物残体、排泄物及其它生物废物为原料，加工制成的商品肥料；腐殖酸类肥料是以含有腐殖酸类物质的泥炭（草炭）、褐煤、风化煤等经过加工制成含有植物营养成分的肥料。

腐殖酸类肥 通常认为是一组含芳香结构，性质类似的无定形的酸性物质组成的混合物。腐殖酸是动、植物残体（主要是植物残体）经过微生物以及地球化学作用分解和合成的一类天然有机大分子聚合物，主要由碳、氢、氧、氮、磷、硫等元素组成，此外还含有少量的钙、镁、铁、硅等元素。分子结构非常复杂，以芳香族核为主体，附以各种官能团，主要有羟基、酚羟基、醌基、醇羟基、非醌碳基、甲氧基等。腐殖酸往往作为腐殖酸类物质的简称，也囊括了黄腐酸。

腐殖酸为褐色至黑色的松散粉状物，易溶于强碱性及乙二胺等含氮极性有机溶剂。黄腐酸可溶于水和任何碱性、酸性溶液及乙醇等有机溶剂。腐殖酸具有胶体化学、表面活性、弱酸性及酸性官能团的表征、离子交换、络合螯合、氧化还原、化学稳定性、光降解、化学改型等特性，而且还具有生物活性。

目前，市场上流通的腐殖酸类肥料涉及固体、液体两大类。腐殖酸肥料可使经济作物增产 15%～30%，同时可明显改善农产品品质，降低某些重金属、硝酸盐、亚硝酸盐、残留农药等有害物质的含量。果树施用腐殖酸肥料后，可提高优质果率，果实可溶性固形物含量可增加 1%～2%，着色好，风味浓，果个大。

腐殖酸类肥料的作用：

肥沃土壤增加土壤营养，腐殖酸在土壤中通过吸附、络合、螯合、离子交换等作用，或者间接通过激活或抑制土壤酶，对营养元素具有富集能力，可保护和贮存营养元素。在形成缓效氮源、固定大气中的氮、促进难溶磷、钾的溶解，减少各种营养元素的流失等方面都有重要作用，并能促进各种岩石或矿物中的无机组分逐渐溶解；改善土壤物理结构，腐殖酸的胶凝性质促使土壤颗粒相互黏结形成稳定的团聚体，即促进土壤团粒结构的形成。腐殖酸可使土壤颜色加深，有利于吸收太阳光辐射而提高地温；提高土壤水分含量，腐殖酸可提高土壤持水力 5～10 倍，改良土壤；腐殖酸的结构是弱酸—碱性系，对土壤酸碱性度具有调节和缓冲能力，还可提高土壤阳离子交换能力，降低土壤盐含量；促进土壤微生物活动，为土壤微生物的活动提供主要的能量来源，改良土壤中微生物群体，适宜有益菌的生长繁殖；减轻土壤污染，对土壤污染物具有缓冲、减毒作用。对土壤中硝化菌和反硝化菌的活性有抑制作用，减少铵态氮向硝态氮转化。与土壤中少量重金属形成难容的大分子螯合物，降低重金属污染。

提高肥效　腐殖酸可明显减少氮肥损失，提高氮肥利用率，并具有硝化抑制性，延长被植物利用的时间；腐殖酸可抑制土壤对磷的固定，加长磷在土壤中的移动距离，延缓速效磷向迟效或无效磷的转化，提高磷肥利用率和肥效，增加果树吸磷量，对难溶磷具有增溶作用；腐殖酸可减少土壤对钾的固定，提高果树的吸钾量，活化土壤潜在钾；黄腐酸钙可大幅度提高苹果等果树的钙泵活性，其效果高于氨基酸钙，其远高于无机钙中的硝酸钙，是优良的补钙剂；腐殖酸对肥料中的微量元素同样具有增效和保护作用。

促进生育　腐殖酸本身的氧化还原性，可增强植物呼吸强度，为植物生命活动提供能量，为植物体内重要有机物合成提供原料，提高植物抗病免疫力；在一定浓度下对叶蛋白分解酶有抑制性，使叶绿素分解缓慢，有利于光合作用的进行，但浓度过高又会抑制细胞的增长和分解；腐殖酸可提高细胞膜透性，通过与营养元素的络合、螯合或紧密吸附，促进对营养元素的吸收和运转；腐殖酸共生的某些物质本身是激素或类激素，并且可抑制植物体内吲哚乙酸氧化酶的活性，减少植物体内生长素的降解，促进生长发育。但浓度过高反而会提高吲哚乙酸氧化酶的活性，导致生长发育缓慢；腐殖酸对根细胞的生长影响最大，可明显增加根系特别是根毛中的核糖核酸和细胞分裂素，刺激根细胞的分裂，促进根系生长。

增强抗逆性　喷施黄腐酸，可刺激合成腐氨酸及刺激某些酶的活性，维持细胞渗透压，减轻细胞膜机构损害，缩小叶片气孔开张度，降低蒸腾强度，提高抗旱能力；喷施黄腐酸，可明显提高营养器官中游离腐氨酸、蛋白质和可溶性糖的含量，降低叶片中细胞膜透性，提高抗寒能力；腐殖酸中的水杨酸结构和酚结构本身就具有抗菌性，同时腐殖酸可改善植物的新陈代谢功能，提高某些酶的活性和免疫力，提高抗病虫害能力；用腐殖酸改良盐碱地，可有效改善果树生育的土壤条件，提高抗盐碱能力。

2. 有机肥的作用 有机肥含有果树所需要的各种营养元素和丰富的有机质，是一种完全肥料。它施入土壤后，营养元素多呈复杂的有机形态，必须经过微生物的分解才能被吸收、利用，其肥效慢、持久，一般为3年，是一种迟效性肥料，分解慢，肥效长，养分不易流失。

①为果树提供全面营养 有机肥中不但含有氮、磷、钾三要素，还含有硼、锌、钼等微量元素，是一种完全肥料，施入土壤后，可为果树提供全面的营养，主要有机肥养分含量表见表8-6。养分主要为有机态，如氮素呈蛋白质状态存在，磷素呈植酸、核蛋白和卵磷脂状态存在，有机养分绝大多数不能直接被植物吸收利用，因此，有机肥中的肥效比无机肥料缓慢而时间持久。

表8-6 主要有机肥养分含量表

代码	名称	粗有机物 %	风干基			鲜 基		
			N%	P%	K%	N%	P%	K%
A	粪尿类		4.689	0.802	3.011	0.605	0.175	0.411
A01	人粪尿	71.9	9.973	1.421	2.794	0.643	0.106	0.187
A02	人粪		6.357	1.239	1.482	1.159	0.261	0.304
A03	人尿		24.591	1.609	5.819	0.526	0.038	0.136
A04	猪粪	63.7	2.090	0.817	1.082	0.547	0.245	0.294
A05	猪尿		12.126	1.522	10.679	0.166	0.022	0.157
A06	猪粪尿		3.773	1.095	2.495	0.238	0.074	0.171
A07	马粪	64.9	1.347	0.434	1.247	0.437	0.134	0.381
A09	马粪尿		2.552	0.419	2.815	0.378	0.077	0.573
A10	牛粪	66.2	1.560	0.382	0.898	0.383	0.095	0.231
A11	牛尿		10.300	0.640	18.871	0.501	0.017	0.906
A12	牛粪尿		2.462	0.563	2.888	0.351	0.082	0.421
A19	羊粪	64.2	2.317	0.457	1.284	1.014	0.216	0.532

(续)

代码	名称	粗有机物 %	风干基			鲜 基		
			N%	P%	K%	N%	P%	K%
A22	兔粪	61.2	2.115	0.675	1.710	0.874	0.297	0.653
A24	鸡粪	49.5	2.137	0.879	1.525	1.032	0.413	0.717
A25	鸭粪		1.642	0.787	1.259	0.714	0.364	0.547
A26	鹅粪		1.599	0.609	1.651	0.536	0.215	0.517
A28	蚕沙		2.331	0.302	1.894	1.184	0.154	0.974
B	堆沤肥类		0.925	0.316	1.278	0.429	0.137	0.487
B01	堆肥	24.1	0.636	0.216	1.048	0.347	0.111	0.399
B02	沤肥		0.635	0.250	1.466	0.296	0.121	0.191
B04	卤肥		0.386	0.186	2.007	0.230	0.098	0.772
B05	猪圈粪	46.5	0.958	0.443	0.950	0.376	0.155	0.298
B06	马厩肥		1.070	0.321	1.163	0.454	0.137	0.505
B07	牛栏粪	51.2	1.299	0.325	1.820	0.500	0.131	0.720
B10	羊圈粪	53.1	1.262	0.270	1.333	0.782	0.154	0.740
B16	土粪		0.375	0.201	1.339	0.146	0.120	0.083
C	秸秆类		1.051	0.141	1.482	0.347	0.046	0.539
C01	水稻秸秆	81.3	0.826	0.119	1.708	0.302	0.044	0.663
C02	小麦秸秆	83.0	0.617	0.071	1.017	0.314	0.040	0.653
C03	大麦秸秆		0.509	0.076	1.268	0.157	0.038	0.546
C04	玉米秸秆	87.1	0.869	0.133	1.112	0.298	0.043	0.384
C06	大豆秸秆	89.7	1.633	0.170	1.056	0.577	0.063	0.368
C07	油菜秸秆		0.816	0.140	1.857	0.266	0.039	0.607
C08	花生秸秆	88.6	1.658	0.149	0.990	0.572	0.056	0.357
C12	马铃薯藤		2.403	0.247	3.581	0.310	0.032	0.461
C13	红薯藤	83.4	2.131	0.256	2.750	0.350	0.045	0.484
C14	烟草秆		1.295	0.151	1.656	0.368	0.038	0.453

（续）

代码	名称	粗有机物 %	风干基			鲜基		
			N%	P%	K%	N%	P%	K%
C27	胡豆秆		2.215	0.204	1.466	0.482	0.051	0.303
C29	甘蔗茎叶		1.001	0.128	1.005	0.359	0.046	0.374
D	绿肥类		2.417	0.274	2.083	0.524	0.057	0.434
D01	紫云英		3.085	0.301	2.065	0.391	0.042	0.269
D02	苕子		3.047	0.289	2.141	0.632	0.061	0.438
D05	草木犀		1.375	0.144	1.134	0.260	0.036	0.440
D06	豌豆		2.470	0.241	1.719	0.614	0.059	0.428
D07	箭舌豌豆		1.846	0.187	1.285	0.652	0.070	0.478
D08	蚕豆		2.392	0.270	1.419	0.473	0.048	0.305
D09	萝卜菜		2.233	0.347	2.463	0.366	0.055	0.414
D17	紫穗槐		2.706	0.269	1.271	0.903	0.090	0.457
D18	三叶草		2.836	0.293	2.544	0.643	0.059	0.589
D22	满江红		2.901	0.359	2.287	0.233	0.029	0.175
D23	水花生		2.505	0.289	5.010	0.342	0.041	0.713
D25	水葫芦		2.301	0.430	3.862	0.214	0.037	0.365
D26	紫茎泽兰		1.541	0.248	2.316	0.390	0.063	0.581
D28	篙枝		2.522	0.315	3.042	0.644	0.094	0.809
D32	黄荆		2.558	0.301	1.686	0.878	0.099	0.576
D33	马桑		1.896	0.190	0.839	0.653	0.066	0.284
D45	山青		2.334	0.268	1.858			
D49	茅草		0.749	0.109	0.755	0.385	0.054	0.381
D52	松毛		0.924	0.094	0.448	0.407	0.042	0.195
E	杂肥类		0.761	0.540	3.737	0.253	0.433	2.427
E02	泥肥		0.239	0.247	1.620	0.183	0.102	1.530
E03	肥土		0.555	0.142	1.433	0.207	0.099	0.836

（续）

代码	名称	粗有机物 %	风干基			鲜基		
			N%	P%	K%	N%	P%	K%
F	饼肥		0.428	0.519	0.828	2.946	0.459	0.677
F01	豆饼		6.684	0.440	1.186	4.838	0.521	1.338
F02	菜籽饼		5.250	0.799	1.042	5.195	0.853	1.116
F03	花生饼		6.915	0.547	0.962	4.123	0.367	0.801
F05	芝麻饼		5.079	0.731	0.564	4.969	1.043	0.778
F06	茶籽饼		2.926	0.488	1.216	1.225	0.200	0.845
F09	棉籽饼		4.293	0.541	0.760	5.514	0.967	1.243
F18	酒渣		2.867	0.330	0.350	0.714	0.090	0.104
F32	木薯渣		0.475	0.054	0.247	0.106	0.011	0.051
G	海肥类		2.513	0.579	1.528	1.178	0.332	0.399
H	农用废渣液		0.882	0.348	1.135	0.317	0.173	0.788
H01	城市垃圾		0.319	0.175	1.344	0.275	0.117	1.072
I	腐殖酸类		0.956	0.231	1.104	0.438	0.105	0.609
I01	褐煤		0.876	0.138	0.950	0.366	0.040	0.514
J	沼气发酵肥		6.231	1.167	4.455	0.283	0.113	0.136
J01	沼渣	55.7	12.924	1.828	9.886	0.109	0.019	0.088
J02	沼液		1.866	0.755	0.835	0.499	0.216	0.203

②促进微生物繁殖　有机肥腐解后，可为土壤微生物的生命活动提供能量和养料，进而促进土壤微生物的繁殖。微生物又通过其活动加速有机质的分解，丰富土壤中的养分。

③改良土壤结构　有机肥施入土壤后，有机质在土壤中经过微生物的作用形成腐殖质，腐殖质能促进土壤团粒结构的形成，

能有效地改善土壤的水、肥、气、热状况，使土壤疏松，易于耕作及果树根系的生长发育；同时能改善土壤的通透性，有利于土壤微生物的活动，促进土壤养分的分解和结构，增强土壤的保水保肥能力。有机肥对果园土壤理化性质的影响见表8-7。

表8-7 施用有机肥对果园土壤理化性质的影响

处理	>0.25毫米微团聚体（%）	容重	孔隙度	有机质	全N N	全P P₂O₅	全K K₂O	速N	速P	速K
			(%)			(g/kg)			(mg/kg)	
对照	28.06	1.58	43.73	3.37	0.31	0.30	8.62	40	5	25
施鸭粪	42.66	1.39	47.25	7.47	0.76	0.62	8.97	71	16	47
施菌棒	41.62	1.35	47.80	7.97	0.89	1.13	9.16	85	29	69
施塘泥	42.47	1.49	45.50	6.21	0.68	0.87	9.04	63	21	57

资料来源：Sutton 等. *Purdue Univ.* 1D-101（1975）.

④增强土壤的保肥供肥及缓冲能力 有机肥中的有机质分解后，可增强土壤的深处供肥和耐酸碱的能力，为果树的生长发育创造一个良好的土壤条件。

⑤刺激果树生长 有机肥腐熟分解后产生的一些酸性物质和生理活性物质，能够促进种子发芽和根系生长。在盐碱地上施用有机肥，还具有改良土壤的作用，可减轻盐碱对果树的危害。同时由于有机肥肥效慢，在生长期内不断释放，时间长，营养全面，使桃树枝条生长速度适中，枝芽充实、饱满，花芽分化好。

⑥提高抗旱耐涝能力 有机肥施入土壤后，可增强土壤的蓄水保水能力，在干旱情况下，可提高果树的抗旱能力。施入有机肥后，还可以提高土壤的孔隙度，使土壤变得疏松，改善根系的生态环境，促进根系的发育，提高果树的耐涝能力。

⑦提高化肥利用率 有机肥中的有机质分解时产生的有机酸，能促进土壤和化肥中的矿物质养分溶解，从而有利于果树的

吸收和利用。

⑧全面提高果品商品性能　由于有机肥的大量施入，有力地促进了桃树地上部和根系的协调发展，果实表现为果个大、着色好、香味浓、硬度大、风味品质佳、耐贮运性强、商品性能高，树势表现为健壮、抗病性强、丰产性能高。

缺点是养分含量低，需要施用量大才能保证施肥效果，施用时需要较多的劳力和运输力，施用时不太方便，一般施用前要进行腐熟。

（二）无机（矿质）肥料

无机肥料主要是由矿物质经物理或化学工业方式制成，养分呈无机盐形式的肥料，包括氮、磷、钾等大量元素肥料和微量元素肥料及其复合肥料等，主要有矿物钾肥和硫酸钾、矿物磷肥（磷矿粉）、煅烧磷酸盐（钙镁磷肥、脱氟磷肥）、粉状硫肥（限在碱性土壤使用）、石灰石（限在酸性土壤使用）。

1. 无机肥的种类

①单质化肥　常用无机（矿质）肥料包括单质化肥和复合肥等，常用单质化肥的种类和特点见表8-8。

表8-8　常用单质化肥的特点

种类	肥料名称	养分含量	特 性	施肥要求
氮肥	硫酸铵	含氮20%～21%	生理酸性肥料，不宜施在酸性及微酸性土壤上	所有氮肥均应避免随水冲施，沙质土壤应采用少量多次的沟施
	硝酸铵	含氮32%～35%	弱酸性，可作追肥，不能作基肥，不可与有机肥料混合堆、沤制	
	碳酸氢铵	含氮17.5%	应深施覆土，以减少氨的挥发	
	尿素	含氮46%	地温低时应提前1周施入	

（续）

种类	肥料名称	养分含量	特　性	施肥要求
磷肥	过磷酸钙	P_2O_5 含量12%～18%	水溶性磷肥，不要与石灰、草木灰、氰氨化钙（石灰氮）混合施用	磷元素在土壤中易被固定，与有机肥料混合以基肥的形式施入较好，集中、分层施用以增加与根系的接触面积，提高利用率
	重过磷酸钙	P_2O_5 含量40%～50%	水溶性磷肥	
	钙镁磷肥	P_2O_5 含量14%～18%	弱酸溶性磷肥	
	磷酸一铵	含氮11%，含磷量48%～53%		
	磷酸二铵	含氮18%，含磷量46%		
钾肥	硫酸钾	K_2O 含量50%～54%	生理酸性肥料，溶解慢，最好土壤施入	钾肥最好在幼果期施入，有利果实膨大和品质提高，施在根系附近，提高利用率
	硝酸钾	K_2O 含量43%～46%	溶解慢，最好土壤施入	
	磷酸二氢钾	K_2O 含量35%	土施或叶面喷施	
	草木灰	K_2O 0.67%～12.44%	碱性肥料，不宜与铵态氮肥、酸性肥混合	
钙肥	钙镁磷肥	CaO 含量21%～24%	弱酸性磷肥	酸性土壤，钙肥与有机肥配合施入效果好，或叶面喷施；石膏不宜大量或连年使用，碱性土壤一般不缺钙
	过磷酸钙	CaO 含量18%～21%	水溶性磷肥	
	硝酸钙	CaO 含量19.4%	水溶性磷肥	
	石膏	CaO 含量22.3%	用作基肥，可以改良盐碱土	
	磷矿粉	CaO 含量20%～35%	用作基肥，释放养分缓慢而后效长	

（续）

种类	肥料名称	养分含量	特　性	施肥要求
微肥	硼砂、硫酸亚铁、硫酸锌等			

特别需要说明的是，草木灰是一种很好的钾肥。作物秸秆、柴草、枯枝落叶等燃烧后剩下的灰分，统称为草木灰。草木灰属碱性肥料，最适合施用于酸性土壤，一般土壤施用也很好。盐碱地应少施用，砂质土壤要分次施用。草木灰含有较多的碳酸钾和其它形态的钾，也含有较多的钙和磷，还有镁、铁、硫、钠、硼、锌、钼、铜、锰等元素。其具体成分，视植物种类、部位、生长环境的不同而有很大的差异。通常草木灰的养分见 8-9。

表 8-9　草木灰养分含量表

灰的种类	含钾（$K_2O\%$）	含磷（$P_2O_5\%$）	含钙（$CaO\%$）
小杉木灰	10.95	3.10	22.09
松木灰	12.44	3.41	25.18
小灌木灰	5.92	3.14	25.09
禾本科草灰	8.09	2.30	10.72
稻草灰	8.90	0.59	—
谷壳灰	0.67	—	—

②复合肥　复合肥料是指同时含有两种或两种以上氮磷钾主要营养元素的化肥，按其制造方法一般可分为化合复合肥料、混合复合肥料和掺混复合肥 3 种类型，通常含两种主要成分的称二元复合肥，含三种的称三元复合肥，含三种以上的称多元复合肥；复合肥料中几种主要营养元素含量百分数的总和，称为复合肥料的总养分含量，总养分含量≥40％的复合肥料，常称为高浓度复合肥料，≥30％为中浓度复合肥料，三元肥料≥25％、二元

肥料≥20％为低浓度复合肥料。

优点：复合肥养分种类多，含量高，具有多种成分的化肥品种，养分均衡，能同时供应果树两种以上主要养分，这样就可以避免目前施肥中普遍存在的养分比例失调、肥料增产效益低的问题，有利于施肥从带有盲目性的走向习惯向科学施肥；副成分少，在土壤中不残留有害成分，对土壤性质不会产生不良的影响，大量试验证明，其肥效与等量养分单元肥相当或略高；同时使用复合肥可以大量节约包装、贮存、运输及施用等费用。

缺点：养分的比例固定，不能满足不同果树对养分的要求；难于满足施肥技术的要求，复合肥料中各种养分只能采用同一施肥时期施肥方式和深度，这样不能充分发挥每种营养元素的最佳施肥效果。一般来讲，氮适合作追肥用，而磷适合作种肥或基肥用，如果施用含氮、磷的复合肥料，就很难同时满足这种施肥技术的要求。

选购复合肥应注意的问题：

要有针对性：果园中一般不要选用氯化钾型复合肥，硫酸钾型是忌氯或氯敏感作物使用的复合肥，专用性强，成本适中；硝酸钾型是近年来发展起来的高档复合肥，对土壤无副作用；

注重养分含量：有效养分只能以氮磷钾（$N+P_2O_5+K_2O$）为标志，其它营养元素一概不作养分标志（GB 15063—94 标准），某些企业把 S 等元素标入总养分是不规范的，误导农民。三元素复肥最低养分标准为≥25％，20％～25％只能生产二元素复肥，低于 20％为国家不允许生产产品。生产上一般选用 45％的硫酸钾复合肥。

看中品牌的质量保证：选购复合肥不能仅凭外观、颗粒、颜色、溶解性判断，还要注重品牌效应。品牌是市场竞争的产物、优秀的产品具有公认的市场效应。

选用适合的复合肥：酸性土壤，有机质含量低的土壤，应选用碱性复合肥或有机复合肥，碱性土壤应选择酸性复合肥，如腐殖酸类三元复合肥，富磷或富钾土壤可选用针对性强的二元复肥。旱季可选用硝酸钾复合肥，梅季或雨季可选用铵态氮类复合肥，基肥可选用粗颗粒的复合肥，以利延长肥效，追肥可选用小颗粒的复合肥，以利加快肥效。

最大发挥复合肥的作用：为提高复合肥的肥效，不同施用方法应选不同剂型复合肥。作基肥施用时必须选用颗粒状复合肥，而且颗粒的硬度愈高愈好，肥效最长，并最好选缓释性肥料；选用复合肥中氮素由铵态氮配成的复合肥，有利提高氮素的利用率；如作追肥施用则应选用粉状复合肥，而且要注意复合肥磷素中的水溶性磷含量应大于 40%，氮素则同 $NH_4 - N$ 和 $NO_3 - N$ 两种类型氮组成的复合肥为宜。一般基施腐植酸类复合肥的效果优于追施效果。

2. 无机肥的作用特点

①养分含量高，成分单纯　无机肥与有机肥相比，养分含量高，一般 0.5 千克硫酸铵所含氮素可相当于人粪尿 15～20 千克的含量，无机肥所含营养单纯，一般只有一种或几种，有利于果树选择吸收利用，有利于照单下肥、对症下药。

②肥效快而时间短　多数无机肥易溶于水，果树使用后能很快被吸收利用，能及时满足果树对养分的需要，但肥效短，不如有机肥持久。

③有酸碱反应　有化学反应和生理反应。化学反应指肥料溶于水中以后的反应，如过磷酸钙的溶液是酸性，碳酸氢铵溶液是碱性，尿素、氯化钾溶液是中性等。生理反应是指肥料经过果树选择吸收后产生的反应，例如，硫酸铵为生理酸性肥料，硝酸钠为生理碱性肥料。另外有一类生理中性肥料，如硝酸铵，它们施入土壤后，土壤反应不起变化。

④破坏土壤结构　长期大量使用无机化肥，会造成土壤酸化，破坏土壤团粒结构，造成土壤板结，影响果实产量和品质。

（三）微生物肥料

微生物肥料亦称菌肥、生物肥料、接种剂等，是指一类含有活微生物的特定制品，以微生物的生命活动导致果树得到特定肥料效应，达到促进果树生长，产量增加，或质量提高的效果，是农业生产中使用肥料的一种。其在中国已有近50年的历史，从根瘤菌剂—细菌肥料—微生物肥料，从名称上的演变已说明中国微生物肥料逐步发展的过程。

1. 微生物肥料的种类 生物肥料的种类很多，现在推广应用的主要有根瘤菌类肥料、固氮菌类肥料、解磷解钾菌类肥料、抗生菌类肥料和真菌类肥料等等。这些生物肥料有的是含单一有效菌的制品，也有的是将固氮菌、解磷解钾菌复混制成的复合型制品，目前市场上除了根瘤菌类等少数肥料制品是含单一的有效菌外，大多数制品都是复合型的生物肥料。

①固氮菌肥料 固氮菌肥料是指含有益的固氮菌、能在土壤和多种作物根际中固定空气中的氮气，供果树氮素营养，又能分泌激素刺激果树生长的活体制品。分为自生固氮菌肥料、根际联合固氮菌肥料、复合固氮菌肥料。

②根瘤菌肥料 以根瘤菌为主，加入少量能促进结瘤、固氮作用的芽胞杆菌、假单胞细菌或其他有益的促生微生物的根瘤菌肥料，称为复合根瘤菌肥料。加入的促生微生物必须是对人畜及果树无害的菌种。产品按形态不同，分为液体根瘤菌肥料和固体根瘤菌肥料，以寄主种类的不同，分为莱豆根瘤菌肥料、大豆根瘤菌肥料、花生根瘤菌肥料、三叶草根瘤菌肥料、豌豆根瘤菌肥料、首稽根瘤菌肥料、百脉根根瘤菌肥料、紫云英根瘤菌肥料和沙打旺根瘤菌肥料等。

③磷细菌肥料 磷细菌肥料是指含有益磷细菌微生物，能分解土壤中的难溶性磷化物，改善作物磷素营养状况，又能分泌刺激素刺激果树生长发育的活体微生物制品。按剂型不同分为：液体磷细菌肥料、固体粉状磷细菌肥料和颗粒状磷细菌肥料；按菌

种及肥料的作用特性分为：有机磷细菌肥料、无机磷细菌肥料。有机磷细菌肥料：能在土壤中分解有机态磷化物（卵磷脂、核酸和植素等）的有益微生物经发酵制成的微生物肥料；无机磷细菌肥料：能把土壤中难溶性的不能被果树直接吸收利用的无机态磷化物溶解转化为果树可以吸收利用的有效态磷化物。

④硅酸盐细菌肥料　硅酸盐细菌肥料是指能释放钾、磷与灰分元素，改善作物营养条件的有益微生物发酵制成的活体微生物肥料制品。在土壤中通过其生命活动，增加植物营养元素的供应量，刺激作物生长，抑制有害微生物活动，有一定的增产效果。按剂型不同分为：液体菌剂、固体菌剂和颗粒菌剂。

⑤光合细菌菌剂　光合细菌菌剂是指以紫色非硫细菌（*Purple Nonsulfur Bacteria*）中所属的一种或多种光合细菌为菌种，采用有机、无机原料，经发酵培养而成的光合细菌活菌制品。

2. 微生物肥料的作用特点

①这类肥料施入土壤中，大量活的微生物在适宜条件下能够积极活动：有的可在果树根的周围大量繁殖，发挥自生固氮或联合固氮作用；有的还可分解磷、钾矿质元素供给果树吸收或分泌生长激素刺激果树生长。生物肥料不是直接供给果树需要的营养物质，而是通过大量活的微生物在土壤中的积极活动来提供果树需要的营养物质或产生激素来刺激果树生长，这与其他有机肥和化肥的作用在本质上是不同的。

②微生物肥料中有益微生物的种类、生命活动是否旺盛是其有效性的基础，而不像其它肥料是以氮、磷、钾等主要元素的形式和多少为基础。正因为微生物肥料是活制剂，所以其肥效与活菌数量、强度及周围环境条件密切相关，包括温度、水分、酸碱度、营养条件及原生活在土壤中土著微生物排斥作用都有一定影响，因此在应用时要加以注意。

③微生物肥料无污染，是今后生产绿色、有机食品的优选肥

料，绿色食品有机食品对当今的农业提出了更高的要求，随着生态农业的发展，生产安全、优质的的绿色食品、有机食品已成为一个发展趋势；并且由于大量使用化肥，土壤物理性质恶化，土壤质量下降，地下水污染等问题日益突出；消纳城市、农村废弃物的压力愈来愈大，因此，无污染的微生物肥料的综合利用和开发显示出它的应用优势和良好发展前景。

④微生物肥料对有害微生物有生物防治作用，由于在作物根部接种微生物菌株，微生物在作物根部大量生长繁殖，成为作物根际的优势菌，限制了其它病原微生物的繁殖机会。同时有的微生物对病原微生物还具有拮抗作用，起到了减轻作物病害的功效。

⑤微生物肥料的应用能提高化肥的利用率，随着化肥的大量使用，其利用率不断降低已是众所周知的事实。这说明，仅靠大量增施化肥来提高果树产量是有限的，更何况还有污染环境等一系列的问题。微生物肥料在解决这方面问题上有独到的作用，根据果树种类和土壤条件，采用微生物肥料与化肥配合施用，既能保证增产，又减少了化肥使用量，降低成本，同时还能改善土壤及果树品质，减少污染。

⑥改良土壤作用，微生物肥料中有益微生物能产生糖类物质，占土壤有机质的 0.1%，与植物黏液、矿物胚体和有机胶体结合在一起，可以改善土壤团粒结构，增强土壤的物理性能和减少土壤颗粒的损失，在一定的条件下，还能参与腐殖质形成。所以施用微生物肥料能改善土壤物理性状，有利于提高土壤肥力。

（四）叶面肥

果树叶面肥是在果树生长季节进行叶面（或枝干）喷施的肥料，是补充土壤施肥不足的有效措施，具有用肥量小、利用率高、发挥作用快、效果明显的特点，特别是干旱缺水时，土壤施肥不易发挥作用，采取叶面喷肥效果更为显著，喷施叶面肥，能及时补充氮、磷、钾和其他一些微量元素，提高果树坐果率，增加果实产量。叶面肥料中不得含有化学合成的生长调节剂，包括含微量元素的叶面肥和含植物生长辅助物质的叶面肥料等。

1. 叶面肥的种类 叶面肥的种类很多，按产品剂型可分为固体（粉剂、颗粒）和液体（清液、悬浮液）两种类型；按组分可分为大量元素、中量元素、微量元素叶面肥和含氨基酸、腐植酸、海藻酸、糖醇等水溶性叶面肥；一般按作用功能可分为营养型和功能型两大类：

（1）营养型 营养型叶面肥由大量、中量和微量营养元素中的一种或一种以上配制，其主要作用是有针对性地提供和补充果树营养，改善果树的生长情况。

①大量元素叶面肥 该类叶面肥料含氮、磷、钾三元素中的一种或两种以上。其中，氮肥一般采用酰胺态氮、铵态氮、硝态氮或者氨基酸等有机氮源。产品原料一般选择使用尿素、硝铵、硝酸钾、硫酸铵、氨基酸等；磷源主要选用正磷酸盐、偏磷酸盐、多聚磷酸盐等，生产上一般选用磷酸二氢钾、磷酸氢二钾、磷酸铵（磷酸一铵、磷酸二铵）、磷酸以及一些偏磷酸盐与多聚磷酸盐等；钾肥一般选用硝酸钾、磷酸二氢钾、硫酸钾等作为叶面肥产品原料。

②中量元素叶面肥 一般指含有钙、镁、硅等成分的叶面肥。其中，钙肥主要采用水溶性无机钙盐及螯合钙，产品原料可选用硝酸钙、硝酸铵钙、乙酸钙以及与 EDTA、柠檬酸、氨基酸、糖醇等有机物螯合的钙；镁肥主要采用水溶性无机镁盐，一般选择硫酸镁；水溶性硅肥主要采用硅酸钠（主要指偏硅酸钠和五水偏硅酸钠）作为硅源，由于其呈碱性，且易于钙、镁、锌、铁等离子发生反应，形成絮状沉淀。因此，在叶面肥中一般单独使用。

③微量元素叶面肥 我国农化市场中一般有单质元素型与复合元素型两种。一般选用易溶性无机盐类及螯合类微量元素等作为原材料。

（2）功能型叶面肥 功能型叶面肥由无机营养元素和植物生长调节剂、氨基酸、腐殖酸、海藻酸、糖醇等生物活性物质或杀菌剂及其他一些有益物质等混配而成，其中，各类生物活性物质对果树生长具有刺激作用，农药和杀菌剂具有防病虫害的功效，有益物质也对果树的生长发育具有刺激和改良作用。

植物生长调节剂型叶面肥：该类叶面肥中除了营养元素外，加入了调节植物生长的物质。一般采用赤霉素、多效唑、壳聚糖、萘乙酸（钠）等促进生长的调节剂种类作为主要成分，主要作用是调控果树的生长发育，适于果树生长前中期使用。应用调节剂时，要考虑果树、地域、气候、立地条件的差异，不要盲目添加调节剂，以做到真正的增产效果。更要选择使用质量有保证的产品，防止对果树造成不利的影响。

含天然活性物质型叶面肥：该类叶面肥中一般含有从天然物质（如海藻、秸秆、动物毛发、草炭、风化煤等）中处理提取的发酵或代谢产物，产生氨基酸、腐殖酸、核酸、海藻酸、糖醇等物质。这些物质有刺激果树生长、促进作物代谢、提高果树自身抗逆性等功能。

①氨基酸类叶面肥 氨基酸的来源有动植物两种，植物源氨基酸主要有大豆、饼粕等发酵产物以及豆制品、粉丝的下脚料；动物源氨基酸主要有皮革、毛发、鱼粉及屠宰场下脚料等。目前我国市场销售的氨基酸肥多为豆粕、棉粕或其他含氮农副产品，经酸水解得到的复合氨基酸，主要是纯植物蛋白，此类氨基酸有很好的营养效果，但是生物活性较差；而采用生物发酵生产的氨基酸，主要是酵解和生物降解蛋白质，经发酵产生一些新的活性物质，如类似核苷酸、吲哚酸、赤霉酸、黄腐酸等，有较强的生物活性，可刺激果树生长发育、提高酶活力、增强抗病抗逆作用，对生根、促长、保花保果都有一定的作用。

②海藻酸类叶面肥 海藻肥的活性物质是从天然海藻中提取的，主要原料是鲜活海藻，一般是大型经济藻类，如臣藻、海囊

藻、昆布等。其生产工艺有化学提取、发酵、低温物理方式提取等，一般而言，物理方法处理的海藻提取物具有较高的植物活性，含有丰富的维生素、海藻多糖和多种植物生长调节剂，如生长素、赤霉素、类细胞分裂素、多酚化合物及抗生素物质等，可刺激果树体内活性因子的产生和调节内源激素的平衡。

③含糖醇叶面肥　天然糖醇是光合作用的初产物，可从植株韧皮部提取获得，其在植株韧皮汁液中含量远高于氨基酸的含量。糖醇可作为硼、钙等营养元素的载体，携带矿质养分在植物韧皮部中快速运输，同时，糖醇有很好的润湿和渗透作用，经糖醇螯合后的营养元素可被果树快速吸收利用，效果优于柠檬酸、氨基酸等螯合肥料。

④含腐殖酸叶面肥　腐殖酸包括煤炭腐殖酸和生化腐殖酸，煤炭腐殖酸和生化腐殖酸比较来说，前者原料易得，成本较低，但产品硬度小、吸湿性大、易与钙、镁等金属离子絮凝，给实际应用带来不利。生化腐殖酸在水溶性、生理活性、抗钙镁离子和二价盐等性能上要好些，可溶解的 pH 范围为 $1 \sim 14$，但目前看来，其发酵物多为秸秆发酵产物，主要成分是类属腐殖酸。

⑤肥药型叶面肥　在叶面肥中，除了营养元素，还会加入一定数量不同种类的农药，不仅可以促进植物生长发育，还具有防治病虫害功能，是一类农药和肥料相结合的肥料，通常可分为除虫专用肥、杀菌专用肥等。

⑥木醋液（或竹醋液）叶面肥　近年来，市场上还出现以木炭或竹炭生产过程中产生的木醋液或竹醋液为原料，添加营养元素而成的叶面肥料。一般是在树木或竹材烧炭过程中，收集高温分解产生的气体，常温冷却后得到的液体物质即为原液。木醋液中含有 K、Ca、Mg、Zn、Mn、Fe 等矿物质，此外还含有维他命 B_1 和 B_2；竹醋液中含有近 300 种天然有机化合物，有有机酸类、酚类、醇类、酮类、醛类、酯类及微量的碱性成分等。

⑦稀土型叶面肥　稀土元素是指化学周期表中镧系的 14 个

元素和化学性质相似的钪与钇。农用稀土元素通常是指其中的镧、铈、钕、镨等有放射性，但放射性较弱，造成污染可能性很小的轻稀土元素，最常用的是铈硝酸稀土。我国从上世纪七十年代就已经开始稀土肥料的研究和使用，其在植物生理上的作用还不够清楚，现在只知道在某些作物或果树上施用稀土元素后，有增大叶面积、增加干物质重、提高叶绿素含量、提高含糖量、降低含酸量的效果。

⑧有益元素类叶面肥　近年来，部分含有硒等元素的叶面肥料得以开发和应用，而且施用效果很好。此类元素不是所有植物必须的养分元素，只是为某些植物生长发育所必须或有益。

2. 叶面肥的作用特点

①肥效高　一般情况，施用氮、磷、钾化肥后，常常受土壤酸度、土壤含水量和土壤微生物等因素的影响而被固定、淋失，降低了肥效。叶面施肥则可避免这种现象，提高肥效。叶面肥料直接喷施在叶面或枝干上，不接触土壤，避免由于土壤吸附、淋洗等带来的不利因素，因此利用率较高，可以减少肥料总用量。叶面施肥具有较高的利用率，还有刺激根部吸收的作用。在保持同等产量的条件下，通过多次叶面喷施可节约土施氮磷钾肥料的25％。

②省时省工　把叶面肥料与农药混合进行一次作业，不仅可节省操作费用，还能提高某些农药的功效。经研究证明，叶面肥料中的无机和有机氮化合物对农药的吸收和转移有促进作用；表面活化剂能改善肥药在叶面的扩散性和延长易溶养分的吸收时间，叶面肥料的酸碱值能产生缓冲作用，提高某些农药的吸收率。

③作用快　叶面肥料比根系肥料作用快，叶面施肥可以及时迅速的改善果树营养状况。一般来说，叶面施肥要比根部吸收快，如叶面喷施1％～2％浓度的尿素水溶液，经测定在24小时后便可以吸收1/3；喷施2％浓度的过磷酸钙浸提液，经过5分

钟后便可以转送到植株各个部位。

④减轻对土壤的污染　对土壤大量施用氮肥，容易造成地下水和蔬菜中硝酸盐的积累，对人体健康造成危害。人类吸收的硝酸盐约有75％来自蔬菜，如果采取叶面施肥的方法，适当地减少土壤施肥量，能减少植物体内硝酸盐含量和土壤中残余矿质氮素。在盐渍化土壤上，土壤施肥可能使土壤溶液浓度增加，加重土壤的盐渍化。采取叶面施肥措施，既节省了施肥量，又减轻了土壤和水源的污染，是一举两得的有效施肥技术。

⑤补充根部施肥的不足　当果树出现根部施肥不便或者当土壤环境对果树生长不利时，如水分过多、干旱、土壤过酸、过碱，造成果树根系吸收受阻，而果树又需要迅速恢复生长，如果以根施方法不能及时满足果树需要时，只有采取叶面喷施，才能迅速补充营养，满足果树生长发育的需要。

⑥针对性强　果树缺什么就补什么，果树生长发育过程中，如果缺乏某一种元素，它的缺乏症会很快从叶面上反应出来，生产中可以根据果树树相特征，及时喷施补充。

3. 叶面肥的使用浓度　根外追肥适宜浓度的确定，与生育期和气候条件有关。幼叶浓度宜低，成龄叶宜高。降雨多的地区可高些，反之要低。常用叶面肥浓度见表8-10。

表8-10　桃树叶面喷肥的常用浓度

肥　料	浓　度	肥　料	浓　度
尿素	0.3％～0.5％	硫酸钾	0.3％～0.5％
硫酸铵	0.4％～0.5％	硫酸亚铁	0.2％
磷酸二铵	0.5％～1％	硼酸	0.1％
磷酸二氢钾	0.3％～0.5％	硫酸锌	0.1％
过磷酸钙	0.5％～1％	草木灰浸出液	10％～20％
光合微肥	300倍	氨基酸复合微肥	300～500倍

4. 使用叶面肥应注意的问题

①注意喷肥时期与用量　氮肥一般应在果树生长前期、后期使用，适当配合磷、钾肥。喷施浓度适当，可有效促进新梢生长，提高果品产量，有利于花芽分化。尿素前期使用浓度 0.2%～0.3%，后期使用浓度 0.3%～0.5%；腐熟人粪尿前期使用浓度 0.5%，后期使用浓度 10%；磷肥喷施应掌握前期少、中后期多的原则，以磷酸铵效果最好，浓度为 0.5%～1%；磷酸二氢钾使用浓度为 0.3%～0.5%；过磷酸钙浸出液使用浓度为 1%～3%；钾肥多在中、后期使用，可有效促进果实着色，提高果实质量，增强抗病力。硫酸钾使用浓度为 0.3%～0.5%；草木灰浸出液 10%～20%；微量元素，前一年发现有小叶病的，可在果树萌芽前一个月喷 3%～5%、生长期喷 0.1% 硫酸锌溶液。当发现叶片失绿，呈黄白色，在生长期可每隔半月喷一次 0.3%～0.5% 硫酸亚铁溶液。发现果实缩变畸形，外表有干斑时，可于次年开花前后喷 0.3%～0.5% 硼砂液。

②注意喷施时间　在半阴无风天喷施效果最好，时间宜在上午 10 点前、下午 4 点后。盛花期喷氮肥可提高坐果率，幼果期喷氮肥能促进幼果膨大，5、6 月份喷氮肥，配合磷钾肥能有效促进花芽分化，后期喷磷钾肥可提高果实含糖量和促进着色，微量元素可于花期前后喷施。

③注意喷施方法　叶面喷肥可单独进行，也可几种肥料混合喷施或与农药混喷，以节省人工。但混喷要注意肥料之间或与农药混施不能产生肥害或药害。尿素为中性肥料，可以和多种农药混施；酸碱性不同的农药和肥料不可混用，如各种微肥不能与草木灰、石灰等碱性肥药混合；锌肥不能与过磷酸钙混喷。肥料与农药混用前先将肥药各取少量溶液放入同一容器中，若无混浊、沉淀、冒气泡等现象产生，即表明可以混用，否则不能混用。叶面喷肥时要先上后下，均匀周密，以喷洒叶背为主。叶面喷肥有效期一般仅 12～15 天，需连续喷洒 2～3 次以上，长期喷施会影

响根系生长，削弱根系的生理功能，所以应在土壤施肥的基础上，把叶面喷肥作为一种迅速补给营养的辅助措施来应用。

5. 配制叶面肥的注意事项

①过磷酸钙浸泡时间宜长些，过磷酸钙只有在水中浸泡16～18小时以上，才能将有效成分溶解出来，喷后效果才好。

②硼砂宜先用沸水溶解。

③配制高锰酸钾宜用清洁冷水。

④配制硫酸亚铁的水偏碱或钙含量偏高，易形成沉淀，在配制时，每100千克水中可先加入10毫升有机酸或100～200毫升食醋，使水酸化后，再加入硫酸亚铁配制溶液。

（五）有机无机复混肥

有机无机复混肥是以人们在生产和生活过程中产生的有机废弃物为原料，经过一定处理后，按一定的标准配比加入无机化肥，充分混均并经过造粒等流程生产出来的既含有机质又含有化肥的产品。有机复肥的 C/N 以 1.0～1.6 为宜，有机物料所占比例大致在 20%～50% 之间，但多数在 30% 左右。

1. 有机无机复混肥的特点

①养分供应平衡，肥料利用率高　有机复混肥既有化肥成分又有有机物，两者的适当配合，使之具有比无机复肥和有机肥更全面、更优越的性能。有机复混肥既能实现一般无机复肥的氮、磷、钾等养分平衡，还能实现独特的有机—无机平衡，有机复混肥中来源于无机化肥的速效性养分，在有机肥调节下，养分供应快而不过猛，而来源于有机肥的缓效性养分又能保证有机无机复混肥养分持久供应，使其具有缓急相济、长短结合、均衡稳定的供肥特点，既避免了化肥养分供应大起大落的缺点，又避免了单施有机肥造成前期养分供应往往不足，或者需要大量施用有机肥费工费时的弊端。而且，有机复混肥保肥性能强，肥料损失少。另外，由于有机质的存在使复混肥中磷不像无机磷肥那样易于被土壤固定，因此，肥料利用率高。与无机复混（合）肥相比，它

在较低氮、磷、钾含量条件下，可获得较高的产量和品质。

②可改土培肥 一般无机复混肥肥效快但难养地，一般有机肥养地作用大而当季供肥不足，有机复混肥则兼有用地养地功能。有机复混肥中通常含有占总质量 $20\%\sim50\%$ 的有机肥，含相当数量的有机质，可以改善土壤理化性状。

③活化土壤养分 通过有机复混肥的化学和生物化学作用，可活化土壤中氮、磷、钾及硅、锰、锌、硼等养分，一方面，有机复混肥可增强土壤中微生物包括磷细菌、钾细菌和硅细菌的活性，既促进有机质的分解，释放氮、磷及微量元素养分，又可使矿物态磷、钾、硅等有效化；另一方面，有机复混肥还可在一定程度上调节土壤 pH 值，使微域土壤 pH 值处于有利于大多数养分活化的范围，有机质分解产生的有机酸对磷有明显的活化作用。

④具有生理调节作用 由于有机复混肥中有机成分含有相当数量的生理活性物质，如氨基酸、腐殖酸和酶类物质，除具有一般的营养作用外，还具有独特的生理调节作用，能促进根的呼吸，对养分的吸收和促进叶片的光合作用具有调节作用。

2. 施用有机无机复混肥应注意的问题

①有机复混肥与无机复混肥一样，在施肥时必须同时考虑土壤、作物和气候等因素。

②有机无机复混肥料中的有机部分的肥效不会很高，由于有机无机复混肥有机含量大都在 $30\%\sim50\%$，与大量施用有机肥做基肥不同，由于施用有机复混肥时单位面积农地实际投入的有机质相对少，对某些土壤还要注意有机肥的投入和后期的补肥问题，对于偏砂的土壤，由于有机质矿化相对较快，土壤保肥性差，也要适当注意中后期土壤脱肥的问题。

③有机无机复混肥料的肥效主要是无机化肥的作用，施用时，要注意肥料中的养分含量和比例。

(六) 气体肥料

在一定的生产栽培条件下，二氧化碳（CO_2）浓度决定光合作用强度。在光照充分、温度较高时（28℃），CO_2 浓度从通常的 300 微升/升增加到 1 000～2 400 微升/升，可使光合作用提高 2 倍。所以，使用 CO_2，对于提高产量、品质具有极显著的作用。在实际栽培中，即使在强光下，CO_2 浓度也不宜提高到饱和点以上，一方面造成资源浪费、不经济；另一方面，过高的 CO_2 浓度引起叶片气孔开张度减少，降低蒸腾作用，最终导致植物 CO_2"中毒"，表现为作物萎蔫，黄化落叶。

1. CO_2 施肥方法

①将干冰放于果树作物的地表。

②施用罐装气态的或液态的 CO_2。

③可从燃烧枯木枝干、天然气、燃料油和丙烷获得，但要防止内含有毒物质。

④像美国、澳大利亚的果园一样利用防寒的大风扇，于 8～11 小时和 15～17 小时开动，改善 CO_2 因光合作用造成的分布不平衡状况。

⑤增加有机肥的施用，试验证明，CO_2 作肥料，既提高地力，又避免土壤板结，3 年后好气性细菌数增加 50 倍以上，同比化肥投资减少。

2. 秸秆生物反应堆 CO_2 施肥技术　所谓秸秆生物反应堆技术，就是采用生物技术，将秸秆转化为作物所需的二氧化碳、热量、抗病孢子、酶、矿质元素、有机质等，进而获得高产、优质和有机生产。该项技术的实施，可加快农业生产要素的有效转化，使农业资源多层次充分再利用，农业生态进入良性循环。

秸秆反应堆的技术原理是：植物秸秆，通过加入微生物菌种、催化剂和净化剂，在通氧的条件下定向重新产生二氧化碳、水、热和矿质元素，在这个过程中又产生出大量的抗病虫的菌孢子，再通过一定的工艺设施，提供给果树，使果树更好地生长发育。这样植物光合合成有机物，微生物氧化分解有机物，二者在物质转化，重复再利用的过程中构成了一个良性循环的生物圈。

其理论依据是植物的光合作用、植物饥饿理论、叶片主被动吸收理论和秸秆矿质元素可循环重复再利用理论。秸秆生物反应堆由秸秆、辅料、菌种、植物疫苗、交换机、CO_2 微孔输送带等设施组成。

该技术应用的综合表现为：每千克干秸秆可转化 CO_2 1.1 千克、热量 12 715 千焦、生物有机肥 0.13 千克和抗病微生物孢子 0.003 千克，20 厘米地温增加 $4\sim5℃$，群体内 CO_2 浓度提高 $1\sim2$ 倍，叶片变大增厚，叶色浓绿，枝干粗壮，不用环割，不用化肥，坐果多，果实变大，抗逆性提高，含糖量增加 2%～3%，产量提高 30%～50%，成熟期提前 $5\sim10$ 天，农药用量减少 70% 以上。秸秆生物反应堆分内置式和外置式两种。

（1）秸秆生物反应堆的作用

①CO_2 效应　一般可使果树群体内 CO_2 浓度提高 $1\sim2$ 倍，光合效率提高 50% 以上，饥饿程度得到有效缓解，生长加快，开花坐果率提高，标准化操作平均增产 30%～50%，果品品质显著提高。

②热量效应　在严寒冬天里大棚内 20 厘米地温增加 $4\sim5℃$，气温提高 $2\sim3℃$，显著改善果树生长环境，生育期提前 $10\sim15$ 天。

③生物防治效应　菌种在转化秸秆过程中产生大量的抗病孢子，对病虫害产生较强拮抗、抑制和致死作用，植物发病率降低 90% 以上，农药用量减少 70% 以上。秸秆在反应过程中，菌群代谢产生大量高活性的生物酶，与化肥、农药接触反应，使无效肥料变有效，使有害物质变有益，最终使农药残毒变为植物需要的 CO_2，经测定：一年应用该技术果树根系周围的农药残留减少 95% 以上，二年应用该技术可基本消除农药残留。

④改良土壤效应　在秸秆生物反应堆种植层内，20 厘米耕作层土壤孔隙度提高 1 倍以上，有益微生物群体增多，水、肥、气、热适中，各种矿质元素被定向释放出来，有机质含量增加

10 倍以上，为根系生长创造了优良的环境，为有机生产打下了良好基础。

⑤自然资源综合利用效应　秸秆生物反应堆技术在加快秸秆利用的同时，提高了微生物、光、水、空气游离氮等自然资源的综合利用率，据测定：在 CO_2 浓度提高 4 倍时，光利用率提高 2.5 倍，水利用率提高 3.3 倍，豆科植物固氮活性提高 1.9 倍。

（2）内置式秸秆生物反应堆和植物疫苗应用要点

①建造时期　每年 11 月中旬至翌年 9 月下旬，最佳时间为 11 月上旬至 4 月下旬。

②秸秆、菌种和疫苗用量　秸秆用量 3 000～4 000 千克/亩，菌种用量 4～5 千克/亩，疫苗用量 2 千克/亩。

③菌种和疫苗处理方法　在建造内置式反应堆和接种疫苗前 2 天，要进行菌种和疫苗的处理，按每千克菌种和疫苗分别兑加 15 千克麦麸，50 千克粉碎的玉米芯，加水 80 千克，搅拌均匀，堆放一昼夜开始使用，若当天使用不完，第二天就要及时摊薄 8～10 厘米散热，以预防温度过高，菌种疫苗失活。

④建造方法　在树冠下部先清理树干至树冠下方的表层土，厚度 5 厘米，宽度与树冠宽度相等。把所起土壤分放树冠外缘下方，起土深度应掌握靠主干浅（8～10 厘米），外缘深（18～25 厘米），使大部分毛细根露出。所起土壤分放四周，围成圆型或方型的埂畦式，并在埂畦内按 30 厘米×30 厘米见方刨穴（深 10 厘米），使其穴内的毛细根有破伤或断根，接种植物疫苗于穴内，穴内接种量为每棵接种量的 2/3，其余 1/3 均匀撒在表面。然后，在畦内铺放秸秆，在秸秆上按每株用量均匀撒接反应堆菌种，此后将所起土壤重新回填到秸秆上使其秸秆全部盖严，接着灌足水分。晾晒 2～3 天后盖膜，待发芽后按 50×50 厘米见方进行打孔（工具可用 14 号钢筋），打孔深度以穿透秸秆层为宜。如反应堆是在叶片展开后建造的，就要随盖膜随打孔。

（3）外置反应堆的建造

①建造方法　在桃树叶片展开后，在桃园中选一个合适的位置，按每亩挖一条长4~5米，宽1米，深0.6~0.8米的沟，用7~8丝农膜铺底，接着用水泥杆或木棍在沟上缘按50厘米间距摆放压住农膜，再按20厘米间距纵向在杆或棍上拉几道固定铁丝，并在两头埋设地锚固定。然后，在铁丝上摆放秸秆（在一头留出50厘米取液口），每摆放40~50厘米秸秆撒一层菌种，依次摆放接种3层，接种完毕后，进行淋水湿透（此时沟内由上部反应堆流下的水为沟深的2/3），最后盖膜发酵，待7~8天后将沟内的水抽出，循环浇淋在反应堆上，使其反应堆内水再流入沟内，该水过滤后，可用喷雾器进行田间叶面喷施或灌根，开花前用量75千克/亩；开花后用量100千克/亩；果实膨大期用量125千克/亩；收获前用量100千克/亩，每10~15天喷施一次，防病又增产。

②反应堆加水　一般外置反应堆10天左右加一次水，水量以湿透秸秆为准。秸秆转化消耗二分之一时，需填料加接菌种。一季栽培需填加2~3次秸秆。

③秸秆生物反应堆浸出液的效果　秸秆转化后的浸出液，具有营养齐全，含有大量的CO_2，抗病虫害孢子和其他有益物质。用它浇根和喷施叶面有显著增产、生根和防病虫等作用。一般一个生长季节灌根两次，开花前期和果实膨大期进行，每株用10~15千克，结合浇水进行。叶面喷施时先过滤，再按3份浸出液兑一份水混合喷施，喷施主要部位是叶片和枝干，试验证明反应堆液体可增产20%~25%。

第四节　施　肥　量

一、影响施肥量的因素

1. 品种　树姿开张性品种如大久保生长较弱，结果早，应多施肥；树姿直立性品种生长旺，可适量少施肥。坐果率高、丰产性强的品种应多施肥；反之则少施。

2. 树龄、树势和产量 树龄、树势和产量三者是相互联系的。树龄小的树，一般树势旺，产量低，可以少施氮肥，多施磷钾肥。成年树树势减弱，产量增加，应多施肥，注意氮、磷和钾肥的配合，以保持生长和结果的平衡。衰老树长势弱，产量降低，应增施氮肥，促进新梢生长和更新复壮。一般幼树施肥量为成年树的20%～30%，4～5年生树为成年树的50%～60%，6年生以上的树达到盛果期的施肥量。

3. 土质 土壤瘠薄的沙土地、山坡地，应增加施肥量。肥沃的土地，应相应减少施肥量。

4. 肥料质量 根据肥料的质量和性质确定施肥量，不同的肥料所含营养成分不同，含量也不同，因此对肥料的用量要求也不同。

二、施肥量

1. 施肥量的确定 施肥量的多少要以营养分析（叶分析）为指导，结合生产实践，根据土壤肥力、树势、产量、气候等因素确定，并通过施肥试验、以往施肥经验等进一步确定施肥量，各地经验施肥量见表8-11。一般基肥用量占全年施肥量的50%～80%，大量元素的比例氮∶磷∶钾为1∶0.5∶1；每生产50千克果施基肥100～150千克；追施氮350～400克，磷250～300克，钾500克，施用时期为萌芽前2～3周施1/3，以氮为主；5月下旬至6月上旬硬核前，施用氮磷钾各总量的1/3多；其他时期根据树势酌情施用。对于结果多、枝条充实、花芽分化好的植株要增施肥料。对于结果虽不多，但枝条不充实，花芽分化不良的植株也要增施肥料。对于花芽少、结果少、树势旺的植株要少施或暂时停施肥料。幼龄桃树如果生长势强旺，没有产量或产量不高，此时可以少施肥甚至暂时不施肥。随着树龄的增大，施肥量也相应加大，并且要注意氮、磷、钾肥的比例。同龄树的施肥量还要看树冠大小，树冠大的应适当多施，树冠小的可以适当少施。

表8-11　各地经验施肥量

地点	树龄	施肥种类和数量
北京平谷	盛果期树	农家肥5 000千克/亩，过磷酸钙150千克/亩，桃树专用肥84～140千克/亩（氮、磷、钾含量10%、10%、15%），喷施0.4%和0.3%磷酸二氢钾各一次
河北石家庄	盛果期树	优质有机肥（鸡粪）5 000千克/亩，过磷酸钙200千克/亩，尿素30～40千克/亩，硫酸钾40千克/亩
山东肥城	3～4年生树	基肥100～200千克/株，豆饼2.5～7千克/株（或人粪尿50千克/株）
江苏	盛果期树	饼肥5千克/株（或猪粪60千克/株），磷矿粉5千克/株，尿素1.5千克/株
山东临沂	盛果期树	优质土杂肥2 000～3 000千克/亩，硫酸钾复合肥50～100千克/亩，过磷酸钙50千克/亩，300倍氨基酸复合微肥2～3次

2. 桃树施肥的具体指标　农业部测土配方施肥技术专家组《2012年春季主要作物科学施肥指导意见》及《2012年秋季主要作物科学施肥指导意见》对桃树的施肥量提出了具体指标。

①有机肥施用量　早熟品种、土壤肥沃、树龄小、树势强的果园施有机肥1～2米^3/亩；晚熟品种、土壤瘠薄、树龄大、树势弱的果园施有机肥2～4米^3/亩；

②化肥施肥量　产量水平3 000千克/亩的桃园：氮肥（N）18～20千克/亩，磷肥（P_2O_5）10～12千克/亩，钾肥（K_2O）20～23千克/亩；产量水平2 000千克/亩的桃园：氮肥（N）15～18千克/亩，磷肥（P_2O_5）7～10千克/亩，钾肥（K_2O）17～20千克/亩；产量水平1 500千克/亩的桃园：氮肥（N）10～12千克/亩，磷肥（P_2O_5）5～8千克/亩，钾肥（K_2O）

12～15千克/亩。100％的磷肥和50％钾肥及40％的氮肥一同与100％有机肥作基肥秋施，其余氮磷钾肥按生育期养分需求分次追施，如施用有机肥数量较多，则秋季基施的氮、钾肥可酌情减少1～2千克/亩，果实膨大期的氮钾肥追施量可酌情减少2～3千克/亩。化肥施用一般在桃树萌芽期（3月初），硬核期（5月中旬）和果实膨大期追肥2～3次（早熟品种2次、晚熟品种3次）；

③根外追肥　对前一年早期落叶或负载量过高的果园，应加强根外追肥，萌芽前可喷施2～3次1％～3％的尿素，萌芽后至7月中旬之前，每隔7天1次，按2次尿素与1次磷酸二氢钾的比例喷施，浓度为0.3％～0.5％。若前一年发现过桃树出现叶白、枝枯、流胶等症状，可在桃树萌芽前喷施0.01％～0.03％硫酸铜溶液。

第五节　施肥技术

一、施肥时期和方法

1. 秋施基肥　果实采收后（9～10月份），地温较高，有利于有机肥料腐烂分解。根系处于第二次生长高峰期，断根可再生新根，促进根系的生长，增加吸收量，提高树体的贮藏营养水平，充实花芽。以桃果采摘后一个月后进行秋施基肥。在基肥的施用中，最好以厩肥、土杂肥等有机肥为主，每株施用有机肥50～100千克，丰产园每年施有机肥2 000～5 000千克/亩。有机肥用量较少的情况下，氮用量可根据树龄的大小和桃树的长势，以及土壤的肥沃程度灵活确定。一般基肥中氮肥的施用量约占年总施肥量的40％～60％，每株成年桃树的施肥量折合纯氮为0.3～0.6千克；一般磷肥主要作基肥施用，如果同时施入较多的有机肥，每株折合纯五氧化二磷为0.3～0.5千克（相当于含磷量的15％的过磷酸钙2～3.3千克或含磷量40％的磷酸铵

0.75~1.25 千克）；一般基肥中的钾肥施用量折合纯氧化钾为
0.25~0.5 千克（相当于含氧化钾量 50% 的硫酸钾 0.5~1 千
克），注意施肥时不要靠树体太近，施肥时要适当与土壤混合，
以免造成烧根。土壤含水量较多、土壤质地较黏重、树龄较大、
树势较弱的桃树，在施用有机肥较少的情况下，施肥量可取高
量；反之则应减少用量，并适量混入过磷酸钙、硫酸钾复合肥
等，沟施以 20~40 厘米深为宜。施肥量为全年施入量的 60%~
80%（折合三要素含量计算）。春施者应在土壤化冻后立即施入，
萌芽前三周施完。春施基肥应充分腐熟。通常采用环状或放射状
沟施。追肥的时期、肥料种类见表 8-12。

表 8-12　桃树土壤追肥的时期、肥料种类

次数	物候期	时期	作　用	肥料种类
1	萌芽前后	3 月上、中旬	补充上年树体贮藏营养的不足，促进根系和新梢生长，提高坐果率	以氮肥为主，秋施基肥没施磷肥时，加入磷肥
2	硬核期	5 月下旬至 6 月上旬	促进果核和种胚发育、果实生长和花芽分化	氮磷钾肥配合施，以磷钾肥为主
3	催果肥	成熟前 20~30 天	促进果实膨大，提高果实品质和花芽分化质量	以钾肥为主，配合氮肥
4	采后肥	果实采收后	恢复树势，使枝芽充实、饱满，增加树体贮藏营养，提高抗寒性	以氮肥为主，配以少量磷钾肥，只对结果量大、树势弱的施肥，施肥量小

2. 追肥　追肥即施用速效肥料来满足和补充桃树某个生育
期所需要的养分。施肥的方法有点施、撒施、沟施及叶面喷施。
一般果园每年追肥 2~3 次，具体追肥次数、时间，要根据品种、
产量和树势等确定。

①萌芽前后　桃根系春季开始活动期早，所以萌芽前的追肥
宜早不宜迟。一般在土地解冻后、桃树发芽前 1 个月左右施入为

宜。对树势弱、产量高的大树尤其要追肥，以补充上年树体贮藏营养的不足，为萌芽做好准备。萌芽后，为充实花芽，提高开花坐果能力，也要追肥，以补充树体的贮藏营养。追施的肥料应以速效性氮肥为主。

②开花前后　花芽开花消耗大量贮藏营养，为了提高坐果率和促进幼果、新梢的生长发育以及根系的生长，在开花前后追肥应以速效性氮肥，并辅以硼肥。土壤肥力高时，可在花前施，花后不再施。

③核开始硬化期　此时是由利用贮藏营养向利用当年同化营养的转换时期，种胚开始发育和迅速生长，果实对营养元素的吸收开始逐渐增加，新梢旺盛生长并为花芽分化做物质准备。此时的追肥应以钾肥为主，磷、氮配合，早熟品种的氮、磷可以不施，中晚熟品种施氮量占全年的 20% 左右，树势旺可少施或不施，磷为 20%～30%，钾为 40%。

④采前追肥　采前 2～3 周果实迅速膨大，增施钾肥或氮钾结合可有效增产和提高品质，采前肥氮肥用量不宜过多，否则刺激新梢生长，反而造成质量下降。采前肥一般占施肥量的15%～20%。

⑤采后补肥　果实采收后施肥，以磷、钾为主，主要补充因大量结果而引起的消耗，增强树体的同化作用，充实组织和花芽，提高树体营养和越冬能力。多在 9～10 月份施入。

⑥根外追肥　根外追肥全年均可进行，可结合病虫害防治一同喷施。利用率高，喷后 10～15 天即见效。土壤条件较差的桃园，采取此法追施含硼、锌、锰等元素的肥料更有利。某些元素如钙、铁等在土壤条件不良时易被固定，难以被根系吸收，在树体内又难以移动。因此，常出现缺素症状。采用叶面喷施法，对矫正缺素症效果很好。定植在砂姜黑土上的桃树容易出现缺铁症状，如连续喷施 2～3 遍 0.3% 的硫酸亚铁，缺素症状即可消失。晚熟桃果实生长后期因缺钙而发生裂果，如在果实发育期喷洒

3～4次氨基酸钙，裂果明显减少。距果实采收期20天内停止叶面追肥。

叶面追肥浓度　尿素0.3%，磷酸二氢钾0.3%～0.5%，硫酸亚铁0.2%～0.5%，硼砂0.3%，硫酸锌0.1%，氨基酸钙300～400倍液。在开花期喷0.2%～0.5%的硼砂，生长期喷施0.1%～0.4%的硫酸锌。缺铁时喷有机铁制剂；整个生长季都可以喷3～4次0.3%～0.4%的尿素和0.2%～0.4%磷酸二氢钾。

3. 施肥方法　桃根系较浅，大多分布在20～50厘米深度内，施肥深度宜在30～40厘米。

①环状（轮状）沟施肥　环状沟应开于树冠外缘投影下，沟深30～40厘米，沟宽30～40厘米，施肥量大时沟可挖宽挖深一些，施肥后及时覆土。适于幼树和初结果树，太密植的树不宜用。

②放射沟（辐射状）施肥　由树冠下向外开沟，里面一端起自树冠外缘投影下稍内，外面一端延伸到树冠外缘投影以外。沟的条数4～8条，宽与深由肥料多少而定，施肥后覆土。这种施肥方法伤根少，能促进根系吸收，适于成年树，太密植的树也不宜用。第二年施肥时，沟的位置应错开。

③全园施肥　先把肥料全园铺撒开，用耧耙与土混合或翻入土中，生草条件下，把肥撒在草上即可，全园施肥后配合灌溉，效率高。这种方法施肥面积大，利于根系吸收，适于成年树、密植树，但不宜多年连续施用。

④条沟施肥　果树行间顺行向开沟，可开多条，随开沟随施肥，及时覆土。此法便于机械或畜力作业。国外许多果园用此法施肥，效率高，但要求果园地面平坦，条沟作业与流水方便。开条状沟施肥，需每年变换位置，以使肥力均衡。

二、施肥应注意的问题

1. 合理增加有机肥施用量，依据土壤肥力和早中晚熟品种及产量水平，合理调控氮磷钾肥施用水平，早熟品种的需肥量比晚熟品种少 20%～30%；注意钙、镁、硼和锌的配合施用。

2. 肥料分配以桃果采摘后一个月后进行，秋施基肥为宜，桃果膨大期前后是追肥的关键时期。

3. 与优质栽培技术相结合，采摘前 3 周不宜追施氮肥和大量灌水，以免影响品质；夏季排水不畅的平原地区桃园需做好起垄、覆膜/生草等土壤管理工作；干旱地区提倡采用地膜覆盖，穴贮肥水技术。

4. 在施基肥挖坑时，注意不要伤大根，以免损伤太大，几年都不能恢复，过多地影响吸收面积。

5. 基肥必须尽早准备，以便能够及时施入。施用的肥料要先经过腐熟，因为施用新鲜有机肥，在土壤中要进行腐熟和分解，在分解过程中，要放出大量热量、二氧化碳，还要吸收大量水分，影响根系的生长，甚至进行分解作用的微生物，在自己繁殖的过程中，还要吸收土壤中的氮素，与桃争水、争肥，而且也易发生肥害。

6. 同量肥料连年施用比隔年施用效果好。这是因为每年施入有机肥料时会伤一些细根，起到了根系修剪的作用，使之发出更多的新根。同时，每年翻动一次土壤，也可起到疏松土壤、加速土肥融合、有利于土壤熟化的作用。

7. 有机肥与难溶性化肥及微量元素肥料等混合施用。有些难溶性化肥如与有机肥混合后施用，可增加其有效性。在基肥中可加入适量硼，一般每亩 1.0～1.5 千克硼酸，将 30～45 千克硫酸亚铁与有机肥混匀后，一并施入。

8. 要不断变换施肥部位。

9. 施肥深度要合适，不提倡地面撒施和压土式施肥，以免根系上翻。

第九章

桃园的水分管理

桃树对水分较为敏感，表现为耐旱怕涝，但自萌芽到果实成熟需要供给充足的水分，才能满足正常生长发育的需求。适宜的土壤水分有利于开花、坐果、枝条生长、花芽分化、果实生长与品质提高。在桃整个生长期，土壤含水量在 40％～60％ 的范围内有利于枝条生长与生产优质果品。试验结果表明，当土壤含水量降到 10％～15％ 时，枝叶出现萎蔫现象。一年内不同的时期对水分的要求不同，桃需水的两个关键时期，即花期和果实膨大期。如花期水分不足，则萌芽不正常，开花不齐，坐果率低。果实的膨大期如土壤干旱，会影响果实细胞体积的增大，减少果实重量和体积。这两个时期应尽量满足桃树对水分的需求。若桃树生长期水分过多，土壤含水量高或积水，则因土壤中氧气不足，根系呼吸受阻而生长不良，严重时出现死树。因此，需根据不同品种、树龄、土壤质地、气候特点等来确定桃园灌溉、排水的时期和用量。

第一节 灌 水

一、灌水的时期

1. 萌芽期和开花期 这次灌水是补充长时间的冬季干旱，为使桃树萌芽、开花、展叶、早春新梢生长、增加枝量、扩大叶面积、提高坐果率做准备。此次灌水量要大，一次灌水要灌透，灌水宜足、次数宜少，以免降低地温，影响根系的吸收。如缺水，会影响开花坐果。

2. 花后至硬核期　此时枝条、果实均生长迅速，需水量较多，枝条生长量占全年总生长量的50%左右。但硬核期对水分也很敏感，水分过多则新梢生长过旺，与幼果争夺养分会引起落果，所以灌水量应适中，不宜太多。如缺水，则新梢短，落果增多。此期浇水应浅浇，浇"过堂水"，尤其对初果期的树更应慎重，事实上，有50%的果表现为生长停滞，则是浇水的参考指示。

3. 果实膨大期　一般是在果实采前20～30天，此时的水分供应充足与否对产量影响很大。此时早熟品种在北方还未进入雨季，需进行灌水；中早熟品种以后（6月下旬）已进入雨季，灌水与否以及灌水量视降雨情况而定。此时灌水也要适量，灌水过多有时会造成裂果、裂核，对一些容易裂果的晚熟品种灌水尤应慎重，如中华寿桃和寒露蜜桃，干旱时亦应轻灌；如缺水，果实不能膨大，影响产量和品质。

4. 封冻水　我国北方秋、冬干旱，在入冬前充分灌水，对桃树越冬有好处。灌水的时间应掌握在以水在田间能完全渗下去，而不在地表结冰为宜。但封冻水不能浇得太晚，以免因根颈部积水或水分过多，昼夜冻融交替而导致颈腐病的发生。秋雨过多、土壤粘重者，不浇水。

二、灌水量

一般以达到土壤田间最大持水量的60%～80%为宜，一年中需水一般规律是前多、中少、后又多。掌握灌—控—灌的原则，达到促、控、促的目的。按物候期生产上通常采用萌芽水、花后水、催果水、冬前水4个灌水时期。一般认为土壤最大持水量在60%～80%为桃树最适宜的土壤含水量，当含水量在50%～60%以下时，持续干旱就要灌水。亦可凭经验测含水量，如壤土和沙性土桃园，挖开10厘米的湿土，手握成团不散说明含水量在 60％以上，如手握不成团，撒手即散则应灌水；中午高温时，看叶有萎蔫低头现象，过一夜后又不能复原，应立即灌水。

生产中可参考以下公式计算：灌水量（吨）＝灌水面积（米^2）×树冠覆盖率（％）×灌水深度（米）×土壤容重×［要求土壤含水量（％）－实际土壤含水量（％）］。灌水前，可在树冠外缘下方培土埂、建灌水树盘，通常每次约灌水 70～100 千克/平方米，每个树盘一次灌水量为：3.14×树盘半径（平方米）×70～100 千克；单位面积桃园全部树盘的灌水量为：每个树盘一次灌水量×单位面积的株数。生产实践中的灌水量往往高于计算出的理论灌水量，应注意改良土壤，蓄水保墒，节约用水。

三、灌水方法

1. 地面灌溉　常用的方法有树盘或树行灌水、沟灌、穴灌等。树盘或树行灌水，在树冠外缘的下方作环状土埂，或树行的树冠外缘下方作两条平行直通土埂，埂宽 20～30 厘米，埂高15～20 厘米，通过窄沟将水引入树盘或树行内，经一定时间待水与埂高近似时，封闭土埂。水渗下后，及时中耕松土。沟灌，在树冠外缘向里约 50 厘米处，挖宽 30 厘米、深 25 厘米的环状沟或井字沟，通过窄沟将水引入环状沟或井字沟内，经一定时间待环状沟或井字沟水满为止。水渗下后，用土埋沟保蓄水分。穴灌，在树冠外缘稍向里挖 10 个穴左右，每个穴的直径为 30 厘米，穴深 60 厘米，挖穴时勿伤粗根。用桶将每个穴灌满水，再用草封盖穴口，灌水后两天调查，水分渗透的直径达 1 米，这是一种较省水的地面灌水方法。再就是地上修筑渠道和垄沟，将水引入果园，其优点是灌水充足，保持时间长，但用水量大，渠、沟耗损多，在水源充足地区可以采用。

2. 地下灌水　在果园地面以下埋设透水管道，将灌溉水输送到根系分布区，通过毛细管作用湿润土壤的一种灌水方法。其优点是不占地，不影响地面操作，不破坏土壤结构，较省水，养护费用很低；缺点是一次性投资费用大。

3. 喷灌 喷灌比地面灌溉省水 30%～50%，并有喷布均匀、减少土壤流失、调节果园小气候、增加果园空气湿度、避免干热、低温和晚霜对桃树的伤害等特点，同时节省土地和劳力，便于机械化操作，但在风多而风大的地区不宜应用。由水源、进水管、水泵站、输水管道（干管和支管）、竖管、喷头组成，喷头将水喷射成细小水滴，像降雨均匀地洒布在果园的地面进行灌溉。

喷灌系统分固定式、半固定式、移动式 3 种类型。竖管基本上分高、矮两种，高竖管能使水滴喷到地面和树冠上，有利于降低夏季叶面与果实的温度，但易促发果树病害；矮竖管使水滴喷到树冠以下的部位，果树病害发生较轻。喷头分为旋转式、固定式、孔管式 3 种；按其工作压力和射程大小又分为低压喷头、中压喷头、高压喷头 3 种。低压喷头即是近射程喷头，其工作压力为 1～3 千克/厘米^2，喷水量为每小时少于 10 吨水，射程为 20 米以内，因其耗能少，喷灌质量较高，应用多。

喷灌的主要技术指标，一是喷灌强度，即单位时间内喷洒在一定面积上的水量或水深，其单位以毫米/分钟或厘米/小时表示。要求喷洒到地表的水能及时渗入土中，不致于产生地面径流冲刷土壤；二是水滴直径，即喷洒的水滴大小，其单位以毫米表示。水滴过大，易造成土壤板结；水滴过小，在空中损耗大，易受风的干扰。通常，水滴直径以 1～3 毫米为宜；三是喷灌均匀度，即喷灌面积水量分布的均匀程度，用均匀系数 K 表示。K 为 1 时，各点的喷灌均匀；K 小于 1，越小喷灌越不均匀。通常应选用适当的喷头和喷头组合的排列形式，调控好均匀系数。喷灌的主要优点是省水，减少地面径流，避免水土流失，同时也可调节果园小气候，节省劳力

4. 滴灌 是将灌溉用水在低压管系统中送达滴头，由滴头形成水滴后，滴入土壤而进行灌溉，用水量仅为沟灌的 1/5～

1/4，是喷灌的 1/2 左右，而且不会破坏土壤结构，不妨碍根系的正常吸收，具有节省土地、增加产量、防止土壤次生盐渍化等优点。对于提高果品产量和品质均为有益，是一项有发展前途的灌溉技术，特别是在我国缺水的北方，应用前途广阔。

滴灌系统由水源、进水管、控制设施（水泵、水表、压力表、肥料罐、过滤器等）、输水管道（干管、支管、毛管）、滴头等组成，滴头将水滴到果树根系分布范围进行渗透、扩散灌溉。输水管道一般为塑料管，其直径粗度应与供水量相适应，其长度因输水距离面定，多埋设在地下。毛管通常为可绕曲的聚氯乙烯或聚乙烯的软管，每行树铺设一根毛管。每个滴头按每小时滴水量为 4 千克计算，滴水的扩渗半径为 0.5 米，每株树安装的滴头数量，应根据滴水的扩渗半径和树体大小等因素确定。滴头可分为管间滴头、孔眼式滴头、螺帽式滴头、发丝滴头 4 种，其每小时滴水量为 2~4 千克不等。滴灌特别适用于果树，它比喷灌能省水 30% 以上，具有广阔的发展前途。桃园进行滴灌时，滴灌的次数和灌水量依灌水时期和土壤水分状况而不同。在桃树的需水临界期进行滴灌时，春旱年份可隔天灌水，一般年份可 5~7 天灌水 1 次。每次灌溉时，应使滴头下一定范围内土壤水分达到田间最大持水量，而又无渗漏为最好。采收前的灌水量，以使土壤湿度保持在田间最大持水量的 60% 左右为宜。

5. 穴贮肥水

①穴贮肥水的作用　在水源缺乏的地区，穴贮肥水施肥法效果很好，穴贮肥水可以提高早春土壤温度、湿度，节约用水，起到了水肥贮藏供给库和养根壮树的作用；穴贮肥水地膜覆盖技术简单易行，投资少见效大，具有节肥、节水的特点，一般可节肥 30%，节水 70%~90%；在土层较薄、无水浇条件的山丘地应用效果尤为显著，是干旱果园重要的抗旱、保水技术，一般穴可维持 2~3 年，草把应每年换一次，发现地膜损坏后应及时更换，再次设置穴时改换位置，逐渐实现全园改良。

②穴贮肥水具体操作方法　在树冠下以树为中心，沿树盘埂壁挖深40厘米左右、直径20～30厘米的穴。用玉米秸、麦秸、杂草捆绑好后放在水及肥混合液中浸泡透，然后装入穴中，在草把周围土中混100克左右的过磷酸钙，草把上施尿素50～100克，随即每穴浇水30～50千克，用土填实，穴顶留小洼，地面平整，口面用农膜覆盖，边缘用土封严，在穴洼处穿一孔，以便灌水施肥和透入雨水，孔上压上石片利于保墒和积水，以后根据果园旱情每隔一定时间灌水一次。

③改良版穴贮肥水　山东省招远市果业总站在旱地果园灌溉中，发明了一种新的果园节水灌溉方法，即"地下穴贮砖块控水保墒技术"，不仅可节水30%～60%，而且可使水分得以持续缓慢释放，减少沙地果园的水分渗漏，雨季可以吸蓄土壤中过多的水分。地下穴贮砖块控水保墒技术属于一种地下灌溉方式，其特征在于在果树根系分布层埋设"肥水库"，"肥水库"库容物为碎砖块，穴内砖墙附近可放入肥水的吸附材料，库底用塑料薄膜铺垫，碎砖块中央留有灌水缝。该方法材料易得，造价低廉，节水抗旱，既减少了地面蒸发和径流，又避免了灌溉水分向土壤深层渗漏。同时，利用根系的趋水性和趋肥性，将根系圈养在"肥水库"周围，提高了养分和水分的利用率。施肥时将肥水灌注到"肥水库"，直接将养分送到根系集中分布区，提高了肥效。

操作要点是果园春季土壤解冻后，按每株树1～2个"肥水库"的比例，在果园树盘下沿行向挖长方形沟穴，将碎砖块在沟穴内沿行向垒成小墙壁，砖与砖之间留有缝隙，便于肥水进入砖墙内被砖块吸附，形成"肥水库"，砖墙高30～60厘米左右，长可根据树冠大小而定。可在砖块中央插入注水管，注水管朝上并稍高出地面。将50克尿素、50～100克过磷酸钙、50～100克硫酸钾与土混匀，填入圆球状"肥水库"周围，覆土2厘米，用脚踏实，然后覆盖地膜。通过漏斗将水由注水管灌入"肥水库"，每库灌水量 10～20 升。盖好注水管口，用作今后浇水施肥的进口。

6. 灌溉施肥 灌溉施肥是将肥料通过灌溉系统（喷灌、微量灌溉、滴灌）进行果园施肥的一种方法。近年来国内外均较重视，并开展了一些研究与生产试验。

（1）灌溉施肥的特点

①肥料要素已呈溶解状态，因而比肥料直接施于地表能更快地为根系所吸收利用，提高肥料利用率。据澳大利亚报道，与地面灌溉相比，滴灌施肥可节省肥料 44％～57％，喷灌施肥可节省 11％～29％。

②灌溉时期有高度的灵活性，可完全根据果树的需要而安排。

③在土壤中养分分布均匀，既不会伤根，又不会影响耕作层土壤结构。

④能节省施肥的费用和劳力。灌溉施肥尤对树冠交接的成年果园和密植果园更为适用。据国外报道，对甜橙幼树滴灌施氮或施氮磷钾肥效果良好。有的试验表明，在微量灌溉施肥中，果实含酸量降低明显，而对果实产量、大小及品质的影响与肥料直接施用的差异不明显。

（2）灌溉施肥注意的问题

①喷头或滴灌头堵塞是灌溉施肥的一个重要问题，必须施用可溶性肥料。

②两种以上的肥料混合施用，必须防止相互间的化学作用，以免生成不溶性的化合物，如硝酸镁与磷、氨肥混用会生成不溶性的磷酸铵镁。

③灌溉施肥用水的酸碱度以中性为宜，如碱性强的水能与磷反应生成不溶性的磷酸钙，会降低多种金属元素的有效性，严重影响施用效果。

④灌溉施肥容易引起根系上翻，需结合深施基肥进行。

（3）提倡应用肥水一体化技术，将肥料液通过施肥枪注入果树根部，具有速效性、精准性、可控性等优点。

四、灌水应注意的问题

1. 灌水与防止裂果　有些品种易发生裂果，如21世纪、华光、瑞光3号等，这与品种特性有关，也与栽培技术有关，尤其与土壤水分状况有关，特别是油桃果实迅速膨大期或久旱后灌水裂果更重。尽量避免前期干旱缺水，后期大水漫灌。因为灌水对果肉细胞的含水率有一定影响，如果能保持稳定的含水量，就可以减轻或避免裂果。滴灌和渗灌是最理想的灌溉方式，它可为易裂果品种生长发育提供较稳定的土壤水分和空气湿度，有利于果肉细胞的平稳增大，减轻裂果；如果是漫灌，也应在整个生长期保持水分平衡，果实发育的第三期适时灌水，保持土壤湿度相对稳定；在南方要注意雨季排水。

2. 花期灌水易引起落花落果　花期灌水引起温度激烈变化，减慢根系的吸收作用，导致水分和营养供给不足，同时灌水后枝梢生长过旺，加剧对养分的争夺促进营养生长和生殖生长的矛盾，促使落花落果，加剧花后的生理落果。

3. 果实成熟期注意控制水分　果实成熟期前灌水，能促进果实增大，但果实风味变淡。

第二节　排　水

桃树怕涝，当果园土壤长期积水，土壤中氧气含量太低，不能满足根系正常呼吸作用时，桃树根系的正常生理活动受阻，根系的呼吸作用紊乱，有害物质含量积累，甚至导致树体死亡。研究表明，当土中氧气含量低于5%时，根系生长不良，低于2%～3%时根系就停止生长，呼吸微弱，吸肥吸水受阻，造成白色吸收根死亡。在土壤中因积水而缺氧的状况下，产生硫化氢、甲烷类有毒气体，毒害根系而烂根，造成与旱象相类似的落叶、死树症状；秋雨过多将造成枝条不充实，并易患根腐病，积水易导致桃树死亡，雨季要注意及时排水防涝。对一些晚熟品种，如中华寿桃、寒露蜜等，在采前 1 个月极易发生裂果，在后期降水过多或久旱骤雨，裂果更为严重，更要注意排水通畅，建园时必须设立排水系统。排水主要采用以下方法：

1. 明沟排水 明沟排水系统是在地表每隔一定距离沿行向开挖的排水沟，是目前我国大量应用的传统方法，是在地表面挖沟排水，主要排除地表径流。在较大的种植园区可设主排、干排、支排和毛排渠 4 级，组成网状排水系统，排水效果较好。但明沟排水工程量大，占地面积大，易塌方堵水，养护维修任务重。山坡地桃园依地势采用等高线挖排水沟，平地果园排水沟一般在每行或每两行树挖一排水沟，将这些沟相连，把水排出桃园。

2. 暗管排水 暗管排水系统是在桃园地下铺设管道，其构成方式与明沟排水相同，通常由干管、支管和排水管组成，形成地下排水系统，适用于土壤透水性较好的果园。容易积水的平地果园需筑高垄，垄顺行向，中心高，两侧低。垄两侧各开一排水沟，并与总排水沟接通，天旱时顺沟渗灌，涝时顺沟排水。暗沟排水不占地，不妨碍生产操作，排盐效果好，养护任务轻，但设备成本高，根系和泥沙易进入管道引起管道堵塞。

3. 井排 对于内涝积水地排水效果好，黏土层的积水可通过大井内的压力向土壤深处的沙积层扩散。此外，机械抽水、排水和输水管系统排水方法是目前比较先进的排水方式，但由于技术要求较高且不完善，所以应用较少。

第三节 保水剂应用

保水剂是国内外新近发展起来的高新技术产品，实质为高吸水性树脂，是具有高吸水特性的功能性高分子材料的统称，理论上它能吸收自身重量几百倍至几千倍的水，而且具有反复吸水功能，吸水后膨胀为水凝胶，可缓慢释放 80%～95% 的所持水分供果树吸收利用，是一种能保持土壤水分、改良土壤、提高果树产量的新型制剂，是果业节水、节肥、持续增产、水肥高效利用的重要措施。尤其是近一时期，全球性的干旱所带来的影响，更加显示出保水剂农用开发和应用的重要性。有淀粉类（淀粉—聚丙烯酰胺型，淀粉—聚丙烯酸型）、纤维素类（羧甲基纤维素型，纤维素型）、合成聚合物类（聚丙烯酸型，聚丙烯酰胺型，聚丙烯腈型，聚乙烯醇型，γ-聚谷氨酸）等。

一、保水剂的作用

1. 保水　使用保水剂可有效抑制土壤水分蒸发。土壤中渗入保水剂后，在很大程度上抑制了水分蒸发，提高了土壤饱和含水量，还可降低土壤饱和导水率，从而减缓土壤释放水的速度和减少土壤水分的渗透和流失，达到保水的目的，使用保水剂后可节水约 50%。

2. 保温　保水剂具有良好的保温性能。可利用吸收的水分保持部分白天光照产生的热能，来调节夜间温度，使得土壤的昼夜温差减小。在砂壤土中混有 0.1%～0.2% 的保水剂，对 10 厘米土层的温度监测表明，保水剂对土温升降有缓冲作用，使昼夜温差减小，仅在 11～13.5℃ 之间，而没有保水剂的土壤则为 11～19.5℃ 之间。

3. 保肥　因为保水剂具有吸持和保蓄水分的作用，因此可将溶于水中的化肥、农药等农作物生长所需要的营养物质固定其中，在一定程度上减少了可溶性养分的淋溶损失，达到节水节肥、提高水肥利用率的效果。

4. 改善土壤结构　保水剂施入土壤中，随着它吸水膨胀和失水收缩的规律性变化，可使周围土壤由紧实变为疏松，孔隙增大，从而在一定程度上使土壤的通透状况得到改善。

二、常用保水剂的介绍

（一）KD-1型高吸水树脂

该产品用于农业、林业、园艺花卉和荒漠地改造，它与土壤均匀混合后，可吸收自身100至300倍的水，在干旱时缓慢释放供果树吸收。它可以反复吸水、放水，长期（十年以上）反复使用，对环境无毒、无公害，具有提高水与肥料的利用率和改良土壤的特点，是抗旱保苗与节水灌溉的新技术产品。它与化肥、农药并列为现代化农业的三大要素。试验表明，使用该产品可使农作物增产20%，蔬菜瓜果增产20%～40%，林木移栽与育苗成活率可提高20%。花卉林果使用后可达到花繁、叶茂、果丰、草绿的效果。

1. 使用方法

①移栽苗木　吸水树脂的用量为6～10克/株，将树脂与坑内土充分拌匀后，将苗栽入，填土后浇透水，尽量在雨季前移苗。在干旱地区可用沾根法，将树脂充分吸足水成凝胶状，加泥土调成凝胶泥浆，将此泥浆包裹根系后植入坑内，再填土，树脂用量仍为6～10克/株。

②移栽成树　挖一个足够容下移栽树根的坑，将顶层5厘米土留出来，树坑内其他的土与吸水树脂混合均匀，树脂用量：每立方米1～1.5千克，然后将混合后的土填入坑内的底部，将成树放入坑内，再将其他混合土填入四周，压实后，浇透水（可多浇几遍），再将顶层留出的土填入。

③原有林、果树　在树的四周挖50厘米左右深的沟（沟深视根系分布情况而定，要求达到根系集中分布层），将沟内土挖出与树脂拌匀（树脂用量按树冠投影面积计算，每150克/米^2）后回填，踏实后浇透水，可多浇几遍。

④运输苗木　将吸水树脂用水浸成凝胶状，再加与凝胶状

同等体积的腐植土与草木灰，用适量水调成泥状，用此泥包复苗木的根系，可提高苗木成活率20％～50％。在干旱地区造林移苗也可用此法，树脂用量6～10克/株，应尽量在雨季前种树。

2. 使用时注意的问题

①吸水树脂（干粉）与土壤的比例为1∶1 000（黏土适当减少，砂土适当增加）。

②吸水树脂与土壤必须混合均匀，植于根部与根的周围。

③首次浇水必须充分浇足水，可适当多浇几遍。

（二）FA旱地龙

FA旱地龙为多功能植物抗旱生长营养剂，采用天然黄腐植酸精制而成，含有植物所需的多种营养成份，应用范围广，持效期长，无毒副作用，无污染，具有"有旱抗旱保产、无旱节水增产"的双重功效，是建设高效生态农业的重要液肥。

1. 使用方法及作用

①喷施　能缩小植物叶片气孔的开张度，减少植株水份蒸腾，在三个生长周期喷施两次可少浇一次水，并增强抗旱、抗干作物的生长发育，提高产量和品质，使作物提早成熟2～5天，喷施一次抗旱持效25天左右。

②拌种或浸种　可提高发芽率和出苗率，苗齐苗壮，促进根系发育，节水功效显著。

③随水浇灌　能活化土壤中多种营养无素及微生物活性，提高化肥的利用率，增强土壤肥力；能改良土壤，改善因施用化肥造成的土壤板结现象；能提高移栽苗木的成活率；同时还可减少化肥用量。

④与酸性农药复配　形成"农药—激素"复合物，有显著的缓释增效、降低残毒作用，与农药混配时，可将农药用量减少三分之一，减少部分用本品代替即可，病虫害严重时，农药用量不减，只需加入农药用量二分之一的本品即可。

（三）"科瀚" 98 高效抗旱保水剂（凝胶型）

又称吸水剂、抗旱剂，是具有很强吸水能力的高分子材料，其与水接触，短时间内溶胀且凝胶化，最高吸水能力可达自身重量的千倍以上。当每平方厘米加压 70 千克时，该材料仍可保持 75%～85% 的水分，它无毒、无副作用，使用过程对环境没有任何污染。能快速吸收雨水、灌溉水，缓慢供给植物利用，可反复吸水、放水。主要应用于园艺、城市绿化、生态环境治理、农作物种植、花卉草坪、果树、蔬菜、植树造林，可替代拌种剂、包衣剂、生根剂。用来拌种、扦插、蘸枝、蘸根、苗木移植、植树造林，可提高苗木成活率，使苗齐、苗壮，抗旱能力强，节约用水 50%。

（四）林果宝

林果宝是由中国海洋大学研发的一种高新技术产品，它可吸收超自身重量几百倍的水分，并缓慢共给植物需要，同时含有由海洋生物中提取的活性组分和铜、锰、锌、硼四种微量元素，能够调节植物生长，增强植物的免疫功能，有效防治病虫害、改良土壤及增加植物生长矿物营养等，它无毒、无害、无副作用，在土壤中可生物降解，没有环境污染。可节约灌溉用水 50% 以上；该产品含有的海洋组物成分，能迅速被植物吸收，并起到促进植物生长，抑制病虫害发生等功效，提高肥料的吸收率，产量提高 10%～30% 以上。

第四节　抗蒸剂的应用

果树吸收的大部分水分用于蒸腾，而用于树体生理代谢的只占极少部分。因此在不影响树体生理活动的前提下，适当减少水分蒸腾，就可达到经济用水，提高树体水分利用率的目的。当前，水分消耗的化学控制已越来越受到重视。一个理想的能够提高植物抗旱能力的药物的筛选，应要求既能促进根系发育，又能在一定程度上关闭气孔，降低蒸腾，即同时具有"开源"和"节流"的作用。近年来发现黄腐酸具有这样的特性，黄腐酸在果树上的应用，有效期限 18 天以上，明显降低蒸腾（可达 59％）和提高水势（0.2～0.4 兆帕），并发现叶温未受明显影响。在早期喷布，会明显改善其体内水分状况。

第五节　几种保水、蓄水、节水措施

一、保水措施

1. 秸秆、杂草覆盖法　是一种较为理想的果园土壤管理制度，可隔断蒸发面与下层土壤水分的毛管联系，减弱土壤空气与大气间的乱流交换强度，从而有效地抑制土壤水分蒸发，提高土壤含水量，不仅是有灌溉条件果园节约用水，提高水分利用率的一条重要途径，更是旱地果园一项重要的保墒措施。

2. 地膜覆盖法　是幼龄果园一项较好的土壤管理办法，既可以减少土壤水分的蒸发，提高土壤含水率和有效养分含量，还可提高幼树栽植成活率，特别适宜低温干旱地区的果园应用。

3. 生草覆盖法　就是行间生草，树下覆盖的土壤管理办法。该方法融果园生长绿肥和生物覆盖于一体，可提高土壤有机质和养分含量，改善土壤肥力状况，是果园土壤培肥的一项有效措施。

4. 推荐使用保水剂　保水剂能在极短的时间内吸收自身重量百倍以上的水分，在果树的根部形成一个"微型水库"，根据土壤干燥情况再缓缓释放出来供给果树吸收，保证果树正常生长所需的水分，保证土壤长时间保持湿润，提高水肥利用率，从而达到增产的目的。

二、节水灌溉

在有少量水源的地方，要采用科学合理的灌溉方法，改漫灌为滴灌、喷灌或穴灌，一般可节约用水 50％～60％。一方面可满足果树生长发育的要求，获得优质果品；另一方面可在水资源短缺的情况下，还可以扩大灌溉面积，实现更大面积的丰产丰收。

1. 滴灌　滴灌是以水滴或细小水流缓慢地施于果树根际的灌溉方式，是近年来推广的节水灌溉技术。滴灌较喷灌节约用水30％，可增产20％～30％，最适宜干旱少雨和山坡地区，同时节省土地和劳力，每次灌水量相当于10～15毫米降水量，土壤渗水深度35厘米上下，可每10～15天滴灌1次。干旱时可隔天滴灌一次。

2. 喷灌　喷灌的优点是使用方便，打开阀门就可自动旋转喷水，春寒时遇霜，可以喷水预防霜冻，喷灌之后冲洗叶面，有利于光合作用的进行，但投资较大，应用面积较小。

3. 穴贮肥水　穴贮肥水是一种集合树盘下微型集雨与穴灌技术为一体的果园灌水新技术。它利用地膜将降水或其他水源集中起来，通过穴中草束形成的空间直接流到土壤深层，进行积蓄，可以利用少量的降水进行深层灌溉，大大地提高了水的利用率。宜在水源紧缺的山坡地果园大力推广，是值得旱地果园大力推广的土壤管理模式。

三、蓄水措施

果园集雨灌溉技术就是用人工办法，把天上降下的雨水积集起来，进行果园局部灌溉，增加土壤水分，保证水分的均衡供应，是一种在自然水源很少的地方，人为开发水源进行果园灌溉的方法。

1. 异地集雨法　就是在果园以外的地方修建集雨场，或利用现有的地面径流，用水池将降水存储起来，在干旱的时候引抽到果园进行灌溉。这是在没有自然水源的干旱果园，人为开发水源进行果园灌溉的好方法，应该在有条件的地方大力推广。

2. 行间集雨法　是把果树行间修成中间高、两边低的形状，再用塑料薄膜覆盖，将自然降水集中到果树的栽植行内下渗，提高根际土壤含水量的灌水方法，这种方法在幼龄果园有好的效果。

第十章

桃树花果管理技术

桃树的花、果管理是桃园管理的重要环节，是关系桃树果实是否优质、高产的关键，日本全年果园工作量的 70％ 要用于对花果的管理。花果管理，是根据桃树的生长结果习性，直接针对花（花芽）及果实进行的田间管理工作，主要包括促花技术、提高坐果率、控制负载量、套袋等技术。

第一节　促花促果

一、影响开花、坐果的因素

桃树的花量很大，90％ 以上属于无效花，桃树的落花落果一般有三个时期，第一期实际上是落花，花朵自花梗基部形成离层而脱落，多发生在花后 1～2 周内；第二期发生在花后 3～4 周，子房膨大至银杏大小的幼果时，连同果柄一起脱落；第三次在 5 月下旬～6 月上旬，核硬化前后果实接近核桃大小时发生，称为 6 月落果；有些晚熟品种在成熟前出现萎缩脱落，发生第四次落果，也叫采前落果（影响桃树坐果的因子与落花落果类型见表 10 - 1）。

1. 品种间差异　不同的品种，其坐果能力差别较大，各品种群间花粉育性也有差异，花粉育性从高到低的大体顺序为：蟠桃品种群，黄肉桃品种群，油桃品种群，北方桃品种群和南方桃品种群（桃品种花粉离体萌发测定结果见表 10 - 2）。一般南方硬肉桃、水蜜桃坐果率较高，而北方硬肉桃、水蜜桃的坐果率较低，此外有些品种雄蕊退化，自花不实，落果多，如深州水蜜桃、佛桃等；有些品种坐果率较高，如绿化 1 号，庆丰等；有些品种坐果率较低如大久保等。试验表明脆蜜桃、21 世纪、濑户内、秦王、美香、莱山蜜等花粉生活力较强，而富岛桃王、中华寿桃花粉生活力低，栽培时必须配置授粉树（见表 10 - 3）。

表 10 - 1　影响桃树坐果的因子与落花落果类型

	开　花	正常授粉	正常受精	结　实
影响因子	雌、雄花蕊败育；缺乏授粉品种；缺乏授粉昆虫；花期冻害；花期大风、阴雨	自交、异交不亲和；限量授粉；有效授粉期短；胚珠能育性低；晚霜或连阴雨	梢果间的营养竞争；果实间的营养竞争；不良天气条件（干旱、高温、光照不足）胁迫；化学药剂的影响	结果枝直立粗壮；营养竞争激烈；干旱高温；果梗短；裂核
机理	授粉过程受阻	未受精或受精不良	胚乳或幼果退化	果梗不产生离层
类型	落蕾落花	第一次落花	6 月落果	采前落果

2. 花芽质量差　坐果率的高低，很大程度上取决于花芽质量，树体营养水平会影响花芽分化，营养不良的树株，外观看似花芽，但个体较小，内含物不充实，落花落果严重。

3. 花期不良气候　桃树花期对低温的抵抗力最弱，春季开花期当遇低于 0℃ 以下的气温或晚霜时，极易受冻害，而引起落花。桃树虽较耐干旱，但在开花前后生长需要有一定的水分，特别在花后及果实迅速生长期，如果水分不足，影响果实发育，引起大量落果。在花期水份过多，湿度太大，光照差的情况下，花粉吸水膨胀破裂失活，不能正常受精，也会引起严重的落花落果现象。

4. 不能正常授粉　如深州水蜜、冈山白等品种，由于雄蕊不能产生花粉或花粉发育不良，自花不实，而引起大量生理落果。花粉不稔的品种，若不能配置足够的授粉树，则落花落果严重。

表 10 - 2 桃品种花粉离体萌发测定结果（王金政等）

品种	发芽率（%）	小花率（%）	畸形率（%）	花粉管长度（微米）	品种	发芽率（%）	小花率（%）	畸形率（%）	花粉管长度（微米）
南方桃品种群					扬州 3 号	36.27	2.64	6.87	14
超红	79.26	1.85	2.19	45.8	白丽	19.77	2.76	9.89	23.6
白仁	78.81	0	0	45	渐大特早	17.25	13.1	12.9	15
早水蜜	77.46	1.12	2.02	23	晓	16.7	35.4	9.07	14
雨花露	74.9	2.23	2.23	27	无锡大红花	10.7	15.7	11.3	20
扬州 2 号	73.92	1.81	2.95	17	无锡白花	10.44	2	14.4	13
早香蜜	73.33	0	0	31	浅见白桃	无花粉			
旭日	70.25	4.22	4.98	41	无锡新红花	0	12	14.3	
湖景	68.41	4.14	3.27	29	朝辉	0	0	0	
白凤	66.67	0	3.16	35	早白蜜	0	0	0	
早花露	65.15	2.65	1.89	10	无锡林玉.	0	0	0	
早久保	65.12	1.53	1.92	40	莱山蜜	0	0	0	
大久保	64.99	2.37	5.64	33	美香	0	0	0	
南京朝霞	64.08	4.88	4.53	37	早凤王	0	0	0	
垛子 1 号	63.17	0.43	6	28	新川中岛	0	0	0	
大白凤	51.55	2.85	2.07	22	仓方早生	0	0	0	
早白凤	47.42	10	6.45	35	北方桃品种群				
扬州 52 号	47.29	37	3.79	35	早白桃	83.18	0.69	3.23	18
扬王	44.97	2.52	3.77	6	绿化 9 号	80.91	1.87	1.45	30
清水白桃	43.59	1.6	11.1	10	新疆甜仁	75.82	2.35	6.34	33
砂子早生	40.45	3.52	12.3	12	离桃黄金	75.78	3.46	2.08	33
无锡朝霞	40.34	2.07	9.38	3	晚黄金	75.22	0	7.08	25
岗山早生	39.7	0.74	5.72	13	早香玉	74.83	0.44	3.31	40
春蕾	37.85	10.1	8.17	6	泰山早	72.83	2.72	3.26	40
扬州晚白蜜	37.14	5.71	7.86	11	六月鲜	72.76	7.37	3.85	32

（续）

品种	发芽率（%）	小花率（%）	畸形率（%）	花粉管长度（微米）	品种	发芽率（%）	小花率（%）	畸形率（%）	花粉管长度（微米）
津艳	70.14	2.25	9.86	43	黄肉桃品种群				
临桃	60.87	8.7	4.35	30	金王	71.43	6.51	3.361	33
京艳	60.39	1.93	4.83	26	红港	68.89	1.61	7.143	20
破核	52.75	2.2	5.31	38	罐5	68.06	1.94	10	20
京蜜	49.75	7.73	6.39	7	丰黄	67.69	4.74	8.357	35
朝阳	49.03	2.58	7.31	29.6	黄加早熟	67.39	2.17	4.167	35
中华寿桃	48.09	3.71	10.4	26.3	NJC-47	61.46	1.04	4.948	30
沛县冬桃	47.58	2.9	7.93	13	日本黄	59.56	2.55	4.736	30
寒露蜜	40.31	3.49	5.01	34	春金	56.85	1.35	2.247	25
青州蜜桃	37.39	3.44	2.29	35	明星	54.91	2.09	10.86	30
六月酸	37.25	16	15.3	16	金7	52.33	3.6	8.475	45
绿化3号	36.96	4.35	4.35	32	NJC-19	51.89	25.4	6.723	30
满城雪桃	35.33	18.6	10.6	14	金6	47.84	3.63	7.599	30
历城玉龙雪桃	34.9	7.69	11.3	27	金9	40.92	3.25	5.927	10
庆丰	30.82	2.52	18.9	12	小花爱保太	32.33	12.2	4.283	14
八月脆	30.77	0	15.38	20	新83黄桃	25.57	2.43	10.96	23
秋蜜	14.91	20.7	12.53	25	罐桃15号	18.88	30.7	0.885	3
益都蜜桃	8.96	8.74	13.91	15	蟠桃品种群				
高阳白桃	0	0	0	0	早红蟠	76.6	3.78	5.91	35
西洋蜜	0	0	0	0	早露蟠	67	3.27	3.778	35
日川白沙	0	0	0	0	中油蟠	65.94	4.83	4.348	54
大七月鲜	0	0	0	0	中华巨蟠	60.84	4.18	10.7	28
晚红	0	0	0	0	撒花红蟠桃	59.6	7.25	5.072	35
麦香	0	0	0	0	蟠桃-124	57.52	6.09	7.625	30
重阳红	0	0	0	0	巴西玫瑰	56.31	3.38	7.432	23

（续）

品种	发芽率（%）	小花率（%）	畸形率（%）	花粉管长度（微米）	品种	发芽率（%）	小花率（%）	畸形率（%）	花粉管长度（微米）
黄金蟠桃	41.34	3.76	5.503	10	矮丽红	47.94	3.35	9.536	9.1
油桃品种群					中油 4 号	42.58	12	3.057	29
千年红	94.5	1.5	3.5	51	早美光	37.9	2.05	10.96	18
紫青光	91.72	1.91	1.592	45	曙光	35.29	5.97	1.412	36
极早红	80.08	1.81	3.682	29	极早518	23.87	9.4	9.692	17
智利甜油桃	73.1	5.75	4.824	27	丽格兰特	18.79	9.6	13.76	13
春光	72.73	5.19	9.647	23	美味	7.792	7.53	12.86	28
丰县红油	72.37	2.2	6.357	33	五月红	0	0	0	
东方红	67.96	7.09	5.378	36	超红珠	0	0	0	
五月火	67.82	1.38	10.34	50	不详				
丽春	67.27	9.17	2.946	25	红甜仁	83.21	2.43	3.65	30
早红宝石	63.11	4.46	6.839	45	红麻花	81.85	2.85	5.068	45
五月阳光	62.58	3.12	3.118	43	早春艳	75.37	1.81	7.553	31
6-25	52.59	3.16	2.011	36	南京金中	67.45	5.53	4.468	30
中油 5 号	52.52	1.81	2.213	41	秋秀蜜	46.51	1.66	5.329	25

注：表中数据为三个培养基平均值。

5. 病虫为害　桃流胶病、桃蚜等病虫害会引起落花落果，加强采果后病虫害的防治，结合叶面施肥，以防止秋季早期的异常落叶和促进叶片光合作用效能和光合产物的积累，从而可以克服因贮藏养分不足而导致的花芽分化质量差和雌蕊的退化。

6. 营养生长与生殖生长不协调　营养生长过旺，而抑制新梢措施不力，会引起落花落果。枝条生长与叶面积扩大，为花芽分化提供了制造营养物质的基础，有利于花芽分化。当年挂果过多，会削弱树势，导致当年枝梢生长减弱。相反如果植株生长过旺，消耗了过多的营养物质，反而会抑制花芽分化。因此要适时的调控树势，解决好桃树生长、结果、花芽形成三者之间的营养竞争的矛盾，以利花芽分化的顺利进行。在夏季修剪过程中，要尽量改善树冠光照，增加树体营养的贮藏，使花器各部分发育充实，同时加强采果后肥水的管理。

表 10 - 3　不同桃品种花粉发芽情况（王世茹等）

品　　种	花粉数（粒）	发芽花粉数（粒）	发芽率（%）
脆蜜桃	89.00	81.25	91.3
21 世纪	123.50	97.75	79.1
濑户内	104.75	76.00	72.6
秦王	111.00	81.00	73.0
美香	138.50	104.00	75.2
莱山蜜	88.75	63.75	71.8
富岛桃王	75	29.25	39.0
源东大白桃	87.75	29.75	33.9
中华寿桃	117.50	29.50	25.1
布目早生	152.25	31.50	20.7
2 - 7	189.75	33.25	17.5
有名白桃	150.75	23.00	15.2
圆黄	92.00	11.75	12.8

注：表中数据为 4 个不同视野平均值

二、促花技术

1. 加强肥水管理　根据桃树的生长的发育规律，一年施一次基肥，三、四次追肥及生长期多次根外追肥。7 月上中旬是促进花芽分化的关键时期，此期控制灌水，不施氮肥，施入适量磷钾肥。

2. 修剪控梢促花　在 7 月上、中旬对长达 30 厘米以上的副梢和内膛新梢摘心可促进花芽分化；在 8 月中、下旬对主枝或副梢的嫩尖摘心，可使枝条充实花芽饱满。

3. 多效唑（PP333）**控梢促花**　7月上旬开始，每10~15天喷一次200倍15％的 PP333 溶液，均匀喷布全株，连续2~3次。

4. 合理保护叶片　加强桃园的病虫综合防治工作，保护好树体和叶片，防止非正常落叶。

三、提高坐果率技术

1. 配置授粉品种　建园时要配置适量的授粉品种，特别是对花粉不育的品种，更应考虑配置授粉品种，或进行人工授粉；对雌蕊发育不完全的，除品种因素外，加强后期管理，减少秋季落叶，增加树体贮藏养分，使花器发育充实，提高抗寒力和花粉的发芽力。授粉品种的选择常选择花量大，花期相遇的品种，生产上建园时以采用多个品种混栽或按1∶4或1∶5的比例进行搭配种植。

2. 强化桃园综合管理，提高树体营养水平　通过提高综合管理水平，多施有机肥，合理水肥措施，保证树体正常生产发育；加强病虫害的综合防治，保护好叶片，防止非正常落叶；合理整形修剪，改善光照。

3. 授粉　主要采取昆虫授粉、人工授粉等方式，提高授粉效果，有效地提高坐果率、促进果实整齐、端正（见本章节四）。

4. 预防霜害　有些年份或部分地区会遇到晚霜危害，特别是近几年暖冬的出现，导致桃树开花提前，遇到倒春寒会导致桃树冻害，引起坐果率降低甚至绝产。为防止春季寒流侵袭造成冻花，除提高树体抗寒力外，也可采用果园熏烟、喷水等措施（见本章节五）。

5. 花前复剪　花前一周对所留的结果枝进行复剪，有盲节的长果枝要将盲节剪去，剪口留背下叶芽，无叶芽的短果枝、花束状果枝尽量疏除不用。过密的结果枝、主侧枝背下的结果枝及早疏除。

6. 合理负荷 通过疏花疏果，使桃树挂果适量，合理负载，以调节好果实和枝叶、结果与花芽分化的关系，以提高坐果率和果实质量（见本章第二节）。

四、授粉技术

目前我国桃树的授粉技术以配置授粉树，通过风、昆虫等传媒来自然完成授粉过程为主，同时辅以人工辅助授粉。风媒等自然授粉受自然条件影响较大，坐果率低，效果差；虫媒授粉效果好，是今后发展的方向；人工授粉是在花期遇上连续低温阴雨天气，自然授粉率低，会严重影响当年产量的情况下的一项重要措施，是增加桃子产量，改善品质重要途径之一，尤其对于设施栽培的桃树，授粉技术成为丰产的关键。

（一）蜂类授粉

蜂类是在生产中应用最广的授粉昆虫，其中以蜜蜂、壁蜂、熊蜂最为普遍和成熟。

1. 壁蜂授粉 壁蜂授粉技术已成为当今世界果树授粉的首选，目前发达国家均采用壁蜂授粉技术，实现了果品质优、果树稳产丰产的目标，果园壁蜂授粉技术，是一种能够替代人工辅助授粉的科学授粉方法，利用壁蜂授粉，果树坐果率比自然授粉提高30％以上，与人工授粉相当，对自然坐果率较低的树种尤为明显。该技术的示范推广，对减少用工、降低生产成本、保障产量、提高质量、增加农民收入、促进果品产业持续健康发展，意义重大。

①壁蜂的授粉效果 利用壁蜂给果树授粉，对提高坐果率，增加单果重，提高产量效果非常明显，在桃树上传粉坐果率提高35.9％，且壁蜂传粉至少可节省6个授粉用工/亩，比人工授粉节省成本60％，且丰产效果非常明显。

②壁蜂的生活习性 壁蜂是蜜蜂总科切叶蜂科壁蜂属的昆

虫，全世界约有 70 余种，在我国北方果区已采集到凹唇壁蜂、紫壁蜂、角额壁蜂、壮壁蜂和叉壁蜂 5 种壁蜂，其中角额壁蜂和凹唇壁蜂应用最多，壁蜂是苹果、梨、桃、樱桃等蔷薇科果树的优良传粉昆虫。

角额壁蜂，属膜翅目切叶蜂科的野生蜂，该蜂黑灰色，体长 10～15 毫米，雌蜂略大于雄蜂，比蜜蜂略小，经人工驯化，诱引其集中营巢，1 年中有 320 天左右在管巢中生活，在管巢外生活 40 天左右；以茧内成虫在管巢内越冬，翌春气温上升至 12℃ 时，成蜂在茧内开始活动，并咬破茧壳出蜂；为使出蜂与果树花期保持一致，需采用冷风库或家庭电冰箱的保鲜室 1～5℃ 贮藏种茧，一般从出蜂释放、授粉、繁蜂、回收经历的过程是 30～40 天；壁蜂从释放开始，8～13 天开始筑巢、产卵。卵期 7～10 天，孵化的幼虫靠吃花粉团生长发育，幼虫经过 30～35 天后开始化蛹，经过 40～60 天蛹羽化为成虫，进入越冬期，翌春出蜂。角额壁蜂 1 年 1 代，自然生存、繁殖力强、性温和，与蜜蜂相比，访花速度快，授粉效率高，授粉能力是意大利蜂的 80 倍，它不需人工饲喂，比管理蜜蜂简单易行。

③巢箱、巢管与放茧盒的准备

巢箱　巢箱有固定式和移动式两种。固定式用砖石等原料砌成，一次投入多年使用；移动式用木箱或纸箱做成。巢箱的长、宽、高分别为 30 厘米、20 厘米、25 厘米左右为宜，距地面 40～50 厘米，防止青蛙、蛇、蚂蚁等侵犯；一面开口，其余各面用塑料薄膜等防雨材料包好，以免雨水渗入。巢箱要放在避风向阳、空间相对开阔的树冠下，前方 3 米无树木、无建筑物遮挡，放蜂口朝南；2～3 个/亩巢箱，巢箱之间的距离在 50～80 米，每箱放 100 个～150 个巢管，管口朝外，两层之间放一硬纸板隔开。

巢管　可用芦苇或纸做成，管的内径 0.5～0.8 厘米、管长 20～25 厘米，一端封闭，一端开口，管口处要平滑，并用绿、红、黄、白4种颜色涂抹（颜色多，壁蜂易择定居），然后按比例（一般5∶2∶2∶1）混合，每60～80支扎1捆，按放蜂量的2～3倍备足巢管，每亩准备巢管300～400支。

放茧盒　一般长20厘米、宽10厘米、高3厘米，也可用药用的小包装盒。放茧盒放在巢箱内的巢管上，露出2～3厘米，盒内放蜂茧40～50头，盒外口扎2～3个黄豆粒大小孔，以便于出蜂，严禁扒茧取蜂。

④放蜂技术

放蜂时间　应根据树种和花期的不同而定，一般待花开放3％～5％时开始放蜂，即初花期前4天左右放蜂。蜂茧放在田间后，壁蜂即能陆续咬破壳出巢，7～10天出齐；如果提前将蜂茧由低温贮存条件下取出，在温室下存放2～3天再放到田间，可缩短壁蜂出茧时间。若壁蜂已经破茧，要在傍晚释放，以防壁蜂走失。放蜂期一般在15天左右。

放蜂方法　将冷藏存放的蜂茧按计划数量放在事先准备好的放茧盒内，再将放茧盒放在巢箱内的巢管上，使放茧盒的小孔向外，待成蜂全部出盒后将盒收回。然后在巢前挖1个深20厘米、口径为40厘米的坑，提供湿润的黄土，土壤以黏土为好，坑内每天浇水保持湿润，供蜂采湿泥筑巢房，确保繁蜂。

放蜂数量　盛果期果园放蜂100～150头/亩蜂茧，对于不是集中释放园片要加大释放量，一般300～500头/亩，放蜂后应经常检查，防止各种壁蜂天敌的危害。

⑤蜂种的回收与保存　在果树花期结束时，授粉任务完成，繁蜂即结束，应及时回收巢管，把封口或半封口的巢管50支一捆，放入纱布袋内，挂在通风、干燥、清洁、避光、不生火的空房内存放。2月份剥开巢管，取出蜂茧，剔除寄生蜂，然后按500头一组放入玻璃瓶内，用纱布封口，置于冰箱冷藏室（4℃左右）贮存。直到下一年度果树花期时取出，进园释放。回收过程中要轻收、轻放，平放巢管，集中装筐，不受震动地带回家。

应挂在干燥、避光的房屋中贮藏，注意防虫、防鼠。

⑥果园配套管理技术　果园放蜂前 10～15 天喷 1 次杀虫杀菌剂，放蜂期间不喷任何药剂；树干不能药物涂环；配药的缸（池）用塑料布等覆盖物盖好；巢箱支架涂抹沥青等以防蚂蚁、粉虱、粉螨进入巢箱内钻入巢管，占居巢房，危害幼蜂和卵；巢箱前方应无物体遮挡，并严禁在巢箱下地面上撒毒饵。

壁蜂在田间活动大约 40 天左右，而桃树花期相对较短，为增加壁蜂繁殖系数，防止桃树开花前、花后无花源壁蜂跑掉，可在蜂箱附近种植白菜、萝卜等开花早、花期较长的植物，来补充花粉量的不足。

放蜂期间不能移动巢箱及巢管，防止壁蜂不进入巢箱。放蜂期间如遇降雨，必须提前准备好大塑料布（袋），把巢箱盖好，停雨后及时解除，以确保壁蜂正常授粉和繁殖。放蜂的果园在确保产量的前提下，根据树体强弱确定负载量，严格疏花疏果。

2. 熊蜂授粉

①生物学特性　属膜翅目，蜜蜂科，熊蜂属，是一类多食性的社会性昆虫，其进化程度居于独居性和社会性的中间类型，适应性广，在低温、弱光条件下仍能飞行工作，尤适合于设施内作物授粉，是为温室作物和一些特定作物授粉的佼佼者。体粗壮，中型至大型，黑色，全身密被黑色、黄色或白色、火红色等各色相间的长而整齐的毛。口器发达，中唇舌较长，吻长 9～17 毫米，但也有较短的个体；唇基稍隆起，而侧角稍向下延伸；上唇宽为长的两倍，颚眼距长；单眼几乎呈直线排列。胸部密被长而整齐的毛；前翅具 3 个亚缘室，第 1 室被 1 条伪脉斜割，翅痣小。雌性后足跗节宽，表面光滑，端部周围被长毛，形成花粉筐；后足基胫节宽扁，内表面具整齐排列的毛刷。腹部宽圆，密被长而整齐的毛；雄性外生殖器强几丁质化，生殖节及生殖刺突均呈暗褐色。雌性蜂腹部第四与第五腹板之间有蜡腺，其分泌的蜡是熊蜂筑巢的重要材料。

在自然界，大多数地区熊蜂都是1年1代，极个别的区域有1年2代的情况。熊蜂群的消长规律，通常是单只蜂王休眠越冬，第2年春季筑巢产卵繁殖，在夏秋蜂群发展到高峰期时产生雄蜂和新蜂王，新王交配后不断的取食花蜜和花粉，待体内的脂肪体积累充分时，再另居它处以休眠的方式越冬，而原蜂群在秋末冬初时自然消亡。这说明，在自然界，熊蜂的授粉应用主要在夏秋季，而对于冬季和早春的温室蔬菜授粉则需要通过人工创造条件改变熊蜂蜂群的生活才能满足要求。目前，无论国外还是国内，均已掌握熊蜂周年饲养技术，并达到授粉熊蜂生产、商业化。

②熊蜂的授粉特性

采集能力强　熊蜂个体大，寿命长，浑身绒毛，有较长的吻，授粉效果好；熊蜂具有旺盛的采集力，日工作时间长，对蜜粉源的利用比其他蜂更为高效。

耐低温和低光照　熊蜂能抵抗恶劣的环境，对低温、低光密度适应力强，既使在蜜蜂不出巢的阴冷天气，熊蜂可以继续在田间采集。利用熊蜂耐低温的生物学特性，能够实现温室作物周年授粉，特别是冬季授粉。

趋光性差　熊蜂的趋光性比较差，不会像蜜蜂那样向上飞撞玻璃或棚膜，而是很温顺的在花上采集。

耐湿性强　在湿度较大的温室内，熊蜂比较适应。

声震大　熊蜂的声震大，对于一定的声震作物（一些植物的花只有受到昆虫的嗡嗡震动声时才能释放花粉）的授粉特别有效。

信息交流系统不发达　熊蜂不像蜜蜂那样具有灵敏的信息交流系统，能专心地在温室内果树上采集授粉，很少从通气孔飞出去。因而，熊蜂成为温室比蜜蜂更为理想的授粉昆虫。

③授粉效果　熊蜂具有较长的口器（吻），旺盛的采集力，能抵抗恶劣环境，对低温、低光密度适应力强、能专心地在温室

授粉，以及对采用蜜蜂授粉不理想的作物有较好的授粉效果等特点，能弥补蜜蜂授粉的不足。

提高坐果率，增加产量　龚禹峰等（2001）利用熊蜂为大棚桃树授粉的研究结果显示，应用熊蜂授粉的桃坐果率为85.25%，分别比采用蜜蜂和人工授粉的提高16.95%和27.43%；畸形果率为2.76%，分别比采用蜜蜂和人工授粉的低0.61%和1.32%；总产量分别提高53千克和67千克。

提高果品品质　由于熊蜂会在花粉数量最多，活力最高时授粉，效果最好，授粉后果实个体大小均匀一致，且果形好，畸形果率低，龚禹峰等（2001）的研究结果显示，应用熊蜂授粉其果实的直径分别比采用蜜蜂和人工授粉的大2.50毫米和3.05毫米；果实高度分别高出2.62毫米和4.80毫米；单果重量分别高出5.71克和9.06克。安建东等（2003）试验表明和人工授粉相比，熊蜂授粉桃树的产量提高了9.14%，畸形果率下降了24.32%，而且，熊蜂授粉区桃果实的大小和果肉厚度明显大于人工授粉；熊蜂授粉区桃果实的维生素C含量比人工授粉增加了22.25%，可溶性固形物含量增加了11.25%，总糖含量增加了6.89%，可滴定酸含量增加了25.00%。

省却管理　授粉工作由熊蜂完成，不需额外管理，蜂箱由天然材料专门设计制造的，适合熊蜂的生存，配备3个月的食物，一旦授粉熊蜂进入棚室安置好后就无需任何管理。

提高生态环境效益　使用传粉昆虫后会减少有毒农药的使用，而增加对低毒高效安全农药的使用，并有意识地偏重于采用生物防治技术；传粉昆虫取代激素授粉，减少了激素造成的污染，提高了果品品质，保护了生态环境。

④释放方法　在花期前2~3天将熊蜂的蜂箱搬入大棚或果园内，冬季可悬挂在棚顶下方，夏季垫高约60厘米置于阴凉处。蜂箱有两个开口，一个是可进可出的开口A，另一个是只进不出的开口B，正常作业时，可封住B，打开A，允许熊蜂自由进

出，当需要喷药时，可挡住 A，打开 B，使室内熊蜂全部回到蜂箱，免受药害，也可黄昏熊蜂回箱后把箱移出温室再施药，2 天后再放回原地，严禁施用具有缓效作用的杀虫剂、可湿性粉剂、烟熏剂及含有硫磺的农药。

使用熊蜂授粉一般在傍晚时将蜂箱带入棚内，1 小时内，打开蜂箱两个口。熊蜂工作时会在花瓣上留下肉眼可见的棕色印记（称为"蜂吻"），一般释放 50~80 只熊蜂/亩。熊蜂对高温敏感，夏季使用时在蜂箱顶部放置清水可帮助蜂群降低巢内温度。

⑤注意的问题　熊蜂的进化程度比较低，处于从独居蜂到社会性蜜蜂的中间阶段，当蜂群群势达到高峰期以后就开始走向逐渐消亡的阶段，所以，在温室桃树开花期间提供青壮年的熊蜂群是取得高效授粉的前提条件，授粉熊蜂繁育周期为 60 天左右，应做好充分准备。

开花期间，要用防虫网封上温室顶部的通风窗，防止个别熊蜂外逃而影响蜂群的授粉性能。

蜂箱在放入温室之前要配备足够的饲料，防止天气突变而使温室桃树的花期推迟或花粉难于成熟，造成熊蜂采集不到花粉而饿死的现象。

授粉期间不要轻易打开蜂箱观看，以免影响蜂群幼虫的发育和采集蜂的正常活动，要检查蜂群正常与否，可以通过观察进出巢门的熊蜂数量来判断。在晴天的早上 9~11 点，如果在 20 分钟内有 8 只以上的熊蜂飞入蜂箱或飞出蜂箱，则表明这群熊蜂处于正常的状态，对于不正常的蜂群要及时通知专业人士检查原因或更换蜂群，以保证授粉工作的顺利进行。

避免强烈振动或敲击蜂箱，不要穿蓝色衣服及使用香水等化妆品，以免吸引熊蜂。

3. 蜜蜂授粉

①蜜蜂授粉情况　我国约有 700 余万群蜜蜂，用于授粉的蜂群尚不足百分之一，蜜蜂为农作物授粉，能大幅度提高农作物产

量，现已成为农作物增产的一项有力措施，日益受到世界各国的重视，在国外，饲养蜂群为农作物及果树授粉，已成为一项专门的经营项目。据报道法国由于蜜蜂授粉，每年农作物增产的价值约为5 000万法郎，比蜂产品的收入多13～15倍。澳大利亚每年蜂蜜、蜂蜡的产值约为450万澳元，但蜜蜂为农作物授粉每年可增加产值1～2亿澳元。特别是美国对蜜蜂授粉最为重视，应用得最好，近十几年来蜜蜂授粉工作得到迅速的发展，已形成了专业化和产业化，养蜂者已将授粉收入列为养蜂的一项经济来源，美国现有400多万群蜜蜂，农场和果园每年约租用100万群，为100多种农作物授粉，每箱蜜蜂的租金约为20～35美元。例如加利福尼亚州，该州几十万群蜜蜂中有一半以上被庄园主租去为作物授粉，授粉蜂群的租金收入约有2 500多万美元，占养蜂总收入4 200多万美元的60％，美国每年利用蜜蜂授粉使农作物增产的价值将近200亿美元。而我国约有700余万群蜜蜂，用于授粉的蜂群尚不足百分之一，影响授粉的主要原因：一是对蜜蜂授粉的增产作用宣传力度不够，农民还不了解授粉增产的作用；二是养蜂人和农民的配合上不协调。蜜蜂授粉桃子的坐果率显著高于人工授粉和自花授粉，有蜂授粉区比无蜂授粉区增产41.5～64.6％，畸形果率降低10个百分点。

②常见授粉蜜蜂种类介绍

中华蜜蜂　是东方蜜蜂的一个品种之一，简称中蜂，是我国的土著蜂，目前我国大约有100多万群已采用活框蜂箱进行科学饲养。工蜂个体比意蜂略小，体长10～13毫米，前翅长7.5～9.0毫米，喙长4.5～5.6毫米。头、胸、腹的宽度比为96：101：106；工蜂触角的柄节均黄色，但小盾片有黄、棕、黑三处颜色。腹节背板黑色，第一腹节背板前区有三角型黄色斑，2～6节背板前缘有不同程度的黄环。在高纬度高山区中蜂的腹部的色泽偏黑，处于低纬度平原区的色泽偏黄。全身被灰色短绒毛；雄蜂体长11～14毫米，体色黑色或黑棕色，全身被灰色绒毛。蜂王体长 14～19 毫米，体色有黑色和棕红色两种，全身覆黑色和深黄色绒毛。工蜂嗅觉灵敏，发现蜜源快，采集力较弱，善利用零星蜜源，飞行敏捷，采集积极。在华南可在较低温度下采集冬季蜜源。不采树胶，蜡质不含树胶。抗蜂螨力强，盗性强，分蜂性强，在缺乏饲料或病虫害侵袭时易飞逃，造脾能力强，喜咬毁旧脾爱造新脾。越冬性强，抗巢虫力弱，易染囊状幼虫病和欧洲幼虫病，产育力（指以蜜蜂封盖子的数量表示，为蜂王的产卵力和工蜂哺育力的综合表现）较低，育虫节律较陡，即蜂群育虫受蜜源和气候条件的波动较大；蜂王产卵力弱，每日产卵量很少超过 1 000 粒，在蜜粉源缺乏的季节里蜂王的产卵量会下降到 100～200 粒。但根据蜜粉源条件的变化后，蜂王调整产卵量快，蜂群丧失蜂王易出现工蜂产卵。蜜房封盖为干型。

意大利蜂　群势大，喙长，是国内外利用的主要授粉蜜蜂，能维持强大群势，对大面积蜜源采集能力强，适宜于大面积显花作物场、果园饲养和转地饲养。体形比黑蜂略小，腹部细长，吻较长（6.3～6.6 毫米）；腹板几丁质颜色鲜明，在第 2 至第 4 腹节背板的前部具黄色环带。意大利蜂一般比较温顺，在提脾翻转检查时，能保持安静，它的造脾性能优越，蜜盖洁白，可以生产巢蜜，分泌王浆的能力特强，并善采贮大量花粉；蜂群育虫力特强，从早春可直至深秋都能保持大面积子脾（地中海型的育虫周期），特强的蜂群在仲夏仍能很好地工作，这样就能在主要季节，节省大量管理劳力；分蜂性非常弱，清巢能力强，抗巢虫。但意蜂以强群越冬，食料消耗大，在较高纬度地区，越冬困难。早春育虫时，工蜂往往受冻损失，因而春季群势发展迟缓。若夏季流蜜不佳，由于消耗大，容易出现饲料短缺。

中华蜜蜂与意大利蜜蜂在形态、蜂巢结构、群势、习性、行为、抗病性、抗逆性和生产性能方面的主要区别如表 10 - 4 所示。

表 10 - 4　中华蜜蜂与意大利蜜蜂主要的区别（方文富）

特征和特性		中华蜜蜂	意大利蜂
上唇基		具三角斑	无三角斑
后翅中脉		分叉	无分叉
大小	蜂王	13～16 毫米	16～17 毫米
	工蜂	10～13 毫米	12～13 毫米
	雄蜂	11～13 毫米	14～16 毫米
体色	蜂王	黑、枣红	橘黄至淡棕
	工蜂	灰黄	淡黄
	雄蜂	黑	金黄有黑斑
吻长		4.5～5.6 毫米	6.2～6.7 毫米
肘脉指数		4.0（3.1～4.6）	2.3（2.1～2.8）
巢房大小	蜂王	ϕ6.00～9.00 毫米	ϕ8.00～10.00 毫米
	工蜂（对边距）	4.81～4.97 毫米	5.20～5.40 毫米
	雄蜂（对边距）	5.25～5.75 毫米	6.25～7.00 毫米
雄蜂房蜡盖		笠状，具孔凸出	盖平
群势		1～2 千克	1～3.5 千克
蜂王产卵力		400～1 000 粒/日	800～1 500 粒/日
繁殖情况		能据蜜源调节育虫	春季育虫早，蜂群发展平稳，夏季群势强
扇风行为		鼓风型（头朝外）	抽气型（头朝内）
采集情况		善于利用零星蜜源和南方的冬季蜜源，能采集浅花冠的蜜源	善于采集持续时间长的大蜜源
分蜂性		强	弱，易维持大群
耐寒性		群体一般，个体强	一般
饲料消耗		少	较多
泌蜡造脾力		善咬毁旧脾，爱造新脾	泌蜡力强，造脾快
产浆性能		差	好

（续）

特征和特性	中华蜜蜂	意大利蜂
采集利用蜂胶	不采	较多
蜜房封盖	干型，白色	中间型
温驯情况	易螫，怕光，提脾时蜜蜂易出现慌乱	温和，提出巢脾时蜜蜂安静
工蜂产卵情况	失王后工蜂易产卵	失王后工蜂较不易产卵
盗性	强	强，卫巢力强
清巢性	弱	强
抗螨性	强	弱
抗巢虫能力	弱	较强

③气候对蜜蜂的影响 温度、光、湿度、风、雨雪等气象因子，直接影响蜜蜂巢内生活和巢外飞翔、排泄、采集活动；间接影响蜜源植物的生长、开花、流蜜和吐粉，是蜂场周围对蜜蜂影响最大的因素之一。

温度的影响 在影响蜜蜂生活的气候诸因素中，温度是最主要的，蜜蜂属于变温动物，单一蜜蜂在静止状态时，其体温与周围环境的温度极其相近；中蜂、意大利蜜蜂的个体安全临界温度，分别为10℃和13℃，当气温降到14℃以下时，蜜蜂逐渐停止飞翔，气温达40℃以上时，蜜蜂几乎停止田野采集工作，有的仅是采水而已。

光的影响 日照能刺激蜜蜂出勤，晴天一早就能照到阳光的蜂群比下午1时才照到巢口的蜂群，在上午12时工蜂的出勤率约高3倍，而且下午出勤数仍比下午1时后照到太阳的蜂群高，这对增加蜜粉产量和提高授粉效果作用很大。为了争取有较长的日照时间，蜂场和巢门一般应朝南为宜；如果蜂群处于不利采集的环境下，蜂箱宜放荫凉处，以保存实力；晨间低温，巢门不可朝东，以免受光引诱，外出冻死；夜晚蜜蜂也有趋光现象，为避免损失，蜂场夜晚应处在黑暗环境，更不可面对光源；蜜蜂只能区别黄、绿、蓝、紫4种光色。对于红色光是色盲。对于白色，如果它的组成近似日光，在蜜蜂看来则为无色，根据蜜蜂是红色色盲的特点，夜晚在蜂场工作或室内检查越冬蜂群，可以利用红灯照明，避免蜜蜂趋光损失或骚动不安；为了避免蜜蜂可能因迷巢所引起的伤亡，可利用蜜蜂对于光色的区别能力，在蜂箱上漆以不同的颜色，以便区别。

湿度的影响　据测定，育虫箱内的相对湿度保持在35%～45%之间，最适于蜂子的发育，但是湿度短时间的升降，对蜂子的影响不大。蜜蜂在冬季是靠打开巢脾中的蜜房盖，让蜂蜜从空气中吸收水分，使饲料蜜适当稀释后来解渴的。越冬期越冬室最适宜相对湿度为75%～80%。

其他气候因素的影响　除了光、温度和湿度对蜜蜂有影响外，风和雨对蜜蜂的影响也不容忽视，在晴暖无风的条件下，意蜂载重飞行的时速为20～24千米，出巢蜂由于寻找蜜粉源，飞行速度有时反而表现较慢；蜜蜂飞行最高时速，可达40千米，但在风速达到每小时24千米时，蜜蜂就不可能持久飞行，每小时风速达17.6千米时，采粉蜂减少，达33.6千米时，采粉工作便停止。阵雨或突然的暴雨对蜜蜂出勤的安全是一个很大的威胁，风大的地区，蜜蜂外出采集时，往往被迫贴近地面飞行，因此，蜂场的地点应布置在蜜粉源的下风向，使蜜蜂空腹逆风而去，满载后顺风而归。同时，蜜蜂有明显偏集到上风向蜂群的习性，常给管理上造成很大困难。

④蜜蜂授粉的特性　自然界中，为农作物授粉的昆虫很多，但蜜蜂是大多数农作物的基本授粉者，据考察，蜜蜂在苹果、樱桃、桃、梅等果树的传粉上，担负了75%～80%的工作，有的地区甚至达90%以上，蜜蜂之所以是最理想的授粉者，是因为它在形态构造及生活习性上，具有以下几个很有利的特点：

形态构造上的特殊性　蜜蜂的周身密生绒毛，有的还呈羽状分叉，易于黏附花粉，据计算，1只蜜蜂周身所携带的花粉，可达 500 万粒之多。虽然采集蜂认真地刷集身体上所黏附的花粉，但每只蜜蜂所黏附的花粉，仍可达 1 万～2.5 万粒以上，远远超过任何其他昆虫，当蜜蜂从这朵花转到另一朵花上采集时，授粉工作便随之完成；蜜蜂具有高度特化，专门适应采集花粉的特殊构造，如花粉刷、花粉栉、花粉耙和花粉筐等。前足用于刷集头部、眼部和口部的花粉粒，中足用于清理、刷集胸部的花粉粒，后足用于集中和携带花粉。

特殊的蜜源信息传递体系　蜂舞和外激素，是蜜蜂高度进化信息传递方式，蜜蜂能以特殊的蜂舞为其同伴指示蜜源的距离、方向，乃至蜜源的量，并引导同伴前往蜜源所在地，这有利于利用蜜蜂授粉；在蜜蜂的外激素中，蜂子信息素和那氏信息素分别具有刺激工蜂出巢采集和引导本群工蜂前往采集的作用。

授粉的专一性　蜜蜂每次出巢，仅采集同一种植物的花粉及花蜜。这种特性，对于授粉的作用，远比其他昆虫更为有利。据统计，每育成 1 只蜜蜂，需要 10 团花粉（以 1 只蜜蜂的 1 对花粉筐所带满的花粉为 1 团），而每团花粉需要来自 84 朵桃花，1 个强盛的蜂群，全年约育成 20 万只蜜蜂，因此，每 1 个强群 1 年要采集 200 万团花粉，按此计算，所采的花数就可达到 16 800 万～69 300 万朵；另外，每只蜜蜂的 1 次采蜜飞行，常要采集几百朵的花，蜜蜂每酿造 1 千克蜂蜜，大约要飞行 5 万～6 万只次，而 1 群蜜蜂，每年所生产的，加上本身所消耗的蜂蜜，不下 100 千克。可见，其采花数目将达数亿以上。

群居性　蜜蜂过着群居生活，群体虫口数量大，据估算，1 个意大利蜜蜂强群可达 6 万只蜜蜂，1 个中华蜜蜂强群也有 3 万只蜜蜂。这不但有利于人为通过引入蜜蜂来补充缺乏授粉昆虫地区的授粉昆虫数量，而且群居且虫口众多的蜜蜂群体生活力强，适应于各种条件下的授粉工作。

可运移性　蜜蜂饲养在蜂箱内，每到夜晚便统统归巢，这样，就可以关上巢门，运移到任何需要它们授粉的地方。蜜蜂转地饲养的生产实践不但业已证明了蜂群良好的可运移性，而且为人为迁移蜜蜂摸索出了一系列实用的技术措施，这为授粉蜂群的安全运移提供了可靠的保证。

食料贮存性　蜜蜂体内具有蜜囊，贮蜜量可达体重的一半，蜂巢更是贮存蜂蜜、花粉的大仓库，其容量可达几十千克，这些条件，可促使蜜蜂长期无厌足地从事采集工作，不停地为果树传粉。

可训练性　利用蜜蜂的条件反射，可用泡过某一种花香的糖浆饲喂蜜蜂，造成某种特殊花香和大量食料共存的条件，以诱引它们到需要传粉果树上进行传粉工作，利用蜜蜂条件反射的原理，可以达到训练蜜蜂为果树授粉的目的。

易于饲养管理　与其他授粉蜂类相比，人类饲养蜜蜂已有数千年的历史，对蜜蜂生物学习性有了相当的了解，蜜蜂的饲养技术较为成熟，因此一般蜂农基本可以胜任蜜蜂的饲养管理，不需要特种饲养管理技术。对于授粉蜂群的管理，只要在常规的饲养管理基础上，根据具体果树及其授粉要求特点进行管理即可，也无需特别高深的技术，一般蜂农就可以应对。

⑤授粉蜂群的饲养管理

授粉蜂群的准备　在桃树开花前 60 天，应对授粉用蜂群进行详细的检查，确定蜂数、蜂王的品质、食料的多少、以及是否发生疾病等，然后按照一般的蜂群管理法，开始奖励饲养，饲喂蜜粉混合饲料，为需要授粉的作物培养大量的适龄工作蜂（采集蜂）。当必要时，应采用补助幼蜂和蜂儿的方法来加强授粉蜂群。

授粉蜂群进场时间　一般情况下，在桃树开花之前 10 天，要把授粉蜂群运到授粉地带，这不但可以使群内的内勤蜂在桃树开花授粉之前来得及成为外勤蜂而投入授粉工作，而且，授粉蜜蜂能有足够的时间，调整飞行觅食的行为和建立飞行的模式，蜜蜂能采得较多的食物，同时增进授粉的效果。但对于花蜜含糖量较低的作物，因其对蜜蜂的引诱性弱，田间如有其他蜜源植物开花，蜜蜂会选择含糖量高的植物采集，而冷落要授粉的作物，在这种情况下，授粉蜂群要在花开达 10％～15％或更多时移入。

　　授粉蜂群的数量　桃树授粉所需蜂群的数量，取决于蜂群的群势、桃树的面积及分布、花的数量、花期及长势等，一个强势蜂群可承担 3 400～4 000 平方米的面积，在早春，由于蜂群正处于增殖阶段，群势较弱，所以应适当减少承担的面积；如果桃树分布较分散，应适当增加蜂群。

　　授粉蜂群的布置　蜜蜂飞行范围虽然很大，但离果树越近，授粉就越充分，飞行时蜜的消耗也越省，在布置授粉蜂群时，要根据授粉桃树的面积和分布等具体情况合理布置授粉蜂群，以确保获得理想的授粉效果；授粉蜂群应以组为单位摆放，特别对异花授粉的果树，更忌以单群分散放置。成组摆放的蜂群，由于各组间的蜜蜂交错飞行和频繁改变采集路线，更有利于进行异花授粉。在授粉蜂群的位置确定以后，还要注意将蜂群排放在背风向阳的地方。若是在夏季暑热时期，应尽可能把蜂群排放在遮阴处。

　　早春加强保温　因为早春蜂群弱，外界温度低，变化幅度大，如果不加强保温，大部分蜜蜂为了维持巢温而降低了出勤率，影响蜜蜂的授粉效果。为此，除了放蜂地点应选择在避风向阳处外，一方面应采用箱内和箱外双重保温的办法，加强蜂群保温，另一方面应使蜂群保持蜂多于脾，保证蜂箱内的温度正常，提高蜜蜂的出勤率，增强授粉效果。

　　维持强群　用于授粉的蜂群，必须是强群，不但要求蜂群拥有的蜂量多，而且必须有大量的适龄采集蜂和大量的未封盖子，大量的采集蜂意味着有大量的授粉工作蜂投入授粉工作，而群内大量的未封盖子，则可促使蜜蜂去采集大量的花粉，从而增加果树的授粉。研究显示，强群在外界气温 13℃时开始采集，弱群在外界气温达 16℃时才开始出巢采集，一般春季气温比较低，变化幅度也大，因此只有强群才能保证果树的授粉效果。

脱收花粉刺激蜜蜂采集　在养蜂实践中，常常会看到这样一种现象，即当蜂群内花粉仅仅只能满足蜂群需要而无多余时，蜜蜂便会积极采粉，以满足群内育子需要，根据这一现象，在果树面积大或者花粉特别丰富时，可以采取在授粉蜂群的蜂箱巢门口安装蜂花粉采集器，脱取部分蜂花粉的办法来提高蜜蜂采花授粉积极性。

调整临界点，提高授粉积极性　加拿大卡莫 K. A 等认为，当外界综合因素，如温度、光强度和花蜜浓度达到临界点时，蜜蜂才开始采集授粉，对于西方蜜蜂，其个体低温安全临界气温为 14℃，而愿意采集的最低花蜜含糖浓度为 8%。在接近临界点时，对蜂群采取一些调控措施，使之为那些原先对其没有吸引力的果树授粉，可采取幽闭蜂群的方法调控蜜蜂的临界点。授粉蜂群经过 1.5 天幽闭后，搬到新场地，在气温较高的中午前后放开，蜜蜂急切出巢，出巢后立即在附近的花上采集，在短时间内它们不加辨别地采集，经采集的蜜蜂返回巢内，用蜂舞及外激素指示和引导同伴投入该作物区采集，这样可以获的较好的授粉效果。但在采取幽闭措施期间，应加强蜂群的通风，并注意给蜂群供水，以免闷死蜜蜂。

⑥需要注意的问题

对于无花粉品种授粉放蜂的数量　由于无花粉品种花中没有花粉，所以采粉蜜蜂一般不去访问，只有采蜜的蜜蜂才去访问，而采蜜的蜜蜂身上及腿部不沾花粉，所以授粉效果差，据石家庄果树研究所试验，只有将蜜蜂数量扩大到一般果园蜜蜂授粉数量的 5 倍以上时才能取得较好效果。

合理放置蜂群　一般果园放蜂数量 2 000～4 000 头/亩，授粉蜂群在果园里的放置应因地制宜。要充分考虑蜂群与果树距离，以提高授粉效果，一般以蜜蜂从蜂箱到果园的任一部位，最远不超过 50 米为宜，如果每箱蜂数量 1 500～2 000 头的话，果园可设 1～2 箱，蜜蜂进园宜在傍晚，最好在夜间。

温室、大棚桃园放蜂要注意授粉蜂群应安置在相对干燥处，蜂箱底部用砖头垫起30厘米高。授粉蜂群可根据温室方向摆放，对于南北走向的温室，蜂群可放在大棚的中部靠西侧，巢门略向东为好；对于东西走向的温室，蜂群可安置在距离西壁1/5处贴近北侧壁，巢门向东。一般500平方米的温室配置2～3足框蜜蜂的授粉蜂群即可；应在开花前4～5天将蜂群搬进温室，让蜜蜂试飞、排泄，适应环境，同时要补喂花粉，奖励饲喂，以刺激蜂王产卵。

（二）人工授粉

①人工授粉的范围 无花粉或少花粉的品种，或花期遭遇连续低温、阴雨等恶劣天气，缺乏访花昆虫，设施栽培等条件下，需要进行人工辅助授粉。

②采集花粉 选择花粉量大、花期与主栽品种相同或稍早的优良品种为授粉品种。在授粉品种的花蕾含苞待放时进行采集，此时花粉含量多，活力强。将当天采集的花蕾放在有小孔的塑料篮中，轻轻用手搓，使花粉囊脱落，漏到塑料篮下的报纸上。在报纸上将花粉囊摊成薄薄一层，点60瓦或100瓦白炽灯泡加温，保持温度20～25℃，温度过高则发芽率低，出粉量少，过低则烘干时间长，烘干时间一般为36小时左右。每3～4小时将花粉囊翻动一次，使花粉囊破裂，待黄色的花粉撒出，用1份花粉加2份生粉（烧菜勾芡用的）拌和后装瓶，置于低温干燥处储藏备用。其花药损失率一般低于20%，和用镊子逐花取花药相比，工效却可以提高数十倍。忌在阳光下曝晒花粉，**晒干的花粉发芽率仅为10%～20%**，而晾、烘干的花粉发芽率可达50%以上。制取的花粉除用于当年人工授粉外，如有剩余，可进行冷藏，以备冬季大棚桃树授粉或来年再用，一般将花粉放在棕色玻璃瓶内密封；也可用塑料袋密封后，用黑色纸包好，再用塑料袋包装，然后置于零度以下的冰箱内贮存。使用时，需做发芽试验，采用此法贮存的花粉，一年后其生活力一般可达70%以上。

③授粉时期　在开 40%～50% 和 80% 花时分别进行 2 次授粉。授粉时间在露水干后，一般在上午 9 时～下午 4 时进行，授粉后 3 小时内遇雨应重复授粉。

④授粉方法

人工点授　选择晴天上午，用过滤烟咀、棉签、气门芯、授粉棒等做授粉器，沾上稀释后的花粉，按主枝顺序点花，每个主枝由下到上，由内到外，点好一个枝条划上记号，避免重复和遗漏。一般长果枝点 5～6 朵，中果枝 3～4 朵，短果枝、花束状果枝 1～3 朵；所点的花要选当天开放不久，柱头嫩绿，并有黏液分泌的花，以保证受精结果，一般应授白色的花，粉色的花或红色的花期柱头接受花粉的能力已下降；每沾一次可授 5～10 朵花，每序授 1～2 朵花。

授粉器喷粉　花粉与滑石粉按 1：10（容积）左右充分混合后装入机械授粉器进行授粉，根据树体枝条位置调节喷粉量，以顶风喷为宜，可以提高效率 20～30 倍。目前蒙阴县果区正在推广使用"金枪手"牌果树授粉器，授粉器有 A/B 两个型号（专利号：200520004060.7，200630313425.4），A 型是输粉带传送的，这个型号的花粉利用率高（95% 以上），能够花粉和粉渣自动分离，但是出粉先大后小，要调节调速开关配合使用；B 型是可调自落式，这个型号出粉均匀，花粉利用率在 80% 左右，花粉和粉渣一起输出。无论哪一个型号都能提高效率 10～30 倍。

液体授粉喷雾法　盛花期将采集的花粉制成糖尿花粉液，用微型喷雾器喷雾授粉，省工又省时。糖尿花粉液的配制：先用蔗糖 250 克加尿素 15 克加水 5 千克，配成糖尿混和液，临喷前加花粉 10～12 克加硼砂 5 克，充分混匀，用 2～3 层砂布过滤即可喷雾，要随配随喷。

鸡毛掸滚授法　选用柔软的长鸡毛扎一个长 40～50 厘米的大鸡毛掸子（普通鸡毛掸短，采授粉效果不好），再根据桃树的高度取适当长短的竹竿作为长把。开花后用鸡毛掸子在授粉品种树上轻轻滚动，沾满花粉后再到要授粉的品种上轻轻滚动抖落花粉，即可达到授粉的目的，此方法工效较高，但授粉效果不如点授。

五、霜害的预防

近几年由于暖冬的出现，桃树发芽早，花期提前，时常会遇到倒春寒造成的晚霜为害，霜害是由于初春短期内气温回升很快，而在萌芽后开花期，伴随着西北强冷空气的入侵，气温骤然下降，低于果树各器官临界温度出现了霜冻之害。据王华研究认为，从3月初（惊蛰）到4月中下旬（谷雨前后），每隔7～10天会有一次西伯利亚和蒙古冷空气侵袭，气温可骤降6～12℃，影响1～3天，不同地区冷空气出现的时间、次数、频率、强度有所不同，严重威胁到果树的安全生产。

①霜冻害的症状　一般情况下，花芽比叶芽易受冻，受冻花芽髓部及鳞片基部变褐，严重时花芽干枯死亡；花朵受冻害后，花瓣早落，花柄变短；幼果受冻，表现为胚珠、幼胚部分变褐、发育不良或中途发育停止，引起落果；枝条冻害表现为枝条皱皮干缩，但皮层仍为绿色，大多数发生在幼树。轻者一年生枝条、多年生枝条前端抽干枯死，重者整个枝条死亡。一般枝条越小，抗寒力越差，越易受冻。小枝比大枝易受冻害，秋梢比春梢易受冻害。

②霜冻害发生的特点　春季晚霜对果树的开花和坐果危害甚大，由于严冬度过，落叶果树已解除休眠，各器官抵御寒害的能力锐减，特别当异常升温3～5天后遇到强寒流袭击时，更易受害。果树花器官和幼果抗寒性较差，花期和幼果期发生晚霜冻害，常常造成重大经济损失。花期霜冻，有时尚能有一部分晚花受冻较轻或躲过冻害坐果，依然可以保持一定经济产量，而幼果期霜冻则往往造成绝产。果树花器官的晚霜冻害，往往伴随着授粉昆虫活动的降低和终止，从而降低坐果率。霜

冻危害的程度，取决于低温强度、持续时间及温度回升的快慢等气象因素。温度下降快、幅度大，低温持续时间长，则冻害重。

气候条件　晚霜冻害似乎是突然发生，但它完全是由当时的气候特点决定的，每次发生都是有明显先兆的，主要是连续西北风。焦世德等认为莱州当4月中下旬连续2～3天西北风，傍晚突然刹风，都极有可能发生晚霜冻害，应格外注意搞好预防工作。2002年、2004年与2005年3次较为严重的晚霜冻害，均为连续西北风，气温下降幅度大，低温作用时间长。2002年、2004年晚间温度降至−2～−4℃，2005年降至−5℃左右，因此，当出现上述气候特点时，应积极落实措施进行预防。

地理环境　晚霜冻害发生的危害程度主要取决于果园座落的地理位置，从对近几年晚霜冻害发生及危害程度的调查来看，发生晚霜冻害的地理位置是相同的，主要发生在三类果园，即：沿海果园、河滩果园、山凹果园，因此，4月中下旬春季出现连续西北风时，对这三类果园应重点进行预防。

③霜害预测方法　注意收听收看天气形势预报，网上可以查询到一周的天气预报，结合土办法，在自家桃园进行观测更为准确。

温度计预测法　将温度计挂在桃园离地1.5米高处，注意温度变化，当温度下降到2℃时，就可能会出现霜冻，注意准备防霜。特别在上午天气晴朗，有微弱的北风，下午天气突然变冷，气温直线下降，半夜就可能有霜冻；或者白天刮东南风，忽转西北风，而晚上无风或风很小，天空无云，则半夜就可能有霜冻；或者连日刮北风，天气非常冷，忽然风平浪静，而晚上无云或少云，半夜也可能有霜冻。要随时注意温度变化。

湿布预测法　将一块湿布挂在桃园北面，当发现湿布上有白色的小水珠时，大约20分钟后可能出现霜冻。

铁器预测法　将铁器如铁锨，擦干放在桃园地表，若在铁器上有霜出现，约一小时候就可能发生霜冻。

报警器法　把便携式防霜报警器（山西省农科院园艺研究所研制）置于桃园内1米高左右，初花期至盛花期将温度调到-1.5℃，幼果期调到-0.5℃，接通电源。当温度下降至上述温度时，可自动发出报警信号，提醒人们及时施展防霜措施。

④防霜的方法

适当延迟开花　早春地面覆盖作物秸秆，减少地面辐射，延缓地面升温，促使桃树晚萌发，迟开花；树干涂白，在春季把主干、主枝涂白（食盐：石灰：水＝1：5：15～20），或酸性土壤地区，用7%～10%的石灰液喷布树冠，可以减少树体对太阳热能的吸收，进而晚开花，同时又能防治流胶病；灌水改善小气候，在早春尤其是花期和幼果期，注意观察天气预报，在霜冻之前浇水，提高土壤湿度，增加土壤热容量。

熏烟法　霜冻来临时，可在夜间至凌晨熏烟，时间大体从夜间0时至次日凌晨3时开始，以暗火浓烟为宜，使烟雾弥漫整个果园，至早晨天亮时才可以停止熏烟以减少地面辐射热的散发，驱除冷空气，烟粒还可以吸收空气中的湿气，加热周围的空气，使周围环境增温，可分为烟堆放烟法和烟雾剂法。烟堆放烟法是用杂草、秸秆、枯枝落叶等，堆放在桃园的上风头，3～4堆/亩，每堆25千克左右，在霜害来临之际点燃制烟，有条件的农户可以燃烧煤油；烟雾剂法是将硝铵3份、柴油1份、锯末6份混合，分装在牛皮纸袋或报纸内，每袋1.5千克，压实封口，挂在上风头，点燃，每袋可控制3～4亩地。

喷水、灌水　对春季晚霜型发生频繁的果园，在春季果树发芽前要灌水，发芽后至开花前，要再灌2～3次水，这样可延迟果树物候期2～3天，以减轻受冻的程度。如能根据天气预报，在芽萌动后提前灌水，提高果园的热容量，对短期的-3℃左右降温有明显防冻作用；也可在强冷空气、晚霜来临之前，人工往树上喷水，或喷布芸薹素 481、天达 2116，可以有效地缓和果园温度聚降或调解细胞膜透性，能较好地预防霜冻。有条件的桃园，可以采用微喷灌水。

改变果园小气候　设置防风林，对果树进行覆盖，用鼓风机使上下空气混合，免于气温急降；果园加温，利用喷水使果树表面结冰，保持果树的体温维持在 −1～0℃，防止温度继续下降。

⑤霜冻后的补救措施

加强营养　霜冻使果树的幼果、新梢和叶片等都遭到不同程度的损伤，为尽快恢复树势，应加强肥水管理，补充树体营养，提高果实的细胞液浓度，增强树势的抗旱性和抗病力，花前花后多施肥料，追施果树专用肥等复合肥料，配合喷施天达 2116，每间隔七天喷施一遍 1 000 倍天达 2116 进行修复补救，连喷两遍，以恢复树势，增加坐果率和单果重。

延迟疏果　为保持产量，霜冻发生后，应适当延迟疏果时间，并根据树体坐果状况和霜冻类型，调整留果量。

花后复剪　待受冻伤花、果、枝、叶恢复稳定后，及时进行复剪，将冻伤严重不能自愈的枝叶和残果剪掉，将影响光照的密挤枝、徒长枝疏除，旺梢摘心，以改善光照，节约养分，促进果实发育。

辅助授粉　实行人工辅助授粉促进坐果，如果花未开完，可立即进行人工授粉，并喷施 0.3％硼砂＋1％蔗糖液或芸薹素 481、天达 2116，提高坐果率。

加强病虫害防治　受冻后及时喷施 1～2 次 600 倍欧甘＋600～800 倍天达 2116＋杀菌剂（60％百泰 1200 倍或 70％甲基托布津 1 000～1 200 倍等），以迅速补充营养，修复伤害，提高坐果率，促进幼果发育，减少病菌感染；加强病虫害防治，确保生长季节不落叶。

<h1 align="center">第二节　疏花疏果</h1>

一、疏花疏果的作用

疏花疏果可减少营养消耗，促进花芽分化，提高花芽的数量和质量，促进树体健壮，增强桃树的抗病力和抗寒力，延长树体的经济寿命。桃多数品种花量大，坐果率高，尤其成年树，坐果往往超过负载量，桃花及桃果，特别是果核，在生长发育中营养消耗极多，这就加重了果实之间、果实与树体之间争夺营养的矛盾。若不进行必要的疏花、疏果，将会导致树体养分欠缺，树势衰弱，落花落果严重，果实小、品质低、产量不高，还会影响来年花芽分化，使产量下降，导致大小年现象。调整负载量，进行科学地疏花疏果，是达到优质、丰产、稳产的有效措施。

二、疏花

疏花比疏果时期早，节省树体内的贮藏养分，利于坐果，而且减轻了以后疏果的工作量，提高生产效率。

1. 疏花时期　人工疏花，一般在蕾期和花期进行，原则上越早越好。花蕾露瓣期即花前 1 周至始花前是花蕾受外力最易脱落的时期，是疏蕾的关键时期。疏花要根据天气情况进行，天气好，授粉充分可早疏；开花不整齐宜晚疏。另外成年树可早疏，幼树晚疏。一般品种在盛花期已易分辨优劣时进行为宜，对于坐果高的品种，疏花应选择蕾期或开花期，注意此期如遇低温或多雨，可不疏花或晚疏花。

2. 疏花方法　花前疏蕾：花粉量大，自花结实，坐果率高的品种要进行花前疏蕾。在花芽膨大后，左手握枝，右手拿一竹片或直接戴手套，自上而下把枝背上的花芽全部刮去，只留两侧的和背下的花芽。预备枝、花束状枝上的花蕾也全部除去。

疏花：具体步骤为先上后下，从里到外，从大枝到小枝，以免漏枝和碰伤不该疏除的花果。人工疏花主要是疏摘畸形花（如花器发育不全，多于或少于五瓣的花，双柱头及多柱头的花）、弱小的花、朝天花、无叶花，留下先开的花，疏掉后开的花；疏掉丛花，留双花、单花；疏基部花，留中部花。全树的疏花量约1/3。留花的标准：长果枝留5～6个花，中果枝留3～4个花，短果枝和花束状果枝留2～3个花，预备枝上不留花。保证树体每平方米空间留果在120左右。幼树主枝及侧枝延长枝先端30～50厘米的花疏除，成年树主要对结果枝背上和基部、花束状结果枝和无叶芽枝条的花蕾疏除，由于长果枝疏花后易引起新梢徒长，一般不疏花蕾。

幼树、旺树可轻疏，老树、弱树可重疏，坐果差、有生理落果特性的品种轻疏，坐果率高、实施人工授粉的品种可重疏。易受晚霜、风沙、阴雨危害的地区可适当控制疏花疏蕾。

三、疏果

疏果能有助于促进留下的果实发育增大及品质提高，还能防止结果大小年，达到高产稳产，并有减少病虫为害，节省套袋和采收劳力等作用。从效果上看，疏果不如疏花。

1. 留果量 留果量的标准主要依据树龄、树势、品种和管理水平而定。

①以产定果法 根据经验，一般早熟品种亩产1 500千克，中熟品种亩产2 000千克，晚熟品种亩产2 500千克，可以达到优质的目标。以早熟品种亩产1 500千克计，若平均单果重120克，则每亩留果数＝1 500×1 000（1千克＝1 000克）÷120＝12 500个，加上10%的保险系数12 500×10%＝1 250个，则每亩留果数应为12 500＋1 250＝13 750个。

如果按3米×5米的株行距，即每亩44株，平均每株留果数＝13 750÷44＝313个，再分配到每个主枝上，一般为三主枝自然开心形，则每主枝留果数 313÷3＝104 个。

②果枝定量法 在正常冬季修剪的情况下，根据果枝的类别确定留果量，一般中果型的品种，长果枝留 3～4 个果，中果枝留 2～3 个果，短果枝、花束状果枝不留果或留 1 个果；大果型的品种，长果枝留 2～3 个果，中果枝留 1～2 个果，短果枝不留果或留 1 个果，结果枝组中的花束状果枝 3 个留 1 个或不留果。具体还要根据品种的结果习性，如南方品种群，以中长果枝结果为主，可以按上述标准；北方品种群以中短果枝结果为主，就要在中短枝上多留果。

③间距定果法 在正常修剪、树势中庸健壮的前提下，立体空间内，树冠内膛每 20 厘米留 1 果，树冠外围每 15 厘米留 1 果。

④主干截面法 主干越粗承受的结果能力就越强，主干单位截面积上的产量称为生产能力，用千克/厘米^2 表示，一般来说，桃树的生产能力为 0.4 千克/厘米^2 左右。根据主干的粗度就可以确定产量，计算方法：先测出干周（L），株产 w＝0.4×L^2/4π＝0.031 8 L^2 千克。例如，干周 35 厘米，则株产 w＝0.4×35^2/4π＝0.031 8×35^2＝38.995 千克，若平均单果重 120 克，则每株留果数为 38.995×1 000÷120＝325 个。

⑤叶果比法 叶果比一般为 20～50：1，具体根据树势、果实大小确定。早熟品种一般 20：1，中熟品种一般 30：1，晚熟品种一般 40～50：1。疏果时注意疏少叶果，留多叶果，留单不留双。

2. 疏果时期 疏果，目前以人工疏除为主，宜早不宜迟，可分两次进行：第一次在生理落果后（约谢花后 20 天）开始，疏除小果、黄萎果、病虫果、并生果、无叶果、朝天果、畸形果，选留果枝中上部的长形果、好果。疏果量应占坐果量的 50％～60％左右。已疏花的树，可不进行第一次疏果。第二次疏果也叫定果，在第二次生理落果后（谢花后 40 天左右）进行，早熟品种、大型果品种宜先疏，坐果率高的品种和盛果期的树宜先疏；晚熟品种、初果期树可以适当晚疏。

有些果园只进行一次疏果，即一次定果，为了促进果实发育，一次定果时应及早进行。

3. 疏果方法 壮树多留、弱树少留、壮枝多留，弱枝少留，骨干枝和领导枝上不留，小果型品种适当多留，大果型品种则少留，树体上部多留果，下部少留果。疏果要按预先确定的负载量，外加5％的保险系数。若预先确定留果300个，则实际留果量为300×1.05＝315个。疏果的顺序通常是先上后下，由内向外，从大枝到小枝，按枝逐渐进行。对一个枝组来说，上部果枝多留，下部果枝少留，一般长果枝上以留中上部果为好，中短果枝以留先端果为好。

疏果时，掌握留大去小、留优去劣、均匀分布的原则，第一次疏果主要是疏除小果、双果、畸形果、病虫果；其次是朝天果、果枝基部果、无叶果枝上的果和花束状结果枝上的果实，延长枝头（幼树）和叉角之间的果全部疏掉不留。选留果形大、形状端正的果，这种果将来可长成大果。选留部位为果枝两侧、向下生长的果为好，便于以后打药和采摘。第二次疏果，根据树势、树龄、果型大小和生产条件等确定留果量，保留无病虫、大小适中、浓绿色、果面光洁、纵径长的果实，保留生长在结果部位良好处的果实，如外围结果枝留斜向下的果实，内膛结果枝留斜向上的果实。

第三节　果实套袋

果实套袋作为一项生产优质、高档果品的重要技术措施，越来越受到人们普遍重视，由于套袋果的优质高价，套袋技术的日益成熟，果实套袋已慢慢被栽培者接受，已成为生产高档果的重要措施。

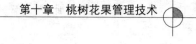

一、套袋的优点

1. 提高果品质量　套袋可以促进果实果面洁净、光泽度高、色泽艳、茸毛少而短嫩、果肉鲜嫩，外观质量提高，油桃品种可明显减轻锈斑和裂果，商品性能大大提高。

2. 减轻病虫为害及农药残留　果实套袋可以保护果实，防止病虫危害，桃疮痂病、桃穿孔病和桃小食心虫、桃蛀螟对果实的危害可明显减轻，同时相应减少了农药用量，避免农药污染和减少农药在果实中的残留量，提高了桃子的安全卫生质量。

3. 防止裂果　套袋后改善了果实的小环境，能减轻果实的裂果，特别是对于中晚熟品种和油桃品种效果明显。

4. 防止自然灾害　对果实套袋，防止空气中有害物质及酸雨污染果实，可以有效防止日灼和鸟害，减轻冰雹危害。

二、套袋的技术要点

1. 袋子的选择　一般以纸袋为主，选用材质牢固、耐雨淋日晒、透明度较好的袋子，目前果袋有报纸袋、套袋专用纸袋、塑膜袋、无纺布袋四种。

桃套塑膜袋效果差，不提倡使用。

无纺布袋仅限于南方热带桃产区用，大多数桃产地很少使用。

报纸袋是用旧报纸，剪裁成十六开大小，用胶水粘贴成信封式的纸袋，每张大报纸可做 16 个，也可用牛皮纸制作。报纸袋比专用纸袋成本低，效果一般，同时由于报纸有油墨和铅等污染，果实外观易受影响。

专用纸袋采用特制纸，经过一定的药物及挂蜡等有关理化指标处理，耐水性强，抗日晒，不易破损，效果最好。桃专用纸袋大小多为 19 厘米×15 厘米，可分为单层袋和双层袋，一般使用白色、黄色、橙色三种颜色，单层袋分为有底袋和无底袋两种，双层袋外袋为橙黄色深色袋，内袋为白色防水袋或有色袋，内袋无底。易着色的油桃和不着色的桃适宜用单层浅色的纸袋，如油桃华光在北方地区应首先选用白色单层纸袋，在南方地区也可用浅黄色纸袋；中熟桃如红色品种最好采用单层黄色袋；晚熟桃如中华寿桃用双层深色袋效果最好。

2. 套袋时间　桃盛花后 30 天内要进行严格疏果，在第 2 次生理落果（硬核期）即谢花后 50～55 天进行套袋，此期疏果工作已完成，病虫大量发生前特别是桃蛀螟产卵前进行，一般在 5 月中下旬开始套袋，套袋时间以晴天上午 9～11 时和下午 3～6 时为宜。

3. 套前喷药　套前先疏果定果，然后对全园进行一次大扫除，在晴天对树体和幼果喷施一次杀虫剂和保护性杀菌剂，杀死果实上的虫卵和病菌，可用 5% 来福灵 2 000 倍＋25% 灭幼脲 1 500 倍＋10% 多抗霉素 1 000 倍液，加入 0.1% 磷酸二氢钾、0.3% 尿素混合肥液喷施。

4. 套袋方法　套袋前 3～5 天将整捆果袋用单层报纸包好埋入湿土中湿润袋体，可喷水少许于袋口处，以利扎紧袋口。果园喷药后应间隔 2～3 天再套袋。套袋应在早晨露水干后进行。套袋时应先将袋口撑开托起袋底，果袋撑至最大，将幼果套入袋中，使幼果处于袋体中央，在袋内悬空。因为桃的果柄短，不同于苹果、梨，要将袋口捏在果枝上用袋内铁丝或订书针等扎紧。注意不要将叶片套入袋内，套袋应遵从由上到下、从里到外、小心轻拿的原则，不要用手触摸幼果，不要碰伤果梗和果台。另外，树冠上部及骨干枝背上裸露果实应少套，以避免日烧病的发生。

5. 套袋后的管理　套袋桃园加强肥水管理和叶片保护，以维持健壮的树势，满足果实生长需要。由于套袋栽培果实中含钙量下降，易患苦痘病等，在 7～9 月份每月喷 1 次 300～500 倍的氨基酸钙或氨基酸复合微肥。果实膨大期、摘袋前应分别浇 1 次透水，以满足套袋果实对水分的需求和防止日灼；除进行果园全年正常病虫防治外，套袋前1～2天全园喷一遍杀菌剂和杀虫剂，以有效地防治烂果病、棉铃虫、蚜螨类等病虫的为害。药剂包括喷克600倍、70%甲基托布津800倍、宝丽安1 500倍等，不要用有机磷和波尔多液，防止果锈产生。果实袋内生长期应照常喷洒具有保叶和保果作用的杀菌剂，以防菌随雨水进入袋内为害。采收后，将用过的废纸袋及时集中烧毁，消灭潜伏在袋上的病虫源，以减少翌年的危害。

6. 摘袋　摘袋时期依袋种、品种、气候、立地条件不同而有较大差别，浅色袋不用去袋，采收时果与袋一起摘下；一般在果实采收前10天左右解袋，在果实成熟时对树冠受光部位好的果实先进行解袋观察，当果袋内果实开始由绿转白时，就是解袋最佳时期，先解上部外围果，后解下部内膛果，解袋时日照强、气温高的情况下容易发生日灼，最好在阴天或多云天气下解袋，晴天时，一定要避开中午日光最强的时间，一天中适宜解袋时间为上午9时至11时，下午3时至5时左右，上午解除北侧的纸袋，下午解除南侧的纸袋。对于单层袋，易着色品种采前4～5天解袋，不易着色品种采前10～15天解袋，中等着色品种采前6～10天解袋，先将袋体撕开使之于果实上方呈一伞形，以遮挡直射光，5～7天后再将袋全部解掉；对于双层袋，采前12～15天先沿袋切线撕掉外袋，内袋在采前5～7再去掉，解袋以后需将遮挡果实的叶片摘掉，使果实全面浴光，使之着色均匀。果实成熟期见雨水集中地区、裂果严重的品种也可不解袋。

7. 摘袋后的配套措施　及时摘叶，果实着色期，即在果实成熟前，直射光对果实着色有较大的影响，由于叶片较多，果实着色可能不均匀，此时将档光的叶片或紧贴果实的叶片少量摘去，可使果实着色均匀，是摘叶的关键时期。摘叶时不要从叶柄基部掰下，要保留叶柄，用剪刀将叶柄剪断；铺反光膜能促进果实着色，反光膜反射的散射光，对内膛和树冠下部的果实着色非常有利。在行间和树冠外围下面铺银色反光膜，已成为生产高档果品的必要措施；适期采收，为了提高套袋果的优质果率，多生产高档优质果品，要根据果实的着色情况适期、分批采收。在适宜采收期内，采收越晚，着色越好，品质越佳。由于套袋果果皮较薄嫩，在采收搬运过程中，尽量减轻碰、压、刺和划伤。

第四节　提高外观品质的技术措施

商品性果品的生产，必然要求重视果实外观品质，桃鲜食品种的价格，与其外观质量密切相关，一般来说，具有较高的外观品质，则市场竞争力强，能实现更高的经济效益。

提高果实外观品质，生产上需要采取综合措施，加强肥水管理、保叶养根、合理修剪、严格疏花疏果、保证授粉受精等基础措施，对提高果实的外观有重要的影响，而果实的采前管理，更可以直接提高果实外观质量。

1. 套袋　果实套袋技术，是提高果品外观质量的一项行之有效的措施，实质是使果实与外界空间隔离，让果实在其迅速生长期和成熟期在专用果袋里生长，并通过有效地改变果实微域环境，包括光照、温度、湿度等，来达到影响果实生长发育的目的，从而最终改善果实外观品质。果实套袋的效果突出表现在表面光洁和着色全面上，套袋后果色浅，着色均匀一致，而且套袋改善了果皮结构状况，提高了果面光洁度，有效减少裂果。

2. 加强夏季修剪　夏季疏除树冠外围和内膛直立旺枝，改善树体光照条件，使光线（直射光和散射光）能照射到果实上。对于结果枝或枝组，在果实开始着色后，阳面已部分上色，将其吊起，使果实阴面也能照射到阳光。把原生长位置的大枝，上下或左右轻拉，改变原光照范围，使树冠内和树冠下的果实都能着色。

3. 摘叶　果实着色期，即在果实成熟前，直射光对果实着色有较大的影响，由于叶片较多，果实着色可能不均匀，此时将挡光的叶片或紧贴果实的叶片少量摘去，可使果实着色均匀，是摘叶的关键时期。摘叶时不要从叶柄基部掰下，要保留叶柄，用剪刀将叶柄剪断。

4. 铺反光膜 铺反光膜促进果实着色。反光膜反射的散射光，对内膛和树冠下部的果实着色非常有利。在行间和树冠外围下面铺银色反光膜，已成为生产高档果品的必要措施。

5. 控氮增钾 钾对果实中的含糖量和色素的形成都有着非常重要的作用，直接影响果实的内在品质和外观品质，因此，在施肥上要重视钾肥的施用，少施氮肥，能有效抑制枝梢旺长，促进对钾元素的吸收。果实着色期叶片喷洒 0.3% 的磷酸二氢钾 2 次，对促进着色具有明显效应。

6. 科学灌水 着色期土壤湿度控制在 $60\%\sim80\%$，过高过低都对果实着色不利。土壤缺水时，要频灌、浅灌，不用大水漫灌。

第十一章

桃树整形修剪技术

第一节　桃树整形修剪特性

1. 喜光性强　在落叶果树中，桃树是一个喜光性最强的树种。新梢生长的长短、充实度，花芽形成的多少、饱满度，果实颜色、风味等都与光照强度、光照时间、光质有直接关系。光照充足时，树体健壮、枝条充实、花芽饱满、果实色艳味浓。在整形修剪时可采用开心形树形和减少外围枝量，创造良好的通风透光条件，以适应桃树喜光的特性。

2. 干性弱　自然生长的桃树中心枝生长弱，几年后甚至消失，内膛枝容易衰亡，结果部位外移，这些都说明桃树干性弱，因此桃树整形多用开心形树形。若要整成纺锤形或主干形树形，必须采取一些扶持中干和抑制主枝生长的措施，例如：立竿扶直中干、开张主枝角度、将主枝在基部留 1~2 芽剪截，下一年重新培养主枝，但这种方法的修剪量大，开始结果要晚一年，故生产中采用较少。

3. 生长势旺盛　主要表现为枝条生长量大和分枝多，如幼树的发育枝在 1 年内，可长达 1.5~2 米，粗 2~3 厘米，1 个生长季内，可发 2~3 次枝，如果摘心，则发枝更多，常使树冠郁闭，影响光照，因此桃树要注重夏季修剪，及时疏枝清冠。

4. 顶端优势弱、分枝尖削度大　桃的顶端优势不如苹果明显，旺枝短截后，顶端萌发的新梢生长量较大，但其下部还可

300

萌发多个新梢，有利于结果枝组的培养。桃树每发出一次枝条，会使分枝点以上的母枝显著变细。桃树在骨干枝培养时，下部枝条多，明显削弱先端延长头的加粗生长，尖削度大。所以在整形修剪时，要控制骨干枝上分枝的生长势，保证骨干枝的健壮生长，为使骨干枝之间的主从关系明显，中干延长枝的剪留长度要大于主枝延长枝，主枝延长枝的剪留长度要大于侧枝延长枝。采用纺锤形或主干形树形时，更应注意控制中干上的分枝，以保持中干优势。另外，当主枝角度较大时，背上常萌生徒长枝，严重削弱主枝的生长，影响通风透光，要及时疏除或控制培养，避免"树上长树"。

5. 耐修剪性强　桃树无论是修剪轻或是修剪重，都能成花，与苹果相比，其耐修剪性还是很强的。但桃树耐修剪能力的大小，也因品种、树势不同而异。一般来说，树冠开张、树势中庸的品种，修剪较重对产量影响不大；而对于树势生长旺盛，以短果枝和花束状果枝结果为主的品种，若修剪过重，则会刺激萌发大量旺条，减少了中、短枝和花束状果枝的数量，影响结果，使产量下降，在修剪时要特别注意。

6. 剪锯口不易愈合　桃树修剪造成的剪锯口，常常愈合不良，伤口的木质部分易干枯死亡，并深达木质部。因此，在修剪时力求伤口小而平滑，更不能留"橛"，在大伤口上要及时涂保护剂，如铅油、油漆、接蜡等，以利于尽快愈合，防止流胶及感染其他病害。

7. 萌芽率高、成枝力强　桃树的芽具有早熟性，生长期长和环境条件适宜的地区，1年内可抽生3～4次副梢，甚至更多，桃树成枝力很强，幼树延长头一般能长出10多个长枝，并能萌发2次枝、3次枝，形成多次分枝和多次生长的情况。因此桃树整形时选枝容易，整形速度快，1年内可培养出2级骨干枝，从而加速成形。但为改善树冠内的通风透光条件，修剪时需适当疏枝。另外因桃树潜伏芽寿命较短，萌发更新的能力也较弱，其萌发能力一般只能维持 1～2 年，在重剪刺激的情况下，10 余年的潜伏芽也能萌发。所以，桃树容易衰老，更新也比较困难，所以盛果期以后，多年生枝下部因不易萌发新枝而光秃，修剪时应注意及时进行枝条的更新复壮，后部一旦萌发出新枝，应尽量加以利用。

8. 各种果枝均能结果　丰产性强，不易形成大小年，各种类型果枝均能成花结果，以水平枝或斜生枝条上坐果较好，尤其在健壮较细的果枝上，更能坐住较大的果实，但结果过多，树势易衰弱。

第二节　修剪的时期与方法

一、修剪的时期

1. 休眠期修剪　桃树从落叶后到翌年萌芽前均可进行，但以落叶后至春节前进行为好。桃树正常的冬季修剪时期应在第一次霜冻后 20 天至一个月（12 月上旬至 2 月上旬）完成，具体还要看品种、树龄、树势，一般以落叶早品种先剪，老树弱树先剪，落叶迟品种、幼龄树、壮强树晚剪。雾天和早上露水未干时不剪，因为伤口湿润，容易感染病菌。在冬季冷凉干燥地区，为防幼树"抽条"，应在严寒之前完成修剪，同时还可以防止早剪引起的花芽受冻现象。有些品种生长势过旺，可延至萌芽时剪，以削弱树势。

2. 生长期修剪　生长期修剪分春季修剪和夏季修剪。春季修剪又称花前修剪，在萌芽后至开花前进行，如疏除、短截结果枝、病枯枝，回缩辅养枝和枝组，调整花叶果比例；夏季修剪，指开花后的整个生长季节的修剪，如摘心、抹芽、扭梢、拉枝等。夏剪能及时调整树体生长发育，减少无效生长，节省养分，改善通风透光条件，调节主枝角度，平衡树势，促进新梢基部的花芽饱满，有利于提高树体产量和果实品质。

二、修剪的依据

1. 不同品种群落　南方品种群与北方品种群的树姿、结果习性都有区别，在整形修剪时也应区别对待。南方品种群（开张型）树姿较开张，枝条分生角度大，生长势较缓和，坐果容易，以长、中果枝结果为好，修剪时对长、中果枝适当重剪，以免结果过多而削弱树势，对骨干枝适当长留，进入盛果期后注意抬高角度；北方品种群（直立型）生长旺盛，分枝角度小，树冠较直立，顶端优势明显，长果枝坐果不好，较短果枝的坐果比较理想，因此修剪时先剪除前端强旺枝，用中、短果枝或后部的花束状果枝结果较好。

2. 不同品种特性　树姿开张、长势弱的品种，整形修剪要注意抬高主枝，以增强树势；树姿直立、长势强的品种，则应注意开张主枝角度，以缓和树势。

3. 树龄和树势　幼树和结果初期树体生长旺盛，应使树冠及早开张，以缓和树势，修剪量要轻，轻剪长放；盛果期的修剪要保持树势健壮生长，延长盛果期的年限，修剪是轻重结合，以轻为主；衰老期的树生长势较弱，应缩小主枝开张角度，增强枝条长势，修剪量要重，重剪更新。

4. 修剪反应　以长果枝结果为主的品种，其枝条生长势强，采用重短截后，仍能萌发强枝；以短果枝结果为主的品种，则需要轻剪以培养短枝才能结果。

5. 结果枝部位　结果枝的生长角度不同，其花芽分布和质量也有区别。树冠外围的枝条生长发育良好，花芽饱满充实，树冠内膛和下部因光照条件较差，果枝及花芽发育也较差。直立果枝的花芽多在枝条上、中部，而斜生枝的中、下部花芽比较饱满，直立枝经摘心后，下部花芽也发育良好。不同部位的果枝，花芽分布与质量不同，在修剪时就要因枝修剪，区别对待。

6. 注意打开"光路"和"水路"　"光路"指叶子、果实接受光照的条件，上部枝叶愈密，透过上层叶幕照射到下层叶、果的光线愈弱，修剪中去除遮挡光线的枝叶解决光照问题，打开"光路"；"水路"由根吸收的水分、营养输送到叶子，经过各器官，修剪上说的"水路"特指枝叶对根部的水分及营养的吸收能力，如上部枝多"水"流大，疏枝等于"关"小了水路，可削弱上部，而对下部起到"截"水作用，可增强下部枝势。

7. 立地条件　栽植在温暖多雨、土壤肥沃地区的桃树，长势旺盛，树体高大，应采用大树形，轻剪为原则；反之，栽植在干旱冷凉、土壤瘠薄地区的桃树，生长势弱，树体矮小，应采用小树形，修剪量可适当加重。

8. 栽培技术水平和栽培目的　技术管理水平高的桃园，可采用复杂的树形和细致修剪，反之，应采用自然形，修剪可粗放一点；以鲜食为目的，要求果实个大、色好，在修剪上要细致，果枝配置要均匀，要保证树冠的通风透光；以加工为目的，修剪时可适当多留果枝，适当减少光线射入，防止桃果着色，以满足加工的要求。

三、修剪的方法

1. 长放　一年生枝不动剪或只剪去其上部的副梢称为长放。轻剪长放后，发芽率和成枝力高，但所发的枝长势不强，总生长量大，可起到分散养分、促进发枝、成花的作用。对幼树和旺树，应用轻剪长放，可以缓和生长势，有利于提早结果。

2. 短截　短截是把一年生枝条剪去一部分，以增强分枝能力，降低发枝部位，增强新梢的生长势。短截常用于骨干枝延长枝的修剪，以达到培养结果枝组，更新复壮等目的。枝条短截后，对于枝条的增粗、树冠的扩大以及根系的生长均有抑制和削弱作用。短截后由于改变了枝条顶端优势，对剪口下附近的芽有局部的促进生长作用，可促进芽萌发，促进新梢生长。因此，对幼树、旺树应尽量轻短截，以求缓和生长势，有利于早结果；对衰老树、弱树以及细弱的枝条短截时，修剪量适当加重，以增强生长势。根据短截的程度不同，分为轻短截、中短截、重短截、极重短截。

①轻短截　轻微剪去枝条先端的盲节部分。轻短截后发芽率和成枝力增强，但所发的枝条长势不强，枝条总生长量大，发枝部位多集中于枝条饱满芽分布枝段，多集中在中部和中上部，下部多为短枝或叶丛枝。

②中短截　剪去一年生枝全长的1/2。次年萌发的新梢一般生长势较弱。

③重短截　剪去一年生枝全长的2/3～3/4。次年能萌发出几条生长强旺的枝条，常用于发育枝作骨干枝的延长枝修剪，对于徒长性结果枝的修剪也用此法。

④极重短截　剪去一年生枝的绝大部分，仅留基部1～2个芽。常用于长果枝的更新培养。

3. 疏剪　将枝条从基部完全剪除称为疏剪。疏剪主要是使枝条疏密适度，分布均匀，改善树冠的通风透光条件，增进枝梢发育能力和花芽分化能力。一般是疏除过密枝、重叠枝、交叉枝、竞争枝和病虫枝。疏枝往往对其下部枝有促进作用，对上部枝有抑制作用，疏的枝越粗，伤口越大，这种作用越明显。疏枝减少了树的枝叶量，疏枝过重会明显削弱全枝或全株的长势。疏剪还可以用于平衡树势，整形时骨干枝生长不平衡，可对旺枝多疏，弱枝多留，逐渐调节平衡，初果期树，多是去强留弱，盛果后期树，则是去弱留强。

4. 缩剪　多年生枝在2～3年生枝段上截去一部分称为"缩剪"，又称"回缩"，可以调节长势、合理利用空间和更新复壮。桃树对缩剪的反应，则与被剪母枝的大小、年龄和剪口枝的强弱有关。缩剪的母枝本身较弱，而剪口枝较强，可刺激剪口枝的生长，达到复壮的目的；如果剪口枝也很弱，"弱上加弱"反而会严重削弱母枝的生长；被剪母枝和剪口枝都较强，缩剪量也不大，可促进剪口处的单芽枝萌生较强的中长果枝，恢复大枝中下部枝条的长势。

5. 抹芽、除萌 桃芽萌发后，抹去梢上多余的徒长性芽、剪锯口下的竞争丛生芽称为抹芽。芽萌发后长到 5 厘米时及时将嫩梢去掉称为除萌，一般双枝可去一留一，并按整形要求调节角度和方向，对于幼树，延长枝要去弱留强，背上枝要去强留弱或全部抹除。抹芽、除萌可以减少无用的枝梢，节省树体养分，改善光照条件，并可减少因冬剪疏枝而造成的大伤口。

6. 摘心 剪除（摘除）新梢顶部一段幼嫩部分称为摘心。摘心可使枝条暂时停止加长生长，提高枝条中下部营养，促进枝芽充实，有助于花芽分化。不进行摘心的枝条，饱满花芽多分布在枝条中上部，冬剪必须长留，结果部位易上移。对骨干枝延长枝摘心可促进萌发分枝，选留侧枝，同时利用外分枝作延长枝加大骨干枝角度。新梢生长前期，在有空间的部位利用徒长枝，留下 5～7 节摘心，促使早萌发副梢，这样的副梢可以分化较饱满的花芽，而形成较壮的结果枝。

7. 拉枝 拉枝是调整骨干枝角度和方位，缓和树势，提早结果，防止枝干下部光秃无枝的关键措施，拉枝有利于缓和树冠内外的生长势差别，削弱顶端优势，改善树冠内膛光照条件，并有空间培养结果枝组。

拉枝宜于 9 月新梢缓慢生长时进行，此时气温较高，光照稍好，秋梢已停长，有利于树体养分回流。如果春天拉枝，对于 1～2 年生的幼树，主枝还未培养成形，此时拉枝势必削弱新梢生长，影响主枝形成，不利于幼树迅速扩大树冠。

拉枝角度应根据树形要求确定拉开的角度，自然开心形一般把主枝拉成 40°～45°角，把侧枝或大枝拉成 80°角左右，使被拉枝的上、下部能抽出枝条，不易出现下部光秃，如果拉成 90°角以上，会使被拉枝先端衰弱，后部背上枝旺长，如果拉枝角度过小，易产生上强下弱，如果拉成"弓"形，在弓背上易抽生强旺枝，达不到拉枝开角的目的。因此，应掌握好拉开的角度，不宜过大过小。拉枝方法可因地制宜，采用"撑、拉、别、拽"等方法均可。

8. 剪梢 在新梢半木质化时，剪去其一部分称为"剪梢"。一般是在新梢生长过旺，不便再进行摘心，或错过了摘心时间的旺枝，可通过剪梢来弥补，其目的和效果大体与摘心相似。剪梢一般在 5 月下旬至 6 月初进行，剪梢过晚，则抽生的副梢分化花芽不良。剪留长度以 3～5 个芽为宜。

9. 拿枝 在新梢半木质化初期，将直立生长的旺枝条，用手从基部到顶部捋一捋，不伤木质部，把枝条扭伤，称为拿枝。拿枝可以阻碍养分运输，缓和生长势，有利于营养积累，从而达到成花结果的目的。

10. 扭梢 将枝条稍微扭伤，拉平，以缓和生长，利于结果，称为扭梢。扭梢常用于徒长枝或其他旺枝，扭转 90°角，使其转化为结果枝，或处理主枝延长枝的竞争枝，树冠上部的背上枝，冬季短截的徒长枝和剪去大枝剪口旁所生的强枝，抑制其长势。

第三节　常见树形与整形修剪技术

一、常见树形

栽种桃树，要根据地力、管理水平、密度和品种等条件来选定不同的树形，桃树的树体结构比较简单，整形也比较容易，根据其喜光性强的特点，要因树修剪，随枝造形，目前生产中常用的树形，多为没有中心领导干的两主枝自然开心形、三主枝自然开心形、Y字形等，为适应密植栽培，有主干的纺锤形也开始大量应用。

（一）三主枝自然开心形

1. 特点 就一般果园而论，宜推广三主枝自然开心形，桃树在系统发育过程中，形成了要求高光照的条件和对光照条件敏感的生物学特性，如果光照不良，则枝梢生长弱，成花、结果不良。三主枝自然开心树形是在杯状形、改良杯状形基础上发展而成的，它保留了杯状形的树冠开张、通风良好等优点，主枝在主干上错落生长，与主干结合牢固，负载量大，不易劈裂；骨干枝上有许多枝组遮荫保护，能减少日灼病的发生，又弥补了杯状形的不足。另外，骨干枝配备比较灵活，形式多样，适于多种栽培条件。因此，生产上多采用这种树形，常在 3 米×4 米、3 米×5 米、4 米×5 米的株行距下采用。

2. 树形结构　干高 30～40 厘米，主枝 3 个，三主枝间是邻近还是邻接视具体情况而定，密植园一般采用邻接形，密度较小的则采用邻近形（树形结构图见图 11 - 1）。主枝开张角度视品种而异，直立型品种主枝开张角度应大些，以 50～60 度为宜，开张型或半开张型品种以 45～50 度为宜，腰角 60～70 度。每个主枝上有 2～3 个侧枝，全树共有 6～9 个侧枝。第一侧枝距主干 50～60 厘米，三个主枝的第一侧枝依次伸向各主枝相同的一侧。第二侧枝距第一侧枝 50 厘米左右，着生在第一侧的对面。第三结果枝距第二侧枝 40 厘米左右。主枝和侧枝上着生结果枝组和结果枝，大型枝组着生在主枝中后部或侧枝基部，间距 60～80 厘米；中型枝组着生在主侧枝的中部，间距 30～50 厘米；小型

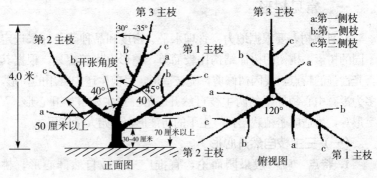

图 11 - 1　三主枝自然开心形

枝组着生在主侧枝的前部或穿插在大、中型枝组之间。

3. 整形要点　一般可在 60 厘米处定干，以 30～60 厘米为整形带，若整形带内有副梢，视其生长状况取舍，副梢健壮、部位适宜、芽体饱满，应在饱满芽上剪截，作为主枝的基枝，副梢短弱，位置又较高、芽子干瘪，不宜做主枝的基枝，应予剪除。若整形带内无副梢或被剪除，则要求整形带内有 5～7 个饱满芽，以保抽出分枝，选做主枝用。这样干高可控制在 40 厘米左右，整形带外的新梢全部抹除。对整形带内的新梢，长到 30 厘米左右时按树形要求选出 3 个生长强旺、方位合适的新梢作为主枝，对其余的新梢进行摘心或扭梢。对角度、方向不合适的主侧枝，在 6 月份可通过扭枝进行调整；对三主枝斜插立柱诱导，使其角度符合要求。对延长头上的竞争枝和背上强旺副梢及时进行扭梢，使延长头前部 30 厘米内无旺梢。冬剪时对选定的三主枝留60 厘米短截，不够 60 厘米时在饱满芽处剪截，对背上和背下枝全部疏除，侧生枝尽量多留，不短截或轻短截。

第二年春季当三主枝延长头新梢长到 50～60 厘米时摘心，促进萌发新梢。当主枝基部以上 60～80 厘米处的斜向下生长的副梢中选留第 1 侧枝，采用拿枝软化、摘心换头等办法使侧枝开张角度大于主枝开张角度。及早疏除内膛的徒长枝，其余枝条生长到 15 厘米时留 3～4 片叶尽早摘心。对强旺枝连续摘心培养枝组。冬剪时要确保最大树冠，除主枝和侧枝延长头在饱满芽处短截，其他枝条一般不短截。

第三年要在每个主枝的第一侧枝 50～60 厘米对侧培养第二侧枝，在第一侧枝 120 厘米处同侧培养第三侧枝，树形基本完成。夏季修剪主要是对主侧枝上的新梢通过摘心，促其多发枝，形成结果枝组，并保持一定的层间距以利通风透光，促进花芽分化，同时尽量扩大树冠。冬剪时，为培养健壮完整的骨架而对主侧枝延长头短截，其他枝条尽量轻剪，多保留结果枝组和结果枝（见图 11-2）。

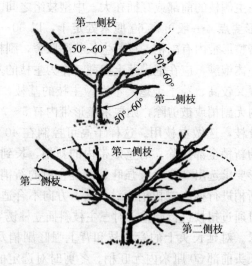

图 11-2　第 2、3 年冬剪选留侧枝

（二）二主枝开心形

1. 特点　适用于树体小，栽植密度较大的桃园，主要用于宽行密植栽培，株行距 2 米×5 米，行间为作业道，株间枝头相接，形成宽结果带。此树形主枝之间易于平衡，树冠不密闭，成形快，早期产量高，管理方便，便于机械化作业，但要控制侧枝的生长，防止邻树交叉密挤，幼树整形的前 1～2 年修剪量稍重。

2. 结构特点　见图 11-3，干高 40～60 厘米，树高 4 米，全树只有两个大主枝，相反方向，伸向行间，两主枝基角开张角度为 45 度，每个主枝上依次着生 2～3 个侧枝或直接着生大中型结果枝组。侧枝配置的位置要求不严，一般距地面约一米处即可培养第一侧枝，第二侧枝在距第一侧枝 40～60 厘米处培养，方向与第一侧枝相反。两主枝上的同级侧枝要向同一旋转方向伸展，侧枝的开张角度要求为 50 度，侧枝与主枝的夹角保持约 60 度。

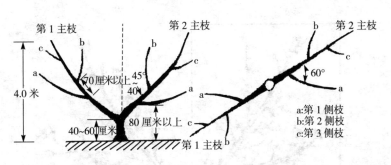

图 11 - 3 二主枝自然开心形

3. 整形要点 50～70 厘米处定干，选伸向行间的生长势强旺、均衡的两新梢培养成主枝，通过拉枝方法，使两主枝的开张角度 45～50 度，并及时摘心，促使发生副梢。冬剪时在主枝先端健壮部位短截，以作主枝的延长枝，并在主枝分叉处60～80 厘米处选一副梢短截，剪留长度小于主枝延长枝，培养第一侧枝，第一侧枝距地面 80 厘米。第二年夏季，继续对主、侧枝的延长枝摘心，同时配置第二侧枝，其余枝条可多次摘心，促其形成果枝。对于背上旺枝疏除，不培养背上大型结果枝组。

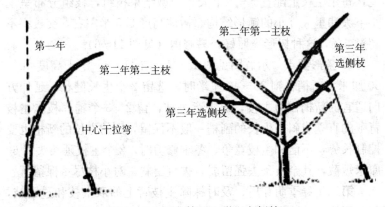

图 11 - 4 二主枝开心形配主侧枝

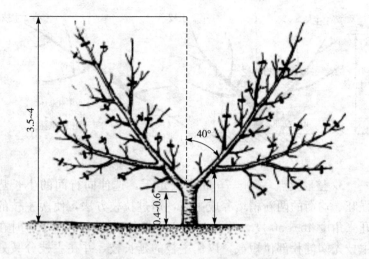

图 11-5 二主枝开心形盛果期树的修剪（单位：米）

（三）"Y"字形

1. 特点 该树形是密植桃园和大棚栽培的主要树形，和二主枝自然开心形基本类似，但是主枝上不留侧枝，直接着生结果枝组。干高 30～50 厘米，其上着生两大主枝，主枝角度 60～70 度，每个主枝上配置 5～7 个大、中型结果枝组，枝组分布呈上小下大和里大外小的锤形结构。树体高度 2.5 米左右，交接率不超过 5%，这种树形光照好，易修剪（见图 11-6）。

2. 整形要点 示意图见图 11-7、图 11-8，定干高度 40～50 厘米，新梢长到 30～40 厘米时，选留 2 个生长健壮、延伸方向适宜的新梢作为主枝，疏去竞争枝，留 2～3 个辅养枝。主枝背上的直立或斜上生长的副梢一般不保留，别的方位的新梢也要控制长势，不能和主枝竞争。冬季修剪时，2 个主枝延长头留 60 厘米短截，其余枝条去强留弱，去直留斜，对小枝尽量保留。

第二年春季萌芽后，及时抹除主枝背上的双生枝和过密枝，剪口下第一芽萌发的新梢作为主枝延长枝，当延长枝长到 40～

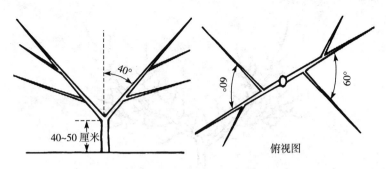

图 11-6 "Y"字形示意图

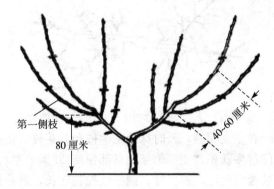

图 11-7 "Y"字形第二年修剪示意图

50 厘米时进行摘心，促发副梢，副梢萌发后，直立和密集的副梢及时疏除，斜生的留 20～30 厘米扭梢或摘心。剪口下第二、三芽萌发的新梢，通过短截等处理，作为培养大中型结果枝组用，其余新梢在长到 25～30 厘米时摘心，促其形成花芽。冬季修剪时，主枝延长枝留 50～60 厘米短截，第一芽留外芽，也可留侧芽，第二第三芽均留侧芽，以备培养大中型结果枝组，其余枝条一般缓放不剪，无空间的疏除。大中型结果枝组的延长枝，留 30～40 厘米短截，疏去密生枝、直立枝，缓放侧生枝、斜立枝。

第三年，树体骨架基本形成。修剪时注意促花，使其尽早进

313

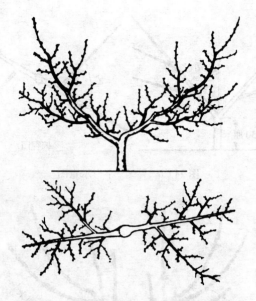

图 11-8 "Y"字形 4 年后结构示意图

入丰产期。春季发芽后，及时抹除密生枝和双芽枝，新梢旺长期后注意疏除过多新梢，使同侧新梢基部保持 20 厘米左右的间距，直立徒长枝及时疏除，斜生枝、侧生枝控制旺长，培养枝组，树冠中下部的新梢 30～40 厘米时摘心，促其成花。冬季修剪时，树冠上部的主枝延长头留 50～60 厘米短截，大中型结果枝组用徒长性结果枝或长果枝作延长头。

（四）纺锤形

1. 特点 适于设施栽培和露地高密度栽培，中干直立，其上直接着生主枝，主枝上不再生长侧枝，一个主枝与另一个主枝间，有一定的距离为 30～40 厘米，主枝的开张角度大，斜射的阳光很容易从主枝间穿过，能改善树冠内膛光照，层空间结果好，产量提高，而且容易维持树体生长与结果之间的平衡。成形快，结果枝组易培养，3～4 年即可形成。

2. 树形结构 树高 3 米，干高 40～60 厘米，在主干上每隔

20厘米呈螺旋状均匀着生8~10主枝，没有明显分层，同侧上下主枝之间的距离不低于50厘米，主枝角度为80度，下部主枝大，上部主枝小，树体呈纺缍形，行内成篱壁形。结果枝组直接着生在主枝上，每隔20厘米留一个（结构见图11-9）。

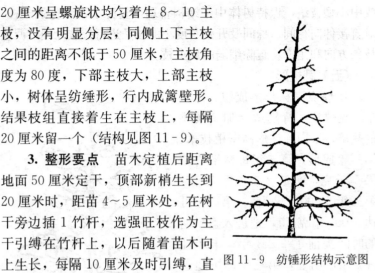

图11-9　纺锤形结构示意图

3. 整形要点　苗木定植后距离地面50厘米定干，顶部新梢生长到20厘米时，距苗4~5厘米处，在树干旁边插1竹杆，选强旺枝作为主干引缚在竹杆上，以后随着苗木向上生长，每隔10厘米及时引缚，直至当年停止生长为止。每长40厘米摘心一次促发分枝，培养成主枝，同时对主枝每长30厘米摘心一次。副梢摘心后再次萌发的三次副梢，长度高达20厘米时可摘心，不足20厘米不动，培养成小结果枝组。一般生长季节主干摘心三到四次，主枝摘心二到三次。同时还要在夏季配合拉枝，将主枝拉成80度角。对夏季生长出的新梢，除了采用摘心措施以外，可采用拉枝、拿枝、扭梢、疏枝的方法调整枝条的角度和方位，并使结果枝分布均匀，对背上的过密的直立枝、徒长枝可疏一扭一，背上不可培养大型结果枝组。桃树定植当年可达2米高，并能形成10~15个结果枝组，初步完成整形。

第二年，在主干发出的新梢中选择一个长势好的作为主干延长头直立诱引，对其他新梢继续拉枝、拿枝，使其水平生长，疏除过密的分枝，通过扭梢、摘心培养结果枝组，结果枝组要保持单轴延伸，冬剪时主干头达到预定高度2.5~3米时，主枝延长头可短截至新梢水平分叉处。

定植第三年，冬剪时对较大结果枝组可从适宜部位回缩，缓放中小型枝组,保持树体中干结构合理。夏剪拿枝软化强旺枝,对直接伸向行间、株间及开张角度小的枝条进行拉枝处理,调整枝条方向和角度,疏除细弱的病虫枝。

(五)圆柱形

1. 特点 树形形成快、结果早、见效快,特别适合加工黄桃的栽培,采用圆柱形高密植技术,第一年成形,第二年每株平均结果 5 千克,产量 2 220 千克/亩,第三年 5 000 千克/亩,第四年可达 6 000 千克/亩,把进入盛果期的时间提前了 2~3 年;丰产性好,增产明显,第三年即可超过传统栽植模式盛果期的产量,四年后可比传统模式增产 2 000 千克/亩;养分利用率高,养分运输便捷,由于圆柱树形没有主枝、

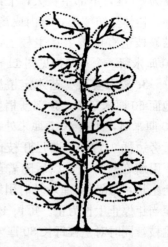

图 11-10 圆柱形结构示意图

侧枝,主干上直接着生结果枝组,修剪量小,减少了养分消耗,从根部吸收的养分可以迅速到达结果部位,大大提高了养分利用率;树形易控制,省工易于标准化管理。圆柱形密植桃树无其他骨干枝,只要稍微调整各枝组间的关系,即可到达生长结果的平衡,修剪上只需冬疏粗、弱枝,夏疏过密枝即可。由于树冠小,行间有作业空间,中耕、施肥、除草、打药、采摘等十分方便省工,便于机械化作业;可以减少一些不必要的投入,在传统栽植方式下,冬剪要花费大量的人力物力;生长季节主侧枝需要支撑物来支撑,仅此一项每年需花费 160 元/亩左右,在新的栽植方式下这些投入可以大大减少。

2. 树形结构 干高 40~50 厘米,树高 2~3 米,在中心干上分层或不分层螺旋状每隔 10~15 厘米轮生 15~20 个大型结果

枝组，下大上小，下密上稀。

3. 整形要点　70厘米高定干，萌发的新梢，在5～6月份对长势好的副梢长至15厘米时，留3～4片叶摘心，促其多发新梢。6月下旬～7月中旬当再次发出的健壮副梢长至30厘米左右时，可再次摘心。冬剪时主干头轻短截，地面以上40厘米内的枝条全部剪掉，40厘米以上超过主干1/3粗度的枝条全部台剪，保持主干绝对优势。

第二年在主干顶部发出的新梢中选一长势好的作为主干延长头直立诱引，其他新梢采取扭梢、摘心、拿枝、拉枝使其水平生长，过密枝或轮生枝抹除。冬剪时主干头达到预定高度2.5～3米时（位置操作方便，树高可控制在2.3米以下，也可以管理者身高来确定，即伸手能够到为准），主枝延长头可短截至新梢水平分叉处，按间距15～20厘米螺旋式向上配备大的结果枝组，枝组长度不超过80厘米，与主干夹角为70°～80°，接近水平，继续回缩超过主干粗度1/3的结果枝组，保持主干上的大结果枝组上下生长均衡。

4. 注意的问题　对干性弱的品种，为了保持中干的生长优势，要控制竞争枝的生长，必要时可扭梢控制；对干性强的品种，可选生长势中庸或偏弱的枝条换头，使中干弯曲延伸。

在大暴风雨过后出现歪干，要及时填充活动的树窝，否则，连阴天时雨水灌入，造成伤根热烫死树。在春天、秋后采用挖土扶正的方法进行，扶正后及时浇水保墒。

防止枝组大型化，对过大过旺的枝组要及早控制，大型扭梢枝组要拉平，并严格控制中、后部背上抽生的直立枝，用重摘心或扭梢控制生长；对中心干不能采用短截控制，要用缓放不剪减弱长势，待中心干顶部结果后，生长势减弱，再落头开心。

出现上强下弱情况时，要做好上部枝条的疏理，促进下部枝条的生长，或者对中部枝条及时下折、握、拿。在春夏季，对下部生长的新枝促长，中上部控制。

对主干过矮，不用急于上放，保留顶部枝芽任期自由生长，急于高放会影响树体的歪斜。

二、树体改造

果品内在品质和卫生质量较差是影响我国桃产业健康发展最重要的障碍。其中树体骨干枝数量过多和保留的枝条数量过密而导致树体郁闭，冬季修剪仍采用传统的短枝修剪方法，树体营养生长过旺，树冠通风透光差导致植保次数多和农药使用量大，是导致果实内在品质和卫生质量较差的最关键问题之一。因此，改造现有的树体结构，减少骨干枝数量，改革现有的修剪技术，改善树体的通风透光性能，是实现全面提升果实的外观和风味品质以及果实的安全卫生品质的首要任务，也是全国推广的重要技术。

对于树体结构差，主枝数量多或树体过高，树势上强下弱、树冠郁闭的果园，应进行树体改造，改造时可通过群体结构或/和个体结构调整，枝组的调整与培养，实现果园的树体改造。

（一）群体结构调整

1. 隔株间伐方式（土壤肥力高、树体生长旺的果园的优先选择方式）　对过密的桃园，株行间骨干枝严重交叉、密挤的，株行距 3 米×4 米、6 年生以上的桃园，原则上隔株间伐，间伐后，树的排列方式最好为三角形栽植，但具体情况灵活掌握，从根本上解决郁闭问题。

2. 两种树形方式　4 米×4 米和 3 米×5 米的桃园，可采取两种树形，一株用 3 主枝，其邻株改用 2 甚至 1 主枝。

3. 永久株和临时株方式　3 米×5 米和 2 米×6 米的桃园，5 年生以下，采取确定永久株和临时株。对临时株进行控制，为永久株让路，适宜时候进行间伐。

（二）树体个体结构调整

1. 骨干枝调整　通过调整，实现每亩大骨干枝数量在 100～

120个。原则上，主枝腰部之间要保持 2 米间距，至少不小于 1.5 米。先疏除直立的、重叠的、严重影响光照的骨干枝，其次疏除病弱的和过低的骨干枝。一年内，疏除的骨干枝数量不能超过现有数量的 1/3。

2. 主枝回缩换头　对过高的主枝（3 米以上），如果树体上部具有粗度达到着生处主枝粗度 1/3、长果枝数量 10 个以上的健壮大型枝组（背下或两侧均可），可在该枝组处落头；如果树体中部具有粗度达到着生处主枝粗度 1/3、长果枝数量 25 个以上的健壮侧枝，也可在该侧枝处落头。在上述两个条件都具备时，以一次性落到树体中部的侧枝处为宜。

3. 多保留结果枝　不符合上述两个落头条件的，在主枝中上部需要培养后备主枝头，原头上尽量多保留结果枝，并疏除徒长枝和较大枝组，削弱原头的生长势，待达到上述主枝回缩换头的条件时再换头。后备主枝头的培养：选择位置适宜的（两侧或背后的），生长势健壮的枝组，按主枝延长头的培养方式培养。没有合适枝组的情况下，选择一个壮条，适当短截，按照主枝延长头的培养方式继续培养。

4. 弱树主枝延长头的处理　树体高、生长势较弱、角度较开张的主枝，可在主枝上部适宜的部位回缩，以恢复树体生长势。

5. 主枝角度的调整　成年树主枝角度调整到 45 度左右。方法可采取回缩换头、支、拉等措施，以便控制生长势。

（三）枝组的调整和处理

1. 同侧大型结果枝组要保持 80 厘米以上的间距，以留侧生、斜上生结果枝组为主。大枝组长度 1 米以上，具有 10 个以上长果枝。大枝组之间配备中、小枝组。株距小于 2.5 米的，主枝上只配备中小枝组。

2. 大中小枝组排列错落有致，呈锯齿状。

3. 直立的主枝，以选留或培养两侧和斜下的枝组为主。开张的主枝，以选留或培养两侧和斜上的枝组为主。

4. 缺少枝组的主枝，要选择两侧健壮的枝条，进行短截或长放，培养枝组。

（四）树体改造技术应注意的问题

在大树改造的过程中，要本着"简化、减量、逐步"的原则。

简化：树体结构要简化：对栽种密度不是过低的树（栽培密度大于每亩50株）原则上不留侧枝，直接在主枝上留枝组和结果枝。

减量：首先是减少株树，对栽植密度过大，已经郁闭的果园要进行间伐，降低栽植密度。间伐时可以采用隔行去行或隔株去株的方法，也可根据实际情况采用不规则间伐；其次是减少骨干枝的数量；第三是减少单位面积枝量。

逐步：在树体改造过程中要逐步进行不能操之过急，对于树体过于上强下弱或极端郁闭的果园，树体改造应分2～3年完成。

三、综合修剪技术

修剪技术有多种，对于变化各异的个体植株来讲，只有通过多种修剪技术的综合应用，才能达到整形结果两不误的目的。

1. 结果枝组的配置 枝组的合理配置，不但是高产稳产的重要环节，同时又是防止主侧枝裸秃的重要手段。一般大枝组居下，中枝组居中，小枝组居上和插空培养。大枝组有10个以上的分枝，中枝组有5～10个分枝，小枝组有5个以下的分枝。枝组的间距按同侧位置和同生长方向来说，大枝组保持60～80厘米，中枝组保持40～50厘米，小枝组保持20～30厘米，单结果枝保持10厘米左右。

2. 结果枝组的培养 结果枝组是直接着生在主侧骨干枝上的由数个结果枝组成的独立的结果单位，也是树体果实产量的主要部分。它是由发育枝、徒长枝、中长果枝，经控制改造而发育成的。桃树容易分枝和成花，所以结果枝组也容易培养。培养的方法主要是连续短截和结合疏枝，也包括夏剪中的剪梢和摘心。每次修剪时应先疏后截，具体的做法是去上留下和去直留平。留下的2～3个斜生枝再根据所培养的大小进行不同长度的短截。按枝组的大小，可分大型结果枝组、中型结果枝组和小型结果枝组。大型枝组是由发育枝、徒长枝培养而成，它的数量多，占据空间大，寿命也长。中型枝组多由徒长枝培养而成，生长状况介于大小枝组之间。大中型枝组是桃树的主要结果部位。小型枝组多由长、中果枝培养而成，枝量少，占据空间小，结果3～5年后便枯死。

①大型枝组培养　一般大型枝组用强旺枝培养，短截时留5～8个芽，促使分生5～6个枝条。第二年去直留斜，改变其延伸方向，留2～3个枝条，重短截，其余枝条疏除。第三年再留3～5个芽短截，经2～3年形成大型枝组。

②中型枝组培养　中型枝组用强壮枝培养，短截时留4～6个芽，第二年可分生3～5个长果枝，再经短截分枝，去强留弱，去直留斜，可逐渐培养成中型枝组。

③小型枝组培养　小型枝组用中庸枝培养，短截时留3～4个芽，促使分生2～3个结果枝，便成为小型枝组。第二年留两个方向相反的果枝，上部果枝留5～7节短截使其结果，下部的果枝留2～3个芽短截，让它再分生果枝，来年结果，这样可使果枝轮流结果。

3. 结果枝组修剪　对着生在骨干枝上的枝组，周围空间较大者，可选留枝组上的强枝带头，继续扩大树冠，对无发展空间的，以弱枝带头，控制枝组扩大，保持在一定范围内结果。修剪结果枝组时既要考虑当年结果，又要预备下一年的结果枝，要保持持续结果的能力，强枝组多留果，弱枝重剪更新，保证枝组稳定。若结果枝组生长强旺，应去强留弱，要及时疏除旺枝、直立枝，留中下部生长中庸健壮的结果枝，并去直留斜，开张角度，下部弱枝则短截回缩更新做预备枝。如果结果枝组出现衰弱，应及时回缩，进行组内更新，重剪发育枝，多留下部预备枝，少结果，逐渐恢复。对于已经衰老的枝组，应从基部疏除，利用较近的新枝再培养新的结果枝组，或将其他枝组延伸到此空间中。

4. 结果枝组的更新　盛果期以后的桃树，其果枝结果后难以发枝，需要及时更新。更新的方法有单枝更新和双枝更新两种。

①单枝更新　单枝更新是在同一枝条上让上部结果下部发枝，第2年去上留下仍重复前一年的修剪方法。一种方法将长果枝适当轻剪缓放，先端结果后枝条下垂，抽生新枝，修剪时回缩到新枝处，并将更新枝短截；另一种方法是冬剪时在结果枝的下位留3~4节花芽短截，使其在当年上部结果的同时下部发出新梢，作为下一年结果的成花预备枝。第二年冬剪时连同母枝段去除上部结完果的老枝，只留下部新的成花枝如同上年短截。简而言之，就是在一个枝上长出来又剪回去，每年利用靠近基部的新梢更新。单枝更新由于结果部位多，产量易于保证，而且修剪比较灵活，所以是目前普遍应用的方法。但此法对肥水条件要求较高，主要适用于复芽多、结果比较可靠的品种上应用。

②双枝更新　双枝更新就是在同一母枝上，在近基部选两个相邻的结果枝，对上部枝条按结果枝修剪使其当年结果，对下部枝仅留基部2~3个芽短截，抽生两个新梢，使其当年成花下年结果。每年冬剪时，上部结过果的枝连同母枝段一齐剪除，下面新生的枝仍选留相邻的两个分枝并按"一长一短"的方法进行短截，重复上年的剪法。又叫留预备枝更新。双枝更新枝组结果能力强，果实个头大、品质好，既是局部交替结果的好办法，也是调节生长与结果的矛盾、防止结果部位外移的有效措施，且技术性不太强，容易掌握。因此，生产上普遍采用，特别适合以中长果枝结果为主的南方品种群，也适合中长果枝较多的幼旺树。连年使用后下部发枝力减弱，在多数品种上单用较少，较多情况下

是与单枝更新法结合使用。

③三枝更新 三枝更新即一个结果枝组内保留一个结果母枝、一个预备枝、一个发育枝。第一年冬剪时，将着生短果枝的结果母枝回缩，当年结果；预备枝轻剪长放，促发短果枝，准备第二年作为结果母枝结果；发育枝重短截，促其抽生中长枝，准备作为第二年的预备枝和发育枝。第二年冬剪时，疏除已结果的老结果母枝。头年的预备枝留几个短果枝回缩，作为当年的结果母枝结果。从头年的发育枝上抽生的中长枝中，选择前部一个轻剪长放，作为预备枝；后部一个重短截，作为发育枝。这样，每年都保留三种枝相，交替结果，年年更新。三枝更新枝组健壮，寿命较长，能有效地控制结果部位外移，适合中短果枝结果为主的北方品种群，唯枝术性较强，不宜掌握。

5. 结果枝修剪 桃的结果枝有长果枝、中果枝、短果枝和花束状果枝几种。主要结果部位为中短果枝，幼果期树以中长果枝结果为主。对结果枝的修剪要根据品种特性、枝梢的长度和粗度、结果枝着生部位及姿势而定。一般坐果率低的粗枝条，向上斜生或幼年树平生枝，应留长些，坐果率高的细枝或下垂枝，应留短些，小型果、早熟品种、加工品种，以及树冠外围、枝组上部、节间较长的果枝宜长留。冬剪后结果枝的距离保持 10～20厘米。

①长果枝 长果枝长度为 30～60 厘米，横径 6～8 毫米，一般先端不充实，而中部充实，且多复花芽。修剪时，将长果枝先端剪除，留 7～8 节花芽，剪口芽留叶芽或复芽。注意剪口芽留外芽。生长弱的长果枝可以重截；生长偏强，花芽着生部位偏上的长果枝应轻短截。老年树应适当留部分直立枝，密生的长果枝应疏除一些直立枝、下垂枝。疏除时不要紧靠基部剪，下垂枝可留 2～3 个芽短截，刺激其再发新的预备枝与长果枝。

②中果枝 中果枝长 15～30 厘米，横径 3～5 毫米，生长充实，单、复花芽混生，单花芽多。营养条件不良时坐果率低。一

般剪留 4～5 节芽，剪口留外侧叶芽，结果后仍能发出较好的枝梢。

③短果枝 短果枝长 15 厘米以下，横径 3 毫米左右，可留 2～3 节花芽剪截，但剪口必须是叶芽，无叶芽时不要短截。短果枝过密时，可部分疏除，基部留 1～2 芽作预备枝，疏除时要选留枝条粗壮、花芽肥大者。短果枝一般只留一个果，要适当多留短果枝。

④花束状果枝 长度不足 5 厘米，横径 3 毫米以下，多见于弱树和衰老树，节间极短，除顶芽是叶芽外，其余全是花芽，呈花束状。除着生于背上者外，结果能力较差，易枯死。不同品系、品种间各类结果枝的结果能力不同。一般不短截，过密时可疏除。

6. 下垂枝修剪 一般桃长枝缓放几年后，就会形成下垂枝组，对这样的枝组应从基部 1～2 个短枝处回缩，促使短枝复壮，萌发长枝而更新。有些幼树利用下垂枝结果后，修剪时剪口留上芽，抬高角度，一般剪留 10～20 厘米。

7. 徒长枝修剪 桃树在幼树阶段和结果初期，徒长枝很多，生长很旺，影响通风透光并扰乱树形。在树冠内无空间生长的徒长枝应及早从基部剪除，以免造成过多不必要的养分消耗。对于有空间的徒长枝，可利用改造培养为结果枝组。方法：徒长枝长至 15～20 厘米时，留 5～6 片叶摘心，促发二次枝，或在夏季徒长枝发生副梢时下部留 1～2 副梢缩剪，可以形成良好的结果枝。若未及时摘心，冬剪时留 15～20 厘米重短截，剪口下留 1～2 芽，次年 6 月份，对抽生的徒长枝摘心。徒长枝也可以培养成主枝、侧枝，做更新骨干枝用，但是要注意拉枝开角。

8. 主枝延长头的修剪 根据主枝的势力、延长枝的粗度和长度、品种特性和栽培管理条件确定主枝剪留长度。一般按粗长比（延长枝基部 15 厘米处的直径与剪留长度之比）为 1：20～30 较为适宜，幼树夏季摘心部位起 1 米左右剪截（粗长比

1：30），剪口留外芽，成树 50～70 厘米剪截（粗长比 1：20），剪口留侧芽或上侧芽。幼树首先应平衡各主枝间的势力，生长势比较强的主枝，应削弱其势力，修剪上应采用加大修剪量、去强留弱、多留果或开张角度等方法；生长势力比较弱的主枝，应增强其势力，修剪上可采取轻剪多留枝、不留副梢结果等方法。其次，应调整主枝的方位，对于方位不合适的主枝，可将主枝剪口芽留在空隙较大的一侧或选择合适的副梢当头向前延伸。如果主枝长势偏弱或角度偏大，也可以利用向上的枝芽进行换头或短截，利用修剪使延长枝呈波浪延伸方式，可以抑强扶弱，促使树势平衡。盛果期桃树，株间已交接、树冠停止扩大的，可采取放放缩缩的方法修剪主枝延长头，即先轻剪长放，使其结果并缓和树势，下一年冬剪时再回缩到二年生处并轻剪长放；或者回缩到下部枝组处并改变枝头方向，以后继续采用放缩结合措施，维持主枝长势，同时又能防止再次交接。回缩枝头时注意不可过重，以免发生徒长枝，扰乱树形、破坏平衡。主枝开张角度过大、枝头表现下垂的，可用背上枝抬高角度，以维持其长势。

9. 侧枝延长头的修剪　侧枝延长头剪留长度应比主枝短，一般不超过主枝延长枝剪长度的 2/3。侧枝与主枝竞争时，常采用疏剪或重短截，以保持主枝的优势。侧枝修剪时主要是保持与主枝的主从关系，以维持树势平衡。侧枝强弱不同、在主枝上的前后位置不同，修剪方法也不一样。盛果期桃树一般多采用上压下放措施，即上部一个侧枝适当重剪控制，下部一个侧枝适当轻剪扶持，以维持下部侧枝的长势和结果寿命。注意修剪不可过重，以免上部侧枝长势过弱、寿命缩短。侧枝前强后弱，多因角度过小，应换下部中庸枝代替原头，并开张其角度，使后部转强。侧枝前后都弱，多因结果过量，应适当回缩，换壮枝带头并抬高角度，同时疏除细弱枝、减少留果量，促其长势恢复。

四、长枝修剪技术

(一) 定义

长枝修剪技术是果树整形修剪中的一项最重要技术改革。长枝修剪技术是相对于传统的以短截为主的桃树冬季修剪技术而言。桃树传统的冬季修剪以短截为主，要"枝枝过剪"，修剪后所保留的果枝平均长度短，故称为短枝修剪。而长枝修剪是一种基本不进行短截、仅采用疏剪、缩剪、长放的冬季修剪技术，由于基本不短截，修剪后所保留的一年生果枝的长度较长，故称为长枝修剪技术。

(二) 长枝修剪技术的优点

1. 缓和树体枝梢的营养生长势，容易维持树体的营养生长和生殖生长的平衡 尤其是对于生长过旺的果园，特别是幼树，控制树体过旺生长效果更加明显。

2. 克服了传统修剪技术运用复杂的缺陷，操作简便，容易掌握 由于长枝修剪主要以甩放、疏剪为主，总体留枝量少，树体结构简单，技术易学，易掌握。

3. 节省修剪用工 由于长枝修剪技术简单，生长势缓和，夏季徒长枝和过旺枝少，因此冬季和夏季修剪量少，能大量节省修剪用工。冬季修剪较传统修剪方法节省用工 1~3 倍，每年减少夏季修剪 1~2 次，显著提高劳动生产力。

4. 改善树冠内光热微气候生态条件，显著提高果实品质 和传统修剪相比较，树冠内透光量提高 2~2.5 倍；果实着色提前 7~10 天，且着色好；果实可溶性固形物增加 1‰~1.5‰；果实外观品质和内在品质得到显著提高，中晚熟品种果实增大 10%。

5. 丰产稳产 采用长枝修剪后树势缓和，优质果枝率增加，花芽形成质量获得提高，花芽饱满，由于保留了枝条中部高质量花芽，提高花芽及花对早春晚霜冻害的抵抗能力，树体的丰产和稳产性能好。

6. 一年生枝的更新能力强，内膛枝更新复壮能力好，能有效地防止结果枝的外移和树体内膛光秃。

（三）长枝修剪的技术要点

1. 树形及骨干枝的选留

树形　从理论上说，长枝修剪适合各种树形。目前根据栽植密度，采用较多的为 3 主枝开心形或两主枝 Y 字形。

主枝数量　根据栽植密度和树形，每亩主枝数量控制在80～120 个。

原则上不留侧枝　根据主枝的大小，每个主枝上留 6～8 个大、中型枝组，枝组应均匀分布在主枝两侧，树势较直立的树和树龄较小的树，主要留斜上生或水平的枝组，不留背上和背下枝组；树势已开张的或年龄较大的树，主要留斜上生或直立枝组。同侧枝大组间应相距 80 厘米以上。

主枝角度　幼树时主枝角度控制在 40～45 度，进入结果期后，由于果实重量的作用，主枝角度加大，控制在 50～60 度。

2. 定植后 1～2 年幼树的修剪

①夏季修剪　幼树在整形修剪期间，应特别注重夏季修剪。定植后对骨干枝或预备骨干枝在第一个生长季节里摘心 2～3 次，第二年摘心 1～2 次，而对于非骨干枝每年摘心 1～2 次。第一次摘心一般在 5 月份枝梢迅速生长期间进行，长度在 10 厘米以上的新梢均保留 10 厘米进行摘心（或剪梢）；第 2 次在上次摘心 3 个星期或 1 个月后进行，除上次摘心处理过的枝梢外，还包括生长势旺盛的徒长枝梢，保留长度为 15～20 厘米。第 2 次摘心时间的早晚主要取决于树体的生长势（树体生长势越旺盛，摘心的时间越早）。此外对树冠内膛过密的枝梢在生长季节里，进行疏除，一方面可以改善树体通风透光条件，另一方面可以促进保留枝条的生长发育。

②冬季修剪　冬季修剪时首先必须选留骨干枝，一般根据所

使用的树形需求，选留 6～10 个预备主枝。在未来的 2～3 年里，根据预备主枝生长角度及生长势等状况，最后保留所需数量优良骨干枝。对于已淘汰的预备骨干枝，通过回缩，形成临时性结果枝组，2～3 年后完全疏除；对骨干枝延长头，使用带小橛延长技术，小橛保留长度 10～15 厘米；对于其他的枝条，甩放或疏除，一般骨干枝上每 15～20 厘米保留 1 个长结果枝，其余的枝均疏除，但总体原则是生长旺盛的树修剪要轻，保留枝的密度相对较大一些，总枝量要多，而生长较弱的树修剪要重，保留枝条总枝量要少。

3. 盛果初期树以及成年树修剪

①延长头的修剪　成年树的延长枝头处理方式取决于树体的生长势：生长势旺的树延长头甩放，疏除部分副梢。处理原则：甩"辫子"（延长头），去"耳朵"（副梢），去强留弱，去徒长留结果，即延长头甩放不短截，疏除部分的副梢，在疏除副梢时，应疏除徒长枝和旺枝，留中庸枝和水平与下垂枝，并同时疏除部分旺长的结果枝组；中庸树短截至健壮副梢处；弱树带小橛延长，即对延长头短截，并留健壮副梢；对于树势极为开张的品种（如大久保）以及树势已经开张的盛果期树，主枝过于水平，其延长头处理特别应注意抬高主枝延长头的角度，方法是在主枝上部选留 1 个直立且生长旺盛的枝条，进行带小橛延长修剪处理，1～2 年后即可实现抬高主枝角度的目的。

②其他部位枝条的修剪

果枝修剪以长放、疏剪、回缩为主，基本不短截　在长枝修剪中基本不使用短截方法，对所留枝条全部甩放，其余的枝条全部疏除。但在树体改造过程中，下部枝条衰弱、数量很少的情况下为了增强下部枝条的生长势，可少量短截部分过弱枝条。而对于其他枝条甩放或疏除，应遵循以下几条基本原则。

枝条保留密度　骨干枝上每 15～20 厘米保留 1 个长结果枝（＞30 厘米），同侧枝条之间的距离一般在 30 厘米以上。以长果枝结果为主的品种，大于 30 厘米果枝留枝量控制在 4 000～5 000 个/亩，总枝量在 1 万以内；以中短果枝结果的品种，大于30 厘米果枝枝量控制在 2 000 个/亩以内，总果枝量控制在12 000 个/亩以内。生长势旺的树修剪要轻，留枝密度可相对大些；而生长势弱的树应相应重剪，留枝量小一些。另外树体保留的枝条长度长，保留枝条总枝量也应少。

保留的 1 年生枝条的长度　以长果枝结果为主的品种，主要保留 30～60 厘米长度的结果枝，短于 30 厘米的中果枝原则上大部分疏除。以中短果枝结果的品种（如八月脆、中华寿桃），主要保留<30 厘米的果枝用于结果和部分大于 40 厘米的枝条用于更新。过强和过弱的果枝少留或不留，同等长度枝条应尽量留尖削度小的。可适当保留一些健壮的短果枝和花束状果枝。

保留的 1 年生枝条的长度与品种特性、树势和树龄密切相关，营养生长旺盛的品种或树势较旺的树以及幼年树，应保留长度相对较短的枝条，反之，则保留长度相对较长的枝条。对于八月脆和中华寿桃等粗壮枝结果能力差的品种，应以保留较细弱的枝条。

保留的 1 年生枝条在骨干枝上的着生角度　所留果枝应以斜上、斜下方位的为主，少量的背下枝，尽量不留背上枝。保留果枝在骨干枝上的着生角度还取决于树势与树龄：树势直立的品种，主要保留斜上生或水平枝，树体上部应多保留背下枝；对于树势开张的品种，主要保留斜上生枝，树体上部可适当保留一些水平枝，树体下部可选留少量的背上枝。幼年树，尤其是树势直立的幼年树，可适当多留一些水平和背下枝，这样一方面可以实现早果，另一方面有利于开张树势。

③结果枝组的更新　长枝修剪中果枝的更新方式有两种：第一种方式是利用头一年通过甩放后在一年生枝基部发出的生长势中庸的背上枝进行更新。修剪时采用回缩的方法，将已结果的母枝回缩至基部的健壮枝处更新。如果母枝基部没有理想的更新枝，

也可在母枝中部选择合适的新枝进行更新。第二种方式是利用骨干枝上发出的新枝更新。由于采用长枝修剪时树体留枝量少，骨干枝上萌发新枝的能力增强，会发出较多的新枝。如果在骨干枝上着生结果枝组的附近已抽生出更新枝的话，则对该结果枝组进行全部更新，使用由骨干枝上的更新枝代替已有的结果枝组。

④长枝修剪树的夏季修剪　每年进行2次夏季修剪，夏季修剪的时间通常在6月上旬和采收前。夏季修剪主要采用疏剪的方法，主要目的通过疏除过密枝梢和徒长梢以及对光照影响严重的枝组，改善通风透光条件，促进果实着色和提高果实的内在品质。对于树体内膛等光秃部位长出的新梢，应保留一定的长度进行剪梢。

主要修剪的方法可用"去伞、开窗、疏密"6个字进行概括：

去伞：疏除树体上部或骨干枝上对光照影响严重的结果枝组和直立的徒长梢。

开窗：疏除骨干枝上过密的结果枝组。

疏密：疏除过密的新梢。

修剪程度：每次夏季修剪量不能超过树体枝叶总量的10%。

4. 长枝修剪中注意的几个问题

①加大疏花疏果力度，控制留果量　采用长枝修剪后，整体留枝量减少了，但花芽的数量并没有减少。而且由于长枝修剪后春季春梢生长缓和，坐果率增加，使果实数量增加，因此要注意加大疏花疏果力度。在疏果时要尽量留枝条前部和中部的果，使枝条随着果实的生长下垂，以利于枝条基部萌发长果枝，用于来年更新用。

疏花疏果程度：一般来讲，中小型果品种每15～20厘米留1个果，即每长果枝留3～5果，大型果品种，每25～30厘米1个果，即每长果枝留1～3果。树体上部的枝和营养生长旺盛的枝应适当多留，而树体下部和营养生长弱的果枝则应少留果。

疏果时期：早熟品种：花后15～20天之内结束，且要求在落瓣期之前对树体疏除一部分花；中熟品种：花期至花后 25 天之内结束；晚熟品种：花期至花后 40 天之内结束。

②控制留枝量　在许多地区推广长枝修剪时，短枝和花束状果枝留的过多，造成长果枝发生数量减少，更新困难。因此，除了要控制长枝的数量外，短果枝和花束状果枝的数量也要控制，适当疏除部分短枝和花束状果枝。

③中华寿桃、北京 33 号、艳丰 1 号、陆王仙等大果形或易采前落果的品种，要多留中短枝，以中短枝结果为主。

④衰弱的树、没有灌溉条件的树不宜采用长枝修剪。

⑤对于新定植的幼年树就可以开始使用"长枝修剪"技术，对于以往使用传统修剪技术进行修剪的果园，冬季修剪时可以使用"长枝修剪"技术进行改造。

第四节　化学控冠技术

多效唑，又叫 PP333，是一种常用的植物生长调节剂，具有控制徒长，促进花芽形成，提高坐果率的作用，在桃树生产中常用于控冠。只适用于幼旺树、适龄不结果的树和盛果期壮树，初定植树、弱树和老衰期的树不宜应用。近年来生产上正在推广使用 PBO 代替 PP333，效果显著，使用方法和 PP333 相似或相同。

多效唑的使用方法包括土壤处理（秋施、春施、花后施）、叶面喷施（生长季节）、涂干（春季）、蘸梢等。土壤处理具有滞后效应，残效期长，一般可维持 2～3 年，当年的使用效果没有叶面喷施明显，且处理过重后化解较难。叶面喷施过重后可以通过喷施尿素化解。目前桃树高密度栽培主要通过多效唑土壤处理来控制树体，存在的问题比较多。

多效唑使用浓度，用量及次数受品种、树龄、树势及立地条件等多因子制约，因此，很难作出一成不变的规定，要进行试验，而后才能大面积使用。正确的使用方法为：若土施，花后3～4周按每平方米树冠投影面积施用15％多效唑0.5～0.8克，具体方法是将多效唑按量溶于水，再在距树干0.5～1米范围内挖一环形浅槽，将多效唑溶液均匀灌入槽内并用土覆盖，施后1～1.5月开始起作用。若叶面喷施，在发芽后新梢长至10厘米左右时喷100～300毫克/升多效唑，每隔10～15天喷一次，连喷2～3次；采果后或七八月份，在秋梢和副梢旺长初期再喷浓度为200～500毫克/升多效唑水溶液，隔1～2周喷一次，连喷2～3次，注意叶喷全年不能超过4次。对生长过旺的个别树株可以采取土壤处理＋叶喷的处理方法。

第五节　四季修剪

桃树在一年四季均可修剪，不同时期的修剪任务应在互相配合的情况下有所侧重。

1. 冬季修剪　冬剪的任务主要是培养骨干枝、修剪枝组、控制枝芽量、调节生长结果关系及树体平衡。幼龄树以整形、培养骨干枝为重点，成龄树重点调节生长结果关系，尽量利用骨干枝中下部的壮枝结果，剪留宜短不宜长，要严格控制结果部位外移。另外要注意桃树的修剪时期不宜太晚，以避免在早春发芽前树液开始流动后形成流胶，由此引起树势衰弱。

2. 春季修剪　春剪的时期多在萌芽开花后至新梢旺长前进行，任务有以下四个方面。

①疏花　对冬剪时留花芽过多的树在花蕾期应进行疏花，以集中营养增强坐果。疏留的原则是，在同一个枝条上疏下留上，疏小留大，疏双花留单花，预备枝上不留花。

②抹芽、除梢　主要是用手抹除那些多余无用和位置、角度不合适的新生芽梢，如竞争芽梢、直立芽梢、徒长芽梢等。一般说被抹除的新生芽梢在5厘米以下时称为抹芽，在5厘米以上时

称为除梢，其目的都是为了防止不规则枝条的形成和养分的无效消耗，减少伤口，促进保留新梢的健壮生长。

③矫正骨干枝的延长头　当发现冬剪时骨干枝延长头的剪口芽新生枝梢其生长方向与角度不合适时，应在其下位附近的地方选留较合适的新梢改作延长头，而将原头在此处缩掉。

④缩剪长果枝　对冬剪时留得过长的结果枝，可在下位结果较好的部位留一新梢进行回缩，无结果的可通过缩剪来培养位置较低和组型比较紧凑的预备枝组，这是防止结果部位外移的重要措施。

3. 夏季修剪　在新梢迅速生长期进行。修剪的次数要根据发育枝迅速生长的次数而定，幼旺树一般2～3次，老弱树一般1～2次。具体修剪时间大体与新梢速长期相一致，一般在5月下旬至6月上旬、7月上旬至中旬、8月中旬至下旬。修剪任务包括以下几方面。

①控制强旺梢　桃树夏剪中，首先应注意对影响骨干枝正常生长的强旺梢及早进行控制，控制的方法是摘心、扭梢、剪梢、拉枝、刻伤等抑上促下的措施。这样，既可把营养集中到结果和花芽形成上，又可促进下部分生副梢形成新的饱满花芽，降低下一年的结果部位，防止结果部位上移。摘心应及早进行，在新梢生长前期留下部5～6节摘去顶端的嫩梢。扭梢和剪梢应在新梢长到30厘米左右时进行，基部留3～5个芽。拉枝和刻伤应结合摘心、扭梢、剪梢进行。大枝拉枝时以80°开张角度为好，不能拉平。因为大枝处于水平状态时，先端生长容易变弱，后部背上容易冒条。

②用副梢整形　利用副梢培养和调整骨干枝的延长头，可加速树冠成形，使树体提前进入盛果期。方法是当新梢长达40～50厘米且延长头已发生较多副梢时，选用生长方向、角度比较合适，节位较高（以免主枝剪截过重）、基部已开始木质化（过早不利于固定其开张角度）的副梢进行换头，剪去以上的原头主梢。剪除或严格控制副梢延长枝的竞争枝，副梢延长头以下的其他副梢进行摘心或扭梢加以控制，并根据不同情况，分别培养成侧枝、结果枝组或结果

枝，保证新头副梢的生长优势，也可选用位置合适的侧生副梢培养新的主、侧枝。副梢整形是桃树上快速培养骨干枝的一个重要技术措施，尤其对直立旺长品种的树势控制更为重要。

③清理密挤枝 桃树由于一年内生长量大和多次分生副梢，致使枝梢非常容易密乱交叉，所以应及时清理那些竞争梢、徒长梢、直旺梢、重叠梢、并生梢、轮生梢、对生梢和交叉梢等不规则枝条，无空间、无利用价值的可疏除；有空间但较细弱的可摘心；有空间且较旺的可留1~2个弱副梢剪截，或在方向较好的副梢处剪截，使其变直立生长为斜生生长，或进行扭枝、弯枝，以削弱其生长势，培养结果枝组，并配合衰老枝回缩更新的方法保证树冠内膛的通风透光条件。

④摘心促花 5~6月，对着生空间大、健壮的新梢摘心，可促使其抽生副梢，并在副梢上形成花芽。在枝条较密时，没有副梢的新梢，不要摘心，以免促发过多的副梢，造成枝条密挤，影响内膛光照，引起主梢花芽分化不良、提高结果部位。

4. 秋季修剪 桃树的夏剪如果做得及时到位，一般在9月以后可不进行秋剪。如果夏剪未做，枝条十分密挤，树冠严重密闭，也可根据情况在秋季适当地安排修剪，以改善树冠通风透光的条件，并为冬剪打好基础，减轻冬剪的修剪量。这次修剪的主要任务是对尚未停止生长的主梢和副梢进行摘心，以促使其组织充实、花芽分化良好、腋芽饱满；尚未停止生长的旺枝和徒生枝结果枝再次剪截控制；疏除密集枝和其他无利用价值的枝梢，以节约养分、改善通风透光条件。有条件的桃园，可在新梢停止生长前对长度在30厘米以上的主梢和副梢进行一次普遍摘心。这对增加营养物质的积累，保证枝条充实和花芽饱满，提高越冬能力有重要意义。但是，这次摘心宜轻不宜重，以免出现流胶现象。这次摘心，如时间掌握恰当，新梢一般不再发生副梢。

第十二章

病虫害综合防治技术

合理进行桃树病虫害防治，是确保鲜桃优质、丰产、稳产的重要环节，防治工作应从桃树的病、虫、草整个生态系统出发，遵循"预防为主，综合防治"的方针，了解和掌握病、虫的发生规律，加强病、虫的预测和预报，综合运用各种防治措施，以农业防治为基础，物理化学防治为辅助手段控制病虫害。加强培育管理，增强桃树对各种有害生物的抵御能力，创造不利于病虫滋生，有利于各类天敌繁衍的环境条件，减少对环境的污染，保证农业生态系统的平衡和生物多样化，达到无公害、绿色的标准，促进桃业可持续发展。

第一节 综合防治

一、农业防治

1. 选用抗性强的优良桃树品种 加强植物检疫，防止带病虫的果苗、接穗或砧木的传入与传出，用种子繁殖砧木，建立无病母本园或母本树等。还要加强果品的检疫。

2. 重视冬季清园 桃树的病残组织是越冬病原菌和越冬虫卵、蛹体的主要越冬场所，冬季清园对减少越冬病虫源、减少次年春季病虫初侵染源有着极其重要的作用。

①桃园清理 剪去病虫为害枝，刮除枝干的粗翘皮、病虫斑，清除树上的枯枝、枯叶和枯果，清扫地上的枯枝、落叶、烂果、废袋等，集中烧毁。将冬剪时剪下的所有枝条及时清出果

园。清理桃园所有的应用工具，特别是易藏匿病虫的杂物，如草绳、箩筐、包装袋等，最大限度地清除病虫源。

②喷布石硫合剂及树干涂白　冬季修剪后，全园喷布波美5度石硫合剂一次，及时进行树干涂白，以铲除或减少树体上越冬的病菌及虫卵。

3. 加强树体管理，调节生长势　一般树体生长势强，树冠开张度大，通风透光好，病害少；树体生长势衰弱，病害重；生长势过旺，树冠郁闭，病害也严重。

①合理施肥　增施有机肥和微生物活性肥料，增强树势，注意各种肥料元素的平衡。

②雨季清理排水沟，排除积水　低洼地要开深沟，降低地下水位，降低土壤湿度，控制病虫害的发生。

③秋冬季深翻改土　桃园要在每年秋冬季深翻土壤，增加土壤的透气性。深翻可将地下越冬的病菌、虫卵冻死，减少病虫源；熟化土壤，增加土壤有机质含量。

④合理整形修剪　改善树体通风透光条件，控制病害发生。

⑤果实套袋　防止病虫害侵害桃果。

⑥生长期要注意观察，及时除去病源物　在新梢发生期间常检查，发现初期侵染病叶、病梢、病果，立即摘除烧毁或深埋，采收前后，注意病菌再侵染的机会，减少园内病菌量。

⑦适期采收　采用一切措施减少伤口和促进伤口的愈合。

⑧抓好幼树病虫防治工作　有些病害在幼树阶段容易发生，如桃树根癌病，往往会成为结果树发病的主要菌源之一。

二、物理防治

物理防治是根据病虫本身的发生规律或特性，利用物理因素，创造不适于病虫进入、扩散、生存的环境的防治方法。它的优点是诱杀集中、无污染、不杀天敌，病菌、害虫不产生抗性，不破坏生态平衡。可采用捕杀、阻隔、清除等措施或采取糖醋液、黑光灯、频振式杀虫灯等诱杀方法杀灭害虫。

①灯光诱杀　如频振式杀虫灯是利用害虫较强的趋光、趋波、趋性信息的特性，将光波设在特定范围内，近距离用光，远距离用波，加以害虫本身产生的性信息引诱成虫。配以频振式高压电网触杀，使害虫落入灯专用的接虫袋内，达到杀虫的目的，可诱杀金龟子、吸果夜蛾等鳞翅目成虫和部分鞘翅目成虫。另一方面它选用了能避天敌习性的光源和波长、波段，而采用对其他食果树害虫有极强诱杀作用的光和波，对天敌杀伤力小，据调查7月15日至7月30日，5盏灯诱杀天敌30头，分别为瓢虫6头、蜻蜓4头、螳螂3头、食蚜虫17头，而同期诱杀害虫达4 226头，益害比为1：140.9，诱杀的昆虫中，害虫占99.30%，益虫占0.70%。一般从5月中旬安装、亮灯、捕虫，使用结束时间为10月上、中旬，每天亮灯时间应结合成虫特性、季节的变化决定，可棋状分布也可闭环状分布，以单灯辐射半径120米以内为宜，达到节能治虫的目的，杀虫灯设置高度以2~2.5米对桃园害虫的诱集效果最好，幼龄树区可将装灯高度降到1.5米左右。

②糖醋液诱杀　可诱杀金龟子、桃蛀螟、卷叶蛾、食心虫、毛虫、大青叶蝉等害虫，糖醋液的比例：红糖：酒：醋：水=5：5：20：80，糖醋盆应挂在距地面1.5~2.0米高度的树叉上，每隔10~15天将诱杀的虫子挑检出来并集中深埋，然后再适量添加糖醋液。糖醋盆的放置个数视果园面积大小而定，一般5个/亩，并采取梅花5点放置。

③性诱剂　利用生产的各种性诱芯如桃小食心虫诱芯、梨小食心虫诱芯、金纹细蛾诱芯、桃蛀螟诱芯等诱杀桃小食心虫等各种害虫，具体做法是取口径20厘米水盆，用略长于水盆口径的细铁丝横穿一枚诱芯子置于盆口上方中央并固定好，使诱芯下沿与水盆口面齐平，以防止因降雨水盆水满而浸泡诱芯，将诱盆悬挂于果树当中。用于防治害虫为目的的，一般间

隔 20～25 米放置 1 盆，地势高低不平的丘陵山地或果树密度大、枝叶茂密的果园放置宜密一些，反之，地势平坦的洼地或果树密度较小的果园放置间隔可适当远一些。盆内水中加0.2％的洗衣粉，加水量为水面离诱芯下沿距离 1～1.5 厘米。以测报为目的的诱芯的放置时间，应在诱测对象越冬代羽化始期前放置。以防治诱杀对象为目的，可根据害虫为害世代和危害程度确定放置时间，一般桃小食心虫 6 月上旬始发，7～8 月是越冬代和一代成虫主要发生期，也是利用诱芯防治的主要时期。

Confuser-A 是近年刚引进的一种复合搅乱迷向剂，由多种害虫的性信息素和缓释剂复合而成，当其悬挂在田间树枝上时，释放出多种性信息素，使害虫难以找到交配对象，干扰害虫交配，降低雌虫的产卵率，从而达到防治害虫的目的，可防治卷叶蛾类、潜叶蛾类、食心虫类等害虫，果树的整个生长季节只需悬挂一次 Confuser-A，就能达到防治害虫的目的，其用法为捆绑在距地面 1～1.5 米背阳的树枝上，每棵树悬挂 1～2 根，200～250 根/亩。

④黄板诱杀　蚜虫、白粉虱和潜叶蝇等对黄色具有强烈趋性，可设置黄板利用特殊的粘虫胶诱杀成虫，32～34 块/亩，置于行间，使黄板底部与桃树顶端相平或略高，当蚜虫、粉虱等粘满板面时，需及时重涂粘油，一般可 7～10 天重涂1 次或更换粘虫版。蓟马对蓝光有趋性，可使用蓝色捕虫版诱杀。

⑤绑草诱杀　梨小食心虫等害虫，喜欢潜藏在粗树皮裂缝中越冬，可在它们越冬前，在树干上绑草把诱集害虫进来越冬，然后集中烧毁或深埋杀死，并注意要先取除其中的天敌昆虫。

⑥人工捕杀　利用金龟子、象鼻虫和舟形毛虫等有假死的特性，可在地下铺设塑料薄膜的基础上摇晃树体，待害虫落下后集

中捕杀；或利用人工摘除病虫果、病叶和捕杀金龟子、天牛等害虫。

⑦刮树皮　春季萌芽前对桃树主干、主枝等进行刮树皮，消灭红、白蜘蛛、卷叶蛾、潜叶蛾及蚜虫等多种害虫虫源，可以消灭腐烂病菌、轮纹病菌多种病源菌。

⑧贴、堵害虫　有些枝干害虫如天牛可用带药黄泥或透明胶布、塑料薄膜等材料贴、堵住虫孔；也可在主干基部（要先刮除老翘皮）绑缚一段20～30厘米的塑料薄膜，使害虫无法攀爬，或涂抹防虫环，粘杀上树害虫。

三、生物防治

1. 利用害虫天敌控制害虫　通过天敌保护、引进，进行繁殖、饲养、释放，创造有利天敌生存的环境等途径，使其建立健全的各种天敌群（果园常见天敌种类见表12-1），达到控制害虫种群数量的目的，如赤眼蜂、瓢虫、草蛉等。果树害虫天敌是果园中与害虫同时存在的另类虫群，它主要分为捕食性和寄生性两大类，捕食性天敌主要有捕食性瓢虫、草蛉、小花蝽、蓟马、食蚜蝇、捕食螨和蜘蛛；寄生性天敌包括各种寄生蜂、寄生蝇、寄生菌等。在果园农药应用中，应充分利用和保护好捕食性天敌，做到害虫的防治与天敌的保护利用双兼顾，注重维护好生态平衡。

2. 利用有益生物或其产品，防治桃树害虫　如多抗霉素等各种生物源农药，以及利用昆虫性外激素诱杀或干扰成虫交配，潜叶蛾类可用灭幼脲或阿维菌素，食心虫、卷叶蛾类害虫，可用苏云金杆菌可湿性粉即Bt制剂，螨类、蚜虫类、介壳虫类可用阿维菌素4 000倍，10%烟碱乳油800～1 000倍等生物农药控制其发生和蔓延，保护和利用天敌，"以虫治虫，以菌治菌"，是开展桃树病虫无害公化防治的重要手段。

表 12 - 1　果园天敌种类

天敌名称	主要种类	特　性	备　注
瓢虫 以捕食蚜虫为主的瓢虫	七星瓢虫、龟纹瓢虫、多异瓢虫、黑背小毛瓢虫等	在华北地区1年4~5代，均以成虫在树缝、树根、枯枝落叶及土块等处越冬，在适温范围（20~28℃）内寿命30~50天，有的更长，越冬代成虫寿命最长达7~9个月。越冬成虫8℃开始活动，10℃以上开始觅食，15℃以上交尾产卵，雌成虫产卵量很大。当瓢虫与蚜虫比为1：150时，基本能控制蚜虫为害。瓢虫的捕食能力很强，以异色瓢虫为例，各龄幼虫及成虫平均日捕食桃蚜数量：1龄10~30头，2龄30~50头，3龄50~100头，4龄100~200头，成虫100~200头	主要捕食桃蚜、桃粉蚜和桃瘤蚜，七星瓢虫喜阴凉，龟纹瓢虫耐高温、高湿，异色瓢虫喜在树木或在高杆作物上活动，夏季果园内很少见到七星瓢虫，以异色瓢虫居多
以捕食叶螨为主的瓢虫	深点食螨瓢虫、黑襟毛瓢虫、连斑毛瓢虫	深点食螨瓢虫1年发生4~5代，以成虫在树皮裂缝、树洞、枯枝落叶、杂草等处越冬，翌春开始出蛰活动，5月中旬至6月上旬为产卵期，在适温下，完成1代需20~25天，成虫寿命32~53天，越冬代成虫寿命220天。1龄幼虫主要捕食害螨的卵和初孵幼螨，4龄幼虫主要捕食成螨。深点食螨瓢虫成虫日平均捕食成螨15头和幼螨及螨卵21头（粒），幼虫平均日捕食25粒（头），4龄幼虫日捕食量最高可达43粒（头）	以深点食螨瓢虫最常见
以捕食介壳虫为主的瓢虫	黑缘红瓢虫、红点唇瓢虫、红环瓢虫、中华显盾瓢虫	黑缘红瓢虫、红环瓢虫1年发生1代，其余都是2代，均以成虫在枯枝落叶、树干缝隙等处越冬，翌春出蛰后开始捕食活动，雌成虫将卵产在介壳虫的空壳内和树皮缝处，卵期20天，瓢虫的食量很大，1头黑缘红瓢虫一生可捕食2 000头介壳虫	以捕食寄主为朝鲜球蚧、桑盾蚧、东方盔蚧等，该类瓢虫耐饥饿能力很强，黑缘红瓢虫越冬代成虫有时4~5个月不喂食也能存活

（续）

天敌名称	主要种类	特　　性	备　注
草蛉	又名草青蛉，幼虫俗称蚜狮，我国常见的有大草蛉、丽草蛉、中华草蛉、叶色草蛉、普通草蛉	草蛉在华北地区1年发生3～5代，中华草蛉和普通草蛉以成虫躲藏于背风向阳处的草丛、枯枝落叶、树皮缝隙处越冬，历期120～180天，大草蛉、丽草蛉、叶色草蛉以老熟幼虫在枯枝落叶、树皮缝隙处干枯卷曲叶内结茧，发育至预蛹期越冬，历期130天。草蛉成虫产卵量大，少者300～400粒，多者1000粒以上。草蛉的食性虽很广，但不同种类的草蛉对寄主有明显的选择性，丽草蛉和大草蛉成虫喜食各种蚜虫，大草蛉成虫不取食棉铃虫卵；中华草蛉成虫喜食多种虫卵和幼虫，但不食蚜虫，1～3龄幼虫捕食山楂叶螨若螨；普通草蛉幼虫捕食蚜虫、叶螨、介壳虫。1头草蛉一生能消灭蚜虫1000～1200头，叶螨1000余头	食量大，捕食广，能捕食蚜虫、叶螨、叶蝉、蓟马、介壳虫以及鳞翅目害虫的低龄幼虫
捕食螨	又叫肉食螨，东方钝绥螨、拟长毛钝绥螨	植绥螨具有发育周期短、捕食范围广、捕食量大等特点，一般1年发生8～12代，以雌成虫在枝干树皮裂缝或翘皮下越冬，在25～28℃的适温下，植绥螨的发育历期仅4～7天，1头植绥螨雌螨一生可捕食害螨100～200头。一般生活周期短，捕食量大，繁殖力强，一头捕食螨1天能取食害螨卵918粒，幼螨28头，一生捕食害螨300～350头，锈壁虱1500～3000头。当果树上害螨的数量少而食料不足时，捕食螨便取食瘿螨、菌丝体、花粉和昆虫的粪便	以捕食害螨为主的有益螨类，其中以植绥螨最为理想，它不仅主要捕食果树上常见的山楂叶螨、苹果全爪螨等叶螨，还捕食一些蚜虫、介壳虫等小型害虫

（续）

天敌名称	主要种类	特　性	备　注
食虫蝽象	食虫蝽象是果树害虫天敌的一大类群，其种类较多，小黑花蝽是果园中最为常见的一种天敌	食虫蝽象主要吸食害虫的卵汁或幼（若）虫体液，亦可捕食蚜虫、叶螨、叶蝉等害虫。其捕食能力很强，1头小黑花蝽成虫平均每天可捕食果树上各虫态的叶螨20头、蚜虫26.8头，一生中可消灭害螨2 000头以上。其活动性强，繁殖力高，捕食量大，是果园中的优势天敌。1年发生4代，以雌成虫在枝干的翘皮下越冬	有害蝽象有臭味，食虫蝽象大多无臭味
食蚜蝇	黑带食蚜蝇、斜斑额食蚜蝇	食蚜蝇以幼虫捕食蚜虫，同时亦能捕食叶蝉、蓟马、介壳虫以及鳞翅目害虫的低龄幼虫和多种卵，是果树害虫的重要天敌，在华北地区1年发生4~5代，大多以老龄幼虫或蛹在果树根部附近土中越冬	黑带食蚜蝇是果园较为常见的一种
蜘蛛	春夏季主要以三突花蛛、草间小黑蛛等狩猎型为主	蜘蛛可分为结网性蜘蛛与狩猎型蜘蛛两大类，结网性蜘蛛在高处或地面用蛛丝结成不同大小的丝网。丝网既是生活住所，又是狩猎工具，落入网内的害虫很难逃生。狩猎型蜘蛛不结网，无固定住所，常在地面、草丛、树上往返狩猎，捕食多种昆虫和甲壳动物。三突花蛛游猎于桃树上，主要捕食桃粉蚜、桃瘤蚜、桃蚜等，每天可捕食山楂叶螨95头，地面上游猎的草间小黑蛛捕食一点叶蝉、大青叶蝉等害虫，是果园早期重要的捕食性天敌天敌	种类多，数量大，我国有3 000多种，现在已定名的1 500多种，其中80%生活在果园中，是害虫的主要天敌

（续）

天敌名称	主要种类	特　性	备　注
螳螂	中华大螳螂、广腹螳螂和薄翅螳螂等	螳螂的食性很杂，可捕食蚜虫类、蛾蝶类、甲虫类、蟒类等60多种害虫，从春至秋果园均有发生，若虫具有跳跃捕食习性。1年发生1代，以卵在枝条上越冬，1～3龄若虫喜食蚜虫，特别是有翅蚜；3龄以后嗜食虫体壁较软的鳞翅目害虫。成虫则可捕食叶蝉、蚜虫、盲蝽、金龟甲、桃蛀果蛾、梨小食心虫、枣步曲、棉铃虫等各类害虫。螳螂的食量很大，3龄若虫每头可捕食蚜虫198头、棉铃虫幼虫110头	螳螂是多种害虫的天敌，具有分布广、捕食期长、食虫范围广、繁殖力强等特点，在植被多样化的果园中数量较多
食虫鸟类	大山雀	属于地方性留鸟，喜在果园和灌木丛中活动，多在树洞、墙洞中筑巢，产卵3～5枚，食量大，消化能力强，可食桃小食心虫、天牛幼虫、天目毛虫幼虫、叶蝉以及蚜虫等，每天可捕食害虫400～500头	我国以昆虫为主要食料的鸟类约600种，每种鸟的食谱总量中，昆虫均占50%以上，对控制害虫种群作用很大
食虫鸟类	大杜鹃	为夏候鸟或旅鸟，喜栖息在附近有水的果林，取食甲虫和鳞翅目幼虫等大型害虫为主，特别喜食一般鸟不敢啄食的天幕毛虫、刺蛾等害虫的幼虫，1天可捕食300多头害虫幼虫	
食虫鸟类	大斑啄木鸟	主要捕食鞘翅目害虫、蟒象等，食量大，每天可取食1 000～1 400头害虫幼虫	
寄生性昆虫	赤眼蜂 松毛虫赤眼蜂、螟黄赤眼蜂、舟蛾赤眼蜂、毒蛾赤眼蜂等	寄生400多昆虫卵，尤其喜欢寄生鳞翅目昆虫卵如梨小食心虫、刺蛾等，在自然条件下，华北地区1年可发生10～14代，在果园内自然寄生率是前期低，后期高，桃园一般在梨小成虫发生初期开始放蜂，8万～15万头/亩，虫卵寄生率达90%以上，防治效果良好	寄生在害虫卵内，繁殖能力强，交配、孤雌都能繁殖，1头雌蜂可繁殖40～70头

（续）

天敌名称		主要种类	特　性	备　注
寄生性昆虫	蚜茧蜂	桃蚜茧蜂	桃蚜茧蜂寄主是桃蚜，尤其是喜欢 2～3 龄的若蚜，每头雌蜂产卵量为数十粒至数百粒，蚜茧蜂在 4～10 月份均有成虫发生，但以 6～9 月份寄生率较高，有时寄生率高达 80%～90%	寄生在蚜虫体内，对蚜虫种群有重要抑制作用
	甲腹茧蜂	桃小甲腹茧蜂	发生代数与寄主一致，一般 1 年发生 2 代，以幼虫在桃小食心虫越冬幼虫体内越冬，7～8 月第一代桃小食心虫成虫产卵时，该蜂随之产卵、取食、发育，9～10 月份又随桃小食心虫脱果幼虫入土结冬茧越冬，寄生率一般为 25%	桃小甲腹茧蜂寄主为桃小食心虫
	寄生蝇	种类很多，在桃树上常见的是卷叶蛾赛寄蝇	是果园害虫幼虫和蛹期的主要天敌，寄主为梨小食心虫，1 年发生 3～4 代，以蛹越冬	与苍蝇的主要区别是身上有很多刚毛
	姬蜂和茧蜂	在桃树上主要有梨小食心虫白茧蜂和花斑马尾姬蜂	梨小食心虫白茧蜂寄主梨小食心虫，1 年发生 4～5 代，产卵于寄主卵内，在寄主幼虫体内孵化为幼虫并取食发育，待寄主幼虫老熟时死亡。花斑马尾姬蜂寄主天牛，1 年发生 2 代，以幼虫在寄主幼虫体内越冬，翌春待寄主化蛹后将其食尽，并在寄主蛹壳内化蛹	是天敌昆虫的重要类群，可寄生多种害虫的幼虫和蛹
昆虫病原微生物	苏云金杆菌	又名 Bt，有 100 多种商品制剂	杀虫机理是苏云金杆菌能产生多种有致病力的毒素，最主要的是半孢晶体毒素和 β-外毒素，主要防治刺蛾、卷叶蛾等鳞翅目害虫	对害虫天敌无伤害

（续）

天敌名称		主要种类	特　　性	备　　注
昆虫病原微生物	白僵菌制剂	球孢白僵菌、小球孢白僵菌、布什白僵菌	虫生真菌，可防治蛴螬、蝗虫、蚜虫、叶蝉、飞虱、桃小食心虫等多种鳞翅目幼虫，白僵菌为微生物杀虫剂，原药外观为乳白色至淡黄色粉末，分生孢子主要通过表皮降解酶作用，笋管穿透昆虫体壁，在昆虫体内增殖，吸收昆虫体内营养和水分，进而致死目标害虫。球孢白僵菌防治出土期桃小食心虫、卵孢白僵菌防治蛴螬类害虫，都取得了很好的效果	高孢粉1 000亿/克，粉剂为平均活孢子80亿/克，幅度50～120亿/克，孢子萌发率90%以上，水分5%以下。颗粒剂，含活孢子50亿/克。油悬浮剂100亿/毫升
	病原线虫		其特点是能离体大量繁殖，在有水膜的环境中能蠕动寻找寄主，并在1～2天内致寄主死亡，可用于防治桃红颈天牛、桃小食心虫等，对鳞翅目幼虫尤其有效	要求在10℃低温下存放

四、化学防治

严禁使用高毒高残留农药，选用无公害、生物农药或高效低毒、低残留农药，并要改进喷药技术，以协调防治病虫和保护天敌的矛盾。

1. 对症下药 针对不同的病菌、虫害，选用最适的农药品种（桃园常用农药见表12-2、桃园提倡使用的农药种类见表12-3），不同的病菌、昆虫对同一种药剂毒力的反应是不同的，每种农药都有它一定的防治范围和对象，如吡虫啉，防治刺吸式口器中蚜虫等为害效果显著，而对螨类则无效；敌杀死防治蚜虫、刺蛾以及各种毛虫等效果较好，对螨类无效。病害侵染的不同时期对药剂的敏感性存在着差异，病菌孢子在萌发侵入桃树的阶段，对药剂较为敏感，药剂防治效果较好；当病菌已侵入桃树体内并已建立寄生关系，真菌发育成菌丝后，对药剂的耐药力增强，防治效果较差，长成子实体后防治更困难，因此防治病害要在发病前或发病初期施药，效果最佳。

2. 准确用药 正确的用药浓度是指既能有效防治病虫，又不使桃树产生药害的浓度。若盲目加大药液浓度，造成药剂的浪费，又会使病虫害产生抗药性，也可能出现桃树的药害，人畜中毒，对果实和环境造成污染，过稀则达不到防治效果。生产上一定要开展主要病虫害的预测预报，掌握发生规律，找出具体发生时期和防治的关键环节，以确定防治方案，抓住关键时期细致、周到、均匀的喷药；防治桃树病虫时，既要注意枝、干、叶、果喷洒均匀周到，又要注意不过量。尤其是高温，很有可能对桃树造成药害。用药时应根据防治对象的危害特性和农药品种、剂型特性，选择正确方法施药。喷雾应由内到外，从上到下，不能漏喷，也不能多喷，以叶片湿润，又不会形成流动水滴为宜。

3. 安全用药 安全使用农药，主要包括对人、畜、果树、果品及天敌的安全，农药应优先选用高效低毒、低残留农药和生物农药，严格控制农药的使用量，严禁高毒、高残留农药在已结果的桃树上喷施。同时应用的农药必须具备"三证"。施药人员在操作前，应了解药剂性能及安全用药的注意事项，并做好应备的安全措施。同时为避免产生抗药性，切忌长期使用同一种药。

4. 经济用药 严格防治指标，调整防治时期，不要见虫就用药，特别是蚜虫和叶螨，要根据益害比确定防治关键时期，一般天敌和害螨比例在 1：30 时可不防治，当超过 1：50 时开展防治，当蚜虫和红蜘蛛与天敌比例为 300：1 或 200：1 时的 5～7 天害虫数量将不断下降，可不用农药防治，必须改变见虫就喷药的观念，同时抓住春季害虫出蛰盛期防治，压低虫源基数，可减少全年喷药次数。

5. 保护天敌 加强病虫害的生物防治是生产绿色、无公害鲜桃的需要。自然界中，果树病虫害的天敌很多，有寄生性的赤眼蜂、金小蜂等，捕食性的瓢虫、草蛉等，还有苏云金杆菌、白僵菌等使害虫致病的微生物天敌。这些天敌对果树病虫害有强大的自然控制力，我们在进行化学药剂防治病虫害时应尽量注意保护这些天敌。

6. 合理混配　桃树在生长期内，常有多种病、虫同时为害，因此桃农常将两种以上农药按比例混配在一起喷洒，但农药的混用要求严格。

①要明确本次防治的主要对象及发生阶段，确定防治对象的有效药剂或互补药剂。

②混配农药必须在混配后有效成分不发生变化，药效不降低，对桃园不发生药害。

③同类药剂作用方式和防治效果相同，起不到增效和防治对象作用，或混合后药液毒性变成剧毒，都不宜混用。

④混配的农药要边配边用，以免产生化学反应。

⑤备有农药使用档案，桃园应完善记录病虫发生情况以及使用农药的种类、剂量、次数等档案。

7. 重视使用时期　抓住桃树萌芽期，树上越冬的害虫开始出蛰、病原菌孢子萌发的大好时期，开展针对性用药，减少病虫源基数，为全年防治打好基础（桃园周年生产措施和病虫防治历见表12-4）。

表12-2　桃园常用农药简介

通用名称	其他名称	主要防治对象	使用浓度	备　　注
机油乳剂	蚧捕灵	桑白蚧若虫、蚜虫卵和初孵若虫、越冬螨	桃芽萌动后，95%机油乳剂100～150倍液	触杀剂，注意施用时期和浓度
灭幼脲	灭幼脲3号、扑蛾丹、蛾杀灵	桃蛀螟、金纹细蛾	25%灭幼脲胶悬剂产卵初期1 000倍液	胃毒兼触杀，施药后3～4天见效，不能与碱性农药混用
		桃小食心虫	产卵初期500倍液	

（续）

通用名称	其他名称	主要防治对象	使用浓度	备　　注
氟铃脲	杀铃脲、农梦特	卷叶蛾、刺蛾、桃蛀螟、金纹细蛾	在孵化盛期或低龄幼虫期喷5%乳油1 000～2 000倍液或20%悬浮剂8 000～10 000倍液	生物合成杀虫剂，对成虫、幼虫都较强杀灭作用，对蚜虫、螨、叶蝉等无效，广谱、高效、低毒，对天敌安全。药效20天以上，不可与碱性农药混用
辛硫磷	睛肟、肟硫磷	越冬出土期的桃小、金龟子	25%微胶囊250～300倍液地面喷洒、浅耕	具触杀、胃毒、熏蒸作用，易光解，宜傍晚或阴天喷药。对鱼类、蜜蜂天敌高毒，不能与碱性药混用
吡虫啉	一遍净、蚜虱净、扑虱蚜	蚜虫类卷叶蛾	发生期10%可湿性粉剂2 500～5 000倍液	有触杀、胃毒、内吸多重药效，持效期长，对人畜低毒，对天敌安全
扑虱灵	优乐得、噻嗪酮、环烷脲	可杀灭幼虫、若虫，抑制成虫产卵及孵化，对蚧壳虫、粉虱、飞虱、叶蝉等有特效	防治蚧壳虫，可在幼、若虫盛发期喷洒25%可湿性粉剂1 500～2 000倍液，防治红蜘蛛用1 200～1 600倍液，锈螨用5 000倍液，矢尖蚧、黑点蚧、康氏粉蚧、多角绵蚧、木虱、粉虱和黑刺粉虱用2 000～3 000倍液	特异性杀虫剂，具有触杀和胃毒作用，对人畜、果树和天敌都安全。药效30～40天，与其他农药无交互抗性
高效氯氟氰菊酯	功夫、绿青丹、保得、保富等	蚜虫、卷叶虫、潜叶蛾、尺蠖、桃小初孵幼虫、蚧壳虫若虫期	2.5%乳油2 000～3 000倍液	具触杀、胃毒作用，高效低毒但杀伤天敌。不宜连续使用

（续）

通用名称	其他名称	主要防治对象	使用浓度	备 注
阿维菌素	齐螨素、杀虫素、爱福丁、虫螨克等	蚜虫、叶螨、潜叶蛾、食心虫、梨木虱	螨虫发生初期可喷洒1.8%乳油5 000～8 000倍液，防治二斑叶螨用4 000～6 000倍液，防治金纹细蛾用3 000～4 000倍液，防治梨木虱用4 000～5 000倍液，防治桃蛀果蛾用2 000～4 000倍液	具触杀、胃毒和渗透作用，属抗生素类农药、昆虫神经毒素。高效、广谱、低毒，害虫较难产生抗药性。对人、畜、果树和天敌安全
Bt乳剂	苏云金杆菌	树刺蛾、尺蠖、毒蛾、天幕毛虫等	防治鳞翅目害虫时在幼虫低龄期可喷洒500～1 000倍液乳剂	细菌性杀虫剂，具胃毒作用。安全无毒、不杀伤天敌，对桑蚕高毒，不可与内吸杀虫剂和杀菌剂混用，与低浓度菊酯类农药混用可提高功效
白僵菌	常用剂型有粉剂（普通粉剂含100亿个孢子/克、高孢粉含1 000亿个孢子/克）	桃蛀果蛾、刺蛾、卷叶蛾、天牛等害虫	防治桃蛀果蛾，可于越冬代幼虫出土始盛期和盛期，每亩用白僵菌剂（每克含100亿孢子）2千克加48%乐斯本乳油0.15千克，对水75千克，在树盘周围地面喷洒，喷后覆草，其幼虫僵死率达85.6%，并能有效地压低下代虫源	白僵菌需要有适宜的温湿度（24～28℃，相对湿度90%左右，土壤含水量5%以上）才能使害虫致病。该制剂对人畜无毒，对果树安全，但对蚕有害
烟碱	硫酸烟碱	蚜虫、叶螨、叶蝉、卷叶虫、食心虫、潜叶蛾等	40%水剂800～1 000倍液，药液中加入0.2%～0.3%中性皂可增效，不可与碱性农药混用	神经毒剂，具触杀、熏蒸和胃毒作用。对害虫卵块杀伤力强，对果树和天敌安全，对人、畜毒性高

（续）

通用名称	其他名称	主要防治对象	使用浓度	备　注
苦参碱	有0.2%和0.3%水剂、1%可溶性液剂及1.1%粉剂	山楂叶螨、锈线菊蚜	0.2%或0.3%200～300倍液	中草药杀虫剂，神经毒剂，具触杀和胃毒作用，对人、畜低毒，对果树安全
华光霉素	日光霉素、尼柯霉素	山楂叶螨	发生初期可喷洒2.5%可湿性粉剂4 000～6 000倍液	抗生素类农药，具触杀、胃毒作用。高效、低毒、低残留，对人、畜、果树、鱼、蚕和天敌安全
毒死蜱	乐斯本、氯吡硫磷、安民乐等	山楂红蜘蛛、潜叶蛾	40%乳油1 000～1 500倍液	具触杀、胃毒、熏蒸作用，对人畜毒性中等，对鱼类、蜜蜂毒性大
		金龟子、桃小	树穴下300～500倍液	
螨死净	四螨嗪、克螨敌、扑螨特、阿波罗	山楂红蜘蛛	50%悬浮剂花后4 000～5 000倍液	具触杀作用，对卵、幼、若螨有效，对成螨无效
速螨酮	达螨净、牵牛星、灭螨灵、达螨酮、扫螨净	山楂红蜘蛛兼叶蝉、蚜虫、蓟马	发生期用20%可湿性粉剂3 000～4 000倍液，迟效期30天	具触杀作用，对卵、幼、若、成螨均杀。对天敌低毒、鱼类高毒。1年只能用1次
尼索朗	噻螨酮	山楂红蜘蛛	早春或发生盛期用5%乳油或粉剂1 500～2 000倍液	具触杀、胃毒作用，不杀成螨，对人畜低毒，对蜜蜂、天敌安全。1年只用1次

（续）

通用名称	其他名称	主要防治对象	使用浓度	备 注
石硫合剂	石灰硫磺合剂	桃流胶病、缩叶病、疮痂病、穿孔病、褐腐病、桑白蚧、炭疽病等	发芽初期 5°Be 或 45%晶体石硫合剂 100 倍；花芽露红期 3°Be 防治缩叶病；花后10～20 天 0.3°Be 防治桑白蚧、花腐病、炭疽病等	具杀菌、杀虫、保护功能，对人畜毒性中等。不能用铜、铝容器熬制或存放，可用铁质、陶瓷容器
波尔多液	蓝矾石灰液	腐烂病、干腐病、炭疽病、褐腐病、实腐病、果腐病、细菌性穿孔病等多种病害	桃树发芽前，用1∶1∶100 的波尔多液喷布树干，可铲除桃树腐烂病、细菌性穿孔病等多种病害的越冬菌源	核果类果树对波尔多液敏感，生长季节严禁使用，只能在萌芽前使用
硫酸锌石灰液		腐烂病、干腐病、炭疽病、褐腐病、实腐病、果腐病、细菌性穿孔病等多种病害	防治桃树细菌性穿孔病。在 5～6 月份穿孔病发前或发病初期，喷布 1∶3～4∶240 的硫酸锌石灰液，可兼治缺锌引起的小叶病	无机锌类杀菌剂，其性质及特点与波尔多液相似，但杀菌能力不如波尔多液。因桃树对铜敏感，生长期不能使用波尔多液，常用硫酸锌石灰液代替
代森锰锌	白利安、爱富森、速克净、新锰生	疮痂病、穿孔病	发病前或初期用 70%可湿性粉剂800～1 000倍液	对人畜低毒，对鱼有毒。不能与碱性农药混用
甲基托布津	甲基硫菌灵、菌真清、丰瑞	炭疽病、褐腐病	发病初期用 70%可湿性粉剂 800～1 000 倍液	具内吸兼保护、治疗作用，不能与碱性、含铜制剂混用

（续）

通用名称	其他名称	主要防治对象	使用浓度	备　注
多菌灵	苯并咪唑类杀菌剂，又叫苯并咪唑44号。常用剂型有25%、50%可湿性粉剂、40%悬浮剂	多菌灵杀菌谱广，对子囊菌及一些半知菌活性高，但对藻状菌和细菌无效	从桃树落花后10天开始喷布50%多菌灵可湿性粉剂600～800倍液，以后每隔10～15天喷布1次，直至果实成熟前1个月，可防治桃褐腐病、疮痂病、炭疽病、真菌性穿孔病、果腐病、实腐病、真菌性流胶病、菌核病等多种病害	多菌灵可与多种杀虫剂、杀螨剂、杀菌剂混用，但不能与铜制剂混用；为延缓病菌产生抗药性，应避免长期单一使用多菌灵，应与其他杀菌剂轮换使用。多菌灵与甲基托布津、苯菌灵等药剂有交互抗性，不宜作为轮换药剂
三唑酮	粉锈宁、百里通	白粉病、白锈病、褐锈病	在发病初期，用20%三唑酮乳油2 500～3 000倍液喷雾，对其他病害也有一定兼治作用	某些桃树品种在试用该药剂浓度较高的情况下，易造成叶片穿孔、脱落，若连续两次喷施，间隔期少于20天，易产生药害
农用链霉素		细菌性穿孔病、细菌性黑斑病	展叶期10%可湿性粉剂1 500～2 000倍液；展叶后500～1 000倍液，每隔10天喷1次，连喷2～3次	对人畜低毒，不能与碱性农药混用，可加少量中性洗衣粉，现配现用
843康复剂		腐烂病、溃疡病，剪锯口保护剂	落叶后刮除病斑处，用原液涂抹病斑处，再用塑料薄膜包扎	具保护树体、不伤皮下组织、增强营养疏导、促进愈合作用
涂白剂	白涂剂	日灼、冻害、杀菌、杀虫	生石灰∶食盐∶豆浆∶水=25∶5∶1∶70（雨水较多地区）	每年落叶后主干、大枝刷白，治病、杀虫、防冻、防枝干灼伤
			生石灰∶食盐∶石硫合剂原液∶水=10∶1∶1∶40	

表 12 - 3　桃园提倡使用的主要农药种类

农药名称	防治对象
硫酸烟碱	蚜虫、卷叶蛾
苦参碱	蚜虫、卷叶蛾
苦楝素	蚜虫、卷叶蛾
阿维菌素	螨类
浏阳霉素	螨类
苏芸金杆菌	鳞翅目幼虫
白僵菌	鳞翅目幼虫
石硫合剂	杀菌、杀螨、杀虫
昆虫病原线虫	蛀干害虫

表 12 - 4　桃园周年生产措施和病虫防治历

月份	物候期	农业措施	主要病虫	防治措施
12 月～ 2 月	休眠期	1. 冬季清园 2. 修剪 3. 清沟	越冬病菌 虫卵	喷 5 波美度石硫合剂 树干涂白
3 月上旬～ 4 月上旬	芽萌动期	1. 复剪 2. 抹芽 3. 人工授粉 4. 疏花	细菌性穿孔病 缩叶病 炭疽病	萌芽前喷 3 波美度石硫合剂 1％等量式波尔多液 百菌清 1 000 倍液
4 月～ 5 月	新梢生长期	1. 抹芽除萌 2. 疏果套袋 3. 结合喷药，根外追肥 4. 开沟排水	桃蚜 象鼻虫 蚧壳虫 炭疽病 褐腐病 细菌性穿孔病	5％吡虫啉 2 000～3 000 倍液 20％灭扫利 2 000～3 000 倍液 50％多菌灵 800～1 000 倍液 70％甲基托布津 800～1 000 倍液 80％喷克 800 倍液 70％代森锰锌 600～800 倍液 0.25％磷酸二氢钾等叶面肥

（续）

月份	物候期	农业措施	主要病虫	防治措施
5 月～ 6 月	硬核期 早熟品 种成熟	1. 扭梢拉枝 2. 除杂草，将 杂草盖在树盘中 3. 晚熟品种 施肥	桃蛀螟 桃食心虫 刺蛾 天牛 褐腐病	用频振式杀虫灯或 20 瓦、40 瓦的黑光灯诱杀桃蛀螟、卷叶 蛾、金龟子等。 用性诱芯或糖醋液（糖： 酒：醋：水 5：5：20：80）诱 杀桃小、潜叶蛾等 25％灭幼脲 3 号 2 000 倍液 20％灭扫利 2 000～3 000 倍液
7 月～ 8 月	果实膨 大成熟期	盖草保湿，及 时补水	天牛 刺蛾 小绿叶蝉 梨网蝽 叶螨类 褐腐病	防治山楂叶螨和二斑叶螨可 用 1％阿维菌素乳油 5 000 倍液 或 1.8％齐螨素乳油 4 000～ 6 000 倍液 70％代森锰锌 600～800 倍液 80％大生 M-45 可湿性粉剂 800 倍液或 1％中生菌素水剂 200 倍液
9 月～ 11 月	落 叶 前后	1. 施基肥 2. 深翻改土 3. 清园	叶蝉 梨网蝽	25％灭幼脲 3 号 2 000 倍液 0.25％磷酸二氢钾等叶面肥 落叶后树干涂白

第二节　主要病虫害及其综合防治技术

一、病害

1. 细菌性穿孔病

分布为害　在我国各桃产区普遍发生，尤其在沿海滨湖地区、排水不良、盐碱程度较高的果园及多雨年份为害较重。

病原及症状　桃细菌性穿孔病〔*Xanthomonas pruni* (Smith) Dowson.〕的病原为黄单胞杆菌属细菌。为非抗酸性，好气性，革兰氏阴性菌。

此病主要为害叶片，也侵害枝梢和果实，叶片发病时初为黄白色至白色圆形小斑点，直径 0.5～1 毫米，随后逐渐扩展为浅褐色至紫褐色的圆形、多角形或不规则形病斑，外缘有绿色晕圈，一般 2 毫米左右。以后病斑干枯脱落，形成穿孔。病害严重时也会导致早期落叶；新梢多于芽附近出现病斑。病斑以皮孔为中心，最初暗绿色，水渍状，逐渐变为褐色至暗紫色，中间凹陷，边缘常有树酯状分泌物。后期病斑中心部分表皮龟裂；幼果发病时开始出现浅褐色圆形小斑，以后颜色变深，稍凹陷，潮湿时分泌黄色粘质物，干枯时形成不规则裂纹。

发病规律　病原菌在病枝组织内越冬，翌年春天气温上升，潜伏的细菌开始活动，并释放出大量细菌，借风雨、露滴、雾珠及昆虫传播。经叶的气孔、枝条的芽痕、果实的皮孔侵入。在降雨频繁、多雾和温暖阴湿的天气下病害严重，干旱少雨则发病轻，树势弱、排水、通风不良的桃园发病重，虫害严重如红蜘蛛为害猖獗时，病菌借伤口侵入，发病严重。

防治方法

①加强桃园综合管理　注意选择大久保、仓方早生等抗病品种，增施磷锌肥，忌偏施氮肥，增强树势，提高抗病能力；园址切忌建在地下水位高或低洼地；雨水较多时，要注意排水降湿；同时要合理整形修剪，改善通风透光条件。

②清除越冬菌源　结合冬季修剪，剪除病枝，清除落叶，集中烧毁或深埋。

③药剂防治　芽膨大前期喷布 5 波美度石硫合剂或 1∶1∶100 的波尔多液，杀灭越冬病菌；展叶后至发病前喷布喷 72％农用链霉素可溶性粉剂 3 000 倍液或硫酸链霉素 4 000 倍液或 90％新植霉素 3 000 倍液、65％代森锌可湿性粉剂 500 倍液或硫酸锌石灰液（硫酸锌 0.5 千克、消石灰 2 千克、水 120 千克）2～3次，最好与 800 倍的大生 M‐45 或 80％喷克 600～800 倍液交替使用。

2. 桃根癌病

分布及危害 根癌病又称冠瘿病（Peach crown gall），是一种世界性病害。1853年欧洲最早记载，我国于1899年在桃上首先发现。我国各桃产区都有分布，既发生于大树果园，也出现在苗圃，根癌病寄主范围很广，包括142属的植物。对桃树的影响主要是削弱树势，但严重的也有致使桃树死亡的情况。

病原及症状 病原为根癌土壤杆菌［*Agrobacterium tumefaciens*（Smith et Townsend）Conn］，属原核生物界薄壁菌门根瘤菌科土壤杆菌属。

主要发生在根颈部，也发生于侧根或支根，甚至可发生于主干及主枝基部等部位。受害部位的典型症状是发病部位形成癌瘤，其中尤以从根颈长出的大根形成的癌肿瘤最为典型。瘤体初生时乳白色或微红，光滑，柔软，后渐变褐色乃至深褐色，木质化而坚硬，表面粗糙，凹凸不平。瘤的大小各异，瘤体发生于支根的较小，根颈处的较大。外部色泽和寄主树皮相一致，内部色泽和寄主正常木质相同，最后瘤坏死，裂开。苗木受害表现出的症状特点是发育受阻，生长缓慢，植株矮小，严重时叶片黄化，早衰。成年果树受害，表现为植株矮小，叶色浅黄，结果少，果形小，树龄缩短。

发病规律 病菌在癌瘤组织皮层内越冬越夏，当癌瘤组织瓦解或破裂后，病菌在土壤中生活和越冬。病菌短距离传播主要通过雨水、灌溉水、地下害虫如蝼蛄和蛴螬等，线虫、土壤的移动及农事操作亦可传播；苗木带菌是远距离传播的主要途径。当癌瘤在潮湿或断裂的情况下也能散布细菌。病菌主要从嫁接口、虫伤、机械伤及气孔侵入寄主，入侵后即刺激周围细胞加速分裂，导致形成癌瘤。环境条件适宜，侵入后20d左右即可出现癌瘤，有的则需1年左右。病害在苗圃发生最多。病害的发生与土壤温度、湿度及酸碱度密切相关。22℃左右的土壤温度和60%的土壤湿度最适合病菌的侵入和瘤的形成。超过30℃时不形成癌瘤。中性至碱性土壤有利发病，pH≤5的土壤，即使病菌存在也不发生侵染。土壤黏重，排水不良的苗圃或桃园发病较重。

防治方法

①培养优质苗木 避免重茬，栽种桃树或育苗忌重茬，也不要在原林（杨树、泡桐等）果（桃、杏、葡萄、柿、栗等）园地种植，应选择无病菌污染的地块作苗圃；积极推广抗性砧木如筑波4号、筑波5号，嫁接苗木最好采用芽接法，以避免伤口接触土壤，减少感病机会，嫁接工具使用前后须用75％酒精消毒；苗圃起苗时应把病苗淘汰，移栽时应选用健全无病的苗木，这是控制病害传入果园的重要措施。对于输出的苗木或外来的苗木，都应在未发芽前将嫁接处以下的部位，用1％硫酸铜浸5分钟，再移浸于2％石灰水中1分钟，或在栽植前用伴有k84的泥浆蘸根后栽植；用k84处理桃种仁育苗，用2倍液的k84溶剂拌种，直接播种于无病苗圃，防效最高达到88.19％。

②建立无病苗木繁育基地 培育无病壮苗，严禁病区和集市的苗木调入无病区，认真做好苗木产地检验消毒工作，防止病害传入新区。零星轻病区要采取有效措施、防止病害继续传入，发现病株及时清除焚毁，对病点周围土壤彻底消毒处理，防止病害扩展蔓延。

③病瘤处理 加强果园检查，对可疑病株要挖开表土，当发现病瘤时，先用快刀彻底切除癌瘤，然后用稀释100倍硫酸铜溶液或50倍抗菌剂402溶液消毒切口，也可用1～3倍k84，再外涂波尔多浆保护；或用400单位农用链霉素涂切口，外加凡士林保护；还可用0.1％升汞液涂在切口消毒，切下的病瘤应随即烧毁。病株周围的土壤可用抗菌剂402的2 000倍液灌注消毒。注意切口不要环绕成一周，否则容易造成死树。

④加强土壤管理 合理施肥，改良土壤，增强树势。病原菌喜在偏碱性环境中生长，pH值6～9的范围均可生长繁殖，以pH值8最佳，pH值5.5的酸性条件下病菌不能生长，碱性土壤应适当施用酸性肥料或增施有机肥如绿肥等，以改变土壤反

应，使之不利于病菌生长，同时注意以往传统上用偏碱性药物如石硫合剂等处理土壤防病的措施是不妥的。

3. 桃流胶病　　又称树脂病，遍及桃产区，病树树势衰弱，缩短结果年限，早衰早亡。

病原及症状　　流胶是一种现象，任何一种有害刺激，只要能使原生质产生酵素，使细胞壁中胶层溶解胶化，均会导致流胶病。一般认为桃流胶病的发病原因有两种：一种是非侵染性的病原，如机械损伤、病虫害伤、霜害、冻害等伤口引起的流胶或管理粗放、修剪过重、结果过多、施肥不当、土壤黏重等引起的树体生理失调发生的流胶，其中伤口是引致流胶的最直接原因。另一种是侵染性的病原，由真菌引起的，有性阶段属子囊菌亚门，无性阶段属半知菌亚门。

①非侵染性流胶主要发生在主干和大枝上，严重时小枝也可发病。初期病部稍肿胀，后分泌出半透明、柔软的树胶，雨后流胶重，随后与空气接触变为褐色，成为晶莹柔软的胶块，后干燥变成红褐色至茶褐色的坚硬胶块，随着流胶数量增加，病部皮层及木质部逐渐变褐腐朽（但没有病原物产生）。致使树势越来越弱，严重者造成死树，雨季发病重，大龄树发病重，幼龄树发病轻。

②侵染性的流胶主要危害枝干，也侵染果实，病菌侵入桃树当年生新梢，新梢上产生以皮孔为中心的瘤状突起病斑，但不流胶，翌年5月份，瘤皮开裂溢出胶状液，为无色半透明粘质物，后变为茶褐色硬块，病部凹陷成圆形或不规则斑块，其上散生小黑点。多年生枝干感病，产生水泡状隆起，病部均可渗出褐色胶液，可导致枝干溃疡甚至枯死。桃果感病发生褐色腐烂，其上密生小粒点，潮湿时流出白色块状物。侵染性流胶病以菌丝体、分生孢子器在病枝里越冬，次年3月下旬至4月中旬散发生分生孢子，随风而传播，主要经伤口侵入，也可从皮孔及侧芽侵入。特别是雨天从病部溢出大量病菌，顺枝干流下或溅附在新梢上，从

皮孔、伤口侵入，成为新梢初次感病的主要菌源，枝干内潜伏病菌的活动与温度有关。当气温在 15℃ 左右时，病部即可渗出胶液，随着气温上升，树体流胶点增多，病情加重。侵染性流胶病1年有两个发病高峰，第 1 次在 5 月上旬至 6 月上旬，第二次在8 月上旬至 9 月上旬，以后就不再侵染危害，病菌侵入的最有利时机是枝条皮层细胞逐渐木栓化，皮孔形成以后，因此防止此病以新梢生长期为好。

防治方法 在生产实际中防治此病应以农业防治与人工防治为主，化防为辅，化防主要控制孢子的飞散及孢子的侵入发病的两个高峰期。

①增强树势，提高抗病能力 增施有机肥，改善土壤团粒结构，提高土壤通气性能，低洼积水地注意排水，酸碱土壤应适当施用石灰或过磷酸钙，改良土壤，盐碱地要注意排盐。对病树多施有机肥，适量增施磷、钾肥，中后期控制氮肥。合理修剪，合理负载，改善透风透光条件，防治好枝干害虫，减少病虫伤口和机械伤口，避免桃园连作，同时雨季做好排水，降低桃园湿度。对已发生流胶病的树，小枝可以通过修剪除去，枝干上的流胶要刮除干净，在伤口处用波美 4~5 度的石硫合剂消毒，在少雨天气，亦可用医用紫药水涂抹流胶部位及伤口，隔 10 天再涂一次效果更显著。

②调节修剪时间，减少流胶病发生 桃树生长旺盛，生长量大，生长季节进行短截和疏枝修剪，人为造成伤口，遇中温高湿环境，伤口容易出现流胶现象。通过调节修剪时期，生长期修剪改为冬眠修剪，虽然冬季修剪同样有伤口，但因气温较低，空气干燥，很少出现伤口流胶现象。因此，生长期采取轻剪，及时摘心疏除部分过密枝条。主要的疏除、短截、回缩修剪，等到冬季落叶后进行

③消灭越冬菌源 冬季清园消毒，刮除流胶硬块及其下部的腐烂皮层及木质，集中焚毁，萌芽前，树体上喷 5 波美度石硫合

剂，杀灭活动的病菌。树干、大枝涂白，减少流胶病发生，预防冻害、日烧发生，冬夏季节进行两次主干涂白，防止流胶病发生，第一次涂白于桃树落叶后进行，用5波美度石硫合剂＋新鲜牛粪＋新鲜石灰，涂刷主干，或用巴德粉调配桐油，刷于桃树主干和主枝，减少病虫侵染和辐射热为害，可有效地减少流胶病发生。

④及时防治虫害，减少流胶病的发生　4～5月份及时防治天牛、吉丁虫等害虫侵害根茎、主干、枝梢等部位发生流胶病，防治桃蛀螟幼虫、卷叶蛾幼虫、梨小食心虫、椿象等为害果实出现流胶病。

⑤生长季适时喷药　3月下旬至4月中旬是侵染性流胶病弹出分生孢子的时期，可结合防治其他病害，喷1 200倍甲基托布津或1 000倍多效灵等进行预防。5月上旬至6月上旬、8月上旬至9月上旬为侵染性流胶病的两个发病高峰期，在每次高峰期前夕，每隔7～10天喷1次1 000倍液菌毒清、菌立灭等，交替连喷2～3次，把病害消灭在萌芽状态，根据病情尽量减少喷药次数。

⑥刮疤涂药　发芽前后刮除病斑，然后涂抹杀菌剂，若是细菌性病原引起的流胶，用农用链霉素或叶青双等进行喷施和涂刷主干；真菌性病原引起的流胶，可用抗菌剂401、402、多菌灵、甲基托布津、波尔多液、异菌脲等喷施或涂刷主干，涂刷主干的浓度比喷施树冠的浓度相对提高。主干涂刷之前，用竹片或刀片把流胶部位的胶状物刮除干净后，再涂刷药液，或将废旧干净棉布剪成条状浸透药液后包于患处，再用10厘米宽薄膜包扎，具有较好的防治效果。流胶严重的枝干秋冬进行刮治，伤口用5～6波美度石硫合剂或100倍硫酸铜液消毒；或用1：4的碱水涂刷，也有一定的疗效。

⑦生石灰粉防治　近几年来，用生石灰粉对桃、杏、李等果树发生的流胶进行了防治试验，效果较好。具体做法是：将生石

灰粉涂抹于流胶处即可，涂抹后 5～7 天停止流胶，症状消失，不再复发。涂粉的最适期为树液开始流动时即 3 月底，此时正是流胶的始发期，发生株数少流胶范围小，便于防治，减少树体养分消耗。以后随发现随发动人力涂粉防治，阴雨天防治最好，此时树皮流出的胶液黏度大，容易沾上生石灰粉。流胶严重的果树或衰老树用刀刮去干胶和老翘皮，露出嫩皮后，涂粉效果更好。此法简便、有效。

4. 桃疮痂病

分布与危害　桃疮痂病又名黑星病、黑痣病。在各桃产区普遍发生，主要为害果实，发病时，病果表面出现黑点甚至发生龟裂，严重影响商品价值，影响果实外观和销售。

病原与症状　桃疮痂病的病菌（*Cladosporium carpophilum* Thun.），属半知菌亚门真菌。主要为害果实，也为害枝梢和叶。果实发病初期，果面出现暗绿色圆形斑点，逐渐扩大，至果实近成熟期，病斑呈暗紫或黑色，略凹陷，直径 2～3 毫米。病菌扩展局限于表层，不深入果肉。发病严重时，病斑密集，聚合连片，随着果实的膨大，果实龟裂；枝梢发病出现长圆形斑，起初浅褐色，后转暗褐色，稍隆起，常流胶，病健组织界限明显。翌年春季，病斑表面产生绒点状暗色分生孢子丛；叶子被害，叶背出现暗绿色斑。病斑较小，很少超过 6 毫米。在中脉上则可形成长条状的暗褐色病斑。病斑后转褐色或紫红色，组织干枯，形成穿孔。发病严重时可引起落叶。

发病规律　病菌以菌丝体在枝梢的病组织内越冬，翌年春天 4～5 月间产生分生孢子，随风雨传播。北方桃区果实发病一般在 6 月份开始，7～8 月间为发病盛期。病菌可直接侵入叶和果实的表皮，潜育期在果实上约 40～70 天之间，新梢和叶片上则为 25～45 天。果园低洼或树冠郁蔽发病重。早熟桃品种果实不受再次侵染，病害轻；中、晚熟品种可受到病菌的再次侵染，因而发病重。黄肉桃较易感病，油桃发病较重。春季和初夏降雨和湿度与病害流行有密切关系，凡这时多雨潮湿的年份或地区发病均较重。地势低洼或栽植过密而较郁闭的果园发病较多。

防治方法

①清除初侵染源 结合冬剪，去除病核、僵果、残桩，烧毁或深埋。生长期剪除病枝、枯枝，摘除病果。

②药剂防治 发芽前喷布波美5度石硫合剂，落花后半个月，喷洒70％代森锰锌可湿性粉剂500倍液或70％甲基硫菌灵可湿性粉剂1 000倍液、50％多菌灵600～800倍液、40％福星乳油6 000～8 000倍液或65％代森锌可湿性粉剂500倍液，最好不要重复单一药品，要交替使用。

③加强管理 注意雨后排水，合理修剪，防止枝叶过密。在桃园铺地膜，可明显减轻发病。

④果实套袋 落花后3～4周后进行套袋，是防治该病的一种有效方法。

5. 桃煤污病

分布与危害 又名煤烟病，危害桃树叶片、果实和枝条。被害处初现污褐色圆形或不规则形霉点，后形成煤烟状黑色霉层，部分或布满叶面果面及枝条。严重时看不见绿色叶片及果实，影响光合作用，降低果实商品价值。

病原与症状 病原为真菌，不同地区煤污菌种群组合不尽相同，主要有半知菌亚门丝孢纲丝孢目多主枝孢 *Cladosporium hergarum*（Pers.）Llink. 大抱枝孢 *C. macsrocarpum* Preuss、链格孢 *Alternaria alternata*（Fr.）Keissl；半知菌亚门出芽短梗霉 *Aureobasidium pullulans*（de Bary）Arn.、炱壳小圆泡 *Chaetasbalisa microglobulosa*。

发病规律 病菌以菌丝体和分生孢子在病叶上、土壤内及植物残体上越过休眠期，翌春产生分生孢子，借风雨或蚜虫、介壳虫、粉虱等昆虫传播蔓延。湿度大、通风透光差以及蚜虫等刺吸式口器昆虫多的桃园往往发病重。

防治方法

①改善桃园小气候，雨后及时排水，增强通透性，防止湿气滞留。

②及时防治蚜虫、粉虱及介壳虫等害虫。

③发病初期即开始药剂防治，可选用40％多菌灵胶悬剂600倍液、50％多霉灵（乙霉威、万霉灵）可湿性粉剂1 500倍液、65％抗霉灵可湿性粉剂1 500～2 000倍液与50％苯菌灵可湿性粉剂1 500倍液，每15天喷洒1次，共喷1～2次。

6. 桃炭疽病

分布与危害　桃炭疽病是桃树的主要病害之一，分布于全国各桃产区，尤以江苏、浙江及长江流域、东部沿海地区发病较重。

病原及症状　病原为半知菌亚门长圆盘孢菌（*Gloeosporium laeticolor* Berkeley）。病部所见的橘红色小粒点是分生孢子盘。

炭疽病主要为害果实，也能侵害叶片和新梢。幼果被害，果面呈暗褐色，发育停滞，萎缩硬化。稍大的果实发病，初生淡褐色水渍状斑点，以后逐渐扩大，呈红褐色，圆形或椭圆形，显著凹陷。后在病斑上有桔红色的小粒点长出。被害的幼果，除少数干缩成为僵果，留在枝上不落外，大多数都在5月间脱落。成熟果实在采收前若空气潮湿，则发病重，刚开始在果面产生淡褐色小斑点，后逐渐扩大，成为圆形或椭圆形的红褐色病斑，显著凹陷，其上散橘红色小粒点，并有明显的同心环状皱纹。果实上病斑数，自一个至数个不等，常互相愈合成不规则形的大病斑。最后病果软化腐败，多数脱落，亦有干缩成为僵果，悬挂在枝条上。枝条发病主要发生在早春的结果枝上，初在表面产生暗绿色水渍状长椭圆的病斑，后渐变为褐色，边缘带红褐色，略凹陷，伴有流胶，天气潮湿时病斑上也密布粉红色小粒点。由于感病部分枝条两侧生长不均，病梢多向一侧弯曲。发病严重时，到当年秋天病枝即枯死，病枝未枯死部分，叶片萎缩下垂，并向正面卷成管状。或有部分病枝要到第2年春天开花前后才枯死。病梢上的叶片,特别是先端的叶片,常以主脉为轴心,两边向正面卷曲,有的卷曲成管状。叶片发病,产生近圆形或不整形淡褐色的病斑,病、健分界明显,后病斑中部褪呈灰褐色或灰白色,在褪色部分,有橘红色至黑色的小粒点长出。最后病组织干枯,脱落,造成叶片穿孔。

发病规律 病菌主要以菌丝体在病梢组织内越冬,也可以在树上的僵果中越冬。第二年春季形成分生孢子,借风雨或昆虫传播,侵害幼果及新梢,引起初次侵染。以后于新生的病斑上产生孢子,引起再次侵染。雨水是传病的主要媒介,据田间观察,枝上有病僵果,其果实成片地呈圆锥状由上向下发病,这是雨媒下降传播病害的特征。孢子经雨水溅到邻近的感病组织上,即可萌发长出芽管,形成附着胞,然后以侵染丝侵入寄主。菌丝在寄主细胞间蔓延,后在表皮下形成分生孢子盘及分生孢子。表皮破裂后,孢子盘外露,分生孢子被雨水溅散,引起再次侵染。昆虫对于传病亦起着重要的作用。

品种间发病情况差异较大,一般早熟桃发病重,晚熟桃发病轻。桃树开花期及幼果期低温多雨,有利于发病。果实成熟期,则以温暖、多云、多雾、高湿的环境发病严重。

防治方法

①合理建园 尽量避开江河、湖泊、低洼、多雾地块建园,建园应选择向阳坡地。

②冬季或早春做好清园工作 剪除病枝梢及残留在枝条上的僵果,并清除地面落果。在花期前后,注意及时剪除陆续枯死的枝条及出现卷叶症状的果枝,集中烧毁或深埋,这对防止炭疽病的蔓延有重要意义。

③加强培育管理 搞好开沟排水工作,防止雨后积水,降低园内湿度;并适当增施磷、钾肥,促使桃树生长健壮,提高抗病力;注意防治害虫,避免昆虫传病。

④药剂防治 喷药保护幼果，在早春桃芽刚膨大尚未展叶时，喷洒二次0.5波美度石硫合剂加0.3％五氯酚钠或45％晶体石硫合剂200倍液。从幼果期开始每隔半个月左右交替喷施杀菌剂，可选用以下药剂：锌铜石灰液（硫酸锌350克、硫酸铜150克、生石灰1千克、水100千克），50％炭疽福美800～1 000倍液，25％溴菌腈800倍液，70％托布津＋75％百菌清（1∶1）1 000倍液，10％宝丽安1 000倍液，75％百菌清可湿性粉剂800倍液，70％代森锰锌可湿性粉剂500倍液，70％甲基硫菌灵可湿性粉剂1 000倍液，1％中生菌素水剂200倍液等。

7. 桃褐腐病

分布与危害 又名菌核病，分布河北深州，辽宁、山东、河南、云南、四川、江苏、浙江、湖南、湖北、安徽、北京、天津等。

病原及症状 病原菌是链盘菌［*Monilinia fruc-ticola* (Winter) Honey］。病菌有性阶段属子囊菌亚门，盘菌纲，柔膜菌目，核盘菌种，主要为害花器。无性阶段为丛梗胞菌，主要危害果实。

该病危害桃树的花、叶、枝梢及果实，以果实受害最重。花受害，花朵成喇叭状，无力张开，常自雄蕊及花瓣尖端开始，先发生褐色水渍状斑点，后渐延至全花，随即变褐而枯萎。天气潮湿时，病花迅速腐烂，表面丛生灰霉；若天气干燥时则萎垂干枯，残留枝上，长久不脱落。嫩叶受害自叶缘开始变褐，很快扩至全叶，致使叶片枯萎，残留于枝上。嫩枝受害形成长圆形溃疡斑，边缘紫褐色，中央稍凹陷、灰褐色，常流胶。天气潮湿时，病斑上长出灰色霉层。发病中期当病斑绕梢一周时，引起上部枝梢枯死。果实自幼果至成熟期都可受害。幼果发病初期，果顶尖干枯，呈黑色小斑点，后来病斑木质化，表面龟裂，严重时病果变褐、腐烂，最后成僵果干枯挂在树上。果实成熟期受害最重，最初在果面产生褐色圆形病斑，如环境适宜，数日内病斑扩至全果，果肉变褐软腐，继而病斑表面产生灰褐色绒状霉丛，即病菌的分生孢子梗和分生孢子，孢子丛常呈同心轮纹状排列。病果腐烂后易脱落，但不少失水后形成僵果而挂于树上，经久不落。僵果是一个假菌核，是病菌越冬的重要场所。

发病规律　病菌主要以菌丝体在树上及落地的僵果内或枝梢的溃疡斑部越冬，翌春产生大量分生孢子，借风雨、昆虫传播，通过病虫伤、机械伤或自然孔口侵入。在适宜条件下，病部表面产生大量分生孢子，引起再次侵染。在贮藏期内，病健果接触，可传染危害。花期低温、潮湿多雨，易引起花腐。果实成熟期温暖多雨雾易引起果腐。病虫伤、冰雹伤、机械伤、裂果等表面伤口多，会加重该病的发生。树势衰弱，管理不善，枝叶过密，地势低洼的果园发病常较重。果实贮运中如遇高温、高湿，利于病害发展。一般凡成熟后果肉柔嫩、汁多味甜、皮薄的品种较表皮角质层厚、果实成熟后组织坚硬的品种易感病。

据田间观察褐腐病一年有 5 个循环流行期。第一个在桃花芽破口期，侵染多发生于初花至落花期。花瓣、花萼和柱头及花器官均可被侵染。第二个在幼果至硬核期，病菌一般从病花蔓延到结果枝，形成病斑，遇春雨湿度适合，形成大量分生孢子，这些孢子又成为今后的重复侵染源。第三个在采果前后期，病菌有潜伏现象，等到果实成熟时才发病。第四个采后至销售贮运期。采收前由于孢子附着于桃果表面，采后果实呼吸强度增强，加之包装物通风限制，湿度加大，因此在采后至贮运期果实均可发病。第五个在秋雨连绵高湿期，中晚熟品种易发病。

防治方法

①消灭越冬菌源　结合修剪做好清园工作，彻底清除僵果、病枝，集中烧毁，或将地面病残体深埋地下。

②及时防治害虫　对桃食心虫、桃蛀螟、桃椿象、叶蝉、蚜虫等害虫，应及时喷药防治。

③药剂防治　发芽前喷 5 波美度石硫合剂或 45％晶体石硫

合剂 30 倍液；花芽破口露白喷 1∶2∶120 波尔多液或速克灵可湿性粉剂 2 000 倍液或 50％苯菌灵可湿性粉剂 1 500 倍液。落花后 10 天左右喷 65％代森锌可湿性粉剂 500 倍液或 70％甲基硫菌灵 800～1 000 倍液；花腐病发生多的地区应在初花期（开花20％左右）加喷 1 次代森锌或甲基硫菌灵。发病初期和采收前 3 周喷 50％多霉灵（乙霉威）可湿性粉剂 1 500 倍液或 50％苯菌灵可湿性粉剂 1 500 倍液、70％甲基硫菌灵 1 000 倍液、50％扑海因可湿性粉剂 1 500 倍液。采收前 3 周停喷。

8. 桃白粉病

分布与危害　桃白粉病是耐干旱的植物真菌病害，一般在温暖干旱气候下严重发生。在温室高湿情况下尤其是苗期很容易蔓延。各桃栽培区均有发生。

病原及症状　据国内报道，引起桃白粉病的病原菌有两种，其一是三指叉丝单囊壳菌［*Podosphaera fridacfy* Wallr. de Bary］，发生较为普遍，主要引起叶片发病，菌丝外生，叶片上粉层薄，寄生于桃、杏、李、樱桃、梅和樱花等。其二是桃单囊壳菌［*Sphaerotheca pannosa*（Wallr.）Lev. var. *persicae* Woronich.］，寄生于桃和扁桃，仅新疆发生。

主要危害叶片、新梢，有时危害果实。叶片染病，初现近圆形或不定形的白色霉点，后霉点逐渐扩大，发展为白色粉斑，粉斑可互相连合为斑块，严重时叶片大部分乃至全部为白粉状物所覆盖，恰如叶面被撒上一薄层面粉一般。被害叶片褪黄，甚至干枯脱落。病害在春秋梢形成期危害最重。果实被害，5～6 月即出现白色圆形、有时不规则形的菌丝丛，直径 1～2 厘米，粉状，以后病斑扩大，接着表皮附近组织枯死，形成浅褐色病斑并变浅褐色，后病斑稍凹陷，硬化。

发病规律　病菌以菌丝体和闭囊壳在树体的芽、芽痕等部位越冬；主要以菌丝体越夏。一般情况下顶芽带菌率最高，因此萌芽时即可受害发病。早春寄主发芽至展叶期，病原的分生孢子和子囊孢子随气流、风等传播传播形成初侵染，分生孢子在空气中即能发芽，一般产生 1~3 个芽管，芽管可直接侵入寄主细胞中，吸取养分，以外寄生形式于寄主体表营寄生生活，并不断产生分生孢子，形成重复侵染。一般认为春季干旱少雨，秋季秋高气爽、夏季多雨气温低的环境下，病害发生重。果园密集通风不良，管理粗放的园片病害发生重。

防治措施

①栽培措施　合理密植，疏除过密枝和纤细枝，增施有机肥，结合冬剪，及时清除病原病残体，减少初侵染。

②药剂防治　果树萌芽前可喷洒石硫合剂，消灭越冬病源。于春秋初发病时，喷药保护治疗，药剂有：12.5％烯唑醇 2 000 倍液、粉锈宁可湿粉 600 倍液或乳油 2 000 倍液、50％硫悬浮剂 500 倍液、40％三唑酮多菌灵可湿粉 1 000 倍液或 70％甲基托布津 800 倍液等，药剂要交替使用。

9. 溃疡病

分布与危害　桃溃疡病在我国各桃区均可见到，以管理粗放、树势衰弱的老桃园发生严重。不像腐烂病那样为害严重。寄主除桃外，还有李、杏、梅等。

病原及症状　桃溃疡病的病原为梨黑腐皮壳菌 [*Valsa ambiens* (Persoon ex Fries) Fries]，有性阶段为子囊菌亚门，核菌纲，球壳菌目，间座客菌科。无性阶段为壳囊孢属。子座顶部为外子座冠，底部的子座壳不完备。子座断面外侧呈灰色至灰黑色，内部灰色至灰黄色。分生孢子器形态复杂，具长茎，开口于寄主表面，一个子座只有一个腔。分生孢子无色，单孢，圆筒形，稍弯曲。

病斑出现时，树皮稍隆起，后明显肿胀，用手指按压稍觉柔软，并有弹性。皮层组织红褐色，有胶体出现，闻之有酒糟味，后来病斑干缩凹陷，最后整个大枝明显凹陷成条沟，严重削弱树势。

发病规律　病菌以菌丝体、子囊壳、分生孢子器在枝干病组织中越冬，翌年春季孢子从伤口枯死部位侵入寄主体内。病斑在早春、初夏扩大。在雨天或浓雾潮湿天气排出孢子角，孢子借雨水传播，昆虫活动也能携带孢子传染。菌丝在皮层组织内蔓延，病菌分泌酶，将寄主细胞壁和细胞内含物溶解，变成胶质并形成胶质腔，内部皮层和韧皮纤维组织受影响，细胞中间层的果胶溶解，细胞内含物也溶解，形成胶质沟，上下方向，使胶质流向体外，枝干表现凹陷条沟。衰弱、高接树容易感染此病。

　　防治方法

　　①加强栽培管理　多施有机肥，增强树势。

　　②刮治病斑　若病斑小，在秋末早春彻底刮除病组织，然后涂上伤口保护剂（843康复剂、腐必清、菌毒清等），最好用塑料薄膜包扎。病斑大时，因为桃容易流胶，可用锋利的刀片纵向切割成条状，用福星涂抹，再用薄膜包裹。

　　③树干、大枝涂白。

10. 桃树干腐病

　　危害症状　该病主要危害较大树龄的主干、主枝。发病初期病部皮层稍肿起略显紫红色或暗褐色，表面湿润，后从病部流出黄色至黑褐色的树脂状胶液，皮孔四周略凹陷，病部皮层下也有黄色浓稠的胶液，病部皮层褐色并有酒糟气味。枝干上病斑长形或不规则形，有时病斑会沿着主枝向两头扩展，长达1～2米。一般多限于皮层，并出现较大的裂缝，患病大枝初期新梢生长不良，叶色变黄，老叶卷缩枯焦，随病情发展枝干逐渐枯死。多年受害的老树，病部常有许多流胶点，导致树势极度衰弱，严重时造成整个侧枝或全树枯死。

　　发病规律　病菌以菌丝体、分生孢子器和子囊腔在枝干病部越冬。第二年春菌丝活动，继续在病部扩展，3、4月间开始散发孢子，借风、雨、昆虫等传播，一般从伤口或皮孔侵入。病害一般在4月上旬开始发生，5、6月份病害情况发展最迅猛，7、

8月份高温季节，病害发展缓慢，9月份病情又趋上升。凡缺肥、树势衰弱、园地低湿、土壤黏重、修剪不当、受冻受伤、蛀干害虫危害严重等，常会助长病害发展。

防治方法

①直接防治　初发现病斑直接用843康复剂或硫酸铜100倍液涂药治疗。

②药剂预防　发芽前全园喷施3～5波美度石硫合剂，或95％精品索利巴尔可溶性粉剂80～100倍液。桃落花5～7天后，可喷施2～3次50％多菌灵可湿性粉剂500～600倍液、70％甲基托布津可湿性粉剂1 000～1 200倍液及50％苯菌灵可湿性粉剂1 000～1 200倍液等杀菌剂。

11. 桃缩叶病

危害症状　病菌主要危害桃树幼嫩部分，以侵害叶片为主，严重时也可危害花、嫩梢和幼果。春梢刚刚抽出，叶片即卷曲变红。叶片初展时，病叶变厚，叶肉膨胀，叶缘向内卷曲，叶背面形成凹腔；继而，叶片皱缩程度加重，显著增厚、变脆，叶正面凸起部分变红或紫红色；春末夏初，皱缩组织表面出现病菌的灰色粉状物；后期，病叶变褐、焦枯脱落。严重时，新梢叶片全部变形、皱缩，甚至枝梢枯死。花果受害，多半脱落，花瓣肥大变长，病果畸形，果面常龟裂。

发病规律　病菌主要以厚壁芽孢子在桃叶鳞片上及枝干表面越冬，翌春桃树萌芽时，孢子萌发，直接穿透嫩叶表面侵入或从气孔侵入。病菌侵入后，刺激叶片组织畸形生长，形成缩叶症状。病菌喜低温不耐高温，21℃以上停止扩展，该病具典型越夏特征。缩叶病主要发生在滨湖及沿海桃园，早春低温多雨可加重该病发生。

防治方法

①加强果园管理，提高树体抗病能力　初见病叶时，及时人工摘除，集中烧毁，减少当年越夏病菌数量。

②药剂防治 桃芽露红但尚未展开时，是喷药防治缩叶病的最关键时期，一般1次药即可，但喷药必须均匀周到，使全树的芽鳞和枝干都粘附药液。常用的药剂有石硫合剂，或1∶1∶100倍波尔多液，或80％大生M-45可湿性粉剂400～600倍液，或50％多菌灵可湿性粉剂400～500倍液等。

12. 桃冠腐病

危害病状 主要发生在桃树的根颈部，发病严重时枝梢生长缓慢，有时叶子皱缩或枯黄。根颈部的表面下陷，皮部变为褐色，有酒精气味。初期，病斑部相对应的地上部生长缓慢；严重时，病斑围绕根颈部一周，翌年春季发芽时全株死亡。

发病规律 病原菌可在土壤中存活多年。以卵孢子在土壤中越冬，卵孢子萌发，产生孢子，直接侵染，也可先形成游动孢子侵染，土壤积水或处于饱和状态时，直接侵染皮层，通过伤口更易造成侵染。

防治方法 春、秋季对地上部有病状表现的树将根颈处土壤扒开，刮去病斑，在伤口部涂上石硫合剂，涂后不埋土，进行晾晒。注意桃园排水，及时检查和晾晒根颈。

13. 桃疣皮病

危害病状 该病主要危害1～2年生枝条，幼树、成年树都可受害，病树枝枯早衰，寿命显著缩短。枝条感病时，首先皮孔上产生疣状小突起，后形成直径约4毫米的疣状病斑，病斑表面散生针头状小黑点，当年不流胶。翌年春、夏间，病斑继续扩大，表皮破裂，溢出树脂，枝条表皮粗糙变黑，病部皮层坏死，严重时枝条凋萎枯死。

发病规律 病菌在枝条病部越冬，翌年3月病菌就从皮孔侵入枝条，6月达到发病高峰。

防治方法

①剪除病梢 结合冬、夏剪彻底剪除发病枝条，清除病原，集中烧毁。

②药物防治　早春发芽前用 843 康复剂、20％402 抗菌剂 100 倍或硫酸铜 100 倍液涂刷病斑，杀伤越冬病原；从 4 月下旬到 7 月上旬，喷洒 50％多菌灵可湿性粉剂 500～600 倍液 2～3 次，每次间隔 15～20 天。

二、虫害

1. 桃蚜

分布为害　桃蚜 [*Myzus persicae*（Sulzer）]，又名烟蚜，分布遍及全国各地，是杂食性害虫，寄主植物有 74 科 285 种。其中越冬寄主植物主要有梨、桃、李、梅、樱桃等蔷薇科果树等；侨居寄主作物主要有白菜、甘蓝、萝卜、芥菜、芸薹、芜菁、甜椒、辣椒、菠菜等多种作物。

为害症状　在春季桃树发芽长叶时，群集在嫩梢、嫩芽和幼叶背面吸取汁液，被害部分呈现小的黑色、红色和黄色斑点，使叶片逐渐变白，向背面卷曲成螺旋状，阻碍新梢生长，引起落叶，削弱树势。为害刚刚开放的花朵，吸收子房营养，影响坐果，降低产量。排泄的蜜露，污染叶面及枝梢，使桃树生理作用受阻，造成煤烟病，影响生长。此外桃蚜还是传播病毒的重要途径。

发生特点　桃蚜一年可发生十几代，以卵在桃树枝梢芽液、树皮和小枝杈等处越冬，开春桃芽萌动时越冬卵开始孵化，若虫为害桃树的嫩芽，展叶后群集叶片背面为害，吸食叶片汁液，并排泄蜜露。雌虫 4、5 月份繁殖最盛，为害最大，5、6 月迁移到越夏寄主上，10 月产生的有翅性母迁返桃树，由性母产生性蚜，交尾后，在桃树上产卵越冬。桃蚜的发生与为害受温湿度影响很大，连续平均湿度在 80％以上或低于 40％时以及在大风雨后虫口数量下降。

防治方法

①桃芽萌动后，喷 95％的机油乳剂 100～150 倍液，兼治介

壳虫、红蜘蛛。

②落花后，桃蚜群集在幼叶上为害时，喷化学药剂防治。在用药上应尽量选择兼有触杀、内吸、熏蒸三重作用的农药，如50％抗蚜威可湿性粉剂1 500倍液，或辟蚜雾（成分为抗蚜威）50％可湿性粉剂2 000～3 000倍液具有特效，并且选择性极强，仅对蚜虫有效，对天敌昆虫及桑蚕、蜜蜂等益虫无害，有助于田间的生态平衡。其他常用药剂有20％吡虫啉可湿性粉剂6 000～8 000倍液、3％莫比朗（啶虫脒）乳油1 500倍液、20％灭多威乳油1 000倍液、灭杀毙（21％增效氰·马乳油）6 000倍液、40％氰戊菊酯6 000倍液、25％溴氰菊酯3 000倍液、20％菊马乳油2 000倍液、4.5％高效顺反氯氰菊酯乳油3 000倍液等。

③保护和利用天敌，蚜虫的天敌有瓢虫、食蚜蝇、草蛉、寄生蜂等，对蚜虫的发生有很强的抑制作用，因此要尽量少喷广谱性农药，以保护天敌。

④涂茎防治法，在蚜虫初发生时（即桃树萌芽期），以40％氧化乐果乳油7份，加水3份配成涂茎液，用毛刷将药液直接涂在主干周围（第一主干以下）约6厘米宽度。如树皮粗糙，可先将翘皮刮除后再涂药。刮翘皮时不要伤及嫩皮。涂后用纸包扎好。注意以下几个问题：第一是处理的时间不可太晚，一定要在桃花盛开以前20天左右，否则会出现药害；第二是刮皮不可太深，见到部分内皮即可；第三包扎的薄膜要在五月下旬彻底揭除，否则在高温高湿条件下容易造成皮层腐烂。

2. 桃粉蚜

分布为害 桃粉（*Hyaloptera amygdali* Blanchard）又名桃大尾蚜、桃粉绿蚜，是一种主要为害桃树，也为害杏、李树叶片的果树害虫，在全国各地均有分布。成、若虫群集新梢和叶背刺吸汁液，被害叶片出现网状的失绿纹，叶片向正面隆起，并向叶背纵合对卷，卷叶内积有白色蜡粉，严重时叶片早落，嫩梢干枯。排泄蜜露常导致煤污病发生。

发生特点 每年发生 10~20 代，生活周期类型属乔迁式，以卵在桃的芽腋、裂缝及短枝叉处越冬，次年桃树萌芽时孵化，若虫孵出后先在开绽的芽顶端为害，叶片发生后，在新生叶片上为害，一直可为害到麦收前，比桃蚜为害时间长。6、7 大量产生有翅胎生雌蚜，迁飞到芦苇等禾木科等植物上为害繁殖，10~11 月产生有翅蚜，返回桃树上为害繁殖，产生有性蚜交尾产卵越冬。

防治方法 桃粉蚜在果园中属一般害虫，不会造成很大的危害，因而防治主要集中在生长季节。掌握在谢花后桃蚜已发生但还未造成卷叶前及时喷药，使用药剂可参考桃蚜防治。由于虫体表面多蜡粉，因此药液中可加入适量 0.3% 的中性洗衣粉或洗洁精，以提高药液黏着力。

3. 桃瘤蚜

分布为害 又名桃瘤头蚜，在全国各地均有分布。不似桃蚜、桃粉蚜那样发生普遍，仅在局部地区危害。每年春季桃树发芽展叶时，以成虫和若虫群集叶背和新梢上吸食汁液为害。被害叶初呈淡绿色，后变红色，叶缘增厚，凹凸不平并向叶背反卷；发生严重时，全叶卷曲，叶枯脱落。

发生特点 一年发生 10 多代，以卵在桃枝梢芽腋处越冬。翌春，芽萌动后越冬卵开始孵化，成虫和若虫群集叶背和新梢上为害，被害叶卷缩。北方果区 4、5 月产生有翅蚜，迁移至艾蓬等植物上。10 月下旬有翅蚜又迁回桃叶背为害，雌、雄性蚜交配后产卵于芽侧越冬。

防治方法 为害期的桃瘤蚜迁移活动性不大，因此及时发现并剪除受害新梢烧掉是防治桃瘤蚜的重要措施。桃瘤蚜在卷叶内为害，叶面喷药防治效果较差，喷药最好在卷叶前进行，或使用具有内吸作用的杀虫剂。药剂选用参考桃蚜的防治。

4. 山楂叶螨

分布为害 山楂叶螨又名山楂红蜘蛛，属蜱螨目叶螨科。在我国北方果区普遍发生。除桃外，苹果、梨、山楂、李、杏等也受害严重。常以小群体在叶片背面主脉两侧吐丝结网、产卵，于网下取食叶片汁液，叶片被害后呈现许多失绿小斑点，渐扩大连片，近叶柄的主脉两侧出现灰黄斑，严重时叶片发黄枯焦，叶片枯焦并提早脱落。

发生特点　每年发生代数因地区气候条件影响而有差异，辽宁省兴城1年发生6～7代，而在黄河故道地区则一年发生8～9代。均以受精雌成螨在树干翘皮、枝叉处或土缝中越冬。越冬螨一般当连续日平均气温到10℃以上，花芽膨大时，开始出蛰上芽为害。出蛰的早晚，受早春气温的影响较大，凡果园位于背风、向阳、高燥地方的，出蛰常较早，反之较晚。同一棵树上，树干基部及其周围土中最先出蛰，而在主干、主枝和侧枝翘皮、枝杈处的出蛰较晚。越冬螨先在花、嫩芽幼叶等幼嫩组织上为害，随后于叶背面吐丝结网产卵，以叶背主脉两旁及其附近的卵最多。幼虫孵化后即开始为害，群集于叶背吸食为害，此时是用药防治的有利时机。刚孵化的幼螨，行动较为活泼，无吐丝习性，在叶背面为害，经1～2天后即静止不动。再经0.5～1天后即脱皮变为前期若螨。前期若螨具有结网习性，行动较迟缓，在叶背上取食，经1～3天后进入静止期，再经0.5～1天即脱皮成为后期若螨。后期若螨行动敏捷，开始在叶背上往返拉丝，经1～3天后又进入静止期，再经0.5～1天后脱皮为成螨。在一般情况下，成螨不久即开始交尾。通常以两性生殖为主，也能营孤雌性生殖。山楂叶螨以第一代发生较为整齐，以后世代重叠，各虫态都有，用药防治困难。9月以后陆续发生越冬雌虫，潜伏越冬。

防治方法　对于山楂叶螨的防治，除了加强农业栽培、生物防治等技术之外，化学防治应把重点放在越冬雌成螨的上芽为害期集中阶段，以后各阶段因世代重叠，药剂防治效果不太理想。另外山楂叶螨对硫制剂较为敏感，50%的硫悬浮剂200～400倍液防治效果较为理想。

①人工防治　秋后普遍清扫果园，结合刮病斑，刮除主干及主枝老翘皮下的越冬雌成螨，降低螨源。8月上旬雌成螨下树越冬前，在树干、主枝基部绑缚草把，诱集雌成螨越冬，到冬季解下烧毁，消灭越冬雌螨。

②药剂防治　使用杀螨剂防治是迅速及时控制山楂叶螨发生为害的重要措施。

果树休眠期　喷施3～5波美度石硫合剂于主干、主枝，可消除部分越冬雌成螨，兼治介壳虫及病害。

春季防治　进入4月后，防治的有利时期，一个是越冬雌成螨出蛰盛期（4月上旬），一个是第一代若螨盛期（落花后1周）。前一个时期应选择对成螨防效好的药剂，如0.3波美度石硫合剂，或73%克螨特乳油3 000倍液，或1.8%阿巴丁（阿维菌素）乳油6 000～8 000倍液，或15%扫螨净乳油2 000～3 000倍液等。后一个时期，宜选择对卵、幼、若螨防效好及残效期长的药剂，如20%螨死净悬浮剂2 500～3 000倍液，或5%尼索朗乳油1 500倍液，残效期长达40～60天，不仅效果好，又可保护天敌，经济合算。

麦收前防治　麦收前（5月底至6月初）第2代若螨盛期则是全年防治的关键时期，因此时尚集中在树冠内膛为害，便于防治。若为害较重时，可选择15%扫螨净乳油2 000～3 000倍液，或5%天王星乳油2 000倍液、7.5%农螨丹乳油750～1 000倍液。也可使用1.8%阿巴丁（阿维菌素）乳油6 000～8 000倍液，均有很好的防效，还可兼治梨网蝽、旋纹潜叶蛾等其他害虫。

③天敌防治　山楂叶螨的天敌优势种为塔六点蓟马，能控制桃树上山楂叶螨的为害，其他天敌有草蛉、深点食螨瓢虫等。塔六点蓟马专一捕食叶螨，一年发生10代左右。大量发生时间在6月中下旬至8月。成虫、若虫均能捕食各虫态叶螨。桃树行

间、园外空地种植早熟大豆等，豆叶上生存繁殖的叶螨较多，可为塔六点蓟马提供食料让其大量繁殖，6月中下旬后蓟马转移到桃树叶片上捕食山楂叶螨，一般不需喷药防治，当益害比达到1∶50时，7月中下旬后即能控制叶螨为害。某些年份桃园中塔六点蓟马数量较少时，也可采取助迁天敌的办法，农田中菜豆、茄子、玉米上大量发生塔六点蓟马，可摘取这些作物的叶片移放到桃树叶螨较多的部位。桃园夏季不用或少用杀伤天敌的高毒农药。

5. 桃蛀螟

分布为害 又名豹纹斑螟、桃蠹螟，在我国各地均有分布，其食性杂，寄主广泛，在果树上除为害桃外，还可为害梨、苹果、杏、李子、板栗等，在作物上为害玉米、高粱、向日葵等。幼虫蛀食果实和种子，受害果上蛀孔外堆积黄褐色透明胶质及虫粪，常造成腐烂及变色脱落。

发生特点 在山东一年发生3代。以老熟幼虫在树皮裂缝、僵果、以及土缝、石缝、玉米、高粱秸秆及穗等不同场所做茧越冬；越冬蛹期9~12天，麦收前羽化。羽化后的成虫昼伏夜出，具强烈的趋光性和趋化性。成虫多在晚上9~10时产卵，卵产在果面上，当在桃果上产卵时，将周围的毛粘合在一起。卵期6天以上，麦收期间是卵的孵化期。第一代卵孵化期是全年防治的重点时期。小幼虫蛀果为害，在桃上多由果梗周围或果与叶片相靠处蛀入，蛀入后直达果心。此代早熟品种着卵多，晚熟品种少。在桃上为害后流果胶，同时将叶片与粪便粘在一起。幼虫在果实中为害20天左右后化蛹。多在桃梗或与枝条相靠处以及紧贴于果面的枯叶下化蛹，也有少数在果实中、萼筒内或树下化蛹。化蛹前啃食果面。

第一代成虫于7月下旬~8月中旬发生，第二代幼虫于8月上中旬发生，为害中晚熟品种桃。第二代除为害桃外，也在板栗、高粱、玉米上为害。第二代成虫于8月下旬~9月上旬发生，第三代卵产在向日葵、玉米等大田作物上。一般情况，卵期6～8天，幼虫期15～20天，完成一代为一月左右。

防治方法

①农业防治　秋季采果前于树于绑草，诱集越冬幼虫，早春集中烧毁。春季将果园周围的玉米、高粱秸秆处理干净，并随时摘除被害果。并将老翘皮刮净，集中烧毁。

②利用趋性诱杀　成虫具有强烈的趋光性和趋化性，可利用糖醋液、性诱剂及黑光灯诱杀成虫。

③喷药防治　全年防治的重点是第一代小幼虫孵化期，其次是第二代孵化期。第一代防治容易，第二代为害严重。每代喷药两次，相互间隔10天，但为害较轻时，也可用药一次。可使用的药剂有20％甲氰菊酯（灭扫利）乳油1 500倍液、20％氰戊菊酯（速灭杀丁）乳油1 500倍液、10％氯氰菊酯乳油1 500倍液、功夫菊酯乳油2 000倍液等。

④桃园内不可间作玉米、高粱、向日葵等作物，减少虫源。

6. 梨小食心虫

分布为害　梨小食心虫简称梨小，又名黑膏药、桃折梢虫。分布很广，各果产区都有发生。以幼虫主要蛀食梨、桃、苹果的果实和桃树的新梢。桃、梨等果树混栽的果园为害严重。除为害梨、桃树外，也为害李、杏、苹果、山楂等，严重影响果品质量及产量。

春季幼虫主要为害桃梢，夏季一部分幼虫为害桃梢，另一部分为害果实。桃梢被害，幼虫多从新梢顶端2～3片叶的叶柄基部蛀入，孔周围微凹陷，不久新梢顶端萎蔫枯死。最初幼虫在果实浅处为害，孔外排出较细虫粪，果内蛀道直向果核被害处留有虫粪，受害桃果常常由蛀果处流胶，感染病菌引起果腐。

发生规律　发生代数因地域而异，甘肃等较寒冷地区一般年发生3～4代，在华北一年发生4～5代，以老熟幼虫在树体的树皮下，剪锯口、吊绳、根颈处及地面的石块下或某些杂草根迹等潜藏处做茧越冬。在枝干上越冬部位，以主干基部为多，枝上较少。在 4~5 代发生区，越冬幼虫一般在 3 月即开始化蛹，4 月上旬成虫羽化；第 2 代成虫则在 6 月中旬至下旬；7 月下旬至月上旬发生第 3 代成虫；第 4 代 8 月下旬至 9 时；9 月时始发生第 5 代成虫。

成虫羽化后，白天静伏寄主叶背和杂草上，傍晚前后交尾，晚间产卵，产卵量数 10 粒至 100 余粒，卵多散产于光洁处，在桃树上则多产在新梢中上部的叶背面，成虫对糖醋液、果汁（烂果）和黑光灯趋性很强。

幼虫发育因气温和食物质量不同而差异显著，由于发生期不整齐，7 月以后发生世代重叠现象，即卵、幼虫、蛹、成虫可在同期随意找到。

第 1、2 代幼虫主要为害桃、杏、李、苹果嫩梢，第 3 代以后各代幼虫主要为害桃、苹果、梨果实。幼虫孵化后经数十分钟至 1~2 小时即蛀入嫩梢、果实，在桃梢上多从叶柄基部蛀入，3 天以后被害梢萎蔫、枯黄而死，被害梢常有胶液流出。1 头幼虫可连续为害 2~3 个嫩梢，也能为害桃果。

梨小发生与温、湿度关系密切，雨水多，降水时间长，大气湿度高的年份，发生重，干旱年份则轻。春季成虫羽化后，若温度在 15℃ 以下时，成虫很少产卵或推迟产卵。

防治方法

①人工防治　发芽前，细致刮除老枝干、剪锯口、根颈等处的老翘皮，集中烧毁，消灭越冬幼虫。秋季在越冬幼虫脱果前，在树干或主枝基部绑草，诱集幼虫越冬，冬前解下烧毁。在第一代和第二代幼虫发生期，人工摘除被害虫果，并连续剪除被害桃、梨虫梢，立即集中深埋。

②诱捕成虫　在成虫发生期，以红糖 1 份、醋 4 份、水 16 份的比例配制糖醋液放入园中，每间隔 30 米左右置 1 碗或 1 盆。也可用梨小性引诱剂诱杀成虫，每 50 米置诱芯水碗 1 个。

③生物防治　在梨小卵发生初期，释放松毛虫赤眼蜂，每5天放一次，共放5次，每亩每次放蜂量为2.5万头左右。

④药剂防治　根据田间卵果率调查，当卵果率达到0.3%~0.5%时，并有个别幼虫蛀果时，立即喷布20%杀蛉脲6 000~8 000倍液，20%杀灭菊酯2 000~3 000倍液，30%桃小灵2 000倍液均有良好的防治效果。

⑤尽量避免桃、梨（或仁果类）混栽。

7. 茶翅蝽

分布为害　茶翅蝽（*Halyomorpha picus*）又名臭屁虫，俗称臭大姐。我国各地多有分布。食性较复杂，危害桃、梨、李、杏、山楂、苹果等多种果树及泡桐、刺槐、榆等林木。

危害症状　成虫和若虫吸食嫩叶、嫩梢和果实的汁液。果实被害后，呈凸凹不平的畸形果，近成熟时的果实被害后，受害处果肉变空，木栓化。受害桃果被刺处流胶，伤口及其周围果肉生长阻滞，果肉下陷，成僵斑硬化，呈畸形，不堪食用。严重时，幼果被害后常脱落，对产量和质量影响很大。

发生规律　华北地区每年发生1代，以成虫在草堆、树洞、石缝等处越冬，翌年5月越冬成虫出来活动，6月产卵于叶背面，卵期7天左右，可产卵5~6次，初孵若虫群集于卵块附近危害，而后逐渐分散。7、8月间，成虫开始羽化，危害至9月份，寻找适当场所越冬。成虫和若虫受惊时能分泌出臭液防敌，所以又称为臭大姐。

防治方法

①成虫越冬期进行人工捕捉，或清除枯枝落叶和杂草，集中烧毁，可消灭越冬成虫。

②摘除卵块销毁。

③若虫发生初期，抓紧时间于若虫未分散之前喷施20%灭扫利3 000倍液，或2.5%溴氰菊酯乳油3 000倍液，或2.5%功夫乳油3 000倍液。

④果实套袋。

8. 潜叶蛾

危害症状　以幼虫潜入叶肉组织串食。将粪便充塞其中，使叶片呈现弯弯曲曲的白色或黄白色虫道，使叶面皱褶不平。危害严重时，造成早期落叶。

发生规律　每年发生 7～8 代，以茧蛹在被害叶上越冬。翌年 4 月成虫羽化，产卵于叶面。卵孵化后潜入叶肉取食，串成弯曲的隧道，并将粪便充塞其中，被害处表面变白，但不破裂。幼虫老熟后从隧道钻出，在叶背吐丝搭架，于中部结茧化蛹，少数于枝干结茧化蛹。5 月上旬见第一代成虫后，以后每 20～30 天完成 1 代，10～11 月幼虫于叶面上结茧化蛹越冬。

防治方法

①清园落叶后，彻底扫除落叶集中烧毁，消灭越冬蛹。只要清除彻底，可以基本控制其危害。

②喷药防治　成虫发生期和幼虫孵化期，及时喷布 25％的灭幼脲 3 号 1 500 倍液，或 20％杀铃脲 6 000 倍液、20％抑宝 1 500～2 000 倍液，也可喷 1.8％阿维菌素乳油 3 000～4 000 倍液防治。

9. 桃红颈天牛

分布为害　危害桃树的天牛，包括桃红颈天牛、星天牛、黑角筒天牛、桃褐天牛、粒肩天牛等共计 21 种。其中以桃红颈天牛（*Aromia bungii* Fald.）最为主要，分布普遍，危害严重。桃红颈天牛除为害桃外，还为害苹果、梨、樱桃、柑橘、杨梅、杏、李、梅等。

危害症状　树干木质部被蛀食成不规则隧道，轻则影响树液输导，致树势衰弱，重则树干被蛀空，致植株死亡，蛀孔外常排有大量红褐色虫粪及木屑，堆积于树干地际部而较易发现。

发生规律　在北方桃产区 2～3 年 1 代，以老熟幼虫越冬。4～6 月间老熟幼虫在木质部蛀道内化蛹，5、6 月间出现成虫。

成虫白天交尾产卵，卵多产于近地面30厘米的范围内的主干粗裂皮缝里（少数产于离地面1.2米的主枝皮缝里）。初孵幼虫先在树皮下蛀食，孵化当年完成1、2龄，当年以低龄幼虫在树皮下越冬，至第2年幼虫长至30毫米左右时，蛀入木质部为害。此时幼虫先朝髓部蛀食，然后再朝上蛀食，其蛀食方向与2、3龄幼虫在韧皮部与木质部之间蛀食时（由上往下）相反。幼虫主要危害离地表1.5米范围内的主干和主枝，严重时危害到大侧枝和根颈部。幼虫在皮层和木质部钻蛀不规则隧道，隔一定距离向外蛀一通气排粪孔，大量红褐色虫粪和碎屑即由此排出，堆积于树干基部地面而易于辨认。

防治方法

应采取人工防治与药物防治相结合的综防措施：

（1）人工防治

①人工捕杀成虫　利用成虫午间静息在枝条的习性，剧烈振摇树枝，成虫跌落而捕杀。

②钩杀幼虫　在幼虫孵化后检查枝干发现新鲜虫粪，可用铁丝伸入蛀孔，将孔内粪屑挖空，钩杀幼虫。

③糖醋液诱杀成虫　在成虫发生期间，在桃园里每隔30米远的树上、在离地面1米处挂放盛糖醋液的罐（红糖∶酒∶醋∶水＝5∶5∶20∶80）诱成虫，每天检查处理1次。

④种植诱饵树诱杀　桃红颈天牛对榆树等有很强趋性，6～8月间修剪榆树，剪口流胶可引诱大量红颈天牛捕杀之。

⑤主干和主枝涂白涂剂（生石灰∶硫黄∶水∶食盐＝10∶1∶40∶1配成）　于成虫发生时涂刷，可防成虫产卵。

（2）药剂防治

①磷化铝毒杀　在查到新虫类排出孔，钩清虫粪后，塞入1/4片磷化铝片剂（0.6克/片，含56%磷化铝），随即用黏泥封口。

②药剂注入　注入80%敌敌畏乳油15～20倍液，或把蘸有

药液的小棉团塞入排粪孔，随即用黏泥封口。

③杀成虫　在成虫出孔盛期，喷 48％乐斯本（毒死蜱）800～1 000 倍，或 10％吡虫啉 5 000 倍，或菊酯类农药。

④可应用昆虫病原线虫斯氏线虫进行防治，以 40 000 条/毫升效果较好。

10. 介壳虫

（1）桃球坚蚧

分布为害　又称朝鲜球坚蜡蚧（*Didesmococcus koreanus* Borchs）、杏球坚蚧，俗称"树虱子"，属于同翅目，蚧科。分布东北、华北、川贵等地区。主要为害杏、李、桃、梅等核果类果树。

危害症状　以成虫、若虫固定在枝条上吸食汁液，受害处皮层坏死后干瘪凹陷，密度大时，可见枝条上介壳累累，受害树一般生长不良，为害严重时常造成枝干枯死。

发生规律　1 年发生 1 代，以 2 龄若虫固着在枝条上越冬。次年 3 月上、中旬开始活动，从蜡堆里的蜕皮中爬出。群居在枝条上取食，不久便逐渐分化为雌、雄性。雄性若虫于 4 月上旬分泌白色蜡质形成介壳，再蜕皮化蛹其中，4 月中旬开始羽化为成虫。4 月下旬到 5 月上旬雄成虫羽化并与雌成虫交配，交配后的雌虫体迅速膨大，逐渐硬化，5 月上旬开始产卵于母体下面。5 月中旬为若虫孵化盛期。初孵若虫从母体臀裂处爬出，寻找适当场所，以枝条裂缝处和枝条基部叶痕中为多。固定后，身体稍长大，两侧分泌白色丝状蜡质物，覆盖虫体背面。6 月中旬后蜡质又逐渐溶化白色蜡层，包在虫体四周。此时发育缓慢，雌雄难分。越冬前脱皮 1 次，蜕皮包于 2 龄若虫体下，到 12 月份开始越冬。该虫主要天敌有黑缘红瓢虫。黑缘红瓢虫的成虫、若虫均能捕食朝鲜球坚蚧的若虫和雌成虫，1 头黑缘红瓢虫的幼虫 1 昼夜能捕食 5 头雌成虫，1 头瓢虫 1 生可捕食 2 000 余头，捕食量大，是抑制朝鲜球坚蚧大发生的重要因素。

防治方法　桃球坚蚧身披蜡质，并有坚硬的介壳，必须抓住两个关键时期喷药，即越冬若虫活动期和卵孵化盛期喷药。

①铲除越冬若虫　早春芽萌动期，用5波美度石硫合剂均匀喷布枝干，也可用或45％晶体石硫合剂300倍液、含油量4％～5％的矿物油乳剂或95％机油乳剂50倍液混加5％高效氯氰菊酯乳油1 500倍液喷布枝干，均能取得良好防治效果。

②孵化盛期喷药　6月上旬观察到卵进入孵化盛期时，全树喷布5％高效氯氰菊酯乳油2 000倍液、20％速灭杀丁乳油3 000倍液或0.9％爱福丁乳油2 000倍液。

③人工防治和利用天敌　在群体量不大或已错过防治适期，且受害又特别严重的情况下，在春季雌成虫产卵以前，采用人工刮除的方法防治，用竹片、钢丝刷刷去虫体，或用20％碱水洗刷枝干。在寒冷的冬季向枝干上喷水，结冰后用木棍将冻冰敲掉，消灭雌虫，并注意保护利用黑缘瓢虫等天敌。

（2）桑白蚧

分布为害　桑白蚧又称桑盾蚧、桃白蚧。分布遍及全国，是为害最普遍的一种介壳虫。除为害桃外，还有樱桃、山桃、李、杏、梨、核桃、桑、国槐等。

危害症状　桑白蚧以若虫和成虫固着刺吸寄主汁液，虫量特别大，有的完全覆盖住树皮，甚至相互叠压在一起，形成凸凹不平的灰白色蜡质物，排泄的黏液污染树体呈油渍状。受害重的枝条发育不良，甚至整株枯死，枝条受害以2～3年生最为严重。

发生规律　在我国北方1年发生2代，以第2代受精雌成虫于枝条上越冬，翌年5月产卵于母壳下，6月孵化出第1代若虫，多群集于2～3年生枝条上吸食树液并分泌蜡粉，严重时可致枝条干缩枯死。7月第1代成虫开始产卵，每雌虫可产卵40～400粒。8月孵化出第2代若虫，9～10月出现第2代成虫，雌雄交尾后，受精雌成虫于树干上越冬。

防治方法

①冬季或早春结合果树修剪剪除越冬虫口密集的枝条或刮除枝条上的越冬虫体。

②春季发芽前喷洒 5 波美度石硫合剂或机油乳剂。

③若虫分散期及时喷洒 0.3 波美度石硫合剂，或扑虱灵 25％可湿性粉剂 1 500～2 000 倍液，或 5％高效氯氰菊酯乳油 2 000 倍液。

11. 金龟子

(1) 苹毛金龟子

分布为害　又叫长毛金龟子。全国各桃区均有分布，除为害桃外，还为害苹果、梨、李、杏、樱桃等。幼虫常取食植物幼根，但为害不明显，成虫喜食花器。

发生规律　每年发生 1 代，以成虫在土中越冬。翌年春 3 月下旬开始出土活动，主要为害花蕾。苹毛金龟子在啃食花器时，有群集特性，多个聚于 1 个果枝上为害，有时达 10 多个。据观察，苹毛金龟子多在树冠外围的果枝上为害，4 月上中旬为害最重。产卵盛期为 4 月下旬至 5 月上旬，卵期 20 天，幼虫发生盛期为 5 月底至 6 月初，化蛹盛期为 8 月中下旬，羽化盛期为 9 月中旬。羽化后的成虫不出土，即在土中越冬。成虫具假死性，无趋光性，当平均气温达 20℃以上时，成虫在树上过夜，温度较低时潜入土中过夜。

防治方法　此虫虫源来自多方，特别是荒地虫量最多，故果园中应以消灭成虫为主。

①在成虫发生期，早晨或傍晚人工敲击树干，使成虫落在地上，此时由于温度较低，成虫不易飞，易于集中消灭。成虫有趋光性，可利用黑光灯诱杀。

②地面施药，控制潜土成虫，常用药剂 5％辛硫磷颗粒剂，每公顷 45 千克撒药，或树穴下喷 40％乐斯本乳油 300～500

倍液。

③果园四周种植蓖麻对金龟子有趋避作用，捕捉的成虫捣烂，其浸泡液喷洒树体有趋避作用。

（2）白星花金龟

分布为害 又叫白星花潜、白纹铜花金龟。全国各桃区均有分布，除为害桃外，还为害苹果、梨、李、樱桃、葡萄等。主要是成虫啃食成熟或过熟的桃果实，尤其喜食风味甜的果实。幼虫为腐食性，一般不为害植物。

发生规律 每年1代，以幼虫在土中或粪堆内越冬，5月上旬出现成虫，发生盛期为6～7月，9月为末期。成虫具假死性和趋化性，飞行力强。多产卵于粪堆、腐草堆和鸡粪中。幼虫以腐草、粪肥为食，一般不为害植物根部，在地表幼虫腹面朝上，以背面贴地蠕动而行。

防治方法

①结合秸秆沤肥翻粪和清除鸡粪，捡拾杀死幼虫和蛹。

②利用成虫的假死性和趋化性，于清晨或傍晚，在树下铺塑料布，摇动树体，捕杀成虫。也可挂糖醋液瓶或烂果，诱集成虫，于午后收集杀死。成虫常群聚在成熟的果实上危害，可人工捕杀。

③药剂防治。因为危害期正值果实成熟期，不能用药，一般不需单独施用药剂防治，可在防治食叶和一些食果害虫时一起防治，收兼治之效。

（3）黑绒金龟

分布为害 又叫东方金龟子、天鹅绒金龟。全国各桃区均有分布，杂食性害虫，除为害桃外，还为害苹果、梨、杏、山植等。成虫食嫩叶、芽及花，幼虫为害根系。

发生规律 每年发生1代，主要以成虫在土中越冬。翌年4月成虫出土，4月下旬至6月中旬进入盛发期，5～7月交配产卵。幼虫为害至8月中旬，9月下旬老熟化蛹，羽化后不出土即越冬。

成虫在春末夏初温度高时，多于傍晚活动，16时后开始出土，傍晚为害桃树叶片及嫩芽，出土早者为害花蕾和正在开放的花。

防治方法

①刚定植的幼树，用塑料薄膜做成套袋，套在树干上，直到成虫为害期过后及时去掉套袋。

②地面施药，控制潜土成虫，常用药剂有5%辛硫磷颗粒剂，每公顷45千克撒施，使用后及时浅耙，以防光解，或在树穴下喷40%乐斯本乳油300～500倍液。

12. 桃小绿叶蝉

分布为害　又名小绿叶蝉（*Empoasca pirisuga* Matsu.）、桃小浮尘子，属同翅目、叶蝉科。国内大部分省（市、区）均有分布，国外日本、朝鲜、印度、斯里兰卡、原苏联、欧洲、非洲、北美都有发生。寄主种类多，除为害桃树外，还为害杏、李、樱桃、梅、苹果、梨、葡萄等果树及禾本科、豆科等植物。

为害症状　成虫、若虫吸食芽、叶和枝梢的汁液，被害叶初期叶面出现黄白斑点渐扩成片，严重时全树叶苍白早落。

发生规律　以成虫在常绿树叶中或杂草中越冬，翌年三四月间开始从越冬场所迁飞到嫩叶上刺吸为害。被害叶上最初出现黄白色小点，严重时斑点相连，使整片叶变成苍白色，使叶提早脱落。成虫产卵于叶背主脉内，以近基部为多，少数在叶柄内。雌虫一生产卵46～165粒。若虫孵化后，喜群集于叶背面吸食为害，受惊时很快横行爬动。第一代成虫开始发生于6月初，第二代7月上旬，第三代8月中旬，第四代9月上旬，这代成虫于10月间在绿色草丛间、越冬作物上，或在松柏等常绿树丛中越冬。

防治方法

①加强果园管理　秋冬季节，彻底清除落叶，铲除杂草，集中烧毁，消灭越冬成虫。成虫出蛰前及时刮除翘皮，减少虫源。

②喷洒农药　成虫桃树上迁飞时，以及各代若虫孵化盛期，

喷洒20%扑虱灵可湿粉2 000倍液，或20%高卫士（恶虫威）可湿粉1 500～2 000倍液；或10%溴氟菊酯乳油1 000～2 000倍液；或2.5%功夫乳油3 000倍液，效果均好。

13. 桃仁蜂

危害病状 幼虫蛀食正在发育的桃仁，被害果逐渐干缩呈黑灰色僵果，大部分早期脱落。

发生规律 每年发生1代，以老熟幼虫在被害果仁内越冬，翌年4月间开始化蛹，5月中旬成虫羽化，飞到桃树上，白天活动。产卵时将产卵管插入桃仁内，产卵1粒，多产在桃果胴部。幼虫孵化后在桃仁内取食，7月中下旬，桃仁近成熟时，多被食尽，仅残留部分仁皮。被害果逐渐干缩脱落，成灰黑色僵果，少数残留枝上不掉。

防治方法

①人工防治 秋季至春季桃树萌芽前后，彻底清理桃园。认真清除地面和树上被害果，集中深埋或烧毁，是行之有效的措施。

②地面用药 成虫羽化出土期，用5%辛硫磷颗粒剂，每公顷45千克撒施，使用后及时浅耙，以防光解，或在树穴下喷40%乐斯本乳油300～500倍液。

③化学防治 结合其他虫害防治，于成虫发生期喷布20%速灭杀丁乳油2 000～3 000倍液，或2.5%敌杀死乳油3 000倍液。

14. 黑星麦蛾

分布为害 黑星麦蛾又叫苹果黑星卷叶麦蛾，分布于华北、东北、华东、西北等地。为害桃、李、杏、梨、苹果、樱桃等多种果树。果园管理粗放，以及桃、李、杏、苹果等混栽的果园，发生较多，为害也重。初孵幼虫多潜伏在尚未展开的嫩叶上为害，幼虫稍大即吐丝卷叶为害，常数十头幼虫在一起将枝条顶端的几张叶片卷曲成团，在其中取食为害。常把叶片的表皮及叶肉吃光，残留下表皮，并将粪便粘附其上，枝叶枯黄干缩，影响新梢生长。

发生规律　每年发生 3～4 代，以蛹在杂草及落叶等处越冬，翌年 5 月羽化为成虫，产卵于新梢顶端叶丛的叶柄基部，单粒或数粒成堆。4～5 月间幼虫开始发生，潜伏于未展叶的叶丛中，啃食叶肉，稍大时取食叶肉，残留叶表皮，并将粪便粘缀在一起成团，潜于其中取食叶肉，残留叶表皮，并将粪便黏附在卷叶团上。幼虫较活泼，受震动后即吐丝下垂，悬于空中。老熟幼虫在卷叶团内化蛹，经 10 余天后羽化为第 1 代成虫。7 月下旬，第 2 代成虫开始发生，交配产卵。幼虫为害至 9～10 月间，随落叶在地面或杂草丛中化蛹越冬。

防治方法

①加强果园管理　秋冬季节，彻底清除落叶、杂草，消灭越冬蛹。

②剪虫梢　发现有卷叶团，及时摘除。

③喷洒农药　5 月上中旬，幼虫为害初期，喷洒 5％高效氯氰菊酯乳油 2 000 倍液，或 2.5％敌杀死乳油 3 000 倍液。

15. 根结线虫

分布为害　根结线虫病又名桃根瘤线虫病，树根部寄生型土传病害，该病为线虫病害，初步鉴定由根结线虫（*Meloidogyne* spp.）引起。

危害病状　该病削弱桃树生长势，花少、小，影响生长及观赏，使植株长势弱，叶褪绿变黄、变小，枝条细弱，开花少或不开花。挖出桃树的须根，可见其上生有许多虫瘿，老虫瘿表皮粗糙，质地坚硬。虫瘿基本上生于须根的侧面，扁圆形。

发生规律　线虫在病土壤内越冬；由水流、操作工具等传播。土壤含水量大、土壤沙性强而疏松、连作等均有利于病害发生。

防治方法

①加强检疫，不从疫区调运苗木。

②忌重茬 实行轮作，与禾本科作物连茬一般发病轻。

③选用抗性砧木 甘肃桃 1 号对南方根结线虫免疫，是良好的抗性砧木，另外山桃、列玛格、筑波 2 号等砧木高抗根结线虫，可在生产上应用。

④选择用肥 鸡粪、棉籽饼对线虫的发生有较强抑制作用，碳铵、硫铵及未腐熟好的树叶、草肥对线虫有促进作用，根结线虫严重的桃园，要避免选择应用后类肥料。

⑤桃园覆盖黑色地膜可较少线虫为害。

⑥春季用 1.8％阿维菌素乳油 5 000 倍液，在树冠外围挖环状沟灌药，然后用地膜覆盖。

三、病毒病

1. 矮缩病

分布为害 桃矮缩病在我国近些年才被发现。近几年有蔓延的趋势。除为害桃外，还为害李、樱桃、梅等树种。

危害病状 桃矮缩病的症状具多型性，不同植株矮缩程度不同，同一植株不同部位的枝条矮缩程度也不同。春季表现最明显的短缩，后期根据气候还能有所缓解。叶片短小，质硬不舒展，有的叶片变灰绿色或墨绿色，轻度感病时叶片变短变宽，植株大量感病后，很少有收获。

发病规律 桃矮缩病毒靠花粉和种子自然繁殖，在自然状态下，有 10％的胚带有病毒。嫁接、修剪也是传播媒介。采用带病毒的品种进行育苗和高接使传播范围扩大。病毒在一些年份表现或不表现，或表现程度不同，但都具有传染性。染病初期节间比正常植株略短，能正常开花结果，严重时节间极短，花少、坐果率低或无产量。

防治方法

①发现病株彻底挖除，并拣净病根，集中烧毁。

②采用无病毒株系进行繁殖，以免传播。

③新桃园要远离有病桃园。

④禁止在病区采集砧木种子用于苗木繁育。

2. 红叶病

分布为害　桃红叶病是近年来新发现的桃的一种病毒性病害，我国南北方均有发生。

危害病状　以树冠外围上部、生长旺盛的直立枝、延长枝和剪锯口下的不定芽所萌发的旺枝发病较重。叶、花、果、新梢均能感染发病。春季萌芽期嫩叶红化及侧脉间褪绿和不规则的红斑，随病情加重红色更加鲜艳。发病严重的叶片红斑焦枯，形成不规则的穿孔。病害较轻的叶片，红化症可随气温升高逐渐褪红转绿。受害严重的嫩芽往往不能抽生新梢，形成春季芽枯。秋季气温下降时，新梢顶部又可出现红化症或红斑。严重时病树果实出现果顶突尖畸变、味淡。早熟品种还可能有苦涩味。

发病规律　此病主要经嫁接传染，昆虫传毒也有可能。病害的发展及症状表现与温度、光照有密切关系，气温在20℃以下时症状表现明显，20℃以上时则症状逐渐消失。大久保、庆丰等对红叶病较敏感，白凤、秋香等较轻。

防治方法

①幼树园要及时挖除病株以控制病害蔓延、发展。

②及时喷药防除蚜虫、叶蝉、红蜘蛛、蟒象等刺吸式口器昆虫，避免或减少感染。

③加强栽培管理，增强树势，增强树体抗病能力，减轻危害。

3. 花叶病

分布为害　桃花叶病属类病毒病，在我国发生较少，但近几年由于从国外广泛引种，带入此病，有蔓延的趋势，是由桃潜隐花叶类病毒寄生引起的，只寄生桃，扁桃无此病。

危害病状　桃潜隐花叶病是一种潜隐性病害，桃树感病后生长缓慢，开花略晚，果实稍扁，微有苦味。早春萌芽后不久，即出现黄叶，4～5月份最多，但到7～8月份病害减轻，或不表现黄叶。有些年份可能不表现症状，具有隐藏性。叶片黄化但不变形，只是呈现鲜黄色病部或乳白色杂色，或发生褪绿斑点和扩散形花叶。少数严重的病株全树大部分叶片黄化、卷叶、大枝出现溃疡。高温适宜病株出现，尤其在保护地栽培中发病较重。

发病规律　主要通过嫁接传播，无论是砧木还是接穗带毒，均可形成新的病株，通过苗木销售带到各地。在同一桃园，修剪、蚜虫、瘿螨都可以传毒，所以在病株周围20米范围内，花叶病相当普遍。

防治方法

①在局部地区发现病株及时挖除销毁，防止扩散。

②采用无毒砧木和接穗进行苗木繁育。若发现有病株，不得外流接穗。

③修剪工具要消毒，避免传染。局部地块对病株要加强管理，增施有机肥，提高抗病能力。

四、生理性病害

1. 低温伤害

（1）根部低温伤害　根部受害后，主要造成浅层根系的毛细根即吸收根死亡，使其丧失吸收功能。地上部表现为初期正常发芽、开花、长叶后不久即出现叶片萎蔫、干缩，最后造成枝条枯死，甚至全树死亡。受害病株发芽后在主干上产生许多纵向裂缝，但很少形成流胶。

（2）晚霜伤害　晚霜造成花器受冻或低温环境下授粉困难，造成坐果率低下或果实发育受阻。不同发育时期其临界温度不一致，在临界温度30分钟即可出现危害。露瓣初期临界温度为－3.0℃，开花期、盛花期、落花期分别为－2.3℃、－2.0℃、－2.0℃。

预防方法

①增施有机肥，加强土壤改良，做到深层、浅层施肥均衡，诱导根系向下生长，提高树体抗逆能力。

②建园时要避开晚霜严重的地区，对发生晚霜的地块采用烟熏等措施防霜冻。

③采用人工授粉，提高坐果率，对已经发生低温伤害的桃园，可在花期、花后叶面喷肥，进行补救，一般叶面喷施0.2%的尿素或硼砂等，7～10天1次，连喷2～3次。

2. 桃日烧病　桃日烧病又叫桃日灼病，分为果实日烧和枝干日烧，属生理病害。与天气情况、栽培措施有关，各地桃园均有可能发生。枝干裸露、大枝开张的油桃园更容易受害。

发生规律　春秋季日烧与高温干旱有关，由于太阳直射，枝干、果实的表面温度较高，而水分不能充足供应，致使直射点的温度过高又缺水从而发生灼伤。冬春季日烧是因为太阳直射，使枝干温度升高，到夜间温度又下降很多，皮层细胞受冻，第二天温度又升高，皮层细胞冻融，到夜间又受冻，这样冻融频繁发生，使皮层破坏而坏死。枝干日烧表现为干缩凹陷，果实日烧表现为出现黑褐色凹陷斑，有时病斑开裂。

预防方法

①注意主枝角度不要过大，背上不能光秃，适当留些小型枝组，以遮挡直射的太阳光。

②生长季要保证水分供应，冬季要灌封冻水，开春要灌萌芽水。

③冬季要枝干、大枝涂白，用以反射阳光，缓和树皮温度变化。

④合理修剪，增加枝条和叶片的数量。疏花疏果时，尽量减轻树冠外围枝稍的负载量。疏去果柄平生的果实，注意保留有树叶遮挡的果实。注意天气变化，如出现日烧病可能发生的天气，应于午前向树叶和果面喷施0.2%～0.3%的磷酸二氢钾，或喷

清水。

3. 涝害 桃树抗涝能力差，桃园积水 2～3 天即落叶，然后凋萎。受涝严重的桃树死亡株率达 80％以上。在生长期降水过多会引起徒长，落花落果，花芽分化不良，病害加重，果实风味下降、着色差。成熟期雨涝会使采前落果严重、影响品质，有些品种还会造成裂果。

防治方法

桃树栽植时要选择排水条件好的地块，以沙壤土为宜。雨水多的地区可起垄栽植，栽植密度不宜过密，以保证土壤水分适当蒸发，修建排水沟和排水暗管，防止树盘积水；同时要加强叶面喷肥，增施磷、钾肥和有机肥；生长季节及时修剪，保证桃园通风透光。

第十三章

果实的采收与采后处理、加工

第一节　果实的采收

一、成熟度

桃果的品质、风味和色泽是在树上发育过程中形成的，采收后几乎不会因后熟而有所增进。采收过早，果实尚未发育完全，风味差，采收过晚，果肉软化不耐贮藏。适宜的采收期应根据品种特性、市场远近、贮运条件和用途等综合因素来确定。生产上应根据成熟度适时采收。

1. 成熟期的确定

①果实发育期和历年采收期　每个品种的果实发育期是相对稳定的，可根据不同品种的发育期确定采收期，但是受气温、雨水等情况的影响，成熟期在不同年份也有变化，也要参考历年的采收期（主要鲜桃品种食用成熟度的基本性状及理化指标见农业行业标准：鲜桃　NY/T 586—2002）。

②果皮颜色　以果皮底色的变化为主，辅以果实彩色，果皮开始退绿，变为白色或乳白色，果面茸毛开始减少，有色品种基本满色时为采收适期。

③果肉颜色　黄肉桃由青转黄，白肉桃由青转乳白色或白色。

④果实风味　果实内淀粉转化为糖，含酸量下降，单宁减少，果汁增多，果实有香味，表现出品种固有的风味。

⑤果实硬度　一般未成熟的果实硬度较大，达到一定成熟度

后，才变得柔软多汁，成熟中由于原果胶物质的分解，果实硬度逐渐减少，只有掌握适当的硬度，在最佳质地采收，产品才能够耐贮藏和运输。

⑥果实的大小形状　果实必须长到一定的大小、重量和充实饱满的程度才能达到成熟，果实的大小和形状，一般在采收时，需待果实充分膨大至近于停止生长后才进行，但从果实大小判断不能作为决定因素，只能作为依据之一。

2. 成熟度的把握　生产上一般将桃的成熟度分为七成熟、八成熟、九成熟、十成熟 4 个等级，其中前两个等级属于硬熟期，后两个等级属于完熟期，硬熟期的果实较耐贮藏和长途运输。

七成熟　果实充分发育，底色绿，白桃品种的底色为绿色，黄桃品种的底色为绿中带黄，果面基本平整，果肉硬，茸毛密厚。

八成熟　果皮绿色开始减退，呈淡绿色，俗称发白，白桃呈绿白或乳白色，黄桃大部分为黄色。果面丰满，茸毛减少，果肉稍硬，有色品种阳面开始着色，果实开始出现固有的风味。

九成熟　果皮绿色基本褪尽，白桃呈乳白色，黄桃呈黄色或橙黄色，果面丰满光洁，茸毛少，果肉有弹性，芳香味开始增加，有色品种完全着色，果实充分表现固有风味。

十成熟　果实茸毛脱落，无残留绿色，溶质品种果肉柔软，汁液多，果皮易剥离，软溶质品种稍有挤压即出现破裂或流汁；不溶质品种，果肉硬度开始下降，易压伤；硬肉品种和离核品种，果肉出现发绵或出现粉质，鲜食口味最佳。

二、采收

1. 采收的原则

①就地销售的鲜食品种应在九成熟时采收，此时期采收的桃果品质优良，能表现出品种固有的风味；需长途运输的应在八、九成熟时采摘；贮藏用桃可在八成熟时采收；精品包装、冷链运输销售的桃果可在九、十成熟时采收；加工用桃应在八九成熟时

采收，此时采收的果实，加工成品色泽好，风味佳，加工利用率也高。肉质软的品种，采收成熟度应低一些，肉质较硬、韧性好的品种采收成熟度可高一些。

②同一棵树上的桃果实成熟期也不一致，所以要分期采收。一般品种分2～3次采收，少数品种可分3～5次采收，整个采收期7～10天。第一二次采收先采摘果个大的，留下小果继续生长，可以增加产量。

③桃的果实多数柔软多汁，采摘人员要戴好手套或剪短指甲，以免划伤果皮。采摘时要轻采轻放，不要用力摁捏果实，不能强拉果实，应用全掌握住果实，均匀用力，稍稍扭转，顺果枝侧上方摘下。对果柄短、梗洼深、果肩高的品种，摘取时不能扭转，而是要用全掌握住果实顺枝向下拔取。对特大型品种如中华寿桃等，如按常规摘取，常常使果蒂处出现皮裂大伤口，既影响外观，又不耐贮运，可以用采收剪把果柄处的枝条剪断，将果取下，效果较好。蟠桃底部果柄处果皮易撕裂，要小心翼翼地连同果柄一起采下。

④采收的顺序应从下往上，由外向里逐枝采摘，以免漏采，并减少枝芽和果实的擦碰损伤。采摘时动作要轻，不能损伤果枝，果实要轻拿轻放，避免刺伤和碰压伤。

⑤一般每一容器（箱、筐）盛装量以不超过5千克为宜，太多易挤压果品，引起机械伤。

⑥采收时间应避开阳光过分暴晒和露水，选择早晨低温时采收为好，此时果温低，采后装箱，果实升温慢，可以延长贮运时间。采后要立即将果实置于阴凉处。

第二节　果实的分级与包装

一、分级

1. 挑选　挑选即剔除受病虫害侵染和受机械损伤的果实。

一般采用人工挑选，量少时，可用转换包装的方式进行；量多而且处理时间要求短时，可用专用传送带进行人工挑选。操作员必须戴手套，挑选过程中要轻拿轻放，以免造成新的机械伤。一般挑选过程常常与分级、包装等过程结合，以节省人力、降低成本。

2. 分级　为了使出售的桃果规格一致，便于包装贮运，必须进行分级。我国目前桃园多是家庭承包，经营规模小，果实多是边采边分级，分级前，先拣出病虫果、腐烂果、伤果，以及形状不整、色泽不佳、大小或重量不足的果实，成熟度过高的另作存放，单独处理，然后将剩余的合格果实按大小、色泽等分成不同等级。中华人民共和国农业行业标准鲜桃部分（NY/T 586—2002）规定了鲜食桃果实品质等级标准。

二、包装

桃的商品化生产，对果实进行包装是商品化处理的一个重要内容，对于保持桃果良好的商品状态、品质和食用价值，是非常重要的。它可以使桃果在处理、运输、贮藏和销售的过程中，便于装卸和周转，减少因互相摩擦、碰撞和挤压等所造成的损失，还能减少果实的水分蒸发，保持新鲜，提高贮藏性能。采用安全、合理、适用、美观的包装，对于提高商品价值、商品信誉和商品竞争力，有十分重要的意义。

1. 内包装　内包装，实际上是为了尽量避免果品受到振动或碰撞而造成损伤，和保持果品周围的温度、湿度与气体成分小环境的辅助包装。通常，内包装为衬垫、铺垫、浅盘、各种塑料包装膜、包装纸（含防腐保鲜纸）、泡沫网套及塑料盒等。聚乙烯（PE）等塑料薄膜，可以保持湿度，防止水分损失，而且由于果品本身的呼吸作用能够在包装内形成高二氧化碳、低氧气量的自发气调环境，现在是最适的内包装。其主要用作箱装内衬薄膜和薄膜袋、单果包装薄膜袋等。

2. 外包装　外包装好劣，直接影响到运输质量和流通效益，要求坚固耐用，清洁卫生，干燥无异味，内外均无刺伤果实的尖突物，并有合适的通气孔，对产品具有良好的保护作用。包装材料及制备标记应无毒性。外包装包括纸箱（含小纸箱外套的大纸箱）、泡沫箱、塑料箱、木箱、竹筐等，目前以纸箱应用最多。

3. 大小要求　桃在贮运过程中很容易受机械损伤，特别成熟后的桃柔软多汁，不耐压，因此，包装容器不得过大，一般为2.5～10千克，容器内部放码层数不多于3层。将选好的无病虫害、无机械伤、成熟度一致、经保鲜剂处理的桃果放入纸箱中，箱内衬纸或聚苯泡沫纸，高档果用泡沫网套单果包装，或用浅果盘单层包装，装箱后固封。如需放入冷藏库贮藏，可在箱内铺衬0.03～0.04毫米聚乙烯塑料薄膜袋，扎紧袋口，保鲜效果更好。为防止袋内结露引起腐烂，可在薄膜袋上打孔。若用木箱或竹筐装，箱内要衬包装纸，每个果要软纸单果包装，避免果实磨擦挤伤。

4. 外观要求　销售用的外包装应有精美的装潢，借以吸引消费者。并且要有安全标志（有机食品、绿色食品、无公害食品等）和规格等级、数量、产地或企业名称、包装日期、质检人员等。

第三节　果实的贮藏与运输

一、预冷

桃采收时气温较高，桃果带有很高的田间热，加上采收的桃呼吸旺盛，释放的呼吸热多，如不及时预冷，降低温度，桃会很快软化衰老、腐烂变质。因此采后要尽快将桃运至通风阴凉处，散发田间热，再进行分级包装。包装后，置阴凉通风处待运。

桃子采收后要尽量预冷至要求的温度，然后通过洒水、挂湿草帘等方式调节空气湿度，要尽可能地将其控制在90%左右，一般在采后 12 小时内、最迟 24 小时内将果实冷却到 5℃以下，可有效的抑制桃褐腐病和软腐病的发生。桃预冷的方式有风冷和 0.5～1℃冷水冷却，后者效果更佳。

1. 自然冷源预冷　这类方法多用于秋冬季采收的桃果，采收后防在阴凉处或利用夜间的低温进行散热预冷。

2. 冰水预冷　在常温水中加入适量的冰块，待冰块溶解到一定的程度，水温达到所需温度时，将果品浸入水中预冷。这种预冷方法速度较快，效果较好，直径为 7.6 厘米的桃在 1.6℃水中 30 分钟，可将其温度从 32℃降到 4℃，直径 5.1 厘米的桃在 1.6℃水中 15 分钟可冷却到同样的温度。水冷却后要晾干后再包装。

3. 冷风预冷　利用机械制冷产生的冷风将果品温度降致适宜的温度，再进行长途运输为冷风预冷。冷风预冷可利用冷风机来完成，也可利用专用预冷库来进行。只要采收时果温高于运输时适宜的温度，都可以用这种方式进行预冷降温。风冷却速度较慢，一般需要 8～12 小时或更长的时间。

4. 真空快速预冷　利用真空快速预冷机，将运输的桃果短时间内降至运输时适宜温度。这种预冷方法是将果品装在一个可抽真空密封的容器内，利用抽气降压迅速降温来完成。真空快速预冷的原理，是在降压过程中，使果品在超低压的状态下，迅速蒸发一小部分水分而使果温快速（20～30 分钟）降下来。

二、保鲜贮藏

1. 生理特性

①桃属于呼吸跃变型果实，桃果采收后具双呼吸高峰和乙烯释放高峰，呼吸强度是苹果的 3～4 倍，乙烯释放量大，呼吸跃变一旦发生，果实在极短的时间内迅速变软，进而腐烂变质。如果采收后处理不及时，这种情况经常发生。离核呼吸强度大，PE、PG 酶活性高，而粘核呼吸强度低，PE 内切酶活性低，所

以粘核桃耐贮性好于离核桃。同时桃对乙烯敏感，应避免与释放乙烯较多的水果混合贮藏。

②果胶酶、淀粉酶、纤维素酶活性高，果实变软腐败迅速。这是桃果实采后在常温下很快变软、变质以至腐烂的主要原因。特别是水蜜桃采后呼吸强度迅速提高，比苹果的呼吸强度高 1～2 倍，在常温条件下 1～2 天就变软。低氧和高二氧化碳加上低温可以抑制酶类的活性，可以使果实体内的生理变化处于"休眠"状态，保持了桃子的硬度和品质，延长桃果的保鲜时间。

③桃对低温非常敏感，一般在 0℃贮藏 3～4 周即发生低温伤害。采收后，在低温条件下，桃果的呼吸强度被抑制，但容易发生冷害。桃果的冷点为 -1.5～2.2℃，长期处在 0℃ 的温度下易发生冷害，冷害的发生早晚和程度，与温度有关，据研究表明，桃果在 7℃下有时会发生冷害，在 3～5℃下，冷害的发生处于高峰状态，在 0℃时发生冷害的程度反而小。受冷害的桃果，细胞壁加厚，果实糠化，风味变淡，果肉硬化，果肉和维管束褐变，桃核开裂，有的品种果实受冷害后发苦，或有异味发生。

④桃果对二氧化碳很敏感，当二氧化碳浓度高于 5% 时，就会发生二氧化碳伤害。症状为果皮褐斑和溃烂，果肉及维管束褐变，果实汁液少，肉质生硬，风味异常。桃和油桃对低氧忍耐程度强于高二氧化碳。

⑤桃果其他性状也和贮藏性有关。果实大，其表面积也较大，水分蒸腾作用就强，失重也较快。因此，贮藏用的果实应以中等果为好，即果重 200～300 克。桃果表面布满茸毛，茸毛大部分与表皮气孔或皮孔相通，使蒸发面积大大增加，所以桃采收后在裸露条件下失水十分迅速。在相对湿度为 70%，温度为 20℃ 的条件下，裸放 7～10 天，失水量超过 50%。

2. 贮藏前的准备

①选择耐贮品种 不同品种的桃子，其耐贮性有很大的差

异。一般而言，早熟的品种不耐贮运，离核品种、软溶质的品种耐贮运性差，中晚熟的品种耐贮运性较好。如水蜜桃类的玉露桃、大久保等品种都不耐贮藏，山东青州蜜桃、肥城桃、中华寿桃、陕西冬桃、河北的晚香桃等晚熟硬肉品种都较耐贮藏。因此，要根据贮藏情况，选择好需用的品种。

②采前农业技术措施，对桃子的贮藏性影响很大　桃在贮运过程中容易出现大量腐烂，主要原因是几种常见病害如褐腐病、腐败病、根霉腐烂病和软腐病等引起的。这些真菌病害在田间即侵染果实，其病菌从伤口、皮孔等侵入，在果实贮运期间大量生长繁殖，并感染附近果实，造成大量腐烂。因此，在果实生长发育期，加强病虫害防治，可以减少果实在贮运期间腐烂的发生。施肥时要注意氮、磷、钾肥合理使用，氮肥施用过多果实品质差、耐贮性差。多施有机肥的果园，果实的耐贮性好。用于贮藏的桃子采收前 7～10 天前要停止灌水。贮藏的桃子采前不能喷催熟剂。

3. 桃果贮藏的预处理技术

（1）防腐保鲜处理　桃果贮藏主要采取低温和气调技术，若加上防腐保鲜剂处理，则贮藏效果更佳。桃在贮藏过程中易发生褐腐病、软腐病和青、绿霉病，可用仲丁胺系列防腐保鲜剂杀灭青霉菌和绿霉菌等，常用的有克霉唑 15 倍液（洗果），100～200 毫克/千克的苯莱特和 450～900 毫克/千克的二氯硝基苯胺（DCNA）混合液（浸果）。CT 系列、森柏尔系列保鲜剂等对桃果贮藏也有很好效果，药物处理可以和保鲜剂处理合并处理。洗果或浸果时，配药要用干净水，浸果后要待果面水分蒸发干后再包装。要注意经保鲜剂处理过的桃子不能放入气调库贮藏。

①准备盛放处理溶液的容器，或者在采摘地点挖掘方型沟槽，沟槽内铺衬上塑料薄膜，注意检查薄膜有无漏洞，避免造成保鲜剂溶液泄露流失。

②将所需清水倒入容器或沟槽中，再将对应的保鲜剂原液倒入清水中，将溶液轻轻搅拌后放置 30 分钟，待溶液中的絮状物完全溶解后便可以使用。杀菌剂按规定的比例配置好，混入后搅拌均匀后待用。

③将桃子放入容器或沟槽中浸泡，注意浸泡时要让果实完全浸入溶液中，浸泡 2 分钟后捞出，晾干后装箱贮藏或销售。操作时尽量轻拿轻放，减少对果实的损伤。

（2）钙处理　钙是水果细胞中胶层的重要组成成分，许多研究表明，对果实进行钙（Ca）处理可推迟桃成熟，提高果实硬度和贮藏寿命，以浓度为 1.5％、2％的钙效果较好，钙一方面能降低桃的呼吸强度，减少果实的有机物消耗，提高了桃的贮藏品质，另一方面抑制了脂氧化作用，减少了自由基伤害，降低了果实乙烯含量，因此有效地抑制了果实衰老。该处理的方法有以下两种：

①采前喷钙　在花后至硬核期和采前 2 周对桃果面喷施有机钙，增加果实中钙的含量。

②采后浸钙　利用预冷用 1.5％的 $CaCl_2$ 溶液处理 $1\sim2$ 小时。

（3）生长调节剂处理　开花后 21 天及 24 天对桃喷施赤霉素（GA）及乙烯利可抑制果实在贮藏中的褐变，增多果实中酚类化合物的数量和种类，并降低多酚氧化酶活性。

（4）热激处理　近年来，热激处理作为无公害保鲜水果的一种方法已引起人们的普遍关注。据报道，热激处理后果实的呼吸作用下降，可延迟跃变型果实呼吸高峰的到来，抑制乙烯的产生，钝化果实中 EFE 酶的活性，从而能有效地控制果实的软化、成熟腐烂及某些生理病害。桃采收后迅速预热至 40℃左右处理效果最为理想，处理后，桃果实的呼吸速率、细胞膜透性、丙二醛的积累及多酚氧化酶的活性都减小。在一定程度上还可以保持果实的硬度，降低酸度，减少腐烂，使桃这种易腐果品的商业化长途运输能够在非冷链条件下安全进行。

4. 贮藏环境

①温度　贮藏桃果的适宜温度为 0～3℃。中、早熟品种温度稍高，如白花、红花水蜜桃贮藏温度为 1～2℃，冬雪蜜桃、中华寿桃、冬桃冷藏温度为 0.5～1℃。由于桃果对低温较敏感，在 0℃条件下贮藏时间长时容易引起冷害。为防止或减少冷害发生，需采用控温精度高的设施，如选择挂机自动冷库，控温精度为 0.1℃，降温速度快，库温均匀，降温和升温可根据需要自动调节，能有效地减少和避免冷害发生；或采用间歇升温冷藏法，即果实先在 0℃下贮藏 2 周，然后升温至 18～20℃持续 2 天，再降温至 0℃下贮藏。如此反复，直至贮藏到 8～9 周后出库，在 18～20℃温度下放置熟化，然后出售。间歇调温可以降低呼吸强度和乙烯释放量，减轻冷害，同时温度升高也有利于其他有害气体的挥发和代谢。

②湿度　桃贮藏时，相对湿度控制在 90%～95%。湿度过大易引起腐烂，加重冷害症状，湿度过小，易引起过渡失水、失重，影响商品性，造成不应有的经济损失。

③气体成分　贮藏桃时适宜氧气浓度为 1%～3%，二氧化碳浓度为 4%～5%。用生理小包装袋贮藏桃时，二氧化碳浓度要低于 8%，氧气 5%～14%。

5. 贮藏方法

桃子柔软多汁，成熟时皮薄肉嫩，不耐贮藏，采摘后贮藏保鲜需要采取多方面的综合措施，根据不同的品种，制定不同的贮藏措施。一般晚熟的雪桃、冬桃等品种较耐贮藏，中熟的大久保、白凤等品种次之，早熟的水蜜桃、五月鲜等品种最不耐贮藏。桃子的贮藏方式有冷库贮藏、冰窖贮藏、气调库贮藏、减压贮藏等多种，用户可以根据自己的条件自行选择。

①窖藏　选择最晚熟的、底色青绿、果皮较厚的品种如青州蜜桃，于寒露后采收。采收前在地势高、不积水的地方，窖深50~60厘米，宽1~1.2米，长视果实贮量而定，一般20~30米，挖好后先晾干，在窖底部铺上麦秸、高粱秸，将果实分层堆放，地窖上铺盖草席，白天盖上晚上揭开通风。贮藏期间要勤检查，防治果实失水皱皮。

②冷藏　桃和油桃的适宜贮温为 0℃，相对湿度为 90%~95%，贮期可达 3~4 周，桃子入库初期，可适当通风换气。若贮期过长，果实风味变淡，产生冷害且移至常温后不能正常后熟，若要较长时间贮藏，必须严格控制冷库温度，库温不能波动，-1℃ 以下就会有受冻的可能。冷藏中采用塑料小包装，可延长贮期，获得更好的贮藏效果。桃子冷藏时间过长，会淡而无味，因此，其贮藏期不宜过长。

③气调贮藏　国内推荐 0℃ 下，采用 1%~2% O_2+3%~5% CO_2，桃可贮藏 4~6 周；1% O_2+5% CO_2 贮藏油桃，贮期可达 45 天。将气调或冷藏的桃贮藏 2~3 周后，移到 18~20℃ 的空气中放 2 天，再放回原来的环境继续贮藏，能较好地保持桃的品质，减少低温伤害。据报道，采用保鲜袋和 CT 系列气调保鲜剂的自发气调贮藏，在 0~2℃ 的条件下可贮藏 2 个月，在 25~30℃ 的条件下至少保鲜 8~10 天，但贮藏条件及操作程序要严格掌握。

④简易气调贮藏　将八、九成熟的桃采后装入内衬 PVC 或 PE 薄膜袋的纸箱或竹筐内，运回冷藏库立即进行 24 小时预冷处理，然后在袋内分别加入一定量的仲丁胺熏蒸剂、乙烯吸收剂及 CO_2 脱除剂，将袋口扎紧，封箱码垛进行贮藏，保持库温 0~2℃。各品种中大久保和白凤在冷藏、简易气调加防腐条件下贮藏 50~60 天，好果率在 95% 以上，基本保持原有硬度和风味；深州蜜桃、绿化 9 号、北京 14 号的保鲜效果次之；而冈山白耐贮性最差。

入贮后要定期检查，短期贮藏的桃果每天观察1次，中长期的果实每3～5天检查1次。

6. 贮运期间常见病害及其防治

①褐腐病　早期症状是在果实上产生水渍状的病斑，在24小时内果肉变成褐色或黑色。在15℃下病斑扩展很快，腐烂处常深达果核，但果皮保持完整，茶灰色孢子块在果面上常呈圆环状，在较高温度下3～4天整个果实即腐烂变质。贮前快速预冷到4.5℃以下可延迟病害发生。

②灰霉病和根霉病　病原菌最初在果皮上呈淡褐色病斑，在病斑上覆盖一层病菌造成腐烂。在果箱内潮湿的环境下，许多菌丝体扩展，使腐烂果粘连在一起。菌丝呈白色者为灰霉，呈黑灰色至黑色者为根霉，这两种病菌在桃果运输及贮藏时间长时造成严重损失。防止措施是，避免机械损伤、采收后及时预冷、在低温下运输和贮藏，用防腐剂处理。

③冷害　冷害常引起果肉褐变等现象，常见桃冷害症状见表13-1。

表13-1　几种桃的冷害症状

熟期	品种	常温裸放天数	冷害表现	自然冷藏	保味天数	冷藏适应性
早	五月鲜	1	维管束褐变、糠化	无味	7	不适
早	六月白	1	维管束褐变、糠化	无味	7	不适
早	麦香	2	维管束褐变、糠化	无味	7～10	不适
早	砂子早生	2	维管束褐变、糠化	味淡	7～10	短期
早	津艳	3	维管束褐变、糠化	味淡	10～14	短期
中	大久保	2	果肉硬化味淡	味淡	20～30	短期
中	岗山白	1	果肉褐变	异味	10～15	不适
中	北京14	4	桃核开裂	发苦	1	不适

（续）

熟期	品种	常温裸放天数	冷害表现	自然冷藏	保味天数	冷藏适应性
中	绿化3	1	果肉褐变异味	异味	10～15	不适
中	绿化9	4	果肉褐变但可控制	适口	35～45	适
晚	中秋	3	果肉褐变但可控制	适口	25～35	适
晚	重阳红	5～7	桃核开裂	味淡	15～20	较适
晚	秋蜜	5～7	发硬	发苦	15～20	不适

三、运输

桃属鲜活易腐果品，在长途运输过程中，若管理不好，易发生腐烂变质。因此，要十分重视运输过程中温度、湿度和时间等因素的影响。按国际冷协1974年对新鲜水果、蔬菜在低温运输时的推荐温度，桃在1～2日的运输中，其运输环境温度为0～7℃；在2～3日的运输中，其运输环境温度为0～3℃；若在途中超过6天，则应与低温贮藏温度一致。

随着我国公路业的迅速发展和高速公路的加速建设，汽车运输成为桃果运输的主要方式。汽车最大的优势是最大可能的减少了果品的周转次数，从产地到销地果品周转2～3次即可，但是汽车运输的最大弊病是运输途中颠簸较大，造成运输过程中产生的机械伤。当前国内果品汽运的主要方式有常温和冷藏保鲜车两种，今后的发展方向是冷藏运输。

果品运输的方式还有飞机运输、火车运输、冷仓船运输。飞机运输具有速度快、运输质量高、机械伤轻等优势，但运费价格高昂，周转环节多是其缺点。冷仓船运输是指带制冷设备，能控制较低运输温度的船舶。由于它装运量大，海上行进平稳，不仅运费低廉，而且运输质量较高，但运输途中拖的时间较长。多采用冷藏集装箱，进行大的包装，装船运输。除了冷仓船专用运输之外，也可以采用普通运货船和客货混用船运输。火车运输，按其配备的设备不同，又分为制冷机保车、加冰车和普通运货车皮。

在冷藏运输尚未广泛推广之前，为了保持桃果的品质，在运输过程中应注意以下事项：及时调运，装卸要轻，码放要有间隙，如采用"品"字形码放，以利通风降温。堆层不可过高。要采用篷车或加覆盖运输，避免阳光直晒。

鲜桃贮运技术流程　品种选择—采收—分级—包装—入恒温库—消毒—降温—运输—上市销售。

第四节　桃果的加工

桃果的加工制品主要有罐桃、制汁、制酒和蜜饯等，其中以罐藏（制罐）、果汁、桃脯为主。

一、罐头

1. 对罐藏桃品种的基本要求

①良好的栽培性状　用于加工的桃品种，要求树势强健，结果习性良好，丰产、稳产、抗逆性强。这也是一切良种所必须具备的条件，罐藏用的品种也不例外，否则即使有良好的加工适应性，也不可能发展成为罐藏良种。

②果实符合加工工艺的要求　对加工工艺的要求，应根据当前加工工艺过程和成品质量标准确定。为使成品达到一定的色香味、大小、糖酸含量以及无异味的质量要求，在品种组成方面，要求早、中、晚熟品种搭配，但是常以中、晚熟品种为主，因为后者品质优于早熟品种，且有良好的耐贮性，可以延长工厂加工生产时间。在成熟度方面，要求达到工艺成熟度，以便于贮运和经受工艺处理，减少损耗。这种成熟度往往高于硬熟，稍低于鲜食成熟度，也称为加工成熟度。

③色泽　白桃应为白色至青白色，果实、缝合线及核洼处无花色素；黄桃应呈金黄色至橙黄色，黄桃具有特别的香气和香味，故品质优于白桃。

④肉质　加工用桃的肉质必须为不溶质。不溶质桃耐贮运，加工处理损失少，生产率高，原料吨耗低。而溶质品种，尤其是水蜜桃品种不耐贮运，加工处理时破碎多，损耗大，成品常软塌，风味淡薄。

⑤果核　果核应为粘核，粘核品种肉质细密，胶质少，去核后核洼光洁。

⑥其他　罐藏用桃还要求果型大，果形圆整对称；核小肉厚，风味好，无明显涩味和异味；成熟度适中，果实各部位成熟度一致，后熟缓慢。

综合各种要求，黄中皇桃具有很大的优势，其果实圆形，缝合线浅，两半部对称，果顶凹；平均单果重 196.6 克；果皮黄色，成熟后果面着鲜红色，果皮不易剥离；果肉橙黄色，无红色素，肉质细密，不溶质，韧性强；粘核，近核处无红色素；风味酸甜，品质佳；可溶性固形物含量 11.8%，比对照品种罐 5 高26.9%；可滴定酸含量 0.28%，比罐 5 低 55.6%，特别是耐煮、不浑汤、易成快、果肉颜色黄、无红色素，是当前加工桃中的优良品种。

2. 糖水罐头

（1）工艺流程

进料→检质→分选→切半→去皮→护色→去核→烫漂→冷却→整理→称重→装罐→注糖水→排气→封口→杀菌→冷却→擦罐→保温→打检 4 次→涂油→倒垛→打检→装箱→入库

（2）技术要点

①原料　选用优良制罐用黄桃品种，如黄中皇、金童 5 号、金童 6 号、金童 7 号和金童 8 号均不错，而且生长期早、中、晚相接能达一个多月。选核洼无红线、个头匀称、成熟度九成、软

而不烂的桃，色泽黄、金黄、橘黄等均可。

②切半　必须使用劈桃机，以保证切口整齐。

③去皮　黄桃一般比白桃使用的碱液浓度低，时间也短。多用 18 波美度碱液于 95～100℃下处理桃片 30 秒左右，否则桃肉受损，甚至出现蜂窝状片、毛边片等不合格品。

④去核　用手工或机械去核，要求核窝小、圆滑、块形完整，去核后核窝周围应无红线。

⑤烫漂　将桃片在 100℃温度中烫 3～4 分钟，使桃片呈柔而韧的半透明状，不可煮烂。

⑥护色　为防褐变，必须在去皮后直至装罐加注糖水前，随时把桃片放在 1%盐水中或 0.1%柠檬酸水中护色。

⑦整理　把形态不整、成熟度不足以及虫、毛边、核窝有红线等片清除出去。

⑧称重　按照果肉占总净重的 55%进行装罐。出口产品多用马口铁装。

⑨装罐　桃窝向里扣装，并要求桃片数目一定，如 300 克装 3～8 片，425 克装 3～10 片，567 克装 4～14 片，822 克装 5～16 片，850 克装 6～18 片。

⑩化糖水、注糖液　先配成 50～67°BX 的浓糖液，再用十字交叉法配成 16～18°BX 的糖水，注入罐内。由于黄桃的酸度大，注意少加酸或不加酸以保证产品甜酸适度。一般以不过酸为合适。

⑪排气　将罐在排气箱中于 95℃条件下 12～14 分钟排气，以达到罐内温度 75℃。如使用 0.06～0.08 兆帕的负压真空封罐，其质量会更好。

⑫封口　将排气后的罐及时封口，当即进行初检，排出进气、漏水、封口不严、片形不整、净重不够、糖水缺少、存有异物的罐重新返工，合格者趁热装筐，整齐装满，并及时把筐吊入杀菌锅中。

⑬杀菌 多用沸水常压（100℃左右）杀菌。

⑭冷却 把经过杀菌的罐头迅速降到40℃，并及时取出，擦干外部水分，放在保温库内进行观察。

⑮检验 在保温库内进行4次打检，并结合进行涂油防锈。只要认真进行4次打检，基本上可防止不合格罐头出厂。从而以产品质量赢得消费者的信任，为企业创造好效益。

⑯贴标 出口的黄桃罐头可用印铁制罐。使用非印铁制罐时也应贴上纸标，以标明内容物的质量、数量以及产品名称、厂家等，贴标应高矮整齐，贴牢、贴正以增加美感。

3. 质量要求 成品呈金黄色或黄色，同一罐头中色泽较一致，糖水透明，允许存在少许果肉碎屑，具有糖水桃罐头的风味，无异味，桃片完整，允许稍有毛边，同一罐头内果块大致均匀，果肉重量不低于净重的55%，糖水浓度为14%～18%（开罐时折光计）。

二、果汁

1. 浑浊果汁工艺流程 原料选择→洗果→热烫→破碎→打浆→过滤→调配→脱气→均质→杀菌→灌装→封口。

2. 技术要点

①原料选择 选用成熟良好的果实，去除病虫果、腐烂果，拣出成熟低的果实进一步后熟后再用。

②清洗 用清水洗净表面污物，或用洗涤剂去桃皮上的毛。农药残留较多时，可用1%盐酸溶液进行漂洗，然后用清水洗净。

③热烫 在80～90℃水中整果热烫15～25分钟，以煮透软化为度，取出后立即用冷水冷却至室温。

④打浆 热烫后将果实破碎，用网孔直径0.5～1.0毫米的打浆机打浆。果浆中加入浆重0.04%～0.08%的L-抗坏血酸，以防氧化。

⑤过滤　果浆通过 60 目尼龙网压滤，除去粗纤维及较大果块。

⑥调配　用 45％～60％的过滤糖浆，将果浆可溶性固形物含量调至 14％～16％，用柠檬酸溶液调果浆可滴定酸含量至 0.37％～0.4％（以柠檬酸计），使果肉饮料中的原果酱含量在 40％～60％。先将蔗糖配成 60％的糖液，煮沸后用 100 目尼龙网过滤后使用。

⑦脱气　果汁调配后进行减压脱气，脱去果汁中的空气，防止灭菌和灌装时起泡，减少工序中的氧化作用，以免影响杀菌效果和外观。

⑧均质　生产混浊果汁时，为保持果汁有一定的混浊度，通过高压均质机均质，使饮料中的果肉颗粒进一步细化，增进其稳定性，特别是用透明玻璃瓶包装时，均质尤为重要。

⑨杀菌　将果汁加热至 93～96℃，保持 30 秒钟。趁热装入杀菌后的热玻璃瓶中，灌装温度不低于 75℃，立即封口，倒置，然后于 100℃沸水中杀菌 10～15 分钟，取出后分段冷却至 38℃。

3. 质量要求　果肉饮料是混浊饮料中的一种，要求原果浆含量不低于 40％，汁液混浊均匀，久置后允许稍有沉淀。黄桃做原料生产的果肉饮料应呈橙黄色或深黄色，白桃果肉饮料呈白色或黄白色。具有应有的风味，可溶性固形物含量 14％以上（按折光计），酸含量 0.37％以上（以柠檬酸计）。

三、桃脯

1. 工艺流程　原料选择→切半→去核→去皮→浸硫→糖渍→糖煮→烘干→整形→包装。

2. 技术要点

①原料选择　制脯用桃要求果实果肉纯白或纯黄，尽量少带红色，质地致密，核窝小，八成熟。剔除过青、过熟、病虫和伤烂果。按大小分级，用清水洗净。

②切半、去皮　果实用不锈钢刀沿缝合线剖开去除核后，制成桃碗，将桃碗面朝下，反扣在输送带上进行淋碱去皮，再用流动的清水和用1％的盐酸冲净表面残留的碱液，投入1％的食盐水中护色。

③配制浓度　为0.2％～0.3％的亚硫酸氢钠溶液，将果块浸入，泡1～2小时，使果肉变为洁白或浅黄白色。

④糖渍　配浓度为20％～30％的糖水煮沸，加入0.1％的亚硫酸氢钠、0.2％柠檬酸，将桃片浸渍12小时，捞出桃片，再于浓度40％的糖液中浸泡10小时，浸泡时间以桃碗吸糖达饱和度为度。

⑤糖煮　配制40％～50％的糖液煮沸。将浸渍过的桃片倒入煮沸，然后浇入浓度为50％的冷糖液少许，再煮沸，再加50％糖液少许。如此反复2～3次，至果面出现小裂纹时，分2～3次加干砂糖，加糖总量为锅中桃片量的1/3左右。时间约半小时，煮至肉透明即可捞出，沥干糖液。

⑥烘干、整形、包装　送入烘房，60～70℃烘20小时左右，烘至不黏手即可整形包装。

3. 质量要求　桃脯呈扁圆形，色泽浅黄色或乳黄色，半透明，形态丰满完整，块形均匀，无返砂结晶，不黏手，具有桃脯应有的风味和香味。含糖65％以内，含水分18％～21％，含硫不超过0.2％（以二氧化硫计）。

第十四章

桃树保护地栽培技术

桃树保护地栽培可使果实提早成熟，淡季上市，生产出反季节水果，从而获得较高的经济效益。近年来发展迅速，为振兴农村经济，农民增收，丰富市场供给，作出了重大贡献，成为发展高效农业的重要项目。

第一节　保护地栽培的模式和设施

一、保护地栽培的模式

桃树保护地栽培是在外界环境条件下不适宜桃树生长的季节，利用人为的特制设施（温室、大棚等），通过人工调控果树生长和发育的环境因子（包括光照、温度、水分、二氧化碳、土壤条件等）而生产鲜桃的一种特殊栽培方式。可分为促早、延迟、避雨三种模式。

1. 促早栽培　利用设施和管理，尽快使桃树进入休眠，或缩短休眠时间，再创造适宜于桃树生长、发育的光、热、水等环境条件，促其早发芽，早结果，早成熟，早上市。这是目前最常见的保护地栽培方式，品种以极早熟、早熟品种为主，在达到低温需冷量以后，即可扣棚升温，扣棚越早，成熟上市越早，可以从3月初上市，直到5月底都可以供应市场，此时正值鲜果淡季，有广大的市场份额。促早栽培，当年定植、当年成形、当年成花、次年丰产，并且在人工控制条件下，病虫害较轻，使用农药量较少，可以最大限度地减少污染，生产绿色果品。

2. 延迟栽培 通过遮荫、降温等措施延迟桃树发芽、开花、果实膨大，进而推迟果实成熟，或在早霜来临较早的地区，通过设施避开霜害，为果实发育创造适宜的条件，达到淡季上市的目的。适用于北方高纬度地区，品种以果实发育期120天以上的晚熟、极晚熟品种为主。主要方法是春季露地桃树萌动之前，采取遮荫降温、冰墙降温、空调降温、化学药剂处理等措施使桃树仍处于低温休眠状态，从而达到延迟发芽开花、延迟成熟的目的；或在桃果硬核后，通过适量降低温度，延长滞育期，拉长果实发育天数。

3. 避雨栽培 适用于南方多雨或海洋性气候地区，主要目的是避雨，提高桃果品质。桃树避雨栽培在我国台湾地区应用较多。台湾地区，每年冬春之际即进入雨季，从水蜜桃萌芽前的2月份覆膜到8月份果实成熟后除膜，隔离了全年75%的降雨量，对桃树生长危害极大的桃缩叶病和细菌性穿孔病几乎绝迹，这样，才能保证桃树的正常生长结果。

二、场地选择与规划

1. 场地选择

①地块具有足够长度，若地块东西长度不够，温室短小，会影响生产规模和效果。

②地形开阔，阳光充足，背风向阳，东、南、西三面无高大树木、建筑物等，避免遮荫。

③要避开风口、风道、河谷、山川等，最好的地形是北边有山或土坎作天然防风障，东西开阔。

④地势平坦，土层深厚、肥沃、气温变化平缓的地段，温室内的地面必须比外部的地面高或相平，土质疏松肥沃、排水畅通的沙质壤土为首选，要求无盐渍化和其他污染，地下水位低。

⑤有水源、电源，有良好的排灌设施。

⑥最好靠近居民区和公路，以便管理和运输。

⑦避开烟尘及有害气体污染。

2. 场地规划

①前后两排温室间距 一般以冬至前后前排温室不对后排温室构成明显遮光为准，保证后排温室在日照最短的季节里每天有4小时以上的光照时间。就是从上午10时至下午14时，前排温室不对后排温室造成遮光。前后排温室距离的计算方法为：前后距离（米）＝高度（米）×2＋1.3。

②长度 依据地块形状大小，确定温室长度和排列方式。一般东西两列温室间应留3～4米的作业道并可附设排灌沟渠。若在温室一侧修建工作间，再根据作业间宽度适当加大东西相邻两列温室的间距。东西向每隔3～4列温室设一条南北向交通干道，南北向每隔10排左右设一条东西向交通干道。干道宽5～8米，以便大型运输车辆通行。温室群附属建筑物的位置如水塔、锅炉房、仓库等应建在温室群的北面，以免遮光。

③防寒沟 在建设温室大棚当中，合理设置防寒沟非常重要，防寒沟应该在温室内的边沿设置，而且不仅仅只在南部边沿设置，温室的4个边沿都应该设置。其中温室南边沿的一条，应改建成储水蓄热防寒沟。方法是：在前沿开挖一条深50厘米、宽40厘米的东西向条沟，沟南紧靠温室的外沿，站立埋设一排深50厘米、厚2～3厘米的泡沫塑料板，如果没有塑料板，可用旧薄膜包裹碎干草代替。沟底铺设一层碎草，再用两层旧薄膜将沟底、沟沿全部覆盖严密，后在沟内铺设一条粗度直径为50厘米左右的塑料薄膜管（80厘米宽的双面塑料筒），其长度和温室长度相同。铺设好后，先把塑料管的一端开口用细绳缠紧，并垫高使其高于地面，再从另一端开口灌满井水，后将开口用细绳缠紧、垫高，不让开口向外漏水。其他3条边沿，各挖掘深40厘米、宽20厘米的窄沟，沟内填入碎草，草要填满、踏实，不必覆盖薄膜。

这样做的好处：一是沟内填入的碎干草能吸收设施内空气的

水蒸气，降低空气湿度，利于防治病害；二是比较全面的防止了土壤热量的向外传递，提高了土壤温度；三是沟内的碎草吸收水分后，会被土壤微生物分解发酵，既可释放热量，提高室内温度，又可释放二氧化碳，为叶片的光合作用提供原料，可显著提高室内果品产量。前沿的泡沫板能防止温室热量外传，具有良好的保温效果；塑料管内的井水，白天吸收和蓄积热量，夜晚释放热量稳定室温，改变了夜间温室沿部位温度偏低白天温度偏高的弊病，管内的井水还可用于灌溉室内作物，解决了冬季灌溉用水温度低，浇水后降低地温的难题。

三、保护地栽培的设施

1. 日光温室　方位一般要求座北朝南，东西延长。依据太阳辐射强度、光照时间、气候条件、经济实力等的不同，人们设计出不同结构的日光温室，目前主要有圆拱式和一斜一立式两大类。

半圆拱式温室　跨度 7~8 米，脊高 2.8~3.2 米，后坡长 1~1.7 米，仰角 30°~50°，后墙高 1.8~2.4 米，墙厚 50~100 厘米。因拱架取材不同，可分为钢架型、水泥型、竹木型。钢架型跨度可增加到 7~8 米，脊高增加到 3.2~3.5 米。

一斜一立式温室　跨度 6~8 米，脊高 2.8~3.5 米，后坡长 1.2~2 米，屋面角 23° 左右，后墙高 1.8~2.6 米。

2. 塑料大棚　棚内气温受外界环境温度变化的影响，明显要高于日光温室，所以建造时要周密考虑保温问题。方位以南北方向为宜。竹木结构跨度为 8~12 米，脊高 3 米左右；全钢结构跨度为 10~15 米，最宽不超过 18 米，长度以 50~80 米为宜，最长 100 米，复合及钢架结构脊高 3~3.5 米，连体钢架 3.5~4 米，肩高 1.2~1.5 米，高跨比为 0.25~0.4。

3. 连栋大棚　连栋大棚有从国外引进的，但成本太高，不易接受。也有国内生产的，如 4 连栋 GP - L832 型，长 45 米，宽32米，脊高4.5米，肩高2.5米，间距1米，4跨组成，每隔2单拱设1个多拱，5道立柱，跨间设天沟，12道纵梁，14道纵卡销，推拉门窗，摇杆卷膜，在两侧和顶棚放风。

4. 棚膜和覆盖材料　一般选用无滴PE膜和PVC膜，透光率、保温性、耐寒能力PE膜要强于PVC膜，吸尘性能、耐老化能力、密度、透湿性PE膜要弱于PVC膜。覆盖材料主要用于温室夜间保温，常见的有草苫、草帘、纸被、棉被、无纺布等。

第二节　保护地栽培技术

一、选择适宜的品种

1. 原则　桃树保护地促早栽培对主栽品种的选择应遵循以下原则：

①果实发育期短，休眠期短，升温至盛花期短；

②果实综合性状优，要选择果大、味浓、色艳、耐运、丰产综合性状优良的品种，但不同地区根据气候、市场、习惯不同有所侧重，注意品种的多样化。

③对弱光、多湿、变温适应性强，自花授粉能力强，设施内光照弱，湿度大，因此必须选择与此适宜的耐弱光、耐高湿品种。

④树势中庸或树形紧凑。延迟栽培要选择极晚熟、果个大、品质优、耐贮运、丰产性好的品种。

⑤自花授粉能力强，日光温室或塑料棚栽培几乎没有昆虫传粉，棚内相对湿度较大，要尽可能选择花粉量大，自花授粉坐果率高的品种，并注意配好授粉树。授粉品种最好与主栽品种需冷量相同或略少，花粉量大。

⑥在密植情况下，采后要进行一次重剪，修剪量大，新梢当年抽生、当年成花。因此还要选择耐剪性强，成花容易的品种。

2. 适宜促早栽培的优良品种

①油桃品种 华光、曙光、艳光、瑞光、早红宝石、中油 4 号、中油 5 号、中油 10 号、中油 11 号、中油 13 号等。

②水蜜桃品种 千姬、春艳、日川白凤、早凤王、安农水蜜、沙红桃、春雪等。

③蟠桃品种 早露蟠桃、早硕蜜、早黄蟠桃、新红早蟠桃等。

3. 适宜延迟栽培的优良品种 中华寿桃、青州蜜桃等。

二、栽植技术

1. 栽植时间 保护地栽植桃树分为春季栽植和秋季栽植。目前，生产上多采用春季栽植，春季栽植苗木易成活，实现当年种植、当年成花、当年扣棚，次年采收的生产目标。

2. 栽植技术 选择一年生，芽体饱满，枝条健壮，根、茎、芽无病虫害，根系发达的桃苗进行栽植。在温室内南北向按确定的株行距挖定植沟，沟的规格为深、宽各 60 厘米，沟长以温室宽度为准。可采取隔行挖的方式，一行挖完填好后再挖另一行，由于栽培密度大，需肥多，因此在挖定植沟的同时，要进行土壤改良。挖沟时将生土熟土分开放置，熟土（也就是表土）放在沟的一侧，生土（也就是底土）放在沟的另一侧，沟挖好后先将挖出的熟土填入沟底。然后将生土与腐熟的优质鸡、羊、猪粪和其他有机肥按 1∶1 的比例拌匀填入沟上层，填至与地表相平，即一个 500 米^{2}左右的温室施入有机肥 6 000 千克。随后浇透水使沟土沉实，5 天以后进行苗木定植。在定植的同时，必须准备一定量的预备苗。预备苗可栽在编织袋、花盆等容器中，同样加强肥水管理。

3. 栽植密度

①高密度的栽植方式，可以用 1 米×1.5 米、1.5 米×2 米、2 米×3 米，当树体长大，树冠郁闭时，逐年间伐，首先采用隔株间伐，树冠摆布不开时再隔行间伐。日光温室第一行距前棚脚

1米，北边第一株距后墙、边行距东西山墙1.5米。

②中密度的栽植方式，可用2～3米×3～6米，树体长大后仍需间伐。

③起垄栽培，用表层土和中层土堆积成垄，垄高40～50厘米，一般不低于20厘米，宽50～80厘米，起垄时土壤中添加30%农家肥。将桃树栽在垄上，然后在垄中央铺设滴灌设备，并用地膜覆盖。

4. 配置授粉树 桃树大多数品种是自花授粉，自花结实，按理讲可以不需配置授粉树，但是保护地不同于露地，有的品种露地栽培自花结实率较高，而保护地栽培，自花结实率便大大下降，所以栽植时要选用自花授粉结实率高的品种。配置适当的授粉树，更能够有效地提高坐果率，可以选择与主栽品种花期相遇、花粉量大、亲合力好，经济效益较高的品种作为授粉树，栽植比例为1：4～5。

5. 肥水管理

①对黏重或砂性较强的土壤掺沙或掺黏土改良，打破地下不透水的黏板层和淤泥层。改良的重点是增施有机肥，结合土壤深翻，每667米^{2}施入优质腐熟厩肥6 000～8 000千克或腐熟鸡粪3 000～4 000千克，有机肥所含养分全面、比例合理，更重要的是能改善土壤结构，促进土壤团粒结构的形成，形成协调的水肥气热环境，有利于果树根系、尤其是吸收根发生，并且大量使用有机肥能增强土壤的缓冲能力，预防土壤盐渍化的发生。

②定植当年在施足基肥的基础上，秋季不再施用有机肥，但已结果树，应于9月中旬至10月中旬施1次有机肥和复合肥，施用量为每亩腐熟鸡粪1 000千克或厩肥2 000～3 000千克、硫酸钾复合肥65千克。扣棚前20～30天浇透水，全园覆盖地膜。

③"前促后控"是桃树当年定植、当年扣棚、当年丰产的技术关键。"前促"即前期促长，7月15日以前一切管理措施均以

促进营养生长、迅速扩大树冠为目的；"后控"即后期促花，7月15日以后一切管理措施均以控制树势、促进花芽分化为目的。

④新梢长至15～20厘米时，开始追施速效肥料，地下追肥和叶面喷肥交替进行，地下追肥通常每株施40～50克尿素，叶面喷肥为0.3％尿素和0.4％～0.5％磷酸二氢钾，每10～15天追施1次，连续2～3次，追肥时结合浇水，此外视土壤水分状况浇水；7月中旬以后，停止地下追肥，每10天喷1次0.3％磷酸二氢钾，连续2～3次，如土壤墒情好，一般不浇水，雨季注意排水。

⑤为缓解新梢生长与果实发育之间养分竞争，应视植株营养状况及时进行叶面喷肥和地下追肥。花后2周叶幕形成后，开始叶面喷施0.2％尿素和0.2％磷酸二氢钾，10～15天1次，连喷2～3次。果实膨大初期和硬核期地下追肥各1次，每株可追尿素30克、磷酸二氢钾30克，结合追肥可浇小水，其他时间视墒情浇水，切忌大水漫灌。

⑥保护地栽培桃树，在相对密闭的状态下，二氧化碳浓度经常不足，不利于桃树的正常光合作用，从而影响产量。补充二氧化碳使之在棚内浓度达到或高于自然状况，称为施"气肥"。主要措施是施用固体二氧化碳肥，于桃树开花前5天施用，每亩施40千克，能使棚内二氧化碳浓度达到1 000毫升/米^3，施后6天产气，有效期90天，高效期40～60天；使用二氧化碳发生器、多施有机肥、及时通风换气等都可以增加棚内二氧化碳浓度。也可在棚内设置生物秸秆反应堆补充二氧化碳。

⑦保护地桃树栽培最好选用滴灌，如果条件不具备，在水分管理上，要注意不要浇水过多，否则容易降低棚内温度，并且空气湿度过大，易发生病虫害。一般采收前20～30天应停止灌水，以免降低果实品质。

6. 整形与修剪

①设施桃树的树形必须具有成形快、树冠矮小、紧凑，有效

结果枝多和骨干枝少的特点，树形宜采用适合密植和管理的树形，开采用主干形和二主枝开心形（树形特点见本书第十一章），二主枝开心形常用于温室的南端或用于大棚稀植，也可应用"一边倒树形"，干高30～40厘米，南低北高，树高2.1米，留垂直干50厘米，其余干1.7米向西拉成45度角，削弱了树的顶端优势，单干延伸，把干上面直立枝改变方向，结果枝改为平斜型，像鱼刺一样，密植、矮化，树势中庸，易结果，产量高，品质好，适合温室密植生产。

②冬剪时一般采取"以疏为主，短截为辅，强者长留，弱者短留"的修剪原则，充分发挥每个枝的结果能力，增加整体的产量。扣棚升温前修剪重点是疏除扰乱树形的大枝，进一步调整好主枝角度，采用长枝修剪法尽量多留枝，疏除或拉平背上中长果枝，长放中、长果枝，短截下垂果枝，疏除无花枝、病虫枝、过密枝、重叠枝。修剪后的树，无论是枝组的分枝还是枝组的延长枝均为结果枝，并且延长枝通过轻剪或长放，可增加第二年枝头的结果量，抑制树体的快速生长，达到以果控冠的目的。

③萌芽后及时抹去背上芽，注意防止新梢密集徒长，及时抹去位置不当过密的萌芽，新梢长到20厘米时反复摘心控制旺长，新梢长至15～20厘米时多次摘心。盛花后10天结合对新梢摘心，喷布15%PP$_{333}$300倍液，有利于缓解桃树新梢生长与果实发育之间对养分的竞争，能提高坐果率、增大果个。

④采果后在结果枝基部留2～3个芽重短截，疏去大型结果枝组，并保留30厘米左右的新梢2～3个。根据品种特性，采取两种方法回缩修剪，即采果后重打顶和采后分段更新，中油4号、中油6号、美脆等品种萌芽力、分枝力强，可采果后一次性回缩，超红等品种，萌芽力、分枝力稍差，可明确保留枝组，将多余枝组逐步回缩。更新修剪后极易发生上强现象，导致结果部位外移，应及时疏除上强部位的竞争枝、过密枝，使延长枝呈单轴延伸。

第三节　设施栽培调控技术

一、打破休眠的技术措施

桃树休眠处于一个相对静止的状态，但在休眠过程中，树体内部仍然进行着一系列的生理生化活动，如激素的转化、芽的分化等，所以休眠需要一定的气候条件和时间进度。

1. 需冷量　一般是指桃树休眠期对低温的需要量，常以0～7.2℃的低温积累以小时数表示。树种不同、品种不同，其需冷量不同，我国桃品种的需冷量集中分布在750～950小时之间；不同生态型桃需冷量地方品种的分布为华北生态区1 000～1 200小时，长江流域区800～900小时，西北高旱区700～800小时，云贵高原区550～650小时，华南亚热带区400小时以下（油桃不同品种的需冷量见表14-1）。桃树的需冷量（0～7.2℃低温累计时数）为400～1 200小时，如果需冷量不足就扣棚升温，会造成桃树不能正常萌芽开花，甚至引起花蕾脱落，花期不整齐，授粉受精不良，从而影响产量。

表14-1　油桃不同品种的需冷量及果实发育期对比（张中社等）

品种	需冷量（小时）	果实发育期（天）	品种	需冷量（小时）	果实发育期（天）
旭日	250～300	60～63	东方红	600～650	45～50
朝阳	300～350	74	千年红	650	55
中油5号	300～400	70	早红霞	700	65
早红2号	500	92	华光	700	60
春艳	520	65	曙光	720	60～65
五月火	550	56	早红珠	750	65
早美光	600	72	阿姆肯	800	80
丽春	600	55	瑞光5号	800～850	85

2. 需冷量不足的后果

①发芽晚，发芽慢。

②花芽膨大后一部分干枯脱落（枯花芽多），需冷量严重不足时，大量落花芽。

③开花不整齐，先开花和后开花拉的时间很长。

④坐果率低、果实成熟不一致。

⑤有时会出现先叶后花现象。

3. 需冷量的测定

①插枝法　秋季桃树自然落叶以后，每隔一定的时间（一般为7~10天），从田间生长正常的树体上剪取长势健壮的长果枝30厘米左右，然后基部插在温室的水瓶中；水瓶中的水每3天换清水一次，同时将枝条基部剪出新茬，以便枝条吸水；温室的温度保持在昼/夜20~25℃/10~15℃，光照2 000勒克斯，湿度60%~80%；21天后统计桃芽萌芽率，当萌芽率大于50%时，说明品种的需冷量已经得到满足，那么，计算采样时田间有效低温的累积值既为该品种的需冷量。此方法麻烦，不易操作，但可以掌握田间有效低温的累积情况，便于控制掌握保护地栽培的扣棚时间。

②对照品种法　利用一系列的对照品种，测定品种的需冷量，在国外普遍应用。推荐的对照品种有：热带美（Tropicbeauty）150小时，玛利维拉（Marivilha）250小时，福罗里达王（Flordaking）400小时，早红2号（Early Red Two）500小时，五月火（Mayfire）550小时，春时（Springtime）650小时，红皮（Redskin）750小时，艾尔巴特（Elberta）850小时，红港（Redhaven）950小时，六月白1 000小时，青州蜜桃1 050小时，肥城桃1 150小时，深州蜜桃1 200小时。具体方法为从田间每隔7天采样一次，同时采对照品种（方法同插枝法），在温室中21天后，比较所测定的品种与对照品种的萌芽率则可知测定品种的需冷量。此方法简单又易于掌握，准确率高，测定的

数据具有与其他品种的可比性。

4. 打破休眠的方法　桃在通过休眠时，不同温度打破休眠的效应不同，温度在 2.5～9.1℃打破休眠的效果最好。

①低温处理　在进行容器栽培时，如花盆栽植，在落叶前提早把花盆移植到冷库中。开始温度比外界略低，以后逐渐下降，以 5～6℃效果最好。低温处理在以色列、意大利等国都有应用。我国目前多用于盆栽观赏桃，使其尽早满足休眠，春节时开花，也可以用于盆栽桃果春节成熟。

②干旱、遮阴　秋后干旱控水，促使休眠期提早。9～10 月份一般雨水少，桃树处在相对干旱的条件下，这时人为捋掉叶片，立即扣棚，或先扣棚后捋叶。草苫起到挡光、降温、隔热的作用。前期白天放苫遮光，晚间收苫放风，中后期温度较低时，草苫昼夜放下，白天降温，夜间保温，使棚内温度维持在 5～6℃左右，尽可能创造 0～7.2℃低温环境，约 30～45 天就可满足桃树的需冷量。在北纬 35°偏北地区，10 月上旬可进行此项工作，北纬 40°地区 9 月中旬即可进行，但一年生未结过果的树，不宜提前太早。

③增大日夜温差，促进落叶　增大白天和夜间棚温的差异，也能促进早落叶。成规模的大棚桃，可以用冷气来降温。有的采用制冷钢管装配成的活动冷管来降温，降温落叶后再移植另一棚中。温室降温后，将叶片捋掉，进入休眠。注意捋叶后用遮阳网或草苫遮光降温，防止温度回升，引起二次开花。

④摘叶方法，人为掉落叶片降低脱落酸　不能等叶片完全掉落，要人为把它掉落，尽量让叶片回留的脱落酸含量减少，一张叶片产生的脱落酸，它在掉落之前会把脱落酸回留到芽上再凋落，这个芽脱落酸就会提高，尽量让回留的脱落酸含量低些，那样打破休眠的时间会缩短。可能原来要 600 个小时，人为打落之后变成了 400 个小时，也能够提前打破休眠。而摘叶过早，花芽分化不完全，即使能开花，也不能结果或开花时温度过高。

⑤化学药剂处理　植物休眠终止剂（破眠剂）、石灰氮（氰氨）处理解除休眠，可替代低温的生物学效应。石灰氮溶液配制方法：石灰氮缓缓倒入70℃以上热水中，立即搅拌，容器加盖，浸泡2小时以上，自然冷却后即可使用。不宜用冷水。

二、保护地的温度调控技术

1. 管理指标　设施内的温度管理是桃保护地栽培的关键，按桃树生产发育要求，进行分阶段温度管理至关重要，防止高温和低温或忽高忽低的温度变化对生产的损害（设施桃各生育期温湿度管理指标见表14-2）。温度管理有3个关键时期，即扣棚后的升温过程、花期、果实膨大期。扣棚后升温过快，容易导致桃树地下部和地上部生长不协调，开花后大量落花落果，升温慢则萌芽晚，果实成熟晚，影响经济效益。催芽期要求最高气温28℃，最低0℃。一般地从升温到开花如果处理天数低于30天，说明温度过高。

表14-2　设施桃各生育期温湿度管理指标

生育期	白天温度（℃）	夜间温度（℃）	相对湿度（％）
萌芽期	13～25	5～10	60～80
开花期	18～21	5～10	50～60
幼果期	22～23	8～10	60
硬核期及果实膨大期	24～27	10～15	60
着色期至采收前	24～27	10～15	60

2. 扣棚初期的温度调节

①扣棚　桃树需冷量满足以后，即可以升温解除休眠了。确定适宜的扣棚时期，除了需冷量是需要考虑的因素外，还要考虑设施条件的好坏、保温性能的强弱、加温条件和市场需求情况等因素。加温温室扣棚时间为12月中下旬，日光温室为1月初，塑料大棚为2月初。如果扣棚后升温过快，气温、地温不协调，

根系生长滞后于枝梢生长，则会影响树体的生长发育。如果升温过高、过快，会导致物候期进程加快，不能形成正常花粉粒，花粉减少或无花粉，生活力降低，花小，柱头、子房发育不完全，坐果率低，开花不齐，花期长，"花而不实"，先长叶，后开花（当日平均气温达15℃以上，果实已接近成熟时揭棚。揭棚应结合采果前的开窗放气来进行，要逐步放大通风窗，经3～5天放风锻炼，以增强桃树对外界环境的适应能力，再经过2～3天完全揭膜）。

②第一阶段　白天拉起1/3的草帘，掀起部分草苫前沿，棚内透过少量日光进行升温，白天保持13～15℃，夜间5～10℃，不低于0℃，持续7～10天。

③第二阶段　白天拉起2/3的草帘，全部掀起草苫前沿，室温保持在白天16～18℃，夜间7～10℃，持续5～7天。

④第三阶段　白天拉起全部草帘，经常打开天窗或后窗排湿、降温，保持白天20～25℃，夜间7～10℃，整个过程持续20天左右。

3. 花期温度的调控　一般要求白天气温保持在18～20℃，不高于25℃，如果超过22℃就要放风降温，夜间保持在8～10℃，不低于5℃。晴天上午10点一般就可以达到这个温度，所以要及时放风，此时不能放底风，否则"扫地风"易伤害花和嫩叶，傍晚要放草帘保温。连阴天时，要揭起草帘接受散射光，注意照明补充光源。温度低时，用炉灶、热风机等加温。

4. 果实发育期温度调控　白天气温保持在22～24℃，夜间10～15℃，落花期到硬核期要求最高气温25℃，最低气温10℃，果实膨大期到着色期最高气温为25～27℃，最低气温为10～15℃，采收期最高气温30℃，最低气温10～15℃。这段时间最高气温很容易"超标"，要特别注意放风降温。

5. 温度调控方法

①保温　升温后至幼果期保温是关键，要求温室或大棚设施

设计合理，保温性能强，阳面保温材料可选用双层草帘或一层草帘加一层纸被，温室门增加草帘，提高保温效果。

②加温　炉火（火墙）加温、电暖器加温、电热线加温或遇特殊天气采用燃火临时性加温，最好用木炭作燃料，以免煤烟对果树和人造成伤害（应注意一氧化碳等有毒气体的危害）。也可用热水袋加温（白天在果树大棚内放置水袋，白天能吸收太阳光能，并转化为热能贮存起来，在夜间棚室降温时，逐渐释放热能，从而提高大棚温度）。

③升温　每天根据天气情况，日光温室在外界气温低于－10℃时，在日出后半小时至1小时揭草帘，日落前半小时放草帘；外界气温0℃时，日出时揭草帘，日落时放草帘；外界气温5～10℃时，日出前半小时揭草帘，日落后半小时放草帘；外界气温10℃以上时，停止盖草帘。

④降温　通常采用通风换气、遮阳、喷雾等降温方法，温度过高时也可采用在两幅棚膜间"扒缝"通风降温，一般在上午10：00打开通风口或"扒缝"通风，下午3：00以后封闭通风口保温。

6. 土壤温度　土壤温度在0℃以上根系能顺利吸收并同化N素，15～20℃是桃根系生长的最适宜温度，设施栽培扣膜前20～30天覆盖地膜提高地温。

三、保护地的湿度调控技术

1. 调控指标　一般初始升温期空气湿度保持在75%～85%，萌芽期70%～80%，开花期50%～60%，以后小于60%。土壤水分保持田间持水量60%～80%。

2. 调控方法

①改善灌溉方式　实施滴灌或膜下暗灌，避免大水漫灌，灌水或喷药要选择晴天进行，并需要及时通风排湿。

②全面积覆盖地膜　覆膜后，土壤水分蒸发受到抑制，其空

气的相对湿度一般比不覆盖的下降 10～15 个百分点。

③通风换气　此方法是大棚等设施降低湿度最基本、最有效的方法。

④人工吸湿　如果大棚内湿度过大，可在地面撒一些草木灰或干细土，还可在棚内放若干堆生石灰，以利吸湿，降低棚内湿度。

四、保护地栽培中的光照调控

设施桃如光照不足，会导致花芽分化不好、开花不良、影响授粉受精效果、坐果率相应降低、果实着色不良、品质下降、产量降低等不良后果。

1. 改进设施条件　更新改造简陋的设施，发展无柱钢骨架结构大棚，减少骨架遮阴，适当增加脊高，达到合理采光屋面角，提高采光效果和保温性能，安装自动卷帘机，缩短卷放帘时间，延长光照。及时揭盖草苫应做到早揭晚盖，尽量延长桃植株的光照时间，原则上以揭开草苫后室内温度短时间下降 1～2℃，随后温度即回升比较合适。

2. 选用优质棚膜　用透光率高的无滴膜，其透光率比有滴膜提高近 20%，棚温也高出 2～4℃，早上色 3～5 天，颜色更亮泽。

3. 擦洗棚膜　每隔 15～20 天擦洗棚膜一次，及时清洗膜上的尘埃和草苫碎屑，保持棚膜的透光效果，采收前外界温度较高时，及时撤除棚膜，使果实接受自然光，更有利于着色。

4. 地膜覆盖及膜下滴灌　地膜覆盖及膜下滴灌可减少土壤水分蒸发，降低空气湿度，油桃树也可得到充分的水分供应，果实发育良好、病害轻、果实质量高。地膜反光也可以使下部枝叶和果实得到散射光，有利于着色和风味的提高。

5. 挂反光幕、地面铺反光膜　日光温室后墙张挂反光幕，

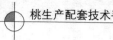

可以反射照射在墙体上的光线，增加光照 25％ 左右。地面铺反光膜可以反射下部的直射光，有利于树冠中、下部叶片的光合作用，增加光合产物，提高果实质量。

6. 雨雪雾天补充光照　阴天散射光也有增光、增温作用，也要揭苫见光，在阴天持续时间超过 3～4 天时要补充光照，可采用碘钨灯、灯泡照明，一般日光温室每亩可均匀挂上 1 000 瓦碘钨灯 6～8 个，100 瓦灯泡 15～20 个进行辅助补光。

7. 合理整形修剪　采用疏、拉等方法，改善群体光照和树冠下部光照。

第四节　保护地栽培的花果管理技术

一、设施栽培桃落花落果原因及防止措施

1. 落花落果原因

①授粉受精不良　桃虽然自花授粉能力强，但异花授粉坐果率高、果实品质好，如果授粉树配置不合理或花粉不足，加之易受低温、高温及蚜虫、金龟子、花腐病等危害，导致授粉受精和幼果发育不良，造成谢花后 1～4 周内花和幼果的大量脱落；同时如果人工授粉或蜂类授粉不及时，也会出现授粉受精不良，造成严重落花落果。

②升温过早　日光温室栽培桃必须满足其需冷量，打破休眠，才能正常生长发育。但是有的栽培者为了提早上市，在未打破休眠的情况下，过早扣棚升温，导致温室栽培桃生长不正常，发芽迟，萌芽开花不整齐，花器畸形坐果率低，或花不开放，甚至花蕾枯死脱落。

③升温过快　设施栽培条件下，若温度管理不当也会造成大量落花落果。温度管理中存在的问题主要有以下几方面：一是扣棚后升温速度过快，在桃萌芽开花过程中，如升温过快，会破坏激素和营养平衡，造成树体生长异常，有时出现先叶后

花或花未开雌蕊伸出以及性细胞发育不良；二是气温过高，地温过低，保护地栽培桃升温过程中，一般气温上升较快，地温上升较慢，引起树体生长失调，也易出现落花落果；三是昼温过高，夜温过低，树体难以适应过大的昼夜温差，易引起落花和坐果不良。

④湿度过高　花期空气湿度过高，不利于花粉的传播，即使配置了足够的授粉树和采用人工授粉技术，也会因授粉受精不良而落花。另外桃根系呼吸旺盛，需氧量大，而温室密闭，加之地面覆膜，土壤湿度较高、通气性差，引起根系严重缺氧，抑制了养分和水分的吸收，造成大量落花。

⑤肥害　温室栽培条件下，因肥害引起的落花落果主要有：一是施用未腐熟的鸡粪、圈粪或过量使用碳酸氢铵等，都会释放出大量的氨气，当氨气在棚室内积累到一定程度，则会造成植株中毒，引起落花落果；二是一次施肥量过大，施肥过于集中，使局部肥料浓度过高而引起烧根；三是施用劣质化肥，引起根系受害；四是叶面喷肥浓度过高，造成肥害。

⑥营养失调　花期大量施肥灌水，大量施用速效化肥，造成新梢旺长，使花和幼果获得营养偏少，引起落花落果；花期灌水降低了土温，影响根系对养分的吸收和正常运转，不利于开花座果。幼果膨大期水分过高，会造成枝条旺长，与果实争夺营养而引起落果。

⑦负载不合理　疏果不严，负载量大，不按树体结构、枝条种类、果实大小等合理疏果定果。疏果时间较晚，甚至延至生理落果期，留果量大，营养分配不合理，激素不平衡，造成果实个小、色差，影响当年果实质量和来年花芽分化。

⑧修剪不当　修剪不当造成树冠郁闭，只重视冬剪而轻视夏剪，修剪方法不当，冬季对骨干枝剪截很重，夏季又盲目摘心，见梢打头，导致骨干枝背上的徒长枝多、新梢分枝多，冠内通风透光条件差。

2. 防止落花落果的措施

①花期辅助授粉　温室栽培桃，必须进行花期人工辅助授粉或放蜂，以减少落花，提高坐果率。人工辅助授盼可采取人点授、鸡毛掸滚授等方法均能显著提高坐果率。花期喷0.3%硼砂溶液或开花前后喷硕丰"481"500倍液，提高授粉受精及花和幼果抗御晚霜冻能力。

②加强温度管理　扣棚后升温速度不能过快，一般掌握每天升温2~3℃，15天左右将温度升至白天24℃左右，夜间10~15℃。花期白天20~23℃，不超过25℃。为了降低花期棚室内的相对湿度加大通风量，白天也可把温度降至18~20℃，但夜间必须保持8℃以上。萌芽至花后温度管理的关键是防止白天温度过高、夜间温度过低。因此，白天要注意通风降温，夜间注意保温。夜间保温除建造棚室时要设置良好的隔热结构外，还可将草帘用塑料薄膜包被，防止草帘被雨、雪、露淋湿。据试验，用干草帘覆盖的比用同规格湿草帘覆盖的棚室温度高3~5℃。

③重视地温　特别要防止气温过高、地温过低而引起地上与地下部生长失调。

④严格控制湿度　花期保持棚室内空气相对湿度50%~60%，为降低花期空气湿度，在保证温度的前提下，要尽量加强通风。如果温室内温度过低，无法通风时，可在棚室内散放生石灰、草木灰、煤渣等吸湿。温室桃棚内的土壤相对湿度保持在60%~70%为宜。要防止湿度过大，降低土壤的通气性。一般在扣棚前适量浇1次水，待地皮见干，进行划锄后再覆盖地膜。其后如果土壤干燥，需要补水时，最好采用滴灌或穴灌，防止大水漫灌，以免造成土壤湿度过大，降低通气性。

⑤科学合理施肥　要以充分腐熟的优质有机肥为主，减少化肥的施用量，尽量少施或不施碳酸氢铵。施肥时，要开沟施入并立即覆土，以免氨气挥发引起中毒。另外，化肥的施用要少量多次、分散施入。

⑥严格疏花疏果　对自花结实率高的品种，应及时疏花疏果，越早越好，对无花粉或自花结实率低的品种，不疏花只疏果，疏果应在花后 2 周内结束。

⑦合理修剪　推行长放修剪改变传统的短截或摘心的修剪手法，夏剪时疏除过密枝梢和徒长枝，尤其对树冠内膛多年生骨干枝上由潜伏芽或不定芽抽生出的大量萌蘖枝，留 10～15 厘米摘心或剪梢，既利于内膛枝组的更新复壮，又不影响通风透光和果面着色。

二、授粉

保护地栽培桃树，花粉生活力低，由于棚内无风，空气不流动，影响花粉的散发，为提高果实坐果率，在合理配置授粉树的前提下，应辅以人工授粉，或放蜜蜂、壁蜂授粉。辅助授粉已成为保护地桃树丰产的关键措施。

①人工授粉　方法主要有人工点授法和鸡毛掸滚授法。人工点授法是用毛笔、毛刷或香烟过滤嘴在不同株间直接采开放的花粉点授到柱头，或大蕾期采集花粉，盛花期人工点授。授粉时间，一般是从上午 10 时后到下午 3 时。鸡毛掸滚授法是选用柔软的长鸡毛扎一个长 40～50 厘米的大鸡毛掸子（普通鸡毛掸短，采授粉效果不好），再根据桃树的高度取适当长短的竹竿加一个长把，采授粉工具即制成。开花后用鸡毛掸子在授粉品种树上轻轻滚动，沾满花粉后再到要授粉的品种上轻轻滚动抖落花粉，即可达到授粉的目的。此方法工效较高。为了提高坐果率，人工授粉一定要及时并要反复进行几次。

②昆虫授粉　人工授粉费工费时，在人力不足时，可以采用蜜蜂或壁蜂授粉。

蜜蜂授粉　在温室的密闭条件下，蜜蜂的活动受到限制，蜜蜂耐湿性差，趋光性强，会经常向上飞，爬到薄膜上，不采花朵，死亡很多，所以用量要比露地多些，一般一亩左右温室每栋放两箱蜂，花前 3～5 天将蜂箱放入温室中，待盛花期蜂群大量活动，即可以授粉。注意在蜜蜂活动期间，放风口要用纱布封闭，防止蜜蜂飞出室外冻死。蜜蜂授粉期间尽量不要使用农药。

壁蜂授粉　首先要做好蜂巢，用芦苇每节剪成一头空 15～17 厘米的管，每 50 支捆成 1 捆，每个蜂巢需 6 捆，管口染成不同颜色，便于壁蜂识别，管口向外，装进前后长 30 厘米、宽 16 厘米的硬纸箱内，制成巢箱，为壁蜂营造成自然蜂巢的感觉。将蜂巢固定在温室北面的墙上，距离地面 1.7 米左右，并在巢箱前放置湿润的泥土供壁蜂衔泥筑巢用。放蜂时间为预计开花前 8～10 天，投放量为 400 头/亩，完成后将蜂茧放在一个扁长方形纸盒内（盒前壁留 3 个圆孔以便蜂脱壳而出），放在巢箱上面。如果花期早，壁蜂没有经过足够的低温休眠，那就需要人工帮助破茧。为补充桃树开花前后的粉源，可以通过间作草莓实现。花谢后 5～7 天，将巢管收回，放入尼龙纱袋内，放在清洁通风室内保存，以便幼蜂在茧内形成安全休眠，来年再用。

三、疏花疏果

疏花疏果是提高坐果率和果品质量的重要措施。为了避免树体营养消耗过多，果实变小，品质变差，必须适时适量地疏果，通过疏果达到果树合理负载，提高果树品质的目的。桃的疏花疏果，在生产上，一般采用人工。疏花时间从花蕾露红开始，直到盛花期（或末花）为止。疏掉小蕾、小花，留大蕾、大花，疏掉后开的花，留下先开的花，疏掉畸形花，留正常花，疏掉丛蕾、丛花，留双蕾、双花、单花。

保护地桃树栽培由于树体矮小，营养积累少，结果量要适度。花前要复剪，花后要及时疏除晚花弱花。疏果一般分三次进行，第一次在开花后 15 天，主要疏除并生果、畸形果、小果、黄萎果、病虫果。第二次疏果在能分辨出大小果时。在硬核前最后定果，小果型品种（5～6 个果/500 克）每 2 个未停止生长的新梢留 3 个果；中大型果（3～4 个果/500 克）每 3 个未停止生长的新梢留 2 个果。疏

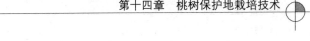

果可按先疏上部、内部，再疏下部、外部的顺序进行。

四、提高果实品质技术措施

1. 科学修剪，控制新梢徒长　扣棚后及时除去砧木萌芽、背上旺长芽和位置不合理的萌芽；每个骨干枝留一个新梢为延长枝；直立生长的果台副梢，长出 10 片大叶片时，就摘心控制旺长，以后连续摘心和抹除萌芽，使其成为盲枝；对背上旺长新梢直接疏除，密生新梢适当间疏除；花后及时疏除无果枝；采前 4～6 周回缩过旺结果枝，果台梢前只留一个新梢，其余疏掉。可短截部分较长新梢；采果揭膜后，部分平斜中庸的新梢不剪，其他新梢留 2～3 片大叶全部重短截，发副梢后促形成花芽；背上直立旺梢、密生梢、外围竞争枝、多年生弱枝，可疏除。冬季修剪时主要疏除旺长枝、直立枝、结果后的衰弱枝、过密枝，使结果枝分布均匀。无论那种树形的树，树体上部和外围枝条数量，必须加以控制。

2. 合理应用植物生长调节剂　谢花后新梢生长期，喷布 15％多效唑 150～200 倍液，或在花前和花后喷布 PBO 粉剂 150 倍液，对控制营养生长，提高坐果率有明显效果，并使树体的同化养分更多地向果实分配，促进幼果膨大。或花期喷布 0.3％硼砂＋0.3％尿素来提高坐果率。

3. 果实套袋　套袋可使果面更加整洁光亮，在硬核后用白纸、黄纸袋将果实套上，成熟前 1 周去袋，果实即整洁鲜艳，同时能起到预防裂果的作用。

4. 吊枝、拉枝　果实开始着色后，阳面己部分上色，将结果枝或结果枝组吊起，使原背阴面也能见到直射光。把原生长位置的大枝，上下、左右轻拉，改变原光照范围，使冠内、冠下果实都能着色。

5. 着色前修剪与摘叶　在果实近成熟前 10～15 天，对影响果实着色的新梢进行短截或疏除，将挡光的叶片少量摘去，使果实全面着色。

6. 挂反光膜和铺反光膜 利用镀铝膜反射温室后墙的太阳光，能增加北侧树体光照。在开花后就可张挂，有利于光合作用。特别在果实发育期，对果实膨大和着色有很好的作用。果实着色期，地下铺反光膜有利于果实着色。

7. 人工补光 设施内日照时间以 12 月和 1 月份最短，为 6～8 小时，5～6 月份最长，为 11～13 小时。棚中光照常因覆盖物导致光照减弱，约为露地自然条件下的 60%～70%。光照时间短和光质弱是造成棚中果树叶片大而薄、光合性能差、群体光照恶化的主要限制因素，生产上可采用白炽灯、日光灯、水银灯或氖灯等，悬挂在设施内中部 1.5～2.5 米高，灯头要安装向下反射的灯罩，冬季晴天早晚各开灯补光 3～4 个小时，阴雨雪天白天也要补光。

8. CO_2 施肥 设施内外 CO_2 浓度不同时间变化较大，扣棚后至花期后 10 天左右棚内外 CO_2 浓度差别不大；自树体叶片转色后，棚内 CO_2 浓度一般低于棚外，一天内变化较大：日出前高达 420 毫升/米^3，9～13 时，降至 180～210 毫升/米^3，下午又有所回升。棚内增施 CO_2 可提高光合作用强度，一般认为棚内 CO_2 浓度达棚外（340 毫升/米^3）3 倍时，光合强度亦提高至原来的 2 倍以上，而且在弱光下效果明显。设施内 CO_2 的调控可通过棚内燃烧油料、施 CO_2 肥料和增施有机肥等方法进行，也可通过秸秆反应堆技术来增施 CO_2 肥料。

9. 注意防止裂果和畸形果 特别是油桃易发生裂果，幼果期要均衡用水，使土壤保持湿润状态，宜采用滴灌或膜下灌等技术，杜绝大水漫灌，适当增施钾肥，并要通过合理修剪、通风换气等措施，保持设施内空气湿度适宜；要注意防治各种病虫害，特别是疮痂病严重时造成果皮厚薄不一易导致裂果；结合疏花疏果，及时疏除畸形花果、小果、病虫果。

10. 果面贴字 在果实着色前将事先准备好的"福、禄、寿、喜"、"幸、福、吉、祥"、"恭、喜、发、财"等字样贴在果实上，增加果品创意元素，可提高商品价值。

五、适时采收

保护地桃树栽培由于果实的品质不如露地栽培时好，因此一定不能早采。要根据果实的发育期以及果实的底色、果面着色和含糖量等因素决定采收期。果实开始上色后，正是果实膨大的关键时期，据测，此期果实一昼夜可增重 3～10 克，所以一定要掌握好最佳时期采摘。棚中间和棚边、树上和树下成熟期不相一致，其采摘顺序为先棚中间后棚边，先树上，后树下，分期采摘销售，才能达到高产、优质、高效益之目的。

六、保护地栽培的病虫害防治技术

由于保护地栽培环境相对密闭，并可对多种生态因素进行人为调节，因此，与露地栽培相比，各种病虫害的发生明显为轻。这样少用农药或选用低毒高效的农药，就更容易生产出无污染的绿色果品。

保护地的温度、光照、湿度等环境条件发生了明显变化，光照时间短，光照强度低，白天温度高，夜间温度低，昼夜温差大，随着夜间温度降低，相对湿度提高，所以防治情况和露地相比有很大不同，病害是防治的重点，主要病害有灰霉病（褐腐病）、细菌性穿孔病、黑星病、炭疽病、腐烂病、白粉病、流胶病等。病害防治的原则是预防为主，在盖棚膜前对枝干及地面喷一次 3～5°Be 的石硫合剂，花后每 10 天左右喷一次保护性杀菌剂如代森锰锌、甲基托布津、多菌灵、百菌清等。

保护地栽培桃树由于果实生育期短，一般虫害较轻，主要有蚜虫类、潜叶蛾类、红蜘蛛等害虫，扣棚后可用烟雾剂进行防治，防治蚜虫用吡虫啉，潜叶蛾用杀灵脲，红蜘蛛用硫黄胶悬剂、扫螨净、尼索朗等药物。

第十五章

提高果实品质技术

随着果品市场的激烈竞争，果品质量直接关系着经济效益。所以，要把提高果实品质技术作为果树栽培技术的中心目标，只有优质，才能提高果品在市场上的竞争力，才能获得可观的经济效益。据调查，决定桃果价格的因素中，口感占44％，着色占29％，果实大小占11％。可以看出，桃果的口感，是决定其价格的主要因素，因此，如何提高桃果实的品质，是生产中需要着重解决的问题，也是果农十分关心的问题。

一、选择良种、适地适栽

提高果实品质的前提是选择优良品种，提高果实品质的关键是适地适树。应选择合适的立地条件，以排水良好、通透性强、土壤有机质含量高的沙质壤土为好，栽植优良品种，在此基础上应用栽培技术调控会有很大作用。

土壤的酸碱度以微酸性至中性为宜，即一般 pH 5～6 生长最好，当 pH 低于 4 或超过 8 时，则生长不良。土壤如沙性过重，有机质缺乏，保水保肥能力差，则生长受抑制，花芽虽易形成，结果早，但产量低，且寿命短。在黏质土上栽植，树势生长旺盛，进入结果时期迟，容易落果，早期产量低，果个小，风味淡，贮藏性差，并且容易发生流胶病。因此，对沙质过重的土壤应增施有机质肥料，加深土层，诱根向纵深发展，夏季注意根盘覆盖，保持土壤水分。对黏质土，栽培时应多施有机肥，采用深沟高畦，三沟配套，加强排水，适当放宽行株距，进行合理的轻

438

剪等。

根据当地自然条件以及市场情况选择良种。凡属优良品种，莫不与自然气候、环境条件、土壤质地等综合因素密切相关，要选择与当地条件适宜的良种，不可违背客观条件乱植乱栽。遵循适地适树的原则，注意早、中、晚熟品种配套，同一果园内的品种不宜过多，一般 3～4 个最好。

二、合理负载

从世界上先进国家果树栽培的经验看，合理负载是确保果实品质优良的重要措施。桃树是一种丰产性强的果树，栽培容易，生长快，结果早，如气候条件适宜坐果率很高，结果太多了会消耗大量养分，导致营养生长和生殖生长养分供应不足，树势衰弱、单果重降低、畸形果增多，品质变差；但留果过少，导致树势偏旺，果实明显贪青、着色不良。因此，必须做到负载合理，根据自然条件、管理水平、树势、树龄等因素确定合适的负载量。生产上主要是采取疏果措施，控制叶果比，3～4 年生树亩产控制在 500～800 千克左右，成龄树亩产控制在 2 000～2 500千克左右。

三、加强土肥水管理，提高肥水供应能力

多施有机肥可以增进品质，施用有机肥的果实要比施化肥的果实色泽更艳丽、风味更浓郁，可溶性固形物提高 2%～5%。每年秋季果实采收后结合秋施基肥深翻改土。深翻扩穴为在定植穴（沟）外挖环状沟或平行沟，沟宽 50 厘米，深 30～45 厘米。全园深翻应将栽植穴外的土壤全部深翻，深度 30～40 厘米。土壤回填时混入有机肥，然后充分灌水。

注意加强叶面肥的使用，全年 4～5 次，一般生长前期 2 次，以氮肥为主；后期 2～3 次，以磷、钾肥为主，可补施果树生长发育所需的微量元素。常用肥料浓度：尿素为 0.2%～0.4%，

硫酸铵 0.4%～0.5%，磷酸二铵 0.5%～1%，磷酸二氢钾 0.3%～0.5%，过磷酸钙 0.5%～1%，硫酸钾 0.3%～0.4%，硫酸亚铁 0.2%，硼酸 0.1%，硫酸锌 0.1%，草木灰浸出液 10%～20%。最后一次叶面喷肥应在距果实采收期 20 天以前喷施。

四、促进果实膨大

一般来说，桃果早熟品种单果重要求 150 克以上，中熟品种 200 克以上，晚熟品种 300 克以上。但并非越大越好，过大的果实往往品质不佳，优质的果实一般为中等偏大。

在同一品种中，一个果实的细胞数量和细胞体积决定了该果的果实的大小。由此得出，增大果个应该从增加果实细胞数量和增大细胞体积入手。桃果实的发育呈双 S 曲线，有两次迅速生长期，中间一次缓慢生长期。第一次迅速生长期为细胞分裂期，授粉受精后，子房开始膨大，至嫩脆的白色果核核尖呈现浅黄色，果核木质化开始，即是果实生长第一阶段结束。果肉细胞分裂从受精开始持续到花后 3～4 周才渐作缓慢，持续时间的长短大约为果实生长总日数的 20%，主要是增加细胞数目，以后主要增加细胞内含物。此期果实体积、重量均迅速增长。缓慢生长期为硬核期，此期果实增长缓慢，果核长到品种固有大小，并达到一定硬度，果实再次出现迅速生长。这时期持续时间各品种之间差异很大，早熟品种约 1～2 周，中熟品种 4～5 周，晚熟品种可持续 6～7 周。第二次迅速生长期为果实迅速膨大期，果肉细胞迅速膨大，细胞间隙发育，果实厚度显著增加，硬度下降，并富有一定弹性，出现品种固有的色彩。该时期果重增加量约占总果重的 50%～70%，持续时间 3～4 周，尤其成熟前 2 周是增长最快的关键时期。

1. 第一次迅速生长期 桃果第一次迅速生长期前期需要的养分主要来自于树体的贮藏养分，后期（花后 40 天至该期结束）

需要的养分主要来自于当年的同化养分，为增加细胞数目，促进桃果膨大，这一时期的技术要点是增加树体的贮藏养分，减少无效消耗，以及促进营养生长，尽快增加当年同化养分的供应。应抓好以下几项措施。

注重前一年夏秋的保叶养根，秋季及时加强肥水，采果后补肥，以氮肥为主，配合磷肥，促进叶片光合功能和根系吸收功能，以蓄积更多的碳水化合物及蛋白质等，提高树体营养水平，促进树势健壮，提高花芽质量。

采后夏剪，及时疏除直立徒长枝，改善内膛光照，促进枝条发育充实。冬剪时注意培养和保留健壮果枝，及时更新衰老果枝，留花适量，不要太多，以集中使用贮藏营养，提高开花质量和促进子房的早期发育。

创造适宜的条件，保证授粉受精。人工辅助授粉除能保证坐果外，还有利于果实增大、端正果形。充分授粉可促进子房发育，内源激素增多，增强幼果在树体养分分配中的竞争力，使果实发育快，单果重增加。授粉时要选择好父本，授粉的父本品种不同，对果实大小、色泽、风味、香气等有重要的影响，即花粉直感，在可能的条件下要有所选择，以利促进果实品质。

疏花疏果，减少树体养分的无效消耗，调节生殖生长和营养生长的矛盾，对果实的膨大有显著的促进作用。

促进树体营养生长，萌芽前树体喷布 2%～3% 的尿素，萌芽前后适量的肥水供应，主要是追施氮肥，可以加速新梢生长，增加叶片数，尽快产生同化养分供应果实的膨大。

2. 缓慢生长期　该期是果实的缓慢生长期，却是种子的生长高峰，对磷的需求量较大，可以在叶面喷施 0.3% 磷酸二氢钾 1～2 次；该期对水分变化敏感，严重缺水或水分过多，都易引起落果，灌水量过大，易引起裂核，此期应确保土壤水分变化不大。

3. 第二次迅速生长期　此期果实细胞迅速膨大，是桃果膨大的关键时期。技术要点是调整好生殖生长和营养生长的矛盾，应抓好好肥水管理和夏剪工作。

重视施用壮果肥，特别是重视补施钾肥，采前3周左右土壤追施钾肥，可以显著促进桃果膨大和提高桃果内质，叶面喷施0.3％尿素，可以起到促进桃果膨大，抑制营养生长的作用。此期是果实水分增加最快的时期，务必保证果实膨大需要的水分供应，土壤含水量保持在40％为好。

此期也是新梢副梢旺长期，应做好夏剪，控制树势，剪除过旺徒长枝，树体保持良好的通风透光条件，新梢生长和果实膨大平衡发展。

五、促进果面着色

桃果皮颜色主要由花青素决定。花青素溶解于细胞质或液胞中，其生物合成以糖为原料，果实内糖类蓄积时，花青素的生成受到促进，果皮着色程度与含糖量高度正相关，光照、温度、肥水管理等对花青素形成有重要影响。生产上主要是通过改善光照条件和提高果实含糖量等综合措施，促进果面着色。

1. 改善光照条件　桃树喜光性很强，直射光着色效果好，光照时间、光照强度、光质对果实着色影响很大。光既可增加果内糖分，又可直接诱发花青素的形成，因为紫外光诱导乙烯形成，乙烯可以增加膜的透性，利于糖分移动，还可提高苯丙氨酸解氨酶的活性，促进红色发育。所以山地、海拔高的果园着色要好于平地、海拔低的果园。

改善树体光照，要选择好树形，常用的树形有三主枝自然开心形，二主枝自然开心形（Ｖ字形）；还要搞好四季修剪，冬剪时适当回缩短剪树冠外围的延长枝，使树冠紧凑，行间保持60～80厘米的通风透光带，适当疏除过密枝，树体保持外稀内密，夏季修剪疏除过密和过多的新梢，及时处理直立徒长枝。应着眼于群体，着手于个体，控制枝量，限制树高，维持中庸树势，注意调整光路和枝类组成，防止果园郁闭，保证通风透光。

加强果实着色管理，搞好套袋、摘叶、铺反光膜等管理工作。果实套袋由于改变了袋内的小气候，表现果面光洁、色泽艳丽，成为生产高档果品的重要措施。应选择专用桃果用袋，对中早熟品种要用无底袋。果实成熟前，直射光对果面着色影响很大，摘除覆盖在果面上的老叶片，可以改善果面对直射光的利用，促进果实全面着色。一般采前摘叶量越大，果实着色越好，但是摘叶量过多，树体有机营养的副效应也越大，因直射光过强引起果面灼伤的机会也变大，摘叶量要根据管理水平、肥水条件、树体营养、负载量等因素确定。铺反光膜可以改善树冠下的光照条件，增加树冠内的散射光，透光良好的园片，应将反光膜稍打点褶皱，使反射光呈漫反射，可避免因反射光过强而出现灼伤果实。

2. 提高果实含糖量　桃果皮细胞中花青素的形成是以糖作为基本原料的，花青素的主要成分——花青甙是糖代谢的产物，桃果含糖量的高低直接决定果皮着色，科学肥水管理和改善光照是提高含糖量的主要方法。在光照好的条件下，由于叶片的光合作用强，有机营养物质积累多，果实的含糖量亦高。一般情况下，水分充足氮肥多，促进梢叶生长，不利于糖分向果实积累，生长前期多追施磷钾肥，特别是钾肥，氮磷钾比例为 1∶0.5∶1，有利于增加含糖量。采前土壤适度略干，可抑制枝梢生长，有利糖分积累，但在过度干旱的果园适度灌水，提高了叶片功能，促进糖分积累。因此，生产上基肥以农家肥为主，追肥多追磷钾肥，果实成熟前再叶面喷施 0.3%～0.5% 磷酸二氢钾，以及适当晚采，可显著提高果实含糖量。

六、提高果实口感

桃的口感主要有甜味、酸味、肉质三方面。甜味的浓淡因果实中含糖量及种类而异，含糖量随果实成熟逐渐增加，采收过早，糖分尚未充分积累，采收过晚，会显著降低果实耐贮性；酸味同样与成熟度有关，不熟的果实酸味大，管理技术对酸味也有明显影响，氮肥多，枝梢旺长，果实含酸量多；果实肉质与细胞数量多少和细胞大小有关，细胞数多且细胞大小适中的果实，肉质细密，汁液多，口味佳，前期细胞数少而后期细胞体积过大的果实，肉质松。

确定合理的采收期和成熟度是提高果实口感品质的关键，适期采收有利于提高果实的含糖量，有些品种的果实成熟期也不相同，分期采收能使其品质发育到最好程度，前期果实采收后，晚熟果实的品质会迅速提高。应在充分表现出该品种品质特性的八九分成熟时采收，冷链运输。促进果实膨大、果面着色的技术措施，同样也能提高果实口感品质。微量元素肥料对果实品质具有特殊作用，如果实膨大期喷施 2 次有机钙肥，可以提高果实硬度。

七、加强病虫防治，减少损失

桃容易招致病虫害，桃疮痂病、金龟子等病虫害都较重，尤其鸟害更为严重，因此要加强病虫害的综合防治。

八、防治果实生理障碍

（一）裂果

1. 症状 一般桃果实硬核期结束至成熟前开始发病，以第二次果实膨大期发病最多，主要在果面产生一至多条裂缝，有的沿背缝线纵裂，从梗洼裂至顶部，深可见桃核；有的胴部横裂，纵横交错，形状不一；有的在向阳面灼伤处呈龟裂状。裂缝遇雨极易被细菌污染，致使果实腐烂。

2. 病因及发生特点 裂果病是一种生理病害，与品种的遗传特性有直接关系，早、中、晚熟品种都有发生，但以晚熟品种为重，一般油桃比水蜜桃发病重。主要是水分供应失调造成。土壤黏重、瘠薄地块此病容易发生。久旱遇雨和日灼是造成裂果的主要因素。

3. 对策

①加强土壤管理 增施有机肥，改良土壤，提高土壤保水能力。

②合理灌溉 滴灌和微喷灌是理想的灌溉方式。可以为桃生长发育提供较稳定的土壤水分和空气湿度，有利于果肉细胞的平稳增大，可减轻裂果。

③果实套袋 套袋为果实提供了一个相对稳定的环境，有利于果实的均衡生长，增加了果肉和果皮的弹性，可以减轻裂果。

④喷药防治 从落花后45天左右开始，10~15天一次，连喷2~3次 B9 可湿性粉剂 500~800 倍液，对于防治裂果有较好的效果。

（二）缩果

近年来我国部分桃产区出现的一种新的生理病害。中晚熟品种多有发生，目前已发现严重缩果的品种有川中岛白桃、中华寿桃等大果型品种。

1. 症状 果实成熟前 2 周发病，首先果梗部和梗洼处出现萎缩，生长停止，梗蒂处出现离层，随后大多脱落，也有少数品种长时间挂在树上不掉。

2. 发病规律

①桃园土壤黏重的缩果重，沙壤土桃园一般较轻。

②幼旺树、树势过强的缩果严重，树势过弱缩果也较多。

③徒长性结果枝上的果实容易发生缩果病，枝条较细、斜平或自然下垂枝上的桃缩果率较低。

④通风透光条件差的果园缩果严重。

⑤偏施化肥尤其是氮肥的桃园桃果色泽差、风味淡，缩果严重。有灌溉条件的桃园，土壤水分相对稳定，缩果较轻。

⑥土壤有效性钙含量严重不足，果实缺钙易发生缩果。

3. 防控措施

①选择通气性好的沙壤土建园，对土壤黏重的桃园采取深翻扩穴、压沙改土、秸秆还田、多施有机肥等措施进行土壤改良。

②增施有机肥，适当补充化肥和微肥。尽量避免使用纯氮肥，特别是生长前期要控制铵态氮的施用量，防止对钙、硼等元素的吸收产生拮抗作用。

③采用滴灌或微喷灌，均衡土壤湿度。在果实生长后期要注意排水，采取明沟或暗渠排水，避免桃树受涝。

④加强树体管理，确保树势中庸。

⑤叶面喷钙。桃果实中的钙绝大部分是在花后1个月内即第1次果实膨大期吸收的，钙是难以移动的元素，在果实生长后期，果实迅速膨大，钙含量也相应降低，如不及时补充，就会出现不同程度的缺钙症状。花后至硬核前是补钙关键期，可叶面喷施氨基酸钙或氨钙宝等钙制剂2～3次；果实生长中后期可再喷2次钙肥，但以前期补钙最重要。

(三) 裂核

1. 时期　桃果实裂核有两个时期：

①在核尚未木质化时（果实重1克左右）发生在核的内层，此期裂核大部分能愈合，幼果与正常果外观没有区别，疏果时难以发现，但裂核果成熟后都是畸形果。

②硬核开始后1个月内，主要在硬核开始10天左右，核内维管束断裂、组织坏死，或由于养分水分输送急剧变化，桃核沿缝合线裂开，产生畸形果。

2. 原因　裂核通常是由于桃幼果异常膨大引起的。据日本冈山县调查，花后60天清水白桃果重50克以上者，大部分为裂核果。果实异常膨大是由于坐果不良、叶果比过大，或新梢伸长受抑制，新梢和果实没有养分竞争，供给果实的养分过于集中，或硬核期土壤持续干旱后遇大雨，或人为造成土壤水分剧烈变化，使一段时期内果实水分供应量剧增，引起桃果异常膨大。早熟品种出现裂核是由于桃核在未完全木质化时即进入果实第 2 次迅速生长期，果核受到向外的拉力而开裂。在开始硬核时，凡是能促进果实迅速增大的因素或外界不良因素，如过早疏果、霜冻、连阴雨或大量灌水、主枝环割环剥（铁丝绞缝）、空气干燥、叶面蒸腾量大等都会引起裂核。套袋有加重裂核的趋势。

3. 症状 早熟品种裂核果大部分能成熟，晚熟品种裂核果则常常脱落，造成 6 月落果和采前落果。裂核果味淡，易引起种子霉烂而降低商品价值，不耐贮运，不宜罐藏加工。按优质高档桃果实质量标准，裂核果为非商品果。

4. 防控措施

①疏果时保留中等偏大果，疏除异常膨大果。疏果分次进行，不可过早一次定果，不能留果过少，应保持合适的叶果比。硬核期绝对不能疏果。

②基肥尽可能早施（9～10 月份），不施萌芽肥、花后肥。对生长势偏弱的桃树，新梢停长期增施氮肥。

③进行土壤改良，设置排水沟和排水暗管，防止硬核期出现连阴雨或高强度降雨而导致积水。硬核期前适当灌水，硬核期间若 1 周未降雨，应灌 1 次轻水（15 毫米），防止土壤水分急剧变化。

④长放修剪，轻剪为主，确保树冠内部光照均衡。

⑤选择透光率高的白色或黄白色果袋。

(四) 生理落果

1. 时期 一般有 3 次。第 1 次落果在刚开始谢花至花后 2 周，第 2 次落果在花后 20～50 天，第 3 次落果在硬核后成熟前。

2. 原因 第 1 次生理落果实际上是落花，花朵自花梗基部形成离层而脱落，多发生在花后 1～2 周内，主要原因是一部分花没有授粉受精或花器发育不全。在花期前后，有的花受到低温或寒潮侵袭，使雌蕊受冻，造成生殖机能减退而脱落。还有一些花因受到病虫危害而提前脱落。第 2 次生理落果是因为果实受精不良，胚发育受阻。果实缺乏氮素供应、营养不足、受不良气候影响，都能引起胚囊或胚败育或果树内源激素失调。另外，梢果间或果实间的营养竞争、不良天气（干旱、高温、阴雨、光照不足）胁迫、化学药剂影响也可导致胚乳或幼果退化造成落果。第3次落果分为6月落果和采前落果。6月落果主要原因是光照不足、营养不良，尤其是氮素营养缺乏，影响胚发育。另外，坐果过多、生长过旺、枝叶过密等，都会因营养竞争而使果实脱落。采前落果主要是因为果实所需营养不足、干旱高温、果梗短、裂核等导致果梗产生离层造成落果。

3. 防控措施

①加强土肥水管理和夏季新梢管理，彻底防治病虫害，合理负载，增加树体贮藏养分积累，促进花芽发育充实。

②对无花粉的品种进行人工授粉，提高坐果率。

③实施疏蕾和春季抹芽等措施，减少树体贮藏养分消耗。

第十六章

商品桃的营销策略

　　2010 年全国桃产量 1 046 万吨，面积、产量的逐步增加，增大了果品的销售压力，全国不同地区均在一定程度上出现过"卖果难"现象，因此加大果品营销力度，树立品牌意识，把握市场规律，强化宣传引导是当今果品营销的关键。

第一节　我国桃贸易现状及存在的问题

一、贸易现状

（一）生产现状

　　桃为我国原产水果之一，是深受人们喜爱的世界性大宗水果，据联合国粮农组织统计，近十年来，世界桃的栽培面积与产量总体呈上升趋势，2006 年全世界共有 71 个国家生产商品桃果，桃树总面积 2 172 万亩，总产量 1 718 万吨，其中中国桃面积、产量分别为 1 018 万亩、821 万吨，面积、产量分别占世界的 47.7%、45.6%，均为世界第一位，2009 年，我国桃和油桃的栽培面积已达 70.3 万公顷，产量达 1 004 万吨，种植规模和总产量仅次于苹果和梨，居我国落叶果树的第三位。2006—2009年我国桃与油桃产量、收获面积及在世界上所处地位见表 16-1。

（二）贸易现状

　　1. 鲜桃贸易现状　相对于我国桃和油桃生产大国的地位而言，我国鲜桃的出口贸易在世界鲜桃出口贸易中所占比重明显

表 16 - 1 2006—2009 年我国桃与油桃产量、收获面积及在
世界上所处地位（杨静等，2011）

	2006 年		2007 年		2008 年		2009 年	
	面积 （万公顷）	产量 （万吨）	面积 （万公顷）	产量 （万吨）	面积 （万公顷）	产量 （万吨）	面积 （万公顷）	产量 （万吨）
中国	66.95	821.5	69.70	905.2	69.51	953.4	70.33	1 004.0
世界	149.80	1 800.9	152.99	1 781.3	162.74	1 842.9	165.53	1 857.9
中国占 世界%	47.70	45.6	45.6	50.8	42.70	51.70	42.50	54.0

偏低，2009 年我国鲜桃与鲜油桃的出口量仅为 4.0 万吨，占世界
鲜桃与鲜油桃出口量的 2.2%，位居世界第 8；鲜桃出口额
1 634.8 万美元，占世界鲜桃出口总额的 0.8%，位居世界第 11。
自 2006 年以来，我国鲜桃的出口量和出口额已连续 4 年保持增
长态势，其在世界鲜桃出口中的地位明显上升（见表 16 - 2）。

表 16 - 2 2006—2009 年我国鲜桃出口量与出口额变化

单位	国别	2006 年	2007 年	2008 年	2009 年
出口量 （万吨）	中国	2.0	2.4	2.6	4.0
	世界	164.2	167.3	179.3	178.3
	中国占世界 （%）	1.2	1.4	1.5	2.2
出口额 （万美元）	中国	559.1	711.3	1 167.1	1 634.8
	世界	176 579.3	195 178.7	239 949.1	199 375.6
	中国占世界 （%）	0.3	0.4	0.5	0.8

①鲜桃的出口贸易 鲜桃的主要出口国为西班牙、意大利、
美国和法国，2006 年的出口额分别为 59.99 千万美元、39.07 千
万美元、13.23 千万美元和 12.41 千万美元，分别占世界鲜桃出
口额的 37.82%、24.63%、8.34% 和 7.82%，其他国家出口额
为 33.93 千万美元，占世界鲜桃出口额的 21.39%，而我国出口

额仅为 0.559 1 千万美元，只占世界鲜桃出口额的 0.3%。

②鲜桃的进口贸易 鲜桃的主要进口国主要集中在欧美地区，2006 年世界鲜桃前四大进口国德国、法国、英国、意大利的进口总额为 164.46 千万美元，占世界鲜桃进口额的 47.08%，位于第五位的美国，进口额也达 9.16 千万美元，占世界鲜桃总进口额的 5.57%，其他国家鲜桃进口额 77.88 千万美元，占世界鲜桃总进口额的 47.53%。

2. 桃加工品贸易现状 我国鲜桃在国际贸易中所占份额较小，但桃加工品的对外贸易却非常活跃。桃加工品是指用其他方法（无论是否添加糖和添加剂）制作或保藏的桃，包括桃脯、桃酱、桃汁、桃干和桃罐头等。相对于鲜桃而言，桃加工品更适应长距离的运输和长期保存，因而成为我国重要的出口产品之一。2009 年我国桃加工品的出口量为 13.3 万吨，占世界桃加工品出口总量的 17.4%，桃加工品的出口额为 12 988.5 万美元，占世界桃加工品出口总额的 14.9%，出口数量与出口额均位居世界第二。自 2006 年以来，我国桃加工品的出口量和出口额表现出先增长后下降的趋势（见表 16-3）。

表 16-3 我国桃加工品出口量与出口额变化

单位	国别	2006 年	2007 年	2008 年	2009 年
出口量 （万吨）	中国	9.2	14.9	15.3	13.3
	世界	83.4	95.0	84.5	76.6
	中国占世界 （%）	11.0	15.7	18.1	17.4
出口额 （万美元）	中国	7 574.8	12 848.2	15 259.3	12 988.5
	世界	68 751.7	102 749.5	107 261.4	87 262.1
	中国占世界 （%）	11.01	12.5	14.2	14.9

①桃加工品的出口贸易 桃加工品的主要出口国为希腊、中国和西班牙，2006 年希腊桃加工品出口额 23.96 千万美元，占

世界桃加工品总出口额的 34.85％，占据主导地位，我国出口额为 7.57 千万美元，占世界总出口额的 11.01％，西班牙出口额 6.88 千万美元，占总出口额的 10.01％，仅次于我国，其他国家出口额 30.35 千万美元，占总出口额的 44.13％。

中国水果罐头加工企业数量很多，在国内，由于大量工作是由人工完成，产业进入的资金门槛不高，并且罐头本身技术门槛也不高，所以在国内存在的罐头加工企业就多达 500～600 家，主要分布在辽宁、河北、山东、安徽、江苏、浙江和湖北等地，2008 年后，受金融危机影响，中国的罐头出口总量缩减了 10% 左右（见表 16-4），当然也有不少市场增长迅速，2009 年出口桃产品的平均卖价与 2008 年基本持平，但生产成本却有不少上升，导致罐头企业的利润减少，不少企业因此减产甚至停产。

表 16-4　中国桃罐头出口情况及其分析（杨为寨）

国家及地区	2009 年出口（吨）	量同比增长（％）	分析原因
美国	41 056	−9.8	美元货币相对稳定，购买力强，美国国内消费稳定。
日本	27 169	−17.83	日元贬值，且中日关系不稳定，尤其同期出现多起食品安全事件。
泰国	9 737	78.3	由于泰国处于特殊的地理位置，在关税上有特殊优势，转口贸易和再加工贸易发展迅速。
加拿大	8 404	47.5	加元币值稳定，另外地处温寒带，本身对罐头需求量很大。长期通过美国转口得到罐头产品，随着经济全球化发展，逐渐开始独立进行进口贸易。
俄罗斯	7 491	−37.2	卢比贬值严重，极大的打击了俄罗斯购买能力。
墨西哥	6 016	−23.3	受金融危机影响，购买力下降。
也门	5 224	91.3	阿拉伯国家，受希腊，西班牙等欧洲国家产量减少有关系。

2010年全国桃子罐头出口（据海关统计数）143 704吨比2009年127 585吨同比增加12.6%，出货量和速度都比上年多和快。据企业反映客户意向增加订单，企业无法满足，尤其是对日黄白桃罐头要货量增加，出口市场需求明显大于供给，外销形势看好。

②桃加工品的进口贸易 桃加工品的主要进口国较分散，全球120个国家和地区都有桃加工品进口贸易，相对来说，主要进口国为德国、美国和日本，2006年三国的进口额共计24.04千万美元，占世界桃加工品总进口额的34.33%，墨西哥、英国的进口额也达到了4.39千万美元和3.53千万美元，分别占世界桃加工品总进口额的6.84%和5.50%，其他国家进口额为34.25千万美元，占总进口额的53.54%。

美国的黄桃种植和加工主要集中在加州，目前拥有3家罐头制造商和2家冷冻制造商。据介绍，美国加州1952年有42个桃罐头制造商，1972年减少至17个，截止2010年加州三家桃罐头制造商分别属于Del Monte Foods、Seneca Foods、Pacific Coast Producers三家公司。从美国加州桃罐头企业四十多年的数量变迁可以看出规模化和品牌化带来行业集中度提高是发展的必然。2010年加州桃的种植面积9 200公顷，近几年呈现下降趋势。美国是桃罐头最大的消费国家，2008—2009年美国罐装桃销售年度数据见表16-5。

表16-5　2008—2009年美国罐装桃销售年度数据
（根据美国加州罐协提供的数据）

1. 总销售量		16 550 000 箱	（1）
其中：	出口	1 349 800 箱	（2）
	零售	6 127 00 箱	
	政府采购	1 173 000 箱	
	工业用	7 900 000 箱	
2. 年度进口量		3 102 200 箱	（3）

注：美国市场罐装桃实际销量：（1）＋（3）－（2）＝16 550 000箱＋3 102 200箱－1 349 800箱＝18 302 400箱＝43.58万吨（折算成吨）

美国从 2003 年至 2009 年的 7 年间桃罐头的进口量增长了一倍，而从中国的桃罐头进口量，增长了 7 倍。在桃罐头方面，从中国进口量，占总进口量的 70％多，对中国桃罐头产品的依赖性达到空前高度。对于美国市场而言，即使是在发生经济危机的 2008 和 2009 年，桃罐头的进口量也没有出现大幅减少（见表 16-6）。分析其原因，主要是美国本土桃原料价格出现 50％幅度的增长，导致罐头制造商急剧减少至 3 家，还有是自身罐头产品需求量的增长，这两方面原因促使美国桃罐头进口量剧增。

表 16-6　美国桃罐头进口与中国桃罐头出口关系（杨为寨）

年　份	单位	2003	2004	2005	2006	2007	2008	2009
美国桃罐头进口总量	千箱	1 763	1 815	2 369	4 118	4 217	3 099	3 102
美国从中国进口桃罐头总量	千箱	181	317	514	699	1 378	2 283	2 253
同期美国本土桃加工吨数	千吨	471	481	437	322	445	381	385
同期美国桃价格美元/吨	美元	261	263	261	304	315	354	351
中国桃罐头占美国进口总量比例	％	10	17.47	22	17	33	74	73

二、桃生产和贸易存在的问题

1. 生产存在的问题（详见第一章节）。

2. 海外市场拓展不够，出口量小　据农业部桃项目课题组介绍，2006 年世界桃果贸易总量为 126 万吨，占当年生产总量的 7.41％，价值 14.4 亿美元，平均价 1.143 美元/千克。欧美为主要的世界桃果贸易国家，其中西班牙、意大利贸易量分别为 38 万吨、36 万吨，法国、美国分别为 15 万吨、14 万吨，上述 4 国贸易量占世界总量的 81.75％（见表 16-7）。意大利、西班牙、美国位居世界桃出口国的前 3 位，出口金额都在 1 亿美元以上，其中意大利是最大的鲜桃输出国，主要销往欧洲，美国则主要销往亚洲（占东南亚市场份额的 80％）。德国是最大的鲜桃进口国，其次是英国、法国。值得注意的是，我国台湾省鲜桃进口量居世界第9位，其中90％以上来自美国。中国桃果贸易量2.3万吨，仅占当年总产量821.5万吨的0.28％，占世界桃果贸易量的1.83％，平均千克价0.38美元，相当于世界贸易桃果均价的1/3。桃加工品的主要出口国为希腊、中国和西班牙（见表16-3、表16-7），2006年希腊桃加工品的出口额为23.96千万美元，占世界桃加工品总出口额的34.85％，居主导地位；我国是位于世界第二的桃加工品出口国，2006年桃加工品的出口额为7.57千万美元，出口量和出口额仅占世界桃加工品出口量和出口额的12.43％和11.01％；西班牙不仅是鲜桃的主要出口国，而且其桃加工品的出口额也占有一定的优势，2006年西班牙桃加工品的出口额为6.88千万美元，占世界桃加工品总出口额的10.01％，仅次于中国；其他国家2006年桃加工品的出口额为30.35千万美元，占世界桃加工品总出口额的44.13％。2007年世界黄桃罐头出口总量为142万吨，其中中国出口量为16万吨（对美国出口4.6万吨），平均吨价898美元。

中国是世界鲜桃的生产大国，但是中国鲜桃在国际贸易中所占份额却较小，远远不及西班牙、意大利、美国等国家。我国的桃产品在品质上缺乏国际竞争力，除此之外，许多国家为了保护本国桃产业的发展，纷纷采取"绿色壁垒"等措施，把我国的桃产品挡在了其国门之外，使得我国的鲜桃及桃加工品在国际市场上并不能发挥其价格低廉的优势，随着我国桃栽培面积和产量的增加，销售压力将进一步增大。2011年和澳大利亚关于桃和杏的谈判取得阶段性进展，烟台检验检疫局作为山东检验检疫局选定的山东省唯一迎接澳大利亚解禁中国产桃、杏输澳现场考察单位，圆满完成了接待澳大利亚检疫官的PRA考察工作，澳大利亚是全球检疫措施最为严格的国家之一，同时也是国际水果高端市场，中国桃、杏有望进入澳洲市场。

依靠科技进步，提高果品质量和附加值是今后桃业发展的方向，提升桃果质量，从桃树综合管理入手，以增大果个，促进着色，提高质量，生产优质无公害果品为目的，着力培育知名品牌，拓展市场。栽培制度随着品种更新而改革，现在桃的品种换代速度快，10~15 年栽培一茬，相应的栽培管理体系也应随着更新，要与时俱进地进行栽培制度的变革，推广应用先进的栽培技术；土壤管理方面，推行果园覆草、园地生草、配方施肥等技术增加土壤有机质含量；栽植密度与修剪方面，推行宽行栽植，长枝修剪方法，使每亩留枝量控制在 4 万~5 万条；花果管理方面，实行疏花疏果和套袋栽培；病虫害防控方面，加大农业防治和生物防治的力度。

表 16-7　2000—2006 年主要桃产品出口国出口趋势（万吨）（马骥等）

年份	桃加工品出口量			鲜桃出口量		
	希腊	西班牙	中国	希腊	西班牙	中国
2000	38.29	6.86	3.83	12.96	28.96	0.24
2001	44.69	7.76	4.14	15.62	27.57	0.36
2002	32.49	8.23	4.58	10.00	38.56	1.17
2003	16.89	9.98	8.05	1.39	40.49	1.88
2004	17.02	7.30	7.11	9.82	27.63	1.56
2005	25.99	5.79	7.74	10.34	42.36	1.70
2006	27.85	7.86	9.24	8.08	54.52	2.02

三、贸易策略

1. 市场策略

①国内市场潜力大，消费层次各异　我国对桃的消费可分为三个层次：第一高档反季节无污染的桃、油桃，这些果实可在 3~5 月上市，正值水果淡季，售价极高，可作为高层次的宾馆、饭店及高收入家庭的消费。露地大个、色艳、味美、无公害、精包装的品牌优质桃也会在高消费中占相当大的比例；第二城镇居

民的消费，城镇郊区现以白肉水蜜桃为主，基本处于饱和状态。做为城镇居民的消费在近一段时间内将以提高品质、增加花色为主，油桃、蟠桃、鲜食黄肉桃将成为城镇居民消费的新热点；第三，农村市场，随着国家对"三农"问题的重视，农民生活水平的提高，广大农村将成为果品的消费大户，其消费将主要以个大、味美的水蜜桃为主。

山东桃销往省外、海外的约占总产量的 40%～50%。鲁中南产区的桃主要销往上海、广州、南京、杭州；鲁中产区主要销往周边城市，一部分销往北京、天津、哈尔滨等城市；胶东半岛产区主要在当地销售，一部分销往北京、哈尔滨等地；其他产区的产品主要以当地销售为主，或向周边地区辐射。鲜桃主要出口到俄罗斯、越南、东南亚、中东、中国香港、中国澳门等国家和地区；桃加工品主要出口到美国、日本、泰国、俄罗斯，其中浓缩澄清桃汁主要销往日本、美国等国。出口的鲜桃品种主要是肥城桃、寒露蜜桃、冬雪蜜桃、春艳等。

②鲜桃出口方面应重点巩固亚洲市场　从世界桃的贸易情况来看，欧洲和亚洲特别是东南亚地区是世界上两个最大的鲜桃市场，中国台湾、中国香港、马来西亚等都是较大的鲜桃输入地，这些国家和地区居民长期以来有着喜欢吃桃的习惯，且口味以甜为主，是鲜桃的主要消费国家或地区，但是这些地区地处热带或亚热带，不是桃的适宜生产区，而且我国与这些亚洲国家或地区距离近，有运输成本上的优势，也有口味上的趋同性。2006 年亚洲国家共进口鲜桃 4.24 万吨，我国向亚洲其他国家出口 1.15万吨；由于距离其他各州国家距离远，再加上鲜桃的不耐贮藏和易腐性，未来扩大北美洲和欧洲的鲜桃出口贸易相对困难，高端产品是今后贸易的主要对象，平谷大桃由于品质高、质量过硬，也打入了进口农产品标准极其严格的英国和意大利等欧洲市场，标志着平谷大桃质量又达到一个新水平。

③我国桃加工品上应重点开拓北美和欧洲市场　2006 年欧

洲桃加工品的进口量 37.03 万吨，进口来源国基本上是西班牙等欧洲国家，我国仅向欧洲出口桃加工品 1.04 万吨；北美 2006 年进口量约为 13.65 万吨，进口来源国基本上是西班牙等欧洲国家，我国仅向北美洲出口桃加工品 0.52 万吨，可见市场潜力很大。

④亚洲市场　新加坡、马来西亚、印度尼西亚与我国在水果消费习惯上有相同之处，有比较好的市场。目前我国已有几家大的公司向该地区出口，效果很好。希望我们能提高果品质量，掌握季节变化。

我国香港、澳门果品消费量大，目前美国占主要份额，我国台湾省鲜桃进口量 2006 年居世界第 9 位，其中 90％以上来自美国，我们必须提高果品质量，生产出名特优的桃果，特别是具有华人传统的优质桃果，随着 CEPA 及其补充协议各项优惠措施的落实、"三通"的深入和海峡两岸经济合作框架协议的进一步实施，桃果在我国港、澳和台湾等地区有着较大的市场。

沙特、科威特、阿联酋等中东国家，人口多，很富有，对高质量果品有一定的需求，大众市场对中高档果品有需求。

日本和韩国为罐头、桃片等加工品提供了市场。

⑤俄罗斯市场　俄罗斯及前苏联的几个国家，气候寒冷，桃果主要靠进口，这给我国东北、西北部桃产区提供了较大的市场。有的果农还直接在这些国家较温和地区进行保护地桃生产，效益较高。

⑥澳洲、美洲市场　澳大利亚、美国等市场，对我国的糖水罐头、桃脯等食品感兴趣，2009 年美国从我国进口桃罐头 2 253 千箱，占美国进口总量比例 73％。

2. 品牌策略　一个品牌的诞生，需要产品有让顾客放心的质量，有响亮上口的名称，有鲜明特点的包装和无微不至的售后服务。从生态角度看，我国有绝好的桃生产基地，生产出的果实可以和进口的桃媲美，争创名牌，开拓国际市场也是有希望的。

桃果属生产密集型产品，按价格比较优势，我国的桃果应在国际市场上有竞争力。但应该在品种的耐贮运性、采后商品处理上下功夫，采后清洗、杀菌、分级、包装也是提高果实商品质量、增加市场竞争力的重要手段。在果品生产时，要强化生产与贸易一体化，提高果农的组织化程度，发展农民购销组织和果农协会，改变分散经营、小生产的格局，生产出高标准、高质量的桃果，有质才有价，有质才有力竞争。在我们的周边国家中，除日本、韩国及西亚部分国家外，基本都不适宜桃树生产，而日本的桃树业近年呈下降趋势，西亚的桃树业又极为落后，因此，抓住机遇与周边国家进行互补，使我国的桃走出国门。

3. 质量策略　各国对于水果及其制品均有进口质量标准，我国鲜桃及其加工制品企业应遵守出口标准和进口国质量标准，在生产、运输、加工环节上，注重由价格优势向质量优势转变，并严格遵守《出境水果检验检疫监督管理办法》所规定的原则和管理方法执行鲜桃的贸易，并建立出口水果监督管理溯源体系，细化果园、包装厂监督管理要求和实施注册登记制度。

4. 生产策略　我国桃生产规模化程度低，具有分散种植的特点，桃加工品以及专门从事鲜桃及制品的出口商的企业规模也相对较低，应着重发展具有出口优势的桃生产与加工基地，调整好生产要素投入比例，提高我国桃的生产效率和技术效率，优化资源配置，完善生产环节管理，提升我国鲜桃和桃加工品的规模效益。

5. 科研策略　加大科研投入，加快符合出口国口味的品种更新，我国桃的风味偏甜，与其他国家和地区的消费者的口味要求相差较大。其次要加强桃加工品的研发，重点结合食品加工的新技术，加强符合欧洲和北美洲消费者需求的桃干、桃片等产品。再次要加大鲜桃的贮藏保鲜能力，适应我国鲜桃出口远距离运输的要求。

6. 创意策略　果业生产不仅生产质量上乘的果品，更要注意发展创意果业，创意果业是以市场为导向，将果业产品和文化、艺术创意相结合，使其产生更高的附加值，以实现资源优化配置的一种新型的果业经营方式，是进一步提升果业科技文化含量，拉长果业链条，提高果业经济效益的重要途径。创意果业跳出了传统果树生产的范畴，以创意文化为核心，以现代果业为主题，是一种新型产业体系和发展模式，它强调科技、文化、产业、市场和生态环境的有机结合，划分核心产业、支持产业、配套产业和衍生产业等多层次发展，发展模式多种多样。主要有规划设计型、废弃物利用型、用途转化型和文化开发型等。

①观光果园或采摘园　观光果园的建设要遵循自然、生态、安全、营养、独特的原则，注重自然与人文相结合，充分利用自然生态环境资源，对园地的山、水、林、田、路进行全面规划，合理布局，做好生产与观光、科技应用与示范推广相结合的文章，运用园林规划设计的表现手法，围绕整体、周边、个体来设计自然生态景观，做到整体是个果树景区，周边生态与果树景区相协调，每棵树是一种独特景观，包括树形的改变即树形变换引起的造型景观（如篱壁型整形，把果树的树形改造成篱笆，改造成树形迷宫；垂帘型整枝，把果树改造成"垂柳式"，让果实结在树形的表面；品种混接，一棵树嫁接多个品种，形成不同颜色、不同大小、不同成熟期的品种琳琅满目的混合视觉效果）、栽培方式的改变（如直立栽培改成斜式栽培，即果树生产中所说的"一边倒"栽培，甚至可形成交叉两边倒，形成新的景观）、果林用途的改变（如果园生态餐厅农家乐等）、生态全景果园（如果园和放养鸡、鸭、鹅等结合，甚至可以和特种养殖相结合，如在果园养殖七彩山鸡等，增加果园的色彩，形成立体全景自然景观）以及科普示范园（如和中小学的开拓课、课外课相结合，使传统意义上的果园演变成学生课外学习的课堂等，既增加学生的课外知识，又能衍生观光果园的服务功能）等。

②果树景观　不论是盆景、盆栽还是老树进城，都要选择抗

病性强、果实艳丽、易管理、易丰产的树种和品种，果树生产中的砧木、苗木、废弃老树均可利用，山野之中各种野生果树及其砧木资源尤为重要，将矮化后的桃树进行适当的造型制作成果树盆景，使果树在盆景有限的空间里，以奇特的树形开花结果，盆景果树虽然不刻意追究造型，但是随树作型，因势造景，作一些艺术性的技术修整是非常有必要的，例如在光秃的树干上造一个伤疤，长大后就会给果树增加一些沧桑感。用于盆栽的果树品种主要参考用于大田生产的品种，同时考虑用于盆景栽培的品种应具备的特点，选择适合当地栽培的品种等；老树进城务必选择病虫害少，抗逆性强的树种。花和果是果树盆景、果树盆栽的重要特点，也是果树造型和观赏的重要组成部分，通过限根措施、肥水管理、枝芽修剪、花果管理配套措施的应用，促进花芽分化和保花保果；果树根雕要注意不要为了选择树根破坏山林，特别是不要破坏一些几十年甚至上百年的野生果树，一般考虑果树更新改造后留下的老树桩。

③艺术果品 艺术果品是指一些带有喜庆吉祥文字或美丽动人图案或形状独特能被人们赋予更多文化内涵的果品，这类果品附加了更多果业文化韵味和人们的形象力，集欣赏、收藏、把玩、装饰、美食、保健于一身，样式新颖独特，色泽鲜艳，别具一格，备受消费者青睐，形式多种多样，如印字果、变形果、果品雕塑、果品花篮、寿桃等。不论哪种艺术形式，都要求果品果形端正、成熟一致，色泽正常或艳丽，能代表果品本身的固有特性，在成形过程中，能充分表现果品固有的特点，展现其内在品质，并通过集合、成形过程，体现个性，表现群体，赋予新内涵。

④果树废弃产品的再利用 主要形式有果树艺术粘贴画、果叶茶、果树花粉、桃花瓣和桃木制品等，果树废弃产品的再利用应本着变废为宝和艺术创作相结合的原则，不应为创作而破坏正常生长的果树，更要赋予更多的文化元素来拓宽产品的用途，提

升产品的价值。同时对于果木制品的制作要注意选择果木的材质，因它本身是果树，含有过高的糖分和果胶，为了使它做成成品后，不变形，不开裂，要经过多道工序的处理，处理周期要长，能体现桃木文化特色，具有纪念、收藏、实用等价值。

⑤盆桃上了餐桌　现代人什么都想吃，什么都吃过，什么都不想吃了，但有一样他们没吃过——把结满鲜果的桃树搬到屋里吃、摆到餐桌上吃。有心的种植者，便把桃树种在花盆里，送到酒店、送到别墅、送到敬老院，为客人尝鲜，为富人添福，为老人祝寿。

⑥春节吃到鲜桃　春节是中国传统的节日，也是消费者最慷慨解囊的时候。把新鲜的桃果送到热闹的年货市场，其效益可想而知。捷足先登者就采用提早休眠、打破休眠、提早开花、提早成熟，或延迟栽培，经气调贮藏，保鲜桃果，春节上市。

⑦桃系列保健品　桃面积很大，产量也高，果实又不耐贮放，在局部地区出现卖果难，企业家何不廉价收购鲜桃，加工制成桃粉，保持桃的原汁原味，再加入钙、锌、铁等元素，生产出婴幼儿、中老年系列桃粉，或制成冲剂，或制成桃型点心，同时利用桃不同组织的药用保健价值，制成中成药，来医治杂病。在生活水平越来越高，人的寿命越来越长的社会，保健养生行业必将越来越兴旺，成为商家必争之地。

第二节　果品品牌的塑造

一、品牌的概念

品牌是一种名称、术语、标记、符号或图案，或是它们的相互组合，用以识别某个销售者或某群销售者的产品或服务，并使之与竞争对手的产品和服务相区别，包括品牌名：品牌中可以读出的部分——词语、字母、数字或词组等的组合；品牌标志：品牌中不可以发声的部分—包括符号、图案或明显的色彩或字体；品牌角色；是用人或拟人化的标识来代表品牌的方式；商标；受到法律保护的整个品牌、品牌标志、品牌角色或者各要素的组合，当商标使用时，要用"R"或"注"明示，意指注册商标。

品牌专家庞小伟认为品牌的首要功能是在于可以方便消费者进行产品选择，缩短消费者的购买决策过程。选择知名的品牌，对于消费者而言无疑是一种省事、可靠又减少风险的方法，尤其在大众消费品领域，同类产品可供消费者选择的品牌一般都有十几个，乃至几十个，面对如此众多的商品和服务提供商，消费者是无法通过比较产品服务本身来作出准确判断的。这时，在消费者的购买决策过程中就出现了对产品的"感觉风险"（即认为可能产生不良后果的心理风险）的影响。这种"感觉风险"的大小取决于产品的价值高低，产品性能的不确定性以及消费者的自信心等因素。消费者为了回避风险，往往偏爱拥有知名品牌的产品，以坚定购买的信心。而品牌在消费者心目中是产品的标志，它代表着产品的品质和特色，而且同时它还是企业的代号，意味着企业的经营特长和管理水准。因此，品牌缩短了消费者的购买决策过程；造就强势品牌能使企业享有较高的利润空间，在传统的市场竞争中，当消费者形成鲜明的品牌概念后，价格差异就会显得次要，当给不同品牌赋予特殊的个性时，这种情况就更为明显。曾有调查表明，市场领袖品牌的平均利润率为第二品牌的四倍，而在英国更高达六倍，强势品牌的高利润空间尤其在市场不景气或削价竞争的条件下表现出了重要的作用。事实上，这种优势不仅仅得益于通常我们认为的规模经济，更重要的是来自于消费者对该品牌产品价值的认同，也就是对价格差异的认同；品牌可以超越产品的生命周期，是一种无形资产，一个品牌一旦拥有广大的忠诚顾客，其领导地位就可以经久不变，即使其产品已历经改良和替换。

果品作为农村经济发展的支柱产业，近几年通过产业结构调整，既巩固、发展了产业的支柱地位，又给产业提档升级打下了一个良好的基础，尤其是入世之后，果品品牌建设已成为果业发展不可或缺的步骤，品牌是果业发展的旗帜，是果品经营的灵魂，用强势品牌带动果业发展效益增长，不断使优质果品形成强势品牌，凸显特色，适应国际、国内两个市场竞争的要求，加速名优果品的品牌化，已成为影响区域经济发展的重要因素。河北富岗山庄的"富岗"苹果，1997年注册商标，采用"五统一分"治山和"五分一统"管山、管树模式，严格按照《富岗苹果128道生产管理工序》进行生产，每个苹果历经一百二十八道管理工序，实施"515"销售策略即：4.5～5两*的一级果5元/个、5～7.9两的特级果10元/个、8两以上的极品果50元/个最终进入中高档消费市场，1998年以来"富岗"商标连续被认定为河北省著名商标，并连续三次通过中国绿色食品发展中心认证，2006年富岗苹果凭借其科学管理及独特优势，被国家奥组委评为"2008奥运推荐果品"一等奖，荣获"中华名果"称号，"富岗"品牌的成功运营，使其当之无愧地成为品牌建设的典范，1997—2007年其销量逐年递增，而且所生产的苹果几乎全部售完。为使顾客食用富岗苹果的同时又能明白其背后高成本的生产过程，富岗公司又结合实际进行新一轮尝试—食品安全追溯，2007年11月份该系统正式上线，开创了国内苹果追溯系统的先河，富岗苹果实现了从果园到餐桌的绿色流程监控。又如灵宝自2003年已来，在全市范围内实行了统一苹果包装箱文字图案标记，规定凡用于购销灵宝苹果的纸箱包装，必须印有"河南灵宝国家无公害优质苹果生产基地"字样及"岭宝"牌（"寺河山"牌、"龙"牌、"福"牌）等已注册的苹果商标图案，收到了良好效果，提高了灵宝苹果的知名度和信誉度。地处沂蒙山区的临沂市，品牌意识特

---

* 两为非法定计量单位，1两＝50克。

别是无公害（绿色食品）意识逐年增强，到 2007 年全市共有 4 份果品获有机农产品认证，9 个果品获国家绿色食品称号，45 个果品获无公害产品称号，注册商标近百个，其中"蒙阴牌"蜜桃，在浙江、上海市场占有率达 60%。

二、品牌在果品生产中的重要性

品牌是市场、是资产、是竞争力，品牌是产业发展的旗帜，是产品经营的灵魂，品牌这种与生俱来的特性决定了千家万户的老百姓不可能成为品牌经营的主体，主体应是那些果品规模经营体，包括果品产业集团、生产大户和产业大村及果业合作组织，这些规模经营体，生产销售一体化，具备较好的经济基础、良好的经营理念、较强的科技意识，容易实现生产、市场的紧密对接。

领导能力：即品牌影响市场的能力，在市场上用品牌推出一个产品，它能够使消费者信任和接受，在国家行业发展规划上，它能够影响国家相关产业政策的制定和实施，在行业内部，它会影响行业标准的制定和实施。

市场环境：品牌发展与社会政治经济发展有关，也和品牌自身的竞争成长有关，当今人们已经承认并接受品牌所带来的超过物质价值的精神享受，如 SOD 苹果、SOD 猕猴桃。随着生活水平的提高，人们会越来越多的选择品牌消费。

稳定性：指品牌长期获得认可与生存的能力，是对品牌所创造的产品的可靠性与创新的考验，实践证明，采用新技术的能力越强，品牌的稳定性就越强。

国际性：指品牌超越文化和地理边界的能力，具体指标是品牌的商标法律注册范围，直观指标是品牌产品或服务的全球覆盖状况。

趋势：即品牌在行业发展中所代表的方向。当一个品牌已经代表了一种品质、追求、信念时，它就是可发展的。

三、果品品牌化路径

中国食品务实营销专家赵湛认为果品品牌包含四个层面：品类品牌、地域品牌、品种品牌和企业品牌，这四者之间区别在于品牌所依附对象的不同，分别为品类、产地、品种、经济组织。果品品牌化的过程包括两个方面，即确立品牌精神（或品牌文化）和品牌传播，企业所有经营活动都要围绕这两个方面来进行。

1. 寻找并确立品牌精神——挖掘附加值提升点

品类提升点：一般来说，现在对果品分类已经基本清晰，但这并非说品类方面没有可挖掘点。这几年市场上就有一种果品卖得很不错，就是苹果梨，正所谓"以正和，以奇胜"，企业可以"奇"来吸引消费者的眼光。作为进口果品，奇异果在中国高端果品行列具有一定席位，其实它只是中国产猕猴桃经过新西兰人引进后 100 多年改良而成的，但在价格上却与国产猕猴桃有着很大的差别。

产地提升点：具有一些地域特色的果品产品相对于其他同类产品，虽然在营养价值等方面是基本相同的，但由于其历史积淀、特殊口感等感性层面与其他产区的产品是有区别的。"一骑红尘妃子笑，无人知是荔枝来"中荔枝就来源被国家林业局授予"中国荔枝第一镇"的广东高州市根子镇，该镇在秦朝末期就开始栽种荔枝，这里的柏桥村有个贡园，数十棵荔枝树多在 500 岁以上，被誉为"荔枝博物馆"。于是，根子镇被称为"大唐荔乡"。

品种提升点：每类果品又可以划分出多个品种，某些品种在口感、形状、使用特性等方面与其他种类有着不同之处，比如柑橘中的沙糖橘、含糖量较高的奉化蜜桃等，基于品种特性为企业确立品牌精神提供了可利用的素材。

新技术、新技能的应用：随着资本不断注入到农业产业，目前"小生产、大市场"的果品经营模式已经开始有所转变，其中一个关键因素就是新技术、新技能的应用，比如有机果品就是一个例证。国内一些地区大力发展有机果品，摆脱了原有的低价销售的模式，在将产品出口欧美等成熟市场，还积极开发国内市场，取得了很好成效

2. 品牌传播与塑造——与消费者互动　从品牌建设角度看，确立品牌精神只是品牌塑造的第一步，其最终目的是要与目标消费群形成互动，使品牌精神深深烙在消费者心目中。品牌之所以为品牌的核心点就是基于目标消费群开展企业经营活动，无论是在生产、运输、销售、售后服务等任何环节。

从品牌塑造角度看，渠道承担了一个信息沟通的通道作用，即企业在渠道中把品牌精神通过多种形式告诉目标消费群，而目标消费群又会把内心对品牌的期望、印象等认知反应给企业。以柑橘为例，从产品形态看，目前国产柑橘主要以鲜果为主，而鲜果的销售通路主要包括：批发市场、农贸市场果品摊、KA（关键零售客户经理）、便利店、团购等。批发市场主要承担的是一个流通环节，在一定程度上并不直接针对消费者；农贸市场果品摊等通路是低档果品的主要通路，真正能起到塑造品牌的渠道只是以 KA 为代表的现代零售通路。

巧借公关，品牌传播四两拨千斤，品牌塑造离不开品牌传播，而传播已非简单地做广告，更重要的是利用社会资源进行品牌公关，其目的是提高品牌知名度、美誉度。2008 年初，南方大雪阻断了人们回家的路，更使南方柑橘难以运出产地而滞销，于是，当地政府高官甚至来到北京在媒体上大声疾呼，带动了北京市民一轮购买柑橘热。

与工业品牌相比，果品品牌建设的难度更大，郭伟认为这不仅是果业发展本身的局限，也是因为果业品牌建设的特殊性所致，首先，加大宣传力度。品牌宣传要充分利用电视、报纸、杂志和网络等新闻媒体；把握好有利时机，积极参加各种农产品博

览会、交易会，如能获奖则是对品牌最好的宣传；花开时节举行赏花活动和果熟季节召开采摘节，也都是宣传的大好时机；其次，品牌维护是品牌创建中与品牌宣传同等重要的环节，经营者要在保证产品质量的同时，提供人性化的包装和服务并防止其他产地产品冒用自己的品牌而造成的不良影响；最后，果品具有强烈的地域性，各地要加强产地形象的宣传，经营者联合建设产地的区域性品牌，使品牌战略真正得以实施。河南过村 2003 年成功注册"陕州桃王"这一突出本地文化气息的商标，以创品牌、搞宣传为宗旨，先后通过举办"陕州桃王杯"蓝球运动会、从市场管理费中抽出资金 2 万元组建菜园乡中学的实验班等来发展公益事业，进而扩大"陕州桃王"的知名度，并通过配套技术措施提升产品的档次，通过市场的统一管理提高品牌的信誉度，通过公益活动提高品牌的知名度，这与品牌建设中提高品牌的知名度、认知度、忠诚度相吻合，为"陕州桃王"这一品牌的发展提供了科学的、有序的环境。

四、果品品牌的塑造

2008 年四川广元虫橘事件及砀山梨炭疽病事件使柑橘和砀山梨的销量与价格大幅下降，果农损失惨重，虫橘出现在四川广元，但消费者谈橘色变，对橘子敬而远之，致使全国橘子的销量整体下滑。而砀山梨也一样，砀山梨被看作是一个整体，虽然砀山县有个别梨园如新范庄没有受到虫害，但砀山梨的整体售价很低，有的地方更是低至几毛钱一斤，甚至更低。果品天灾的背后反映了一个现象，果品品牌严重缺失，或是只有地域品牌，如砀山梨、新疆哈密瓜等等。中国很多地方的果品已经在消费者心目中占据了良好的心智资源，但是，令人扼腕叹息的是，很多地方的果品也只是停留在地域品牌的层次上，还没有在地域品牌的基础上迈出更为关键的一步，做出更具唯一性的产品品牌和企业品牌。这不仅容易造成鱼目混珠的以假乱真现象，例如，不论哪里产的蜜橘，一律宣传自己来自"黄岩"，不论哪里产的酥梨，纷纷标榜自己出自"砀山"；也容易遭遇"一荣俱荣、一损俱损"的尴尬处境，一旦某个区域的个别果品商出问题，整个地区的果农和商贩都受牵连。没有品牌为导向，当哪一类果品出现问题时，整个品类都要遭殃。面对此次虫橘等果品天灾带来的品牌拐点，中国果品的品牌塑造水平更应加速提高，以增强国产果品的品牌竞争力，著名品牌专家谢付亮总结出一套行之有效的果品品牌塑造经验和技巧。

策略一：充分利用地域品牌的心智资源

新疆哈密瓜、烟台苹果、莱阳梨、阳信鸭梨、广东茂名荔枝、安徽砀山梨、山东沾化冬枣、浙江黄岩蜜橘、江西崇义南酸枣、广东徐闻菠萝、广西田东芒果、浙江奉化水蜜桃、陕西周至猕猴桃、蒙阴蜜桃等这些地名与果品名称往往让人联系在一起，也就是说，中国很多地方的果品已经在消费者心目中占据了良好的心智资源，但是，令人扼腕叹息的是，很多地方的果品也只是停留在地域品牌的层次上，还没有在地域品牌的基础上迈出更为关键的一步，做出更具唯一性的产品品牌和企业品牌。这不仅容易造成鱼目混珠的以假乱真现象，也容易遭遇"一荣俱荣、一损俱损"的尴尬处境，一旦某个区域的个别果品商出问题，整个地区的果农和商贩都受牵连。企业或地方政府必须竭尽全力，充分利用本地果品拥有的来之不易的消费者心智资源，及时改变"地域品牌"一统天下的局面，创造性地整合其他相关资源，跳出地域品牌，打造更多的果品企业品牌和果品产品品牌，从而更有效地增加果农收入，带动地方经济的良性发展。

策略二：领悟"一分钱做品牌"的品牌运作理念

很多企业认为做品牌就是去打广告，就是去请个明星做代言人，事实上，品牌塑造是一个系统工程，绝非打广告或请代言人之类的单一操作。更何况，广告只是果品企业在塑造品牌过程中可以选择的一种方法，并非必经之路，但是，我们却陷入了严重的误区，误以为品牌是"奢侈品"，误以为没有大钱做广告，就不能做品牌。地方政府和果品企业不仅要拥有"一分钱做品牌"的品牌运作理念，而且要系统理解"一分钱做品牌"的深刻含义，从而树立正确的品牌观，避免品牌塑造过程中的资金浪费以及其他资源的浪费。换句话说，只要地方政府和果品企业有决心塑造果品品牌，其就一定能够在现实状况中，找到一条"一分钱做品牌"的品牌塑造之路。当然，"一分钱做品牌"是比喻，提出"一分钱做品牌"主要是想表明，只要找到合适的品牌策略，企业就能够以超低成本来塑造强势品牌，甚至不花费品牌传播费用，也可以逐步塑造强势果品品牌。

策略三：各尽所长，充分整合政府资源

一方面，果品业的发展状况直接关系到一个地区的农民收入，甚至进一步影响一个地区的经济发展水平，果品业发展良好，果农收入自然会增加，地方经济水平也可以提高，果品业不景气，果农收入自然要降低，地方经济也就要受到负面影响；另一方面，地方政府掌握着地方最大最丰富的资源。因此，企业要塑造果品品牌，应该努力与地方政府密切合作，充分整合政府资源，借助地方政府相关部门的力量，各尽所长，共同来塑造品牌。这样既方便整合更多更丰富的资源，充分调动多方积极性，快速产生规模效应，也容易增强果品品牌的可信度，而且能够持续有效地提高农民收入，带动地方经济的高速发展，切实为地方政府解决三农问题做贡献。例如，地方政府和果品企业可以联合建立一套公正、自由、品质高、信誉好并且具备强大资金保障体系的果品交易与流通基地系统，推行实施与国际接轨的中国果品标准，逐步提高中国果品在国际果品市场的竞争能力，从而在国际市场提升中国果品品牌，大幅度提高地方经济水平。当然，果品企业在发展初期可以以占领国内市场为目标，然后，随着企业综合实力的上升，再进军"高手云集"的国际市场。

策略四：正确处理地域品牌和企业品牌的关系

在品牌塑造的初期，企业品牌的发展依赖于地域品牌，需要大力并且巧妙的借助地域品牌，"嫁接"地域文化和品牌文化，促进企业品牌的快速腾飞，但是，当企业品牌强大到一定程度后，就需要果断的超越地域品牌的限制，在更大区域内整合资源，为品牌谋求更广阔的发展空间，例如，可以扩大市场区域，也可以增加产品品种，从而进一步做强品牌。当然，要避免"一人有罪，株连九族"的状况，地方政府和果品企业还需要与媒体保持良好关系，在发生危机时，及时向媒体提供精确的信息，并监督媒体客观公正地发布精确信息，而不是任由媒体滥用地域名称涵盖整个地区的企业，把罪名一股脑地扣到整个地区的企业头上。同时，各个媒体在报道类似事件时，也应该注意用词，客观公正地说话，认清并正确处理地域品牌与企业品牌的关系，而不应该把帽子弄得太大，伤及无辜。

策略五：先做公关，后做广告，确保稳健高效

酒香也怕巷子深，皇帝女儿也愁嫁，这是一个信息过剩的时代，每天都有许多新品牌诞生，信息早已不是稀缺资源，消费者的注意力才是稀缺资源。那么，一个新的果品品牌如何才能吸引消费者有限的目光，如何才能在短期内家喻户晓呢？先做公关炒作，然后再做广告。公关炒作是快速将新品牌告知消费者，同时又能够准确传达品牌特征，并让消费者产生深刻记忆的有效策略。与具备实力的品牌策划机构或品牌策划人才合作，利用公关塑造品牌是大势所趋，而且非常适合中国果品企业品牌运作资金不足、品牌塑造经验匮乏、品牌人才缺乏的普遍状况。因为，利用公关塑造品牌可以整合多种免费资源，成本要比利用广告轰炸低很多，而且公关更有助于快速有效的提高品牌知名度和美誉度。换句话说，先做公关，后做广告，能够保障果品品牌稳健高效的成长。当然，广告对于维护品牌的重要作用不能忽略，果品企业发展到一定阶段，具备相当的实力后，可以考虑用广告的方式来维护自己的品牌形象。

策略六：果品品牌定位的新"三位一体"

对于一种果品来说，大多存在三类品牌——地域品牌、企业品牌、产品品牌，品牌定位必须努力保证其"三位一体"，换句话说，一种果品客观存在的三类品牌，在进行品牌定位时，三者的"灵魂"必须和谐统一，一定不能自相矛盾，这样在随后的品牌塑造过程中才能取得良好的效果。当然，当果品品牌强大到一定程度的时候，"三位一体"中的地域品牌就会顺其自然的降到次要位置。要打造果品品牌，就必须给果品品牌一个正确合理、独具个性的差异化定位。独具个性的品牌定位，更容易获得免费传播机会，在一定程度上对降低品牌塑造成本是大有裨益的。品牌定位不是果品企业领导者或地方政府领导人主观上的某个想法，也不是品牌策划人一瞬间的念头，它需要结合果品企业现状和战略远景、行业现状以及社会发展的总体趋势来进行综合分析。具体来说就是，认真分析果品的历史文化、口味特征、规模产量、种植条件、生长规律等等，然后仔细研究相对应的竞争对手，找出自己与他们竞争的优势和劣势，以及所处环境的机会和威胁，系统的加以分析，确定果品正确合理的品牌定位。

策略七：掘地三尺，深入挖掘品牌资源

对于果品品牌而言，在发展过程中，企业以及所处区域会有很多事情发生，有对果品品牌有利的，也有对果品品牌不利的，对于有利的，不仅要像在海边捡贝壳一样，认真执着的加以挖掘，而且要有滴水穿石的精神，一点一滴的积累起来，作为果品品牌大厦的"一砖一瓦"，加以充分的利用，避免品牌资源的浪费；至于不利的也要挖掘出来，并将其逐一化解，不能让其成为果品品牌大厦的隐患。要成功打造果品品牌，就必须对地域文化以及地域果品的"发展史"掘地三尺，不放过任何一粒有价值的"贝壳"，然后再结合果品品牌远景，有计划、有步骤的向目标受众展示，一步一步的提高果品品牌知名度和美誉度。

策略八：包装创新并细分，走出低档泥淖

我国果品的采后商品化处理量落后，大多数产品都存在"一流果品、三流包装"的现状，采后的冷藏保鲜、贮藏运输等方面也不能及时到位，导致产品未上市就先掉价的非正常"死亡"，国外对上市的果品，从营养成分、色泽、形状、口感到包装，都有严格的规定，我国果业存在着重视产前、产中，忽视产后商品化处理，导致果品质量参差不齐、损耗大、质量不高、不耐贮运、商品化率低等。要成功塑造果品品牌，果品企业或地方政府必须在果品包装上下功夫，加大创新力度，做好"包装"的相关工作，走出千篇一律的低档泥淖，并且要在"保鲜"的基础上，充分体现品牌的个性形象和价值品味。

策略九：品牌防伪，必须认真跨越的"火焰山"

果品品牌防伪是一个"系统问题"，必须"从头到脚"、"里里外外"、"前前后后"的逐一解决，做到标本兼治，否则，难免被投机钻营者"搭便车"或"钻空子"，影响果品品牌的健康持续发展。消费者如何才能准确购买自己需要的品牌？走什么样的渠道才能最大限度的避免假冒品牌的侵害和干扰？诸如果品品牌防伪可以和渠道策略结合在一起，借助渠道布局来防伪。对于市场上出现的假冒沾化冬枣，沾化冬枣的龙头企业应在现有的全国各大城市销售网络中，实行统一进货、统一标志、统一品质、统一经营模式的"专市、专店、专柜"的办法销售，以在各大城市保护消费者利益，维护沾化冬枣品牌形象，赢取更大的利润空间和发展空间。

策略十：识"势"造"新闻"，快速传播品牌

不管怎么做公关，创造并发布新闻总是品牌塑造过程中必不可少的一个核心环节，公关新闻不同于平时看到的一些电视报纸上的大众新闻，一条合适的公关新闻必须保证"双赢"，对果品品牌有帮助，同时又要对社会有益，绝不能伤风败俗，贻害社会。关于怎么做好新闻，远卓品牌咨询机构总结了四个要素，即：识社会发展之"势"，识行业发展之"势"，识企业发展之

"势"，以及识大众兴趣之"势"。识社会发展之"势"，指创造新闻必须认清社会发展趋势，如今人们生活水平日益提高，越来越注重果品品质，品牌意识越来越强，社会越来越以人为本，越来越充满人文关怀等等；识行业发展之"势"，即认清果品行业发展的主要趋势。相对于社会发展之"势"来说，这一点带给果品企业的作用更加直接，因为，一个果品企业的新闻如果挖掘出或顺应了果品行业发展之"势"，那么，其不仅容易在相关媒体上发表，而且很容易得到广泛传播；识企业发展之"势"的作用同样十分重要，因为，一个企业的新闻主要还是为企业的品牌服务，只有认清果品企业发展之"势"，即企业发展远景和战略战术，创造的新闻才能有效推动品牌发展，增强果品品牌的综合竞争力；识大众兴趣之"势"，是指新闻内容必须符合大众或广大消费者的兴趣发展态势，以及某个阶段的兴趣重点，并且新闻内容能够给大众相关暗示——某某品牌的果品质量可靠，尽可放心。

策略十一："差异化"渠道策略，做强终端

一方面，果品品牌需要根据不同的市场阶段和目标市场，采取不同的渠道策略；另一方面，果品品牌也要根据产品特征，在常规渠道的基础上，大力开发特殊渠道。果品企业也需要加强终端建设，合理分配果品超市和一般超市的权重，努力建立终端客户资料库。实力允许的情况下，果品企业可以建立厂家专有的市场队伍，直接派遣导购员对终端进行监控，同时加强对他们的培训工作，让他们成为消费者选择产品的帮手和传递果品品牌形象的"活广告"，进而可以降低品牌塑造的成本。值得注意的是，果品专卖店和果品连锁超市，将在一定程度上成为未来果品实现销售的重要场地。因此，具备一定实力的果品品牌，在果品种类足够多的情况下，可以考虑自建销售终端，以进一步增强对终端的控制权。当然，果品企业在具备一定的实力后，可以整合各类果产品生产基地、代理商和各类销售终端，进行一体化的渠道运作，使其得以产业价值最大化，在成本、速度及服务质量上与国际接轨，从而为中国果品产业的国际化奠定扎实的基础。

策略十二：促销必须遵循四项基本原则

果品品牌的促销策略要遵循"四项基本原则"：提高产品销量、维护品牌形象、保持价格稳定、认清并借助"四势"。

策略十三：重视危机预防和管理，践行"三明主义"

发生危机时，不管大小，都要遵循危机管理的"三明主义"，即，态度"明确"，信息"明朗"，思路"明晰"。态度"明确"：果品品牌对待危机的态度要明确，而且要在第一时间表明，不能采用任何手段来逃避危机事实。这是果品品牌危机管理的第一要义；信息"明朗"：果品品牌发出的信息不能含糊，不能朝令夕改，让人去猜疑或猜想。若是连锁超市或果园，则必须表明是哪一家分店或产区，以降低危机对品牌的整体伤害，否则，遭遇"株连九族"就十分冤枉了；思路"明晰"：果品品牌在发生危机后，不只是"表明态度"和"信息发布"的问题，其必须"将心比心"，站在"受害者"的立场，因地制宜，思路明晰，最大程度的做好"善后"工作，以保护和安慰"受害者"，一对一地化解"危机"，同时也要针对产品现状和危机根由采取有效的处理措施，尽力避免危机的再次发生。

策略十四：实施全员品牌管理

品牌的根本要素是人。一个成功品牌的塑造不是一个人、一个部门或一个品牌策划机构能够独立完成的，它需要企业全体员工的全程参与，要求全体员工都必须有品牌管理意识，有意识的维护品牌形象，即要大力实施全员品牌管理。对于果品企业来说，要成功塑造品牌，不仅需要合适的气候和土壤，科学的采购、运输和储存流程，完善的质量控制体系，也需要在终端提供良好的配套服务，例如，甘蔗去皮、菠萝切片等服务，因此只有在每一个环节都有强烈的责任心和自觉的品牌意识基础上，一个果品企业才能最终塑造出良好的品牌。事实上，每一个人都有自己的品牌，企业品牌要以企业员工的个人品牌为基础，亦即企业的"大品牌"很大程度上是由全体员工的"小品牌"有机集合而成的。果农、质检人员、物流人员、导购人员等全体员工都必须恪尽职守，重视个人品牌的建设，因为企业员工是外界了解企业的"活广告"，只有良好的个人品牌形象才能传播良好的企业品牌形象，否则，企业的品牌形象就失去了赖以生存的根基，成了无源之水、无本之木。

策略十五：在持之以恒中进行"品牌微调"

果品企业品牌塑造需要相关决策者在战略上深谋远虑，在实践中持之以恒，并在企业自身状况和企业生态环境发生变化时，进行必要的"品牌微调"，让品牌这个"火车头"始终能够引领果品企业的发展。为什么要进行"品牌微调"呢？因为，品牌定位有狭义和广义之分。狭义品牌定位是指企业确定产品或服务的特色并把它与其他竞争者做有效区别；广义品牌定位就是品牌在纷繁复杂的市场中崛起，在目标消费者心目中占据独特的、有意义的并且有价值的位置的过程，它包括"定位、传播、微调、再定位、再传播、再微调"这种周而复始的循环过程。品牌定位是作用于消费者心理的，是由果品企业和消费者一起参与创造的，而不是果品企业闭门造车、一厢情愿的创造出来的，它需要和消费者互动、交流，需要不断的及时修正。由此，我们不难理解"品牌微调"也是中国果品企业成功塑造品牌的一个重要环节。

第三节　制定科学的果品营销策略

一、消费者的购买决策

消费者购买心理有个过程，刚开始欣赏产品时，很难得到他们的好感，消费者购买心理的发展通常需要经历以下 5 个阶段：注意警戒、无条件拒绝、好感或厌恶、引起兴趣、引起购买欲，其中，只有保证前三个阶段的成功，才有机会使销售成功，消费者在最初欣赏产品时，都会抱着警惕的心理，担心上当受骗。如果此时营销人员稍有不慎，让消费者产生被欺骗的感觉，消费者将对销售无条件地加以拒绝；后三个阶段的成功取决于前面人际关系建立的好坏，只有当消费者对产品表示出好感或兴趣时，才会在营销者的刺激下激发购买的欲望，直至掏钱完成购买行为。消费者的决策过程由一系列相关联的活动构成，菲利普－科特勒先生把决策过程划分为 5 个阶段：问题确认、信息搜集、方案评估、购买决策和购后行为。

问题确认：消费者认识到自己有某种需要时，是其决策过程的开始，这种需要可能是由内在的生理活动引起的，也可能是受到外界的某种刺激引起的，或者是内外两方面因素共同作用的结果。因此，营销者应注意不失时机地采取适当措施，唤起和强化消费者的需要。

信息搜集：有些需要随时随地可得到满足，有些需要的满足则会受到多种因素的制约。在后一种情况下，消费者需要搜集有关信息，作为决定购买的依据。信息来源主要有四个方面：个人来源，如家庭、亲友、邻居、同事等；商业来源，如广告、推销员、分销商等；公共来源，如大众传播媒体、消费者组织等；经验来源，如操作、实验和使用产品的经验等。

方案评估：消费者得到的各种有关信息可能是重复的，甚至是互相矛盾的，因此还要进行分析、评估和选择，这是决策过程中的决定性环节。在消费者的评估选择过程中，有以下几点值得营销者注意：第一，产品性能是购买者所考虑的首要问题；第二，不同消费者对产品的各种性能给予的重视程度不同，或评估标准不同；第三，多数消费者的评选过程是将实际产品同自己理想中的产品相比较。

购买决策：做出购买决定和实现购买是决策过程的中心环节。消费者对商品信息进行比较和评选后，已形成购买意愿，然而从购买意图到决定购买之间，还要受到两个因素的影响：第一个因素是他人的态度，反对态度愈强烈，或持反对态度者与购买者关系愈密切，修改购买意图的可能性就愈大；第二个因素是意外的情况，如果发生了意外的情况——失业、意外急需、涨价等，则很可能改变购买意图。

购后活动：消费者购买产品之后的行为主要有两种：一是购后的满意程度；二是购后的活动。消费者购后的满意程度取决于消费者对产品的预期性能与产品使用中的实际性能之间的对比。购买后的满意程度决定了消费者的购后活动，决定了消费者是否重复购买该产品，决定了消费者对该品牌的态度，并且还会影响到其他消费者，形成连锁效应。

二、果品的定价策略

影响果品的定价因素主要有果品成本、市场因素和果品特性，在果品定价时要与与市场营销组合的其他要素结合起来，定出最佳价格，实现营销目的，定价策略分为以成本为中心的定价策略、以需求为中心的定价策略和以竞争为中心的定价策略。以成本为中心的定价策略主要采用成本加成定价法，即在成本上加若干百分率定价的方法，成本主要有进货成本（进价＋运杂费）、计息成本（进货成本＋利息）、计耗成本（计息成本＋损耗）和销售成本（计耗成本＋经营管理费）等；以竞争为中心的定价策略是以竞争对手的产品价格为基础，制定出价格的方法，包括随行就市定价策略（根据产品现有市场上行情定价）和价格竞争定价策略（在以数量和质量上的优势，采取与同一商品市场其他经营者不同的价格展开销售上的竞争时的定价方法，如降价等）。以需求为中心的定价策略是根据消费者对产品使用价值的认识和需要程度来确定销售价格的方法，是市场定价的主要方式，它主要包括以下几种方式：

1. 低价策略　指产品上市初期，价格定较低，待产品渗入市场打开销路后，再逐渐提高价格。

2. 高价策略　产品投放市场初期，定价较高，以在短期内获取高额利润。

3. 满意定价策略　是一种介于高价和低价之间的温和定价策略。

4. 差别定价策略　根据销售地点、销售对象及销售时间等条件的变化确定商品价格的方法。

5. 折扣定价策略　指生产者为了扩大销路、争取中间商和顾客，对购买者给予一定的价格折扣或增加货品。

6. 心理定价策略　根据消费者的不同购买心理制定相应价格的策略。

7. 促销保证定价策略　是指生产者向经销商保证，凡是在本部门购买的产品，当价格跌落时，买主手中的存货，按跌价后的价格收款，以前多收的部分如数退回，以消除购买者后顾之忧，扩大产品销路。

三、果品的营销策略

果品的季节性生产很强，鲜果易烂，贮运条件要求高，市场风险大，卖果难、种果不赚钱等现象屡见不鲜。果品"卖果难"已严重制约着我国农村经济的振兴和果业产业的发展，如何使国产果品在在国内、国际市场占有一席之地，除调整果品生产结构、提高果品内外观质量等因素之外，更重要的还要更新营销观念，加大果品营销力度，创造出象美国的 Sunkist、新西兰 Zespri那样的世界知名果品品牌，使我国果品畅销于国内外市场，提升果业产业化水平和经济效益。

（一）果品营销的种类

果品营销的种类很多，西北农林科技大学王征兵教授将各式各样的营销方法总结为常见的 5 种：

1. 对比法　就是将不同质量的果品放在一起，用不同的价格进行销售，以满足不同收入水平的消费者，并实现优质优价。

2. 网络信息法　通过在网上搜集和发布信息，销售果品。陕西一农民通过在网上获得的信息，向越南、泰国、俄罗斯销售秦冠苹果 7 600 吨。

3. 价格法　通过制定合理的价格促进果品销售。果品价格是否合理可运用公式测定，销售量的变化率除以价格的变化率，当商大于 1 时，说明价格过高，应降价销售，当商小于 1 时，说明价格过低，应提高价格销售。

4. 品尝法　通过让消费者品尝认可，将果品卖出去。冬枣的销售就是利用品尝法取得了很好的效果。

5. 找准市场　不同的地域和不同收入水平的消费者对果品有不同的要求，每个果品生产者都要找准自己果品的市场，只有这样，才能将自己的果品很好地卖出去。

（二）果品营销的方法

陈世平认为果品营销的方法多种多样，关键要根据自己的实际情况，因地制宜，创新营销方法，达到事半功倍的效果。

1. 宣传营销　随着卫星电视和程控电话的普及，信息反馈的时间差越来越小，果商多数在货源地的选择上越来越依赖各类媒介。白水县花 1 亿多元做广告，很快在全国范围内扩大了知名度，使白水苹果一直畅销。通过引导消费者的消费方式，将果品卖出好价钱。如国外许多发达国家通过引导消费者喝果汁，拉动了果品的需求，促进了果品销售。

2. 品牌营销　当前我国果业界在品牌建设方面普遍存在的一个问题是：只片面重视把一个产品的商标注册成为品牌，而忽视了对品牌的苦心经营并使之发展成为名牌精品，这是造成我国果品品牌多而杂，但有影响力的品牌少的主要原因。现阶段乃至今后很长一段时间内，果品营销量的大小，很大程度上决定于品牌的经营，"山不在高，有仙则名；水不在深，有龙则灵"。因此，如果我们能静下心来，脚踏实地地对品牌形象进行良好构建，整合和重点培育一批优势果品品牌并坚持苦心经营，营造出名牌果品，必然会成为未来果品市场的赢家。

3. 特色营销　是指利用具有独特品味和风格的产品来吸引消费者，满足消费者的猎奇心理，达到促销目的。消费者特别是新成长起来的年轻一代，猎奇心理较强，往往把果品是否具有特色（独特品种、品味）作为购买的一个重要标准，为此果品生产者、经营者必须树立特色营销理念，充分利用各自的地域、人文等特色来推介果品，提升销售业绩。特别注重给果品赋予文化内涵，提升果品档次和品位，增加艺术果品、礼品包装果品的生产比例，生产者、经营者也应充分挖掘历史与文化资源，利用文化（人文）搭台、果品唱戏的形式推销果品。

4. 网络营销　随着信息时代的到来和电子商务的发展，果品营销出现了渠道创新，利用因特网进行网络营销，网络当起了"市场红娘"。互联网互动式即时交流，可以打破地域限制，进行远程信息传播，面广量大，其营销内容翔实生动，图文并茂，可以全方位地展示品牌果品的形象，提高知名度，为潜在购买者提供了许多方便。目前，我国已有不少果品产区和企业在互联网上注册了自己的网站，对产品进行宣传和推广。可以预见，随着电子商务的进一步发展，网络营销将成为果品市场上一种具有相当潜力和发展空间的营销策略。

5. 会展营销　会展营销是指通过展会这个平台，展示展销产品，进行贸易洽谈。现在会展很热，要推动果品销售，展会是一个非常好的平台，它可以产生非常巨大的效益，一方面要坚持办展，另一方面要鼓励更多的果农、果品营销企业参展。积极参评，借机扬名，各种级别、各种场合的果品展评活动是生产水平和规模的大展示，是提高知名度的绝好机会。

6. 旅游营销　是指把果品营销和当地的旅游资源结合起来，以旅游搭台，果品唱戏，旅游观光—休闲果品—果品销售。生活水平达到一定程度后，每个人都期望旅游，旅游营销以观光拨动消费者的心弦，让消费者乐呵呵地掏钱尝果。

7. 知识营销　知识经济时代，使果品经营法则开始发生变化，果品营销活动不再只关注果品销售，更强调为消费者提供果品的营养、保健。在这一背景下，以知识普及为前导，以知识推动市场的营销新思想，应该为精明的果品生产、经营者所注意和接受。

8. 绿色营销　"绿色"是当今乃至今后果品的"流行色"，我们必须与时俱进，树立绿色营销理念，通过推广果实套袋等无公害、绿色果品生产技术，不断增加无公害、绿色果品数量，扩大"绿色"销售。

9. 事件营销　是指通过"借势"和"造势"来提高果品的知名度、美誉度，在市场上树立品牌的竞争优势，以达到促销目的。陈世平认为目前事件营销理念在我国还比较落后，当务之急是认清事件营销的重要性，树立事件营销理念，提高利用"事件"促销果品的能力。果品市场的事件营销可分为以下五策：

一是名人（领导）策，即利用名人（领导）带队，以名人（领导）的影响力去提高产品的知名度，赢得消费者对产品的青睐。如云南省昭通市为解决苹果卖难问题，由副市长亲自带队到昆明推销苹果，一下就打开了昭通苹果的销路。

二是荣誉策，即利用产品被授予的荣誉称号（如中华名果、名牌产品、无公害农产品、金奖等）开展宣传活动，吸引消费者和媒体的眼球，以达到传播的目的。

三是娱乐策，即经营行为从娱乐切入，让人感到轻松有趣，拉近了所提供的产品与消费者的距离。如美国新奇士公司牵手迪斯尼在深圳上演的"迪斯尼100周年奇幻冰上巡演"项目，就使娱乐事件和产品销售达到"双赢"。

四是体育策，即通过赞助体育活动来推广自己的品牌，体育活动已被越来越多的人所关注和参与，体育赛事也因而成为很好的广告载体。

五是新闻策，即利用社会上有价值的新闻，不失时机地将其与自己的品牌联系在一起，以达到借力发力的效果。

10. 农超对接营销　利用大型超市的推介能力，大力推广果品的优势，力争缩短特色果品进入千家万户的进程，"农超对接"是减少流通环节、降低农产品流通成本的有效手段，是解决鲜活农产品卖难的根本途径，对建立农产品现代流通体制、增加农民收入和促进城乡统筹协调发展具有重要的现实意义。商务部、农业部联合下发了《关于开展农超对接试点工作的通知》（商建发〔2008〕487 号），计划到 2012 年，试点企业鲜活农产品产地直接采购比例达到 50％以上，减少流通环节，降低流通费用，并建立从产地到零售终端的鲜活农产品冷链系统。

（三）国外果品的营销策略

1. 庞大的广告开支　进入国际市场前，他们都已制定周密计划。例如，美国柑橘要进入中国市场，除了电视广告外，还制作大量路牌、灯箱、车身广告，产品大量上市时，又有一系列促销行动。早在 90 年代初期，华盛顿苹果（蛇果）进入中国时，美国果商就从"娃娃抓起"，在上海举办"美国的果园——美国华盛顿儿童绘画大赛"，提供的各类彩照都是景色迷人的华盛顿果园，可谓用心良苦。而庞大的广告费用得益于政府的法律支持和财政补贴，从 1937 年，华盛顿州州长便签署法案，组织苹果协会监督收取每箱苹果 1 美分的推广税（现在每箱苹果需支付 25 美分），因此仅 1993 年，美国苹果协会 2 500 万美元的财政预算就有 440 万美元是广告费用，政府另外补贴 500 万美元广告费用由于广告的推动，美国蛇果迅速占领世界市场。1995 年蛇果十大外销市场中，中国台湾、香港名列第二、三名。

2. 价格和供应期优势　目前在我国上市的进口果品，价格最少在国产同类果品 2 倍以上，这使国产果品商暗中高兴，以为可以靠低价高枕无忧。其实不然，目前进口果品基本是从中国香港转口进入大陆的，转口费再加上长途运输，成本就上去了。而加入 WTO 后，进口果品的平均关税由 40％降至 14％，运输直航加上关税的下降，将使其价位和我国同类优质果品持平，最重要的是，国产果品价格随意性太大，一遇丰收大年就拼命降价，且供应期仅短短二三个月。而国外果品商，不仅能做到全年供货，而且规定全球统一价或东南亚统一价，避开内部恶性竞争。美国新奇士橙通过技术推广，可以一年四季收获，4～10月夏橙，10～4月脐橙，一年四季不断货。因此，他们很自信，因为在中国市场，我国的同类果品也只有在上市的短短2个月内对他们有所冲击，其他时间就全是他们的天下了。

3. 重视质量和分级包装　国外果品商都十分重视商品质量，在德国果品产地的每个镇上，都有果品批发市场，这些批发市场是由果品协会筹资建成的，果农将果品运至批发市场，经过高级选果机挑选、分级、打蜡、包装再销售。而原料的采收则是以采果机为主，辅助以戴手套的工人程序操作。因此，其登陆中国的产品不仅外包装漂亮，而且大小一致、晶莹剔透、卖相很好。由于采摘加工中极少碰伤，再加上涂蜡防腐处理，因此国外果品耐贮藏、少腐烂，降低了贮销成本。

4. 注重改善品质　迎合消费者口味，他们通过市场调查不断培育出适合消费者口味的新品种。例如北京四道口批发市场1999年销售的新装吉娜果口味、外观都不受消费者欢迎，他们就立即进行品种改良，预计改良后的吉娜果会有较好的销售业绩。

5. 国内市场竭力垄断经营　发达国家的国内市场大都由果菜集团实行直销和连锁经营。如埃迪康批发市场是全欧最大的果菜集团，在汉堡、慕尼黑、鹿特丹等地拥有46座冷库、6 000多家连锁店和10 000多家小店，垄断着德国同类商品21％的销量。外来新客商几乎无法与之抗衡，在布莱格果品直销市场，更以电子商务营销形式，随时展现世界各地的果品货源、价格等情况，果品由产地直接调运到零售店，已无中间商的立足之地。

6. 果品协会在生产和销售中的作用举足轻重　国外的果品

商十分重视协会的重要作用，协会在生产中举足轻重。新奇士橙协会成员几乎占了美国加利福尼亚、亚利桑那两州的 60％～70％的果农户，协会对每周果树成熟都有电脑统计，确保产量均匀分布在各个时期，而且协会的全球代表每天都将订单传到总部，总部再分发到 60 多家包装厂，由包装厂将订单按周向果农收购，从总部分订单到装集装货柜仅需 3 天。协会驻在每个包装厂的质检员一般有 15 人，每箱果品都有个人标记，一旦出问题，立即能查清责任。在巴西，三大柑橘加工协会控制着国际市场70％的柑橘销量，因此，在柑橘产量大于我国的巴西，果农从来不愁卖果难。

（四）成功的果品营销案例

1. 美国的 Sunkist　说起世界果品第一品牌，人们首先想到的就是美国的"新奇士"，目前，新奇士商标价值在全世界排名第四十三，该品牌市值超过 70 亿美元。它是美国十大非营利供销合作社之一，也是世界上最大的果品蔬菜类合作社。美国新奇士种植者公司（Sunkist Growers Inc.）于 1893 年创立，原名是"南加州果品与农产品合作社"（"The South California Fruits and Agricultural Cooperatives"），它是世界上历史最久、规模最大的柑橘营销机构，每年销售果品约 8 000 万箱。如今新奇士合作社拥有长期工作人员 300 人，临时工 500 人，成员达 6 000 多个，涵盖了加利福尼亚州和亚利桑那州的大部分果农，他们大部分都是小型的个体果农，其中约有二千名种植柠檬。新奇士果农把新奇士 （Sunkist ）柳橙、柠檬、葡萄柚和其它许多应季产品销售到世界各地。对于消费者来说，"新奇士"是一个统一的商标，而对于生产者和销售者来说，各成员是独立的果品生产者和经营者，他们拥有土地的所有权，通过合作社统一组织，实现了从农药和化肥的购买、新技术的推广应用、果实的加工、产品的销售及出口等的产加销一体化。

①独特的广告　新奇仕独特的广告吸引了众多消费者，南加

利福尼亚果品交易中心（一个柑橘种植者的合作组织）于1908年聘用洛德—托马斯广告公司。他们的第一份广告是在一份《伊阿华橙子周报》的报纸上强调果品的保健性，这份广告造了一个词新奇仕（Sunkissed "太阳亲吻过的"）。1916年，克劳得·霍普金斯创作出最著名的Sunkissed广告之一，它的标题是："喝个橙子。"广告词解说"橙汁是美味可口的饮料，本身就有保健性质"。还说"几千名内科医生"推荐这种"天然果汁"的信用价值，这种果汁到你口之前一直用的是大自然的防菌包装，并且是种自然调节物质。这份广告结尾声称提供一种特殊设计的"果汁压榨机"，售价只有10美分，还有一本免费赠送的小册子，介绍经过测试的食谱。随后刊发的广告声称喝过橙汁的人很喜欢重新注入的活力和作用，并且避免了那种日益常见的人类走神的习惯，不论是精神上的还是体力上的。这样的宣传战役极大地增加了橙子的消费量。

②严格的质量标准　新奇士实行严格的果品质量标准和精细的商品化处理，保证果品的果个大小、等级、个数尽量一致，为确保质量，果实采用全套流水线全自动选果及包装，使果品大小、色泽一致，按72、88、100个三种规格包装，每箱果实都打上包装厂及责任人标记，一旦发现问题，可迅速追查到经办责任人，绝无投机取巧现象。在新奇士　柑橘果实上均有一种称为PLU（Price-Look-Up）code的贴纸，意思是给零售商看价钱用的，消费者去收银员柜台付款时，输入这个代码，就知道价钱、重量等资料。柑橘代码有很多，如：3107指中等大小（66~84毫米）脐橙，一箱88/72个，3108指中等大小（66~84毫米）夏橙，一箱88/72个。为提高产品质量，新奇士实行信息化、数字化产销管理，除了建立起区域性乃至全球性的销售网络信息体系及客户管理系统外，还建立起果树信息档案管理系统。新奇士对每一棵果树的品种、种植时间、地处方位、生长情况、果实采摘记录等都有精确的统记录，其中成熟期能够精确到周，

不仅使产量均匀分布在各个时期，在不同时期均有果品上市，而且大大提高了果品收购速度，从接到订单到装箱运输只需 2~3 天。为使全年都有新鲜果品供应，合作社还通过新技术的应用与推广、品种改良等手段，调节果实成熟期，使橙子一年可以收获两季，4 月至 10 月成熟的夏橙和 10 月至翌年 4 月成熟的脐橙分期上市，柠檬、葡萄柚和柑橘的品种系列也可以一年四季不断。

　　③向全世界卖品牌　新奇士成功地进行了品牌塑造"Sunkist"这个商标在全世界各行各业的商标中排名第 47 位，在美国排名第 43 位。在国际市场上，新奇士凭借品牌优势，在 53 个国家和地区拥有 45 个执照持有者，年销售额达 11 亿美元，品牌市值超过 70 亿美元。合作社成员生产的脐橙、柑橘、柠檬、葡萄柚等果品，根据质量不同分成不同档次，每个档次都有统一价格，统一用新奇士商标，避免成员之间的价格竞争。合作社的市场开发研究人员对各国人吃果品的口味进行了详细的研究比较，他们发现日本人喜欢吃鱼，就向日本出口柠檬，因为柠檬能去除鱼的腥味；而中国人喜欢吃甜，在新奇士家族中脐橙和柑橘最甜，所以就把这两种果品销往中国。自 2003 年起，新奇士推出商标授权计划，授权全世界各地有能力的合作伙伴使用其商标，并收取不菲的专利费。这一计划的背景是，在全球化趋势下，澳大利亚、南非、智利等地的果品开始争夺新奇士的市场份额，比如沃尔玛购买新奇士柠檬每箱的批发价是 16.5 美元，而从智利进口只需要 13.5 美元。这一授权计划最大的好处是，新奇士无须花费一毛钱就能享有价值数百万美元的宣传效益，专利费收入也使新奇士果农的投资额低于全球任何一个合作社。此外，每个经授权使用新奇士商标的组织都是新奇士海外加工产品的大宗购买者，为新奇士增加数百万美元的收入。授权产品虽然不由新奇士出产，但它们的质量检测和宣传标准受到合作社的监督。

　　④完全企业化运作　新奇士合作社按照现代企业的模式运作，聘请专业人士对产品实行销售策划。比如，中国和美国签订

中国加入 WTO 协议后，新奇士就组织了快速抢滩中国市场的成功策略：1999 年 3 月 24 日，一个装满 20 吨"新奇士"橙的集装箱从美国长滩离港，由与中国进行 WTO 谈判的美国首席贸易代表巴尼舍夫斯基、美国农业部副部长亲自为它"送行"；当日，新奇士促销团抵达上海，一下飞机就举行了新闻发布会；紧接着，促销广告实行地毯式轰炸，**最后**，"新奇士"橙走进中国各大城市的超市货架。其果品投放时机、地点、数量、节奏配合得如此到位，体现了新奇士桔农协会营销体系的效率。

⑤实行产、销一体化经营模式 为了提高果品附加价值，该协会利用自己的组织系统，将保鲜、加工、包装、运输等环节连接起来，实行产业化经营，提高果品附加价值，让果农分享到产后环节的利润。据新奇士集团总裁（主管物流关系）Jim Sebesta 介绍，对于 40 磅*/箱的柑橘果实而言，2006 年初的国内销售价格为 9.94 美元，其中种植者（果农）占 2 美元，采摘、运输占 1.15 美元，包装厂占 4 美元，新奇士公司支出 0.75 美元，盈利约 2.04 美元，而销往国外的离岸价约 12 美元/箱。像新奇士橘农协会这样实行产加销一体化经营的，在发达的市场经济国家里占据很大的市场地位。如西欧农产品市场上由合作社经营的产品份额占 60%，丹麦的奶制品有 90% 是由合作社经销的，荷兰合作社销售的花卉、果品、蔬菜分别占全国市场份额的 95%、78% 和 70%；美国除了果品销售合作社外，谷物合作社控制了全国谷物市场的 60% 的市场份额，并提供了全美出口谷物 40% 的货源。

⑥先进的营销模式 "新奇士"不是一个企业，而是一个营销组织，它整合了美国的果农和加工资源，凭借政府的大力扶持，携巨额的广告费用，在全球拓展。进入中国内地后，"新奇士"迅速铺开了网络，并建立了强大的影响力，同时也把 KA 渠

---

* 磅为非法定计量单位，1 磅＝0.453 6 千克。

道（关键零售客户经理）当做其品牌运作的主要载体。2004 年新奇士借力迪士尼大搞娱乐营销，借助"迪士尼 100 周年奇幻冰上巡演"活动，把产品的原包装全部换成巡演的宣传包装，在开展产品促销的同时为巡演活动作大力宣传。新奇士果汁与迪士尼的合作，采取全方位的"娱乐营销"策略，全力进行整合推广，使各自品牌得到生动的演绎，也使得新奇士与迪士尼这两个美国著名时尚品牌得到进一步的强化与巩固，完善品牌传播及联想效果。2008 年为庆祝品牌 100 周年纪念，开展了"吃柑橘，按快门"、"新奇士微笑每一天"活动，目的是推广柑橘类鲜果的好处，并透过不同的节目内容，令现场人士每天都亮出健康灿烂的微笑。在"新奇士微笑每一天"活动中，现场人士除可了解到新奇士的品牌历史、柑橘类鲜果的营养及如何利用新奇士鲜果做出美味菜式外，亦可与大型新奇士笑笑橙合照，将展现健康笑容的照片拼贴在大型展板上，同时还可获得新奇士鲜果礼物包。不单如此，他们更有机会到台上走秀，展现甜美的健康微笑，或是一展身手，以新奇士鲜果比拼厨艺。

2. 新西兰 Zespri 奇异果，即猕猴桃，原产中国，1905 年由伊莎贝尔引入新西兰，由于适宜的天候与水土条件，加上奇异果受人喜爱的独特风味，于 1952 年新西兰开始将这美味的果品外销到世界各地，1959 年为出口英国避免高关税，这种果品被改称为自己本土的名字——Kiwifruit，因形状与颜色似新西兰的奇异鸟，故又名奇异果。1988 年为整合原有各自出口的产业组织，新西兰政府协助成立"新西兰奇异果行销局"（New Zealand Kiwifruit Marketing Board），集中并整合果农资源形成单一出口的行销模式，加强从选育品种、果园生产、包装、冷藏、运输、配售及广告促销等环节的配合，使得新西兰奇异果成为全球奇异果市场的领导品牌。1997 年，为延续消费者对新西兰奇异果的印象，更鲜明地表达新西兰奇异果健康活力、营养美味、以及充满能量与乐趣的特质，推出"ZESPRI™"作为品牌名称，

ZESPRI INTERNATIONAL LIMITED 新西兰奇异果国际行销公司负责新西兰奇异果全球的行销，更将营销部门独立出来，成立佳沛国际公司，负责全国奇异果的营销，为全世界最大的奇异果行销公司，这家百分之百由果农成立的公司，如今一跃而为全球知名单一商品的营销公司。如今 ZESPRI™新西兰奇异果行销全世界七十多个国家，每年生产近八千万箱的奇异果，占全世界总产量的 28％。

李宜萍研究认为以下几个方面是其成功的主要原因如：

①国家级管理组织　新西兰政府于 1988 年成立奇异果营销局，整合原有各自出口的产业组织，2 000 多个果农悉数加入，行销局以拥有土地作为果农加入的资格，并按照土地多少为股份依据，并根据股份的多少决定在行销局组建过程中资金的投入，以及年终的分红。营销局的成立相当于 2 000 多个股东聘请了一个职业经理人团队，负责制订种植计划、品牌推广、渠道建设，最终完成每年 7 000 多万箱奇异果在全球的销售，并加强了从选育品种、果园生产、包装、冷藏、运输、配售及广告促销等环节的配合，进行全方位的果品运筹，以一个统一的品牌和单一的窗口，统一在全球行销。作为政府的支持，新西兰通过相关法令规定，任何果农以自己的品牌出口销售将被视为违法；但在澳大利亚和新西兰的一些地方，还有为数很少的允许存在的自有品牌在销售，但这对国际市场构不成任何威胁。

②共同品牌、营销　推出奇异果国际营销（Zespri International），股东 100％是由 2 700 多位果农组成，是全世界最大的奇异果营销公司，是产销整合的核心力量。佳沛国际营销公司（Zespri）是从生产端到通路端，再到消费者端一连串的运筹管理者（Logistic Management）。包括国际营销、运输体系、田间集运、国际间运输冷藏条件等都深入研究设计。

③效率至上　各地分公司，以最少的人力资源，达到最高生产力，并以最少的经费，达到最大的边际效益，并运用当地的广

告媒体资源。虽然佳沛在全球有 70 个据点，不过，新台币一百三十三亿元的营业额，却仅有二百名员工，人力精简程度较之高科技企业不遑多让。

④结合当地营销资源 Zespri 营销策略成功之处在于单一企业识别系统 logo，以建立消费者单一品牌印象，并且结合了广告代理商、公关代理商、视觉设计代理商及营销顾问，负责整合营销。尤其是针对不同文化及消费者认知的深入了解，选择对的策略从事成功的创意营销。近几年在我国台湾密集打出的"吃我，吃我，吃我"等广告，不仅令消费者一新耳目，也屡屡在国际广告奖获奖，明确定位了佳沛奇异果营养、活力、有趣的品牌形象，佳沛也以其他管道营销手法的配合，让佳沛得以大幅领先对手。以试吃活动为例，佳沛就不同于传统在假日超市摆摊、请顾客试吃的做法，反而于上班时间的午休空档，开着一辆涂满绿色油彩的宣传车，满载着一车的绿衣试吃人员，穿梭于办公大楼林立处。以工作时间更需要补充维他命的诉求，攻克不少上班族的市场。

⑤品牌个性及定位清楚 定位为健康、年轻、活力的产品。同时针对目标消费者，设计能够吸引他们的营销活动，促成他们购买的意愿。以整合营销策略，善用媒体力量与事件营销方式，成功的创造一波媒体报导热潮。

⑥果品卷标身分系统 在质量控制上，以果品卷标身分系统追踪果园及果树，因为每一颗奇异果出厂，均有标签代表其身分，若产品瑕疵则可追踪到生产部门要求配合改善。从果园的选择→果农认证→病虫害防制和生产→开花与授粉的过程→采收季节→化学残留监督系统→专业包装厂→计算机设备果品分级→环保包装盒→追踪数据卡→储存→出口运输→进口至目的地→质量再检验→奇异果上架→餐桌上都有严格的规定，这就注定了其质量的标准化，是每个果品都有质量保证。

⑦产销合一 不断地改良符合各地消费者需求的产品，以拉

大与竞争者的距离。为了维持质量的领先，佳沛国际每年投入一百万美元在新品种与产品的研发之上；近年更成功地推出果肉呈金、尝起来味如蜜瓜的佳沛金奇异果，造成市场抢购。更令佳沛国际感到兴奋的是，佳沛金不仅成功地吸引不喜奇异果过酸的男性顾客与老年人，金黄果肉与更高的价位，也成为礼品市场的抢手货。

3. 蒙阴蜜桃 蒙阴地处沂蒙山区，海拔高、光照足、温差大，非常适合桃树的生产，截止 2009 年底全县桃园面积产量分别达 16 403.7 公顷和 605 318 吨，分别占临沂市桃园面积、产量的 46.57％和 55.47％，占山东省桃园面积、产量的 17.23％和 24.78％，占全国桃园面积、产量的 2.33％和 6.034％，2011 年面积、产量更是达到 18 752 公顷和 62.84 万吨，桃已是蒙阴县果品生产的第一大主栽树种，桃业收入已占全县农民收入的 50％以上，是农村经济的一大支柱产业，已成为我国重要的蜜桃生产基地，自 2000 年起连续 8 年遥居全国、世界桃果总量市地级第一位，2008 年临沂市被中国果品流通协会授予"中国桃业第一市"称号，蒙阴县为"中国蜜桃第一县"，2008 年被全国桃产业协会命名为"中国蜜桃之都"，桃总产量达到 60 万吨（遥居国内县级桃产量第一位），占水果的 79.8％，果业产值占农牧渔业总产值的 36.7％；同时是农业部和商务部命名的"全国无公害果品生产示范基地县"、"全国果品综合强县"和"优势产业区域苹果出口基地县"。"蒙阴"牌蜜桃已获得农业部颁发的无公害绿色食品认证，蒙阴蜜桃 2008 年完成了中国农产品地理标志认证。蒙阴县 5 家果品合作社签订协议，成立了蒙阴县果品标准联盟。在 2011 年 1 月 19 日结束的全国首届中国农产品品牌大会上，农业部发布了《2010 中国农产品区域公用品牌价值评估报告》，蒙阴县的"蒙阴蜜桃"国家地理标志商标经权威部门综合评价，品牌价值达 28.96 亿元，名列农产品区域公用品牌前 30强、果品牌前 10 强、蜜桃品牌第一。

蒙阴蜜桃在国内市场上占有举足轻重的地位，江浙沪等南方城市已成为蒙阴蜜桃的主销地，市场份额已超过50%，"上海三个鲜桃两个来自蒙阴"；华北、东北三省等北方城市的销售份额也在增加。上海市场"蒙阴蜜桃"的顾客群已稳固形成，号称"蒙阴联城街"的南京下关农贸市场高峰期日销"蒙阴蜜桃"近100车。部分优质果、精品果已进入济南银座、上海联华、深圳天虹等高端市场。

　　①加强政策推动，实现规模扩张　该县按照"区域化布局、规模化发展"的思路，集中行政资源，强化政策服务，本着市场需要什么就生产什么的思路和政府引导、农民自愿的原则，把蜜桃产业作为调整农业结构、提高农民收入的突破点，逐步走出了一条林果业强县之路。目前，蒙阴蜜桃无论是栽培面积还是总产量，在县一级都占据全国首位，并被农业部桃体系科研组命名为"中国蜜桃之都"。

　　②推广标准生产，提升产品质量　为实现蜜桃生产由量的扩张向质的提升转变，该县从健全县、乡、村三级服务体系入手，对农业管理体制进行改革，组建一支专业技术人才队伍。目前，蒙阴县已有专业技术人员118人、农民技术人员5 000多人。同时，该县合理优化蜜桃品种结构，每年从4月上旬到10月下旬，每个季度都有十几个品种上市销售。目前，该县已建成无公害蜜桃标准化生产示范基地30万亩，有12个蜜桃品牌通过农业部无公害果品认证、6个品牌通过国家绿色食品认证、4种蜜桃获国家有机产品认证，"蒙阴"蜜桃成为国家地理标志产品。由蒙阴县富民果品专业合作社、现代果品专业合作社、天意合蜜桃专业合作社、金桥农产品专业合作社、大河果品专业合作社5家果品合作社牵头成立了签定了蒙阴县果品标准联盟，并制定了山东省第一个农产品联盟标准——蒙阴县果品联盟标准《蒙阴蜜桃》，果品联盟标准的制定，将会鼓励和引导本县的果业合作社以联盟标准为纽带建立企业战略联盟，加快资源要素的优化整合，全面

提高核心竞争力，走相互促进、以质取胜、整体提升的发展道路，是提升蒙阴县果品质量安全水平，增强市场竞争优势、实现健康快速发展的有效途径。

③完善营销网络，打造知名品牌　为确保蒙阴蜜桃的市场占有率和影响力，该县建立了完善的果品营销网络，以果品购销大户为投资主体的农村果品交易市场蓬勃发展，以专业合作社为依托，组建精干的果品营销队伍，建立起内联基地外联市场、基地与超市对接的果品销售体系和组织服务体系，目前已建立果品交易场所 320 余处，果品经纪人达 7 000 余人，年经销果品超过 15 亿千克。全县经工商局注册的果品专业合作社 130 余家，其中年经销 1 000 万千克以上的果品专业合作社有 4 家、800 万千克以上的果品专业合作社有 12 家、500 万千克以上的果品专业合作社有 38 家。果品营销从业人员超过万人，年经销果品能力达 15 亿千克。岱崮镇旺庄果品专业合作社，建设绿色、有机蜜桃基地 5 000 亩，为社员提供更新品种、施肥用药、剪枝整形、疏花疏果、套袋采收、分级冷藏、果品购销等环节的指导服务，合作社内部开展了资金信用合作，在上海、广州、深圳、东莞、南京、湖州等批发市场设立了蜜桃直销点，并打入上海华联等超市，不但把本社果品全部销出，还销售周边村和县外大量果品，使社员收入显著增加，社员年人均果品收入达到了 15 000 元，比入社前收入提高了 40%。县里重点培育扶持了一大批果业实用人才，评选出了 50 名蒙阴县果品产业发展明星，受到县委县政府表彰，并给予现金奖励和资金扶持，在贷款审批上优先。

④以果业带动全局，延伸蜜桃产业链　在蜜桃产业的带动下，该县的绿色农业快速发展，形成了"兔—沼—果"生态农业循环圈，实现了果业与畜牧业的互促互进。农村劳务经济也在蜜桃产业的带动下不断壮大，每到果品剪枝、授粉、套袋和采摘季节，全县数百支妇女打工队、老年打工队就在村村落落活跃起来。据统计，每年直接或间接参与蜜桃生产的劳动力达 10 余万

人，仅此一项带来直接劳务收入 2 亿多元。近几年，蒙阴县果品加工厂、包装厂、纸箱厂等配套企业已发展到 70 余家，年实现产值 3.8 亿元，大中型恒温库 84 座，年储藏果品 2.2 亿千克，增加产值 2 亿元，安排劳动力就业 1 万人，每年参与运销蜜桃的车辆达 2000 多部，在繁忙季节还要从外县租车运输，仅此一项就能直接带来运输产值 2.5 亿元。该县成功引进的总投资 1.5 亿元的山东美华农业科技项目，是目前世界上最大的桃浆生产企业。通过发展蜜桃产业，该县 90% 的荒山得到有效治理，形成了"山顶松柏戴帽，山间果树缠腰，山脚梯田环绕"的景观；"春来赏花、夏来摘果、秋来品香、冬来尝鲜"的"农家乐"果乡游也红火起来，每年接待游客达 50 多万人次。

⑤果农合作经济组织发展迅速，"一乡一业"、"一村一品"初具规模 蒙阴县按照"先发展，后规范"的原则发展农民专业合作社，截止 2007 年底，全县共组建各类农民专业合作社 2 554 个，占全部行政村的 98%，占农户总数的 74%。其中，专业合作社 2 447 个，专业协会 27 个，专业联合社 48 个，专业联合会 1 个。其中，果农合作经济组织 1 200 余个，入社果农 4 万余户。这些合作社在栽培技术、农资配送、病虫害综合防治、果园管理、果园改造、果品销售信息咨询等方面，为社员提供全方位的服务，所销售果品占到了总量的 80% 以上。蒙阴县还结合新农村建设，建成了岱崮镇等"一乡一业"蜜桃生产专业镇、八达峪等 29 个各具特色的"一村一品"专业村，初步形成了"一乡一业、一村一品"的农村经济发展新格局，对加速农业结构调整、促进农民增收起到了积极推动作用。蒙阴县杏山园果品专业合作社拥有社员 318 户，果品恒温库 1 座，固定资产 93.6 万元，涉及果品总面积 324 公顷，其中国家无公害优质蜜桃 233.33 公顷；积极开展鲜活农产品"农超对接"试点工作，合作社生产的蜜桃成功打入上海、哈尔滨等大城市超市，同时巧打时间差，对蜜桃进行加工包装后，进行恒温冷藏处理，减少蜜桃集中上市带来的

压力。2009年合作社为社员销售优质蜜桃600万千克，销售收入1800万元，每千克均价高出普通桃0.6~1.0元，社员人均蜜桃收入8600元，户均3万余元，合作社经营服务收入达到7.8万元，利润6000元，每户社员还可从合作社获得利润分红200余元，得到了实实在在的实惠。

⑥加强品牌构建，走品牌之路　全县统一注册了"蒙阴"牌商标，攥成一个拳头打市场。靠着"蒙阴无公害"的名头，蒙阴果品占领了北到哈尔滨、南到广州的市场。在上海、宁波、东北等地的水果批发市场上，销售户家家挂着"蒙阴蜜桃"的牌子，成为一景。依托果品营销大户和果品合作社，注册、申报了"六姐妹"、"寨前坡"、"蒙山脆"、"社苑"等一批能够体现蒙阴特色的果品品牌。该县还通过举办桃花节、赛果会、全国桃产业发展战略论坛，同上海等城市的果品经销商和企业举办联谊会、新闻发布会等活动，成功推广了"蒙阴"果品品牌。

⑦完善物流配送体系　充分发挥产业、区位、交通等优势，建成集果品交易、加工包装、储藏保鲜、配货运输、质量安全检测、结算汇兑等为一体的大型果品物流市场5处、大型果品交易市场10处。果品主产区购销网点多达580余家，各类营销组织787个，全县有大中型果品恒温库84座，储存能力达到2.2亿千克，从事果品运输的车辆2000余部。在销售旺季每天外运车辆多达1000余辆，日销售蜜桃1000余万千克。完善的物流体系将蒙阴蜜桃源源不断的销往全国各地，部分果品外销到俄罗斯、新加坡等国家。

⑧开设"绿色"通道，服务客商　纪委、交警、交通、农机等部门向县内果品运输车辆联合发放绿色通行证，确保车辆通行顺畅。公安、工商等部门与各乡镇联合成立果品销售稽查大队，严厉打击压级压价、欺行霸市等不正当竞争行为。目前，已对269辆果品运输车辆进行了信息采集和登记，政府提供各类综合服务。

参 考 文 献

赵锦彪，管恩桦，张雷，等 . 2007. 桃标准化生产 ［M］. 北京：中国农业
　　出版社 .

赵锦彪，王信远，管恩桦，等 . 2010. 果品商品化处理及全球买卖 ［M］.
　　北京：中国农业出版社 .

张晨，张凤仪 . 2004. 实用桃树栽培图诀 200 例 ［M］. 北京：中国农业出
　　版社 .

马之胜，贾云云，等 . 2008. 无公害桃安全生产手册 ［M］. 北京：中国农
　　业出版社 .

朱更瑞，等 . 2003. 桃树种植经营良法 ［M］. 北京：中国农业出版社 .

邹春琴，张福锁，等 . 2009. 中国土壤—作物中微量元素研究现状和展望
　　［M］. 北京：中国农业出版社 .

程阿选，宗学普 . 2004. 看图剪桃树 ［M］. 北京：中国农业出版社 .

姜全，俞明亮，张帆，等 . 2009. 种桃技术 100 问 ［M］. 北京：中国农业
　　出版社 .

边卫东 . 2004. 桃栽培实用技术 ［M］. 北京：中国农业出版社 .

朱更瑞，等 . 2006. 怎样提高桃栽培效益 ［M］. 北京：金盾出版社 .

杨力，张民，万连步，等 . 2006. 桃优质高效栽培技术 ［M］. 济南：山东
　　科学技术出版社 .

汪祖华，庄恩及，等 . 2001. 中国果树志桃卷 ［M］. 北京：中国林业出版
　　社 .

胡东燕，张佐双 . 2010. 观赏桃 ［M］. 北京：中国林业出版社 .

冯孝严，等 . 2010. 桃高产优质栽培 ［M］. 沈阳：辽宁科学技术出版社 .

谢鹤 . 2010. 西北蜂业基础理论与研究 ［M］. 银川：宁夏人民出版社，黄
　　河出版传媒集团 .

鲁怀坤，宋结合，等 . 2010. 水果市场营销一本通 ［M］. 郑州：中原农民

出版社.

邱栋梁.2006.果品质量学概论［M］.北京：化学工业出版社.

郭宝林，等.2000.果品营销［M］.北京：中国林业出版社.

李培环，等.2006.甜油桃高产栽培技术［M］.济南：山东科学技术出版社.

杨力，张民，万连步，等.2006.桃优质高效栽培［M］.济南：山东科学技术出版社.

罗桂环.2001.关于桃的栽培起源及其发展［J］.农业考古（03）：200-203.

苏明申，叶正文，李胜源，等.2008.桃的栽培价值和发展概况［J］.现代农业科学（3）：16-18.

马骥，汲荣，刘忠侠，等.2009.世界鲜桃及桃加工品贸易格局与中国桃产品贸易展望［J］.农业展望（04）：28-31.

李树举，谷业新，涂超峰，等.2009.观赏桃良种及在园林绿化中的应用［J］.现代园艺（5）：10-11.

姜全.2008.我国桃生产发展现状与趋势［J］.北京农业科学（8）.

杨静，刘丽娟，李想.2011.我国桃和油桃生产与进出口贸易现状及其展望［J］.农业展望（3）：48-52.

栾鹤翔，崔方圆，王军军.2008.山东三市桃品种资源现状与存在的问题［J］.落叶果树（6）：26-27.

姜林，冯明祥，邵永春，等.2010.山东桃产业现状与发展建议［J］.落叶果树（4）：11-14.

孟月华，李付国，贾小红，等.2006.平谷桃园养分管理现状及其问题分析［J］.中国土壤与肥料（6）：54-56.

万年峰，季香云，蒋杰贤，等.2011.桃园生草对桃树上主要害虫及天敌生态位的影响［J］.生态学杂志（01）：30-39.

谷艳蓉，张海伶，胡艳红.2009.果园自然生草覆盖对土壤理化性状及大桃产量和品质的影响［J］.草业科学（12）：103-107.

和继辉，李玉兰，杨永娇，等.2011.中华蜜蜂为桃树授粉效果研究［J］.蜜蜂杂志（02）：5-10.

马骥，汲荣，刘忠侠.2009.世界鲜桃及桃加工品贸易格局与中国桃产品贸易展望［J］.农业展望（4）：28.31.

管恩桦，秦娜，孙巨青，等 .2004.10 个加工黄桃优良品种 [J] . 西北园艺
　（2）：34 - 35.

管恩桦，秦娜，孙巨青，等 .2004. 发展加工桃应注意的问题 [J] . 果农之
　友 (3)：20 - 21.

管恩桦，秦娜，孙巨青，等 .2004. 加工桃优良品种及丰产栽培技术 [J] .
　烟台果树 (2)：25 - 26.

陈防，陶勇，万开元，等 .2009. 桃树养分管理研究进展与展望 [J] . 北方
　园艺 (1)：119 - 123.

牛育华，李仲谨，郝明德，等 .2008. 腐殖酸的研究进展 [J] . 安徽农业科
　学 (11)：4538 - 4639.

邓军蓉，郭兵 .2006. 我国果品营销现状及应对措施 [J] . 果农之友 (7)：
　10 - 11.

门红军 .2011. 我国果品营销的现状和发展建议 [J] . 现代农业科技 (4)：
　393 - 394.

林燕腾 .2001. 国外水果业的经营策略带来的启示 [J] . 世界农业 (3)：
　17 - 18.

李钰 .2001. 加入 WTO 后我国水果业的思考及对策 [J] . 热带农业工程
　(3)：1 - 4.

彭俊彩，王中炎 .2009. 中国水果业国际化开发之新战略探析 [J] . 湖南
　农业科学 (4)：116 - 118.

朱佳满，刘更森，等 .2003. 当前我国果品出口现状、存在问题与对策
　[J] . 山西果树 (4)：27 - 28.

管恩桦，赵锦彪，段伦才，等 .2010. 创意果业模式及开发路径 [J] . 中国
　信息 (8)：1 - 5.

图书在版编目（CIP）数据

桃生产配套技术手册/赵锦彪，段伦才，管恩桦主编 . —北京：中国农业出版社，2012.11
（新编农技员丛书）
ISBN 978 - 7 - 109 - 17210 - 4

Ⅰ.①桃… Ⅱ.①赵…②段…③管… Ⅲ.①桃—果树园艺—技术手册 Ⅳ.①S662.1 - 62

中国版本图书馆 CIP 数据核字（2012）第 228279 号

中国农业出版社出版
（北京市朝阳区农展馆北路 2 号）
（邮政编码 100125）
责任编辑　徐建华

中国农业出版社印刷厂印刷　新华书店北京发行所发行
2013 年 2 月第 1 版　2013 年 2 月北京第 1 次印刷

开本：850mm×1168mm 1/32　印张：16.125
字数：405 千字　印数：1～6 000 册
定价：35.00 元
（凡本版图书出现印刷、装订错误，请向出版社发行部调换）